Was Frauen und Männer kaufen

Diana Jaffé

Was Frauen und Männer kaufen

Erfolgreiche Gender-Marketingkonzepte von Top-Unternehmen

Diana Jaffé

1. Auflage

Haufe Gruppe
Freiburg · München

Bibliografische Information der Deutschen Nationalbibliothek
Die Deutsche Nationalbibliothek verzeichnet diese Publikation in der Deutschen
Nationalbibliografie; detaillierte bibliografische Daten sind im Internet über
http://dnb.dnb.de abrufbar.

Print ISBN: 978-3-648-04897-9   Bestell-Nr. 00396-0001
EPUB ISBN: 978-3-648-04898-6   Bestell-Nr. 00396-0100
EPDF ISBN: 978-3-648-05586-1   Bestell-Nr. 00396-0150

Diana Jaffé
Was Frauen und Männer kaufen
1. Auflage 2014

© 2014 Haufe-Lexware GmbH & Co. KG, Freiburg
www.haufe.de
info@haufe.de
Produktmanagement: Jutta Thyssen

Lektorat: Peter Böke, 10825 Berlin
Satz: kühn & weyh Software GmbH, Satz und Medien, 79110 Freiburg
Umschlag: RED GmbH, 82152 Krailling
Druck: fgb · freiburger graphische betriebe, 79108 Freiburg

Inhaltsverzeichnis

Einleitung		**7**
1	**Typische Einwände gegen Gender Marketing**	**29**
1.1	„Frauen und Männer sind überhaupt nicht so unterschiedlich"	29
1.2	„Die Geschlechter gleichen sich immer mehr an"	32
1.3	„Diversity Marketing ist wichtiger und wirkungsvoller als Gender Marketing"	36
1.4	„Männer und Frauen – das sind doch willkürliche Festlegungen!"	37
1.5	Klischees – besser als ihr Ruf	38
2	**Gender Marketing – viel mehr als „nur" das Kundengeschlecht**	**47**
2.1	Ein ganzheitliches System	47
2.2	Konstellationen: Hersteller – Handel – Produkt – Kunde	48
2.3	Produkte und Geschlecht	69
	2.3.1 Produkte und Produktgattungen	69
	2.3.2 Die Bedeutung des Produktgeschlechts	77
	2.3.3 Weibliches und männliches Design	80
	2.3.4 Partizipation von Kunden bei der Entwicklung	90
2.4	Die Unternehmensseite	97
	2.4.1 Markenpositionierung und Markenführung	97
	2.4.2 Vertriebsmitarbeiter – die Kontaktstelle zum Handel	104
	2.4.3 Gender Marketing Communication	108
2.5	Der stationäre Einzelhandel im Gender Marketing	128
	2.5.1 Atmosphäre, Ladeneinrichtung und Produktplatzierung	128
	2.5.2 Sortiment, Category Management und Warenpräsentation	132
	2.5.3 Das Verkäufergeschlecht	140
2.6	E-Commerce und Multichannel	150
	2.6.1 Ein paar Zahlen zum Mobile-Commerce	150
	2.6.2 Grundlagen E-Commerce	153
	2.6.3 Geschäftsmodelle, die auf Services basieren	175
	2.6.4 Onlineshops für Sie und Ihn	187
2.7	Aftersales	206
3	**Case Studies „Gender Marketing"**	**209**
3.1	Duni – Erfolgsstrategien für einen schrumpfenden Markt	210
3.2	Bayer-Healthcare – OTC-Medikamente für weibliche Konsumenten	238
3.3	Red Bull – eine Marketingstrategie für junge Männer	246

Inhaltsverzeichnis

3.4   Bosch – Gender Marketing bei Heimwerkern   261
3.5   Funkybod – ein Männer-Wonderbra   280
3.6   Swiss Ladies Drive – das erste Automagazin für Frauen   291
3.7   Schuberth – ein Frauen-Motorradhelm   304

Danksagung   **311**

Abbildungsverzeichnis   **313**

Literaturverzeichnis   **319**

Stichwortverzeichnis   **331**

Einleitung

Im Jahr 2005, vor neun Jahren, erschien mein erstes Buch *Der Kunde ist weiblich*.[1] Damals war es weltweit eines der ersten Bücher, die darauf aufmerksam machen wollten, *dass* und *wie* Frauen sich als Kundinnen, Konsumentinnen und Nutzerinnen von männlichen Kunden, Verbrauchern und Usern unterscheiden. Und es galt darauf hinzuweisen, dass alles, was in den Universitäten und Hochschulen bis dahin über Marketing gelehrt wurde, sowie alles, was in Marketingbüchern stand, lediglich die männlichen Denk- und Verhaltensweisen beschrieb. Es gab nur „den Kunden" — nicht den Kunden und die Kundin. Es schien, als ob alle, die die gängigen Marketingtheorien geprägt hatten, zu den beneidenswerten Männern gehörten, die viel zu beschäftigt waren, um jemals von ihren Frauen gezwungen zu werden, am Samstag mit ihnen shoppen zu gehen. Vielleicht hatten sie auch nur das große Glück, an verständige Partnerinnen voller Mitgefühl gekommen zu sein, die ihren Ehegatten die Qualen eines Einkaufsbummels gern ersparten. Wie anders wäre es zu erklären, dass bis zum Ende der 1990er-Jahre niemandem aufgefallen war, dass die Mehrheit der Frauen und Männer unterschiedliche Dinge auf unterschiedliche Weise kauft und diese Dinge unterschiedlich beworben werden müssen?

Nach dem Erscheinen von *Der Kunde ist weiblich* wurde ich öfter mit einer bestimmten Frage konfrontiert — und sie kam ausnahmslos von Männern: „Na schön. Jetzt haben Sie dieses Buch über Frauen und Männer geschrieben. Und womit werden Sie sich in Zukunft befassen?" Zweifellos hielten sie das Thema Geschlechterunterschiede im Marketing auf 328 Buchseiten für abgehandelt. Dies ist inzwischen mein viertes Buch zu Gender Marketing und ich habe eine lange Themenliste in der Schublade, von der ich weiß, dass darüber noch niemand systematisch geforscht oder publiziert hat.

Als ich noch studiert habe, war Marketing/Vertrieb ein sehr überschaubares Fachgebiet. Heute ist dieses Wissensgebiet riesig und sein Umfang scheint sich mindestens alle drei Jahre zu verdoppeln. Inzwischen hat sich das Prinzip überall herumgesprochen, dass Frauen oftmals andere Produkte wünschen als Männer, dass sie anders kaufen und anders kommunizieren. Dass Frauen sich sogar in Befragungen durch die Marktforschung anders verhalten als Männer.

Moment! Hat sich das wirklich schon überall herumgesprochen?

---

[1] Jaffé, Diana (2005)

Einleitung

Wie sieht die Zwischenbilanz nach neun Jahren aus? Oder besser: Was hat sich im Marketing und am Markt verändert, seitdem ich 2001 für meine Firma, die Bluestone AG, mein erstes Gender-Marketingkonzept entwickelt habe? Das liegt immerhin schon dreizehn Jahre zurück. Hat sich die Kunde von der Verschiedenheit der Geschlechter beim Kauf tatsächlich schon überall verbreitet und Früchte getragen?

Nun, die Kunde hat sich verbreitet, wenn sie auch noch lange nicht zu jedem vorgedrungen ist. Inzwischen entwickeln schon wesentlich mehr Unternehmen Marketingkonzepte, die auf Überlegungen zum Geschlecht ihrer Zielgruppe basieren. Aber so manche Frucht dieser Überlegungen sieht sehr seltsam aus, so seltsam, dass die Kundinnen sie lieber im Ladenregal liegen lassen, oft sogar einen großen Bogen darum machen. Oder möchten Sie vielleicht einen Apfel essen, aus dem einige Federn wachsen, an dem ein Autoreifen hängt, der mit Swarowski-Kristallen verziert und mit rosa Farbe besprüht ist?

Sie finden diese Beschreibung absurd? Natürlich ist sie absurd! Völlig abwegig sogar! Und doch halten Frauen viele Produkte für ungefähr genauso lausig, nutzlos und wenig bekömmlich wie einen lackierten Apfel mit einem Autoreifen und Glassteinen, an denen man sich einen Zahn ausbeißen könnte. Wohlgemerkt: Es sind noch immer vornehmlich solche Produkte, die für weibliche Zielgruppen entwickelt werden, die am Markt scheitern.

Warum Produkte floppen

Lassen Sie uns einen kurzen Blick auf die Zahlen und die Zusammenhänge werfen: Die Marketingexpertin Tina Müller, die 2013 von einem Marketingposten bei Henkel überraschend in den Vorstand von Opel wechselte, schreibt in ihrem im selben Jahr erschienen Buch *Warum Produkte floppen*, dass 60 bis 80 Prozent (je nach Erhebungsmethodik) aller Produktneueinführungen nach nur einem Jahr wieder verschwunden sind.[2] Nach drei Jahren existieren 90 Prozent nicht mehr. 2006 galt diese Floprate eigentlich nur für die Fast Moving Consumer Goods (FMCG), also für Lebensmittel, Hygieneartikel etc. Die Gesellschaft für Konsumforschung (GfK) ermittelte damals in einer gemeinsamen Studie mit dem Markenverband und der Werbeagentur Serviceplan, dass 70 Prozent aller neuen Produkte aus diesem Segment im Handel floppen.[3] Bei den Lebensmitteln waren es zu diesem Zeitpunkt bereits 90 Prozent, die das erste Jahr in den Verkaufsregalen nicht überstanden. Als Hauptgründe wurden mehrere Faktoren festgestellt: ein zu geringer Innovations-

---

[2] Müller, Tina und Hans-Willi Schroiff (2013), S. 11
[3] Markenverband, Gesellschaft für Konsumforschung (GfK), Serviceplan (2006)

grad, der den Endverkaufspreis zudem nicht rechtfertigt, sowie *eine mangelnde Kenntnis der Zielgruppe*. Was diese und andere Studien aber schlicht übersehen, weil sie diesen Punkt gar nicht untersuchen, ist: Der Kauf genau dieser Produkte wird zu 90 Prozent von Frauen entschieden![4] Wer traut sich da noch von Zufall zu sprechen? Bei 90 Prozent kann wirklich niemand mehr von einer bloßen stochastischen Korrelation ausgehen. Da besteht eindeutig ein Zusammenhang.

Im Marketing geht es nicht um Geschlechtergerechtigkeit, sondern um belastbare Faktoren wie Umsatz, Ertrag und Rendite: Alljährlich werden 30.000 neue FMCG-Artikel auf den Markt gebracht.[5] In der Erhebung der GfK von 2006 wurde ermittelt, dass die 70-Prozent-Flopquote allein bei den schnelldrehenden Alltagsgütern einem „vermeidbaren jährlichen Fehlinvestment von 10 Milliarden Euro" entspricht. Darin sind die entstandenen Schäden in Form entgangener Gewinne, verlorener Marktanteile etc. noch gar nicht enthalten. Was bedeuten demnach 70 Prozent Verluste bei Neueinführungen für sämtliche Konsumsegmente zusammengenommen?

Für die hohe Flopquote gibt es sicher einen ganzen Katalog an Erklärungen. Die wichtigste Frage muss allerdings immer lauten: Wissen wir wirklich, was wir da für wen tun? Diese Frage mag zunächst trivial erscheinen, allerdings nicht mehr, wenn man sie in Bezug auf den jährlich zusammengetragenen „Scheiterhaufen" der Produkte stellt.

„Was dich umgibt, das prägt dich"

Seit 1990 bin ich im Marketing tätig. Was mich seither am meisten verblüfft, ist, wie wenig sich viele Unternehmens- und Marketingentscheider, Produktentwickler und sogar Werbefachleute von ihrer subjektiven Wahrnehmung, den Gepflogenheiten ihres unmittelbaren sozialen Umfelds sowie der sie umgebenden Lebenswelten lösen können. Stets glauben wir, dass das, was wir um uns herum vorfinden, die ganze Welt darstellt. Es ist scheinbar einfach zu schwierig, unser Weltbild als kleinen Ausschnitt aus dem großen Ganzen zu begreifen. Es ist schwer vorstellbar, wie ganz andere Gesellschaftsgruppen leben. Umso mehr gilt das offenbar für das jeweils andere Geschlecht. Im Geschäftsleben sind die Auswirkungen fatal, wenn männliche Entwickler und Entscheider sich ihres Mangels an Einfühlungsvermögen bezüglich ihrer Nutzerinnen und Käuferinnen nicht bewusst sind. Die folgenden Ausführungen gelten für Marketingfehler aller Art, und doch verdient ihre Betrachtung mit den Vorzeichen weiblich/männlich besondere Aufmerksamkeit. Sehen Sie selbst!

---

[4]   Jaffé, Diana (2005), S. 104

[5]   Axel Springer AG (2009), S. 26

Einleitung

Was wir sehen und zu verstehen *glauben*, verallgemeinern wir. Dasselbe gilt für persönliche Vorlieben. Doch auch Recherchen können uns in die Irre führen, wenn wir sie nicht umfassend genug durchführen. Das alles kann in Unternehmen jedoch zu falschen Schlussfolgerungen und danach zu schlechten Entscheidungen führen. Hier einige Beispiele für gravierende Fehleinschätzungen aus der Praxis:

Ist der MINI ein Frauenauto?

Weil jeder eine Frau in seinem Familien- oder Bekanntenkreis hat, die den MINI liebt und fährt, halten sogar viele Marketingfachleute den MINI für ein Frauenauto. Doch weit gefehlt! Der MINI spricht Frauen durch sein charakteristisches Design, sein „Gesicht" an. Das stimmt. Die Formen wurden im Laufe der Zeit beibehalten, weil sie das stärkste Charakteristikum dieser Automarke darstellen. Die Frontpartie weist große runde Scheinwerfer auf, dazu ein relativ winziges Markensignet und einen im Vergleich zu früher optisch verkleinerten Kühlergrill, die genauso das Gesicht bilden wie Augen, Nase und Mund bei einem Baby oder Kuscheltier. Frauen vor der Menopause reagieren stärker auf ein Design, das dem Kindchenschema entspricht, als Männer. Neuerer Forschung zufolge liegt das am Östrogen- und Progesteronspiegel.[6] Deswegen finden sie den MINI herzig und süß. Sie kaufen keinen MINI, sondern adoptieren ihn. Doch ist der MINI deswegen ein Frauenauto?

„Nichts ist schlimmer als ein Frauenauto"

Der MINI gehört zu BMW. Wie alle deutschen Autobauer wird BMW von der großen Angst getrieben, dass Männer das Interesse verlieren, wenn ein Produkt oder gar die ganze Marke „zu weiblich" wird. Mehr noch: Der befürchtete Schaden wäre unbezifferbar, wenn der „Imageschaden" aufgrund eines weiblichen MINIS auf BMW übergreifen würde! Also steuert BMW permanent dagegen. Positioniert wird der MINI — wie so viele andere Kleinwagen — als Auto für junge Männer. Dafür werden auch internationale Ereignisse, wie zum Beispiel der Snowboard-Wettbewerb Burton High Fives in Neuseeland, gesponsert, wo auch Nokia und Oxbow versuchen, bei den jungen Männern zu landen, selbst wenn dort auch ein Frauen-Wettbewerb ausgetragen wird. Die überwiegende Anzahl der Snowboarder weltweit sind junge Männer. Übertragen wird dieses Event dann auf Sendern wie Servus TV, der zu Red Bull gehört. Bereits im Mai 2006 gab der inzwischen verstorbene BMW-Vorstand Michael Ganal der *Frankfurter Allgemeinen Sonntagszeitung* ein Interview mit dem

---

[6] Lobmaier, Janek S. et al. (2010)

Titel „Nichts ist schlimmer als ein Frauenauto".[7] An dieser Grundhaltung hat sich bis heute nicht viel geändert.

Männliche Marketingkommunikation

Die MINIS sind keineswegs mehr so mini wie sie einmal waren. Sie wachsen beständig, werden von Modellreihe zu Modellreihe immer ein Stück größer. Die Sondermodellreihen sind keineswegs an ihrem Blümchendesign zu erkennen, sondern kommen hart und härter daher: Die Marke selbst nennt das Modell „John Cooper Works", den „Extremsportler unter den MINIs". Extremsport ist, wie wir noch sehen werden, vornehmlich ein männliches Thema. Die Marketingkommunikation ist auf junge Männer ausgerichtet, was sich allein dadurch zeigt, dass in keinem MINI-Werbespot der letzten Jahre eine Frau am Steuer zu sehen gewesen war. Wie bei fast allen anderen Marken und Modellen ist ihr Platz auch 2014 auf dem Beifahrersitz. Stattdessen findet man den MINI beispielsweise als Produktplatzierung in *The Big Bang Theory*, der ausgesprochen beliebten US-amerikanischen Comedy-Serie über ein paar spleenige Nerds.

Der MINI als Produkt und die Marketingstrategie eignen sich nicht als Lehrbeispiel für Marketing für eine weibliche Zielgruppe. Frauen kaufen den MINI *trotz* der Positionierungs- und Kommunikationsstrategie, nicht deswegen.

Dass Autobauer auch in Bezug auf männliche Zielgruppen nicht immer richtig liegen, zeigt der folgende Fall. Der MINI Roadster wurde ausschließlich mit Fokus auf männliche Käufer und Fahrer entwickelt. Doch im Gegensatz zum Standard-Cabrio verkauft sich der dachlose Flitzer so gut wie gar nicht. Gerade bei kleineren Cabrios lässt sich an Wochenenden oft beobachten, dass die Frau auf dem Beifahrersitz Platz nimmt und das Steuer ihrem glücklich lächelnden Partner überlässt. Während insbesondere die kleineren Cabrios eher „Frauenautos" sind, sind Roadster rasante Speed-Maschinen und gehören in die Kategorie Männerspielzeug. Es steht zu vermuten, dass Männer bei Roadstern, die ohnehin kein großes Marktsegment darstellen, gänzlich andere Vorstellungen haben. Ein MINI-Roadster besteht den Vergleich mit einem ausgewachsenen Cabrio-Sportwagen nun einmal nicht. Bei „Sportster" kommen Männern automobile Träume in den Sinn, die bereits in den 1960er-Jahren so klangvolle Namen trugen wie Jaguar, Austin-Healey, MG, Alfa Romeo und Maserati. Auch im heutigen Vergleich kann der MINI Roadster nicht mithalten. Schon der Nissan 370Z Roadster heimst ausgezeichnete Testergebnisse ein. Doch nach oben ist die Skala völlig offen. Der Wiesmann Roadster MF5 ist

---

[7]   Meck, Georg (2006)

ebenso ein Traum wie der Roadster mit Elektroantrieb von Tesla oder der SLS AMG GT Roadster FINAL EDITION von Mercedes. Da kann ein MINI-Roadster beim besten Willen nicht mithalten.

Die Porsche-Küche von Poggenpohl

Nur weil etwas produziert und angeboten wird, heißt das noch lange nicht, dass es sich um ein verkäufliches oder gar erfolgreiches Produkt handelt. Manchmal verfolgt die Existenz eines Produkts jedoch ein anderes Ziel als seinen eigenen Abverkauf. Da gibt es zum einen die Produkte, die einen Ankerpreis setzen. Da bekannt ist, dass Konsumenten einen Verkaufspreis nur relativ zu vergleichbaren Produkten wahrnehmen, hat es sich im Handel als sinnvoll erwiesen, neben den Top-Sellern ein beinahe unanständig teures Produkt zu platzieren. Seine Funktion besteht ausschließlich darin, die Entscheidung für die anderen Produkte zu erleichtern, weil Kunden diese dann als eine preislich absolut vernünftige Wahl empfinden.[8]

Neben den „Ankerpreis-Produkten" gibt es die Produkte, die „auf die Marke einzahlen". Auch ihre Aufgabe liegt nicht darin, sich gut zu verkaufen, sie dienen vielmehr der Imagebildung. Oftmals ist dies aber in der Praxis gar nicht so leicht ersichtlich. Bei den Concept Cars der Automobilhersteller ist klar, worum es geht, denn die meisten gehen nie in Serie. Anders in anderen Branchen: Hier werden diese imagebildenden Güter(Entwicklungen) teilweise sogar sehr aktiv beworben. Dies gilt insbesondere für Branchen, die individuell nach Kundenbedarf fertigen und deren Produkte nicht auf Vorrat produziert werden. Ein gutes Beispiel hierfür ist der Küchenanbieter Poggenpohl mit der Küche im Porsche-Design. Diese vornehmlich schwarze Küche mit Aluminiumrahmen wurde beim Porsche-Designstudio in Auftrag gegeben, das 1972 vom ehemaligen Porsche-Chefdesigner Ferdinand Alexander Porsche gegründet wurde. Diese sofort einprägsame, weil unterschwellig extrem anmutende Küche unterstreicht die Positionierung von Poggenpohl als architektonisch-orientierte, optisch reduzierte, technisch ausgerichtete Marke.

Die Porsche-Küche verkauft sich kaum, hinterlässt aber einen markanten Eindruck. Außerdem wirkt auch der wertvolle Name Porsche auf die Marke Poggenpohl ein. Allen, denen Poggenpohl bislang kein Begriff war, lernen durch die Porsche-Küche etwas über die nicht zuletzt auch preisliche Positionierung des Unternehmens. Weil es sie aber gibt und weil sie so stark kommuniziert wird, lassen sich auch Marketingexperten zu der Schlussfolgerung hinreißen, die Poggenpohl-Küche sei ein weiterer Beweis dafür, dass die Bedeutung des Mannes im Küchen- und Ernährungsumfeld der Familie signifikant steigt. Weiter folgen sie, dass der Markt

---

[8] Schwartz, Barry (2004), S. 71 ff., Ariely, Dan (2008), S. 37

für Männerprodukte in diesem Lebensbereich deutlich wächst. Eine weitere Deutungsvariante lautet: Kundinnen teilen den Design-Geschmack von Männern, und dafür seien Designs wie von Poggenpohl ein eindeutiger Beleg. Dem ist aber nicht so. Diese verzerrten Eindrücke entstehen dann, wenn die Verkaufszahlen — und die Absicht der Markteinführung — nicht überprüft werden.

Fehler im Marketing

Die oben aufgeführten Flopraten bei neuen Produkten haben eine weitere Ursache, die in der Ergebnispräsentation der GfK-Studie nicht auftaucht. Ob sie erhoben wurde, vermag ich nicht zu sagen. Allerdings habe ich seit 1990 in den unterschiedlichsten Branchen beobachten können, dass Produkteinführungen von Wettbewerbern allzu häufig zu blindem Aktionismus führen: „Die haben's gemacht, also brauchen wir auch so etwas." Nicht selten klingt die Aufforderung an die Produktentwickler dann auch so: „Meier! Warum haben die's und wir nicht?!" In solchen Schrecksituationen, die sehr lange anhalten können, analysiert niemand mehr die Sinnhaftigkeit, Markttauglichkeit oder den Verkaufserfolg eines Wettbewerbsprodukts. Verblüffend oft wird davon ausgegangen, dass die Konkurrenz ihre Hausaufgaben gründlich gemacht hat, während gleichzeitig ruhigen Gewissens darauf verzichtet wird, die eigenen zu machen. Die Möglichkeit, dass sich der Wettbewerber womöglich ganz genauso verhalten und auch panisch bei anderen kopiert hat, wird völlig ausgeblendet. Tatsächlich passiert das aber sehr häufig! Fremde Fehler werden einfach abgeschaut, aber noch weiß man ja nicht, dass es sich um einen Fehler handelt. Da es aber nicht danach aussehen soll, als hätte man sich unrechtmäßig bei anderen bedient, wird das eigene Produkt mit allerlei Marketing-Klimbim als innovative Eigenentwicklung präsentiert. Doch die Kunden — und insbesondere die Kundinnen! — sind meistens gar nicht so dumm, denn bei ihnen fällt so ein Produkt schlicht und ergreifend durch.

Typische Fehler bei der Ansprache der weiblichen Zielgruppe

Besonders häufig kommt diese Fehlerkategorie (meistens gepaart mit einem oder gleich mehreren der anderen hier aufgeführten Punkte) in der Consumer-Electronic-Branche vor. Seit Jahren wird nach Wegen gesucht, um die weibliche Zielgruppe anzusprechen. Insbesondere in den USA ist „Marketing to Women" seit über 20 Jahren eine Disziplin, die zwar bei Weitem noch nicht alle beherrschen, die sich aber als Notwendigkeit für Geschäftsentwicklung und Wachstum etabliert hat. Viele tun es also schon, manche aber ernten für ihre „Versuche" eine Menge Gegenwind. In Zeiten von Social Media erkennt ein Unternehmen schnell, ob es mit einem neuen Produkt die Bedürfnisse der gewünschten Zielgruppen wecken und befriedigen konnte — oder nicht. Ziemlich zeitgleich haben 2009 Intel und Dell Frauen ansprechen wollen, nur hat es bei Intel fast keiner mitbekommen, obwohl es genauso ungelenk war wie bei Dell. Einige Jahre zuvor war Hewlett Packard bereits mit einem Laptop im „Frauen-Design" gescheitert, obwohl es online auch beworben wurde. Es war vor der Hoch-Zeit von Facebook und Co., also war der Imageschaden bei diesem Produktflop marginal. Dell launchte also 2009 eine Website für das Inspiron Mini 10 Netbook ausschließlich für die Zielgruppe Frau. Die Website lautete www.della.com [sic!]. Und auf dieser Website gab es nicht nur bunte Laptops (die es schon vorher bei SONY als Vaio gegeben hatte) und gemusterte Oberflächen, sondern auch Belehrungen darüber, was Frauen mit einem Netbook so alles machen könnten. Hier ein Auszug aus einem Text der damaligen Della-Website:[9]

Sieben unerwartete Weisen, wie ein Netbook Ihr Leben verändern kann

Nachdem Sie darüber hinweggekommen sind, wie niedlich sie sind, werden Sie herausfinden, dass Netbooks viel mehr können als nur die E-Mails damit zu checken.

1. Werden Sie schlauer: Es ist ganz leicht, das Netbook in einen vollständigen tragbaren E-Book-Reader umzuwandeln. [...]
2. Werden Sie gesünder: Notieren und verfolgen Sie Ihre Sportübungen und Ihre Essensaufnahme auf kostenlosen Online-Sites wie Fitday. Nutzen Sie Ihren Mini um ganz einfach Kalorien zu zählen, Kohlenhydrate und Eiweiß, schauen Sie sich online Fitness-Videos an, kartieren Sie Ihre Laufrouten und mehr.
3. Essen Sie besser: Finden Sie online Rezepte, Geschäfte [...] und schauen Sie sich Kochvideos an.
4. Kriegen Sie Ihre Organisation in den Griff: Denken Sie daran, dass Milk ein kostenloser, anpassbarer Online Task Manager ist, der einfach zu bedienen ist: Sie verfolgen Ihre Zeit, stellen Listen auf und senden sich selbst Erinnerungen mit Google Calendar und Google Tasks. [...]
5. Chill out: Gestresst? Ihr Mini kann Ihr Meditationskumpel sein, wenn Sie Mini-Pausen während des ganzen Tages machen (tragen Sie sie mit Erinnerungen in Ihren Kalender ein). Sie können kostenlose geführte Meditationen finden, Meditationspodcasts herunterladen, Yoga-Videos anschauen, beruhigende Diashows mit Bildern und Musik zusammenstellen und durch die Visible Earth Images der NASA zu Glückseligkeit kommen.
6. Reisen Sie klüger: Ihr leichtgewichtiges, einpackbares Netbook kann Ihre Reiseerfahrungen verändern, ob Sie in der Stadt pendeln oder per Rucksack die Welt bereisen. Nutzen Sie das Netbook, um über Ihre Reise zu vloggen und zu bloggen, um Ihre Blogs in andere Sprachen zu übersetzen, um Wäh-

---

9   Auszug aus der Website www.della.com (Übersetzung: Diana Jaffé)

rungen umzurechnen, Wettervorhersagen einzuholen, Fotos zu sammeln, zu editieren und heraufzuladen, um sich an Flughäfen, in Zügen und Bussen zu unterhalten.

7. Bleiben Sie in den Wolken: „Cloud Computing" ist ein Buzzword dafür, was Ihr Mini am besten kann: Geld und Zeit sparen, indem Sie kostenlose Apps für alles nutzen, was Sie benötigen — das heißt, Sie müssen nicht einen Haufen Programme kaufen, installieren oder updaten, die viel Festplatten- und Arbeitsspeicher kosten. […]

Nach nur drei Tagen war die Empörung in der gesamten westlichen Welt so groß und laut[10], dass Dell auf Della eine Quasi-Entschuldigung veröffentlichte: Die sieben Punkte wurden auf fünf reduziert und blieben im Wesentlichen gleich. Nach etwa einer weiteren Woche gingen die Website und die gesamte Kampagne für das Netbook offline.

Mit den Konsequenzen, die das Marketing von Della nach sich zog, haben sich viele Branchenkollegen nicht befasst. Casio brachte 2010 seine Kamera Exilim EX-Z330 mit dem Make-up-Modus auf den Markt.[11] Als eine von vielen Funktionen in einer als insgesamt sehr gut geltenden Kamera ist dieser Modus sicherlich alles andere als verwerflich, doch er wurde in einigen Ländern sehr offensiv mit dem Motiv einer Exilim-Kamera beworben, aus der Make-up-Utensilien wie aus einem Schminktäschchen herausragen. Das kam nicht so gut an.

Der Frauenlaptop „Floral Kiss"

Im Oktober 2012 kündigte Fujitsu die Einführung einer eigenen Marke für „Frauenlaptops" an: „Floral Kiss". Hier machte man sich einige Gedanken zu Anwendungen für Frauen und kam zu dem Schluss, dass tägliche kostenlose Horoskope für Frauen sehr wichtig seien. Daher sollte das Gerät mit einem kostenlosen täglichen Horoskop-Feed ausgestattet werden. Das Laptop würde in weiß, rosa und luxuriösem braun (!) erhältlich sein.[12] Überflüssig zu sagen, dass braun eine der Farben ist, die Frauen in der westlichen Welt am meisten verabscheuen, und auch rosa funktioniert nur auf asiatischen Märkten und in bestimmten Gruppen in den USA. Spätestens nach den ersten Reaktionen der Presse wurde von einer Markteinführung außerhalb Japans verzichtet.[13]

---

[10] Casserly, Meghan (2009)

[11] http://bit.ly/KkIfIE

[12] Fujitsu Limited (2012)

[13] Peacock, Louisa (2012)

Das ePad Femme

Ebenfalls verzichtet wurde auf die Einführung des ePad Femme, dem ersten Tablet-PC für Frauen, außerhalb des Nahen Ostens. Es wurde von der arabischen Firma Eurostar für den arabischen Markt entwickelt und zeichnet sich dadurch aus, dass es vorinstallierte Apps enthält: Kochrezepte, Sport und Spiele. Dieses Tablet sorgte nicht nur in westlichen Ländern für Kopfschütteln, sondern auch in den arabischen Ländern, denn in Bahrain, Kuwait, Oman, Quatar, Saudia Arabien und in den Vereinigten Arabischen Emiraten liegt die Erwerbsquote bei den Frauen zwar nur bei 20 Prozent, aber es gibt neuen Studien zufolge mehr weibliche Universitätsabsolventen als männliche.[14]

Ebenfalls im Frühjahr 2013 stellte Samsung in den USA das neue Smartphone S4 in einer auch für andere Länder gedachten Show vor, die sich mit den legendären jährlichen Apple-Inszenierungen messen wollte. Die Show sprach nicht für die Veranstalter oder das Unternehmen, denn die in die Show eingebauten Frauen wurden „dumm wie Brot" gezeichnet. Das war sogar CNN Money einen kleinen Zusammenschnitt und viel Kopfschütteln wert.[15]

Übrigens: Viele Marketingfachleute betreiben allgemeines Marketing und solches für Nischen-Zielgruppen. Und wie der Dell-Sprecher Bob Kaufmann damals im Zusammenhang mit dem Della-Desaster in einem Interview bei NBCNews.com sagte, Dell mache eben außer della.com auch Spezialseiten für andere Gruppen, so beispielsweise für Gen-Y-Musikliebhaber oder auch für begeisterte PC-Spieler.[16] Mit solch einer Sichtweise stand und steht Della nicht allein. Nur sind Frauen keine Nische, sondern 52 Prozent der Weltbevölkerung.

Falscheinschätzung der weiblichen Zielgruppen

Die schiere Falscheinschätzung von Märkten und Zielgruppen bzw. die erstaunlich häufige Überschätzung des eigenen Wissens sind ein alltägliches Phänomen. Die an einer Produktentwicklung und -einführung Beteiligten haben ziemlich genaue Vorstellungen von ihrer Zielgruppe, so genaue, dass sie ihre Annahmen oftmals gar nicht nachprüfen. Sehr beliebt ist auch die Erstellung von *Personas*, typisierten Zielgruppenmodellen. Das mag bei sehr heterogenen, sehr eng umfassten Gruppen gerade noch funktionieren, die oft aber schon aufgrund der nötigen Präzisie-

---

[14] Gradstein, Linda (2013)
[15] http://bit.ly/1i1Y6qE
[16] Choney, Suzanne (2009)

rungen keine rentable Größe mehr aufweisen, doch insbesondere bei weiblichen Zielgruppen versagt diese Vorgehensweise in der überwiegenden Anzahl. Frauen sind hinsichtlich ihrer Eigenschaften, Vorlieben und Verhaltensweisen verglichen mit Männern extrem heterogen. Was Frauen brauchen und wünschen ist mit klassischen Personas nur in sehr seltenen Fällen sinnvoll abbildbar, wenn es um Komplizierteres als Teelichter geht.

Produkte aus dieser Fehlerkategorie sind leicht erkennbar, und meist daran, dass sie für Frauen gedacht sind und rosa sind, obwohl sie nichts mit Nagellack zu tun haben. Rosa gilt als Verkaufsgarantie bei Mädchenspielzeug. So ist Ferrero 2012 auch auf das rosa Überraschungsei für Mädchen gekommen, wo doch in den Jahrzehnten zuvor das Unisex-Ü-Ei vollkommen ausreichte. Dies ist aber keineswegs ohne weiteres übertragbar.

Frauenzone im Media Markt — das Internet spottet

Ebenfalls 2012 versuchte Media Markt in Österreich, eine Frauenzone einzuführen. In 31 Märkten wurde eine 30 Quadratmeter große rosa „Women's World" eingerichtet, die noch am Tag der Eröffnung international für Spott und Häme sorgte, so sehr, dass sogar männliche Medien wie *Heise.de*[17], das *Handelsblatt*[18] und die *Wirtschaftswoche* genüsslich darüber berichteten. Bei der Online-Community ist auch BIC zu einer zweifelhaften Berühmtheit gekommen. Die Kommentare auf der US-amerikanischen Amazon-Produktseite zum Chrystal For Her Ball Pen haben internationalen Kultstatus erreicht. Die „Likes" für die besten „Produktrezensionen" sind so hoch, dass so mancher Konzern für seine geplanten Social-Media-Aktionen nicht einmal davon träumen kann. So schreibt die „hilfreichste" Rezensentin Tracy Hamilton über den „Kugelschreiber für Sie": „Jemand hat meine zarten Gebete erhört und ENDLICH einen Kugelschreiber entwickelt, den ich den ganzen Monat lang nutzen kann! Ich benutze ihn, wenn ich schwimme, auf einem Pferd reite, am Strand spazieren gehe und Yoga mache. Er ist bequem, auslaufsicher, nicht rutschig und ich fühle mich dadurch so feminin und hübsch! Seitdem ich begonnen habe, diese Stifte zu nutzen, finden mich Männer attraktiver und zugänglicher. Er [der Stift] hat meine Haut zarter gemacht, mein Haar pflegeleichter, und er hat mir wirklich das Selbstbewusstsein gegeben, das ich brauchte, um einen Buchclub zu eröffnen und um mit dem Tüten-Einpacker in meinem Supermarkt zu flirten. Meine Zeichnungen von Kätzchen und Ponys sind besser geworden, und nun, da ich meinen Namen als Doppelname mit Robert Pattinsons Nachnamen schreibe, glaube

---

[17]   Rabenstein, Andreas (2012)

[18]   Groh-Kontio, Carina (2012)

ich wirklich, dass er mich eines Tages heiraten wird! Mir ist wunderbar schwindelig. Diese klugen Männer aus dem Marketing sind mit einem Stift herausgekommen, mit dem meine weiblichen Teile sich wirklich identifizieren können! Wo war dieser Stift mein ganzes Leben lang???"[19]

Auch viele Männer können sich eines Schmunzelns über solche Angebote nicht erwehren. John McGowan kommentierte: „Ich lebe bei meinen Eltern, und als mein Vater mich dabei erwischte, wie ich diese Stifte benutzte, warf er all meine Sachen in den Müll, und nun nimmt er mich mit auf die Jagd."[20]

Wesentlich bedenklicher scheint da die Kommunikationskampagne von Motorolas Moto X im Jahr 2013. Unter anderen Fehltritten fand sich auf der Website für das Moto X auch das folgende Motiv.

Abb. 1: Motorolas bedenkliche Kommunikation gegenüber Teenagern: „Is bigger really better?"
Quelle: Screenshot Motorola, 2013

---

[19] http://amzn.to/IY1dmQ (Übersetzung: Diana Jaffé)
[20] Übersetzung: Diana Jaffé

Ganz offenbar richtet sich dieses Motiv an weibliche Teenager. Darauf weisen die abgebildeten Accessoires wie das pinke Jo-Jo mit Rosenmotiv, die Glitzermütze, die Haarspange etc. eindeutig hin. Was macht dann der — vorsichtig formuliert — anzügliche Spruch darauf? Die Frage, ob größer wirklich besser ist („Is bigger really better? You decide. (16 oder 32 GB.)"), wird umgangssprachlich nicht nur im Deutschen, sondern auch im Englischen ausschließlich mit der Vorliebe für die Größe des männlichen Fortpflanzungsorgans verbunden. So möchte man doch meinen, dass dies keine Frage ist, die 12-jährigen Mädchen gestellt werden sollte. Dass dieses und auch weitere Motive derselben Art auf der Firmenwebsite nicht akzeptabel sind, insbesondere im Zusammenhang mit Kindern und Jugendlichen, hat Motorola erst nach diversen Protesten verstanden. Die anzügliche Aufforderung wurde in eine harmlose, aber etwas zusammenhanglose geändert: „Spiel Goldlöckchen und wähle die richtige Größe für dich. 16 oder 32 GB."[21]

Viele Firmen verkennen ihre bisherigen Käufer als Gesamtheit ihres Marktpotenzials. Weil sie sich schon immer (oder doch schon sehr lange) auf eine bestimmte Kundschaft ausgerichtet haben, nehmen sie ihre eigenen Scheuklappen nicht mehr wahr. Viele Unternehmen betreiben Marktforschung, die jedoch meistens so konzipiert ist, dass sie auch nur die bisherigen Kunden untersucht. Eine echte Marktpotenzialanalyse, um Markt- und Bedürfnisveränderungen bei Verbrauchern zu ergründen, führt so gut wie niemand durch. Das ermöglicht jungen Ideenträgern, in bombenfest erscheinende Märkte einzubrechen. In den USA gibt es bereits eine ganze Reihe von Anbietern, die in unterschiedlichen Geschäftsgrößenordnungen den Wasch- und Putzmittelmarkt aufmischen. Statt einmal mehr auf die Familienmutti zu setzen, haben sich diese jungen, oft männlichen Firmengründer gezielt an ihrem Lebensumfeld orientiert und viele neue Themen generiert.

Während hierzulande Sagrotan mit chemischen Keulen gegen jede Art von Bakterien vorgeht und bekanntermaßen dadurch so manche Allergien bei Kindern und älteren Menschen begünstigt, richten sich in den USA viele kleinere Anbieter mit ihren Hygieneartikeln gegen Gifte im Wohnumfeld. Da gibt es vegane Allzweckputzmittel, spezielle Windelwaschmittel und jede Menge cool aussehende Verpackungen — gerade auch für den modernen jungen Mann, der sich womöglich auch noch fanatisch vegan ernährt und Fair-Trade-Kleidung trägt. Ich höre schon den Aufschrei, dass dies nicht den Löwenanteil des Marktes ausmacht. Natürlich nicht, möchte ich allen wachen Leserinnen und Lesern entgegnen. Doch all diese Anbieter beeinflussen mit ihren Ideen mittel- bis langfristig fundamental unsere Ansprüche an diese Produkte. Noch sind es nur die Opinion Leaders und Early Adopters, aber es ist nur eine Frage der Zeit, bis sich auch die Mehrheit der Verbraucher fragt,

---

[21] Barrett, Brian (2013)

wieso es Putzmittel mit so viel Chemie braucht, zumal sich viele Inhaltsstoffe auch umweltschädigend auswirken, wenn es mit umweltfreundlicheren Produkten auch geht.

Verlust der weiblichen Stammkundschaft

Gut eingeführte Unternehmen mit treuer Stammkundschaft müssen selbstverständlich vorsichtig mit radikal anderen Angeboten oder gar Neupositionierungen umgehen. Die Geschichten über den Verlust der Stammkundschaft bei missglückten Versuchen sind legendär. Eines der ältesten US-amerikanischen Traditionskaufhäuser, J. C. Penney, wollte sich dringend verjüngen und holte sich dafür einen neuen Vorstandsvorsitzenden. Im November 2011 trat Ron Johnson, der von Apple kam und die Apple-Store-Konzepte verantwortet hatte, den Job an. Wirtschaftszeitschriften wie Forbes feierten das Engagement von Johnson mit Überschriften wie „Weshalb J. C. Penney der interessanteste Händler des Jahres 2012 sein wird".[22] Nur war Mr. Johnson etwas zu radikal. Er kannte sich mit der Mittelschichtsstammkundin von J. C. Penney, die Rabatt-Coupons und Sonderangebote liebt, nicht aus. Er wollte das Kaufhaus von heute auf Morgen zu einem sehr coolen Laden transformieren. Nach einer schier endlosen Reihe von schwerwiegenden Fehlern, darunter unzureichend geprüfte Verträge mit der Firma der Haushaltsikone Martha Stewart, die zu Rechtsstreitigkeiten mit Konkurrent Macy's führten[23], wurde Johnson nach nur 17 Monaten aus seinem Amt wieder entfernt. Er hinterließ trotz bester Absichten einen enormen Scherbenhaufen. Johnson hatte Abermillionen Dollar in den Umbau des Unternehmens, der Marke und der Geschäfte gesteckt, während die Umsätze von 17 Milliarden US$ in 2011 auf 13 Milliarden US$ fielen.[24] Er hatte das größte Desaster überhaupt verursacht, denn es brachte den Traditionshändler an den Rand der Insolvenz. Die Aktie hatte unter seiner Führung 50 Prozent an Wert verloren, nach seinem Weggang war das Unternehmen in einem dermaßen desolaten Zustand, dass weitere 20 Prozent des Unternehmenswerts verbrannten.[25] Myron E. Ullmann III, der CEO vor Johnson, übernahm wieder den Posten und war mit der vollständigen Rückabwicklung aller Neuerungen Johnsons beschäftigt.

---

[22] Heller, Laura (2012)

[23] J. C. Penney gab im langen Rechtsstreit gegen Macy's 2013 schließlich auf und verzichtete auf den Vertrieb der Martha-Stewart-Produkte, was die Rückgabe von 11 Millionen Anteilen an deren Firma Omnimedia beinhaltete.

[24] Panaritis, Maria (2013)

[25] de la Merced; Michael J. (2013)

Geschlechtsspezifische Produkttests

Ich habe über die Jahre mit vielen Usability-Testlabors gesprochen. Dabei stellte sich heraus, dass keines von ihnen konsequent und methodologisch durchgehend korrekt geschlechtsspezifisch testet. Gleichzeitig beklagten im Grunde alle, dass die Unternehmen viel zu spät testen. Erst wenn das Produkt im Prinzip schon fertig ist, wird die Usability bzw. die User Experience geprüft. Oftmals ist das Produkt, das Kommunikationsmedium, der Webshop bereits bei der Kundschaft durchgefallen, oder aber ein Verkehrsleitsystem hat sich als unverständlich, ein U-Boot als schlecht benutzbar für seine Crew erwiesen (kein Scherz!). In den letzteren Fällen wird immer nachinvestiert, in den ersten drei Fällen oftmals eingestampft, weil eine Neuentwicklung billiger wäre als eine Nachbesserung.

Es gibt Altersanzüge, in die junge Leute schlüpfen können, um zu simulieren, wie es sich anfühlt, in einem alten Körper zu stecken. Natürlich simuliert er nicht das Denken im hohen Alter. In einer alternden Gesellschaft ist es selbstverständlich wichtig, sich ernsthafte Gedanken über die Bedürfnisse sowie die körperlichen und geistigen Möglichkeiten älterer Menschen zu machen. Um wieviel selbstverständlicher sollte es sein, sich über 52 Prozent der Gesellschaft Gedanken zu machen?! Es hat Jahre gedauert, bis Silvia Zimmermann und ich uns begegnet sind. Sie ist Eigentümerin des Instituts für Software-Ergonomie und Usability AG[26] und war damals Präsidentin des Weltverbands Usability Professionals' Association (UPA). Ihr war sofort klar, wie wichtig es ist, in den Testverfahren zu ermitteln, ob Geschlechterunterschiede bei der Benutzung wovon auch immer existieren, und falls ja, welche. In ihrer inzwischen fast zwanzigjährigen Praxis ist sie damit jedoch noch nie beauftragt worden. Das fehlende Bewusstsein für die Bedeutung der Geschlechterunterschiede im Marketing bei fast allen Unternehmen mussten wir auch bei einem gemeinsamen Termin bei einem der weltweit größten IT-Unternehmen feststellen. Anbieter einer Software zur Analyse von Reaktionen auf und Nennungen von Marken und Produkten in den Sozialen Netzen waren sich die Produktverantwortlichen zwar ohne Zweifel darüber bewusst, dass ihr Tool nicht länger nur von Nerds verwendet wurde. Vielmehr vermarkteten sie es gezielt an die Marketingabteilungen und Human Ressources (HR). Diese Abteilungen haben reges Interesse daran, zu monitoren, welche Ansichten unter potenziellen Kunden und eventuell künftigen Mitarbeitern über ihre Produkte bzw. ihr Unternehmen kursieren. Dem IT-Unternehmen war außerdem bewusst, dass in den Marketing- und HR-Abteilungen viel mehr Frauen beschäftigt waren als in der IT-Abteilung, mit der man sonst zu tun hatte. Dennoch vergaßen sie, die Benutzeroberfläche auch für Nicht-IT-Experten verständlich zu machen. Und was

---

[26] http://www.usability.ch/

Einleitung

Silvia Zimmermann und mir sofort auffiel, dem Projektteam aber noch nie in den Sinn gekommen war: Die gesamte Analysesoftware war so konzipiert, dass sie ausschließlich männliches Kommunikationsverhalten aufnehmen und analysieren konnte! Das internationale Expertenteam, das diese Software entwickelte, hatte schlicht nichts davon gewusst, dass Frauen und Männer Social Media unterschiedlich nutzen und verschiedene Kommunikationsstile aufweisen. Und dies war das aufwendigste und teuerste System des gesamten Produktbereichs! Da war uns sofort klar, dass die anderen Anbieter erst recht keine besseren Daten liefern konnten. In Kapitel 2.4.3 finden Sie mehr zu weiblicher und männlicher Kommunikation in den Sozialen Medien.

Einmal fragte mich eine Managerin eines großen Food-Konzerns, wie es passieren könne, dass Produkte selbst dann durchfallen, wenn sie gründlich auf Herz und Nieren geprüft worden seien. Ein entscheidender Faktor ist, dass jegliche Marktforschung fast immer unter Laborbedingungen erfolgt. Bei angeblich tiefenpsychologischen Gruppenbefragungen und bei irgendwelchen Inszenierungen wird viel Fantasie zutage gefördert, doch das alles hat nichts mit dem realen Leben der Kaufentscheider zu tun. Oft genug sitzen in Meetings, in welchen über die zu vermarktenden Produkte, die ausschließlich von Frauen gekauft werden, zur Hälfte Männer. Gruppendynamiken in „Fokusgruppen" werden komplett ignoriert, die zu angepasstem oder sonstigem veränderten Verhalten führen. Mystery-Shopper werden mit Anweisungen und Testzetteln losgeschickt, die sich jemand am grünen Tisch ausgedacht hat und die jeglicher Nähe zu irgendeinem realem Kundenverhalten entbehren.

Wer ernsthaft etwas Verwertbares über Kundinnen und Kunden erfahren möchte, kann das nur in Beobachtungen der Spezies Kunde in freier Wildbahn lernen, quasi am Ort der Verrichtung, also am Point of Sale (POS) und an den Points of Usage. Befragungen fördern nur unter sehr seltenen Bedingungen verwertbare Ergebnisse.

Fazit

Die erschütternden Flopraten sagen vor allem eins: All diese hier beispielhaft genannten Unternehmen entwickeln am Markt — und damit an den zumeist weiblichen Kaufentscheidern — vorbei. Im Klartext bedeutet dies, dass die meisten Unternehmen nicht verstehen, wie Kunden, vor allem aber wie die Kundinnen „ticken". Es fehlt ihnen an Wissen und Einfühlungsvermögen. Das sind heute vielleicht die größten Defizite in unserer Wirtschaft, zumindest aber im Konsumgüterbereich. Hier wird über alle Produktgruppen hinweg der größte Teil aller privaten Kaufentscheidungen von Frauen getroffen, auch wenn es hierzu für den europäischen Raum noch immer keine belastbaren Studien gibt.[27]

Wissensrückstand hinsichtlich der weiblichen Marketingfaktoren

Gerade weil das Marketing historisch bedingt von männlichen Strukturen, männlichen Entscheidern, männlichen Analysten auf theoretischer Seite und in den Universitäten geprägt wurde und weil diese Weltsicht und Denkweisen noch heute in der Wirtschaft vorherrschen, lässt sich in Bezug auf die notwendigen Veränderungen hinsichtlich des Verhaltens von Unternehmen am Markt völlig frei von feministischen Beweggründen feststellen, dass das Augenmerk nun vor allem auf die weiblichen Aspekte im Marketing gerichtet werden muss. Das mangelnde Wissen in Unternehmen um weibliche Einflüsse und Faktoren stellt gegenwärtig das mit Abstand größte Hindernis für die Entwicklung der Wirtschaft in Zeiten übersättigter Märkte dar. Aus diesem Grund wird der Hauptfokus im Gender Marketing noch lange auf den Frauen liegen, dort wo es Sachverhalte und Zusammenhänge zu erforschen und zu erklären gilt. Hier geht es keineswegs um die gerechtfertigte oder ungerechtfertigte Bevorzugung von Frauen, sondern um die Aufholung eines eklatanten Wissensrückstands, damit die bislang negativen Auswirkungen künftig in erfolgreiche Entscheidungen und Handlungen verwandelt werden.

---

[27] Die seit Jahren überall zitierten 80 Prozent aller Kaufentscheidungen, die angeblich von Frauen getroffen werden, entstammen keiner seriöse Quelle. Durch die unzähligen Wiederholungen werden sie nicht wahrer, aber so ist es nunmal, wenn alle nur voneinander abschreiben. In den USA werden 83 bis 87 Prozent aller privaten Konsumentscheidungen von Frauen getroffen. Tom Peters greift in seinem Buch *Re-Imagine* verschiedene Quellen auf. Was hingegen stimmt, ist, dass Frauen in Deutschland 80 Prozent aller Kaufentscheidungen bei Autos mindestens beeinflussen. Dies habe ich 2010 für einen Fachartikel im Buch *Aftersales in der Automobilwirtschaft* anhand diverser Branchenuntersuchungen errechnet.

Weibliche und männliche Kommunikationsformen

Doch das Geschlecht der Kaufentscheider ist nur ein Teil eines wesentlich größeren Puzzles, wie ich in den vergangenen Jahren feststellen musste. Je tiefer ich in die Materie eintauchte, je mehr Antworten und neue Fragen ich fand, desto komplexer wurde das Bild. Frauen denken stärker in Zusammenhängen als Männer, und in diesem Punkt bin ich typisch für mein Geschlecht. Mit den Jahren sah ich immer mehr Zusammenhänge. In meinem zweiten Buch *Werbung für Adam und Eva* schrieb ich über meine Erkenntnisse zur Marketingkommunikation.[28] Ich hatte festgestellt, dass es neben klaren geschlechtsspezifischen Präferenzen zu Themen und Stilen der Informationsvermittlung in der Werbung tatsächlich auch „weiblichere" und „männlichere" Kommunikationsformen und Kommunikationskanäle gibt. Da dämmerte mir noch immer nicht, dass der Gesamtzusammenhang noch wesentlich umfangreicher sein würde. Ich sammelte weitere Erfahrungen in der geschlechtsspezifischen Marktforschung und ersann eine Reihe eigener Methoden. Dann entwickelte ich gemeinsam mit Vivien Manazon ihren anfänglichen Gender-Sales-Ansatz weiter und schrieb *Verkaufen an Adam und Eva*. Bei Gender Sales wurde offensichtlich, dass die Kundin und der Kunde niemals im luftleeren Raum agieren. Vielmehr entstehen ihr Verhalten, ihre Konsumpräferenzen sowie ihre Kaufentscheidungen stets im Zusammenhang und in Wechselwirkung mit dem Produkt, mit den verfügbaren Informationen, mit dem Vertriebskanal und — in der unmittelbaren Kaufsituation im Geschäft — mit dem Verkaufsberater. Bei genauerem Hinsehen spielte das Geschlecht bei jedem dieser Punkte (sowie an einigen weiteren) eine entscheidende Rolle. Vivien Manazon und ich konnten genau identifizieren, durch welche geschlechtstypischen oder -spezifischen Aspekte ein Kauf zustande kam oder ein Kaufabbruch erfolgte.

Ich begann, für meine Kunden detailliert zu analysieren, welche „weiblichen" und „männlichen" Aspekte ihre derzeitige Arbeit kennzeichneten und wo es zu Reibungen kam. Einmal kam ein großer Pharmakonzern auf mich zu, weil der Business Development Manager intensiver als üblich recherchiert und dabei festgestellt hatte, dass die Medikamente dieses Unternehmens Patienten wesentlich häufiger verschrieben wurden als Patientinnen. Die Krankheitsstatistiken legten nahe, dass Patientinnen öfter eine andere Medikation oder sogar eine Therapie erhielten. Außerdem stellte dieser Business Development Manager, seines Zeichens selbst Arzt, fest, dass Ärztinnen die Präparate dieses Unternehmens deutlich sel-

---

[28] Jaffé, Diana und Saskia Riedel (2011)

tener verschrieben als die männlichen Kollegen. Er wollte wissen, wodurch diese Situationen zustande kamen.[29]

Es sind so spannende Fragen wie diese, die mich schließlich zu der Erkenntnis brachten, dass ich meine ursprüngliche Definition von Gender Marketing signifikant erweitern muss. Als ich Anfang 2004 diesen Begriff prägte und in Umlauf brachte (er stammt also nicht, wie einmal behauptet und oft falsch abgeschrieben wurde, aus den USA, wo man ihn bis vor Kurzem gar nicht kannte), ging ich davon aus, dass es vor allem um die unterschiedlichen Bedürfnisse und Bedarfe von Konsumentinnen und Konsumenten ginge.[30] Jetzt weiß ich, dass diese Betrachtung bei Weitem nicht genügt.

Die erweiterte Bedeutung von Gender Marketing

Gender Marketing betrifft viel mehr Aspekte als nur die geschlechtsspezifischen Bedürfnisse der Kundinnen und Kunden. Auch das Geschlecht einer Marke, des Produkts, der Produktgattung, der Kommunikation und des Händlers (oder anderweitigem Mittlers, z. B. des Arztes in verschiedenen Bereichen der Medizin) spielt eine Rolle. Warum das so ist und wie alles zusammenhängt, werde ich im zweiten Kapitel zeigen.

Ursprünglich wollte ich nur als Herausgeberin dieses Buchs auftreten. Ich wollte ein Buch angefüllt mit zahlreichen großartigen Gender-Marketing-Beispielen von Firmen herausbringen. Seitdem ich mich mit Gender Marketing befasse, bin ich von vielen Flops umgeben: Wenn ich für Vorträge, Seminare, Fachartikel meine Bücher,

---

[29] Bedauerlicherweise kam es quasi durch höhere Gewalt kurz vor Vertragsabschluss zu derart großen Veränderungen im Unternehmen, dass wir dieses Projekt leider nicht umsetzen konnten. Der Schwerpunkt hätte bei der Analyse der Ursachen sowohl für die geringen Verschreibungsraten bei Frauen als auch durch Ärztinnen gelegen. Ich halte es immer für am wichtigsten, zuallererst zu verstehen, wie und weshalb Menschen etwas denken, wie sie dabei empfinden und wieso sie handeln, wie sie es tun. Es gilt, Vermutungen zu vermeiden und stattdessen von den Betroffenen selbst zu erfahren, was in ihnen vorgeht. Wichtig ist aber nicht nur, was ausgesprochen wird, sondern insbesondere das, was nur indirekt und unbewusst mitschwingt oder was verdeckt werden soll, also die sogenannten *hidden agendas*.
Ich habe oft die Erfahrung gemacht, dass Unternehmen zuweilen sogar auf die richtigen Fragen kommen, diese aber gar nicht verfolgen, sondern sie schnell aus ihrem vermeintlich bestehenden Wissen heraus beantworten. Auf diese Weise entstehen *immer* die falschen Antworten und Annahmen! Etwas nicht zu wissen gilt insbesondere in maskulin geprägten Unternehmen als Schwäche. Doch die Erkenntnis des eigenen Nicht-Wissens in Kombination mit dem Mut nachzufragen sind die Schlüssel zu neuen Einsichten – und Innovationen!

[30] Bedarfe und Bedürfnisse sind keineswegs immer deckungsgleich. Denn manchmal wollen Kunden das Eine, brauchen aber in Wirklichkeit etwas anderes. So mag das Selbstbild eines aufsteigenden Sterns am Beraterhimmel nach einem schicken Sportwagen lechzen, doch wenn er im Bereich Unternehmenssanierung tätig ist und womöglich noch in Kürze Vater wird, dann liegt sein tatsächlicher Bedarf eher bei einem unauffälligen Familienauto, das bei Auftraggebern nicht den Eindruck erweckt, allein durch Auftragsvergabe in die Insolvenz zu rutschen, weil Maßanzug und Auto horrende Honorare vermuten lassen.

Einleitung

Kundenprojekte oder für meine Forschungsarbeit recherchiere, dann finde ich jedes Mal eine ermüdende Anzahl von Beispielen für schlechte Produkte, lausigen Verkauf und peinliche Kommunikationsausrutscher. Dazu kommen noch die Unmengen von Exempeln, die aus den unterschiedlichsten Richtungen an mich herangetragen werden, oft von genervten oder enttäuschten Kaufwilligen. Zu meinem größten Bedauern begegnen mir nur selten Beispiele, die mich positiv aufmerken lassen oder gar begeistern. Und wenn ich von guten Beispielen schreibe, dann meine ich keineswegs, dass sie immer „politisch korrekt" sein müssen. Meine beruflichen und persönlichen Maßstäbe lauten: Sie müssen wirtschaftlich funktionieren und dürfen keinen Schaden anrichten. Herablassung gegenüber und Herabwürdigung von Frauen oder Männern oder Menschen, die sich keiner dieser beiden „Kategorien" zuordnen möchten, ist keinesfalls akzeptabel, auch wenn der Grat zwischen Humor und schlechtem Geschmack oft sehr schmal ist.

Frischen Mutes ging ich also an die Recherche, denn ich wollte Produkte und Projekte zeigen, die die Prinzipien des Gender Marketings verstanden haben und diese höchst erfolgreich umsetzen. Es sollten vornehmlich Unternehmen sein, die aus dem deutschen Sprachraum kommen und/oder ihre Gender-Marketingstrategien hier erfolgreich anwenden, denn schließlich sollen Sie daraus Wissen beziehen, das Sie auf ihre Arbeit tatsächlich anwenden können. Märkte können sich kulturell sehr stark unterscheiden, wie der spannende Buchbeitrag über Bayer-Healthcare in Kapitel 3.2 noch zeigen wird.

Ich gebe es wirklich nur ungern zu, aber die Suche nach diesen wunderbaren Beispielen war zäh und langwierig. Sie sind noch weitaus geringer an der Zahl als ich all die Jahre vermutet hatte. Es gibt bei uns nicht viele Unternehmen, die mutig genug sind, Gender Marketing zu betreiben *und* das nötige Wissen dafür besitzen. Diejenigen allerdings, die wissen, wie es geht, sind damit sehr erfolgreich. Ich bin sehr froh über die Beiträge der Unternehmen in diesem Buch, denn es sind nicht nur besonders anschauliche und unterhaltsame Beispiele, sondern es sind einige der besten Beispiele, die es bei uns derzeit gibt!

Ich habe viele kleine und große Abenteuer erlebt, bevor es gelang, Ihnen nun dieses Buch vorzulegen, in dem einige der Besten Ihnen ihre Insights, Strategien, Konzepte und Erfolgsrezepte verraten. Daraus wird anschaulich ersichtlich, *was Frauen und Männer kaufen* und unter welchen Voraussetzungen sie es tun.

Vor allem werden Sie in diesen Beispielen erkennen können, wie fabelhaft unterschiedlich Gender-Marketingkonzepte ausfallen. Ja, Gender Marketing ist ein sehr komplexes Fachgebiet. Es gibt ungemein viel über menschliches — und geschlechtsspezifisches — Verhalten zu lernen. Ja, es gibt Marketing-„Theorien", die vermeintlich sehr einfache Strukturen und Antworten zu geben vermögen. Doch Menschen sind komplexe Wesen, die nicht auf drei Haupteigenschaften reduziert werden können. Aus dieser Komplexität ergibt sich aber eine immense Fülle von unterschiedlichsten Strategien für Unternehmen, mit denen sie sich fernab jeglicher Stereotypen mit eindeutig erkennbarem Profil von Wettbewerbern differenzieren können.

Was Sie in diesem Buch erfahren

Im ersten Kapitel möchte ich Antworten auf typische Einwände gegen Gender Marketing geben, „Totschlagargumente", die immer wieder vorgetragen werden, um die Sinnhaftigkeit von Gender Marketing in Abrede zu stellen. Ich möchte mit allem Ernst darauf eingehen, weil ich auf der Basis meines Wissens und meiner Praxiserfahrung davon überzeugt bin, dass diese Denkweisen in wirtschaftliche und gelegentlich sogar gesellschaftliche und persönliche Fallen führen. Es ist mir ein großes Anliegen, Wege aufzuzeigen, die ich für besser und vor allem für geschäftlich erfolgversprechender halte.

In diesem Sinne erläutere ich im zweiten Kapitel mein neues, erweitertes Verständnis von Gender Marketing. Dies kann aufgrund des Umfangs und der Komplexität nicht erschöpfend geschehen, sondern in vielen Punkten nur angerissen werden. Manche Aspekte habe ich in früheren Büchern ausführlich behandelt, auf die ich an gegebener Stelle verweisen möchte. Andere Aspekte müssen noch warten, bis ich sie genügend erforscht habe. Für sie habe ich noch keine ausreichend fundierten Erklärungen.

Leserinnen und Leser meiner früheren Bücher werden eine weitere Veränderung feststellen: Habe ich in meinen ersten drei Büchern den Betrachtungsschwerpunkt auf die Kundinnen und Kunden gelegt, wechsle ich diesmal die Perspektive. Es geht natürlich noch immer um die Kundschaft, doch diesmal fällt mein Blick vornehmlich auf die Umstände: Welches Kaufumfeld im weitesten Sinne muss vorliegen bzw. von Herstellern und Händlern geschaffen werden, damit Kunden und insbesondere die in der Mehrzahl weiblichen Kaufentscheider sich angesprochen fühlen und ihnen der Kauf leicht fällt, ja, manchmal überhaupt erst ermöglicht wird?

Einleitung

Im dritten Kapitel folgen schließlich die Case Studies von ausgewählten, sehr unterschiedlichen Unternehmen. Darin wird deutlich, welche unterschiedlichen Formen Gender Marketing unter Berücksichtigung der verschiedenen Produktbereiche, Marktvoraussetzungen, Unternehmensziele etc. annehmen kann. Gender Marketing ist keineswegs Ausdruck stereotypen Rollendenkens, sondern ganz im Gegenteil das Tor zu Innovation und Diversifizierung im Wettbewerb.

Ich möchte Sie also einladen, mich auf einer faszinierenden Erkundungsreise zu begleiten. Dabei versteht es sich von selbst, dass an manchen Stellen generische Begriffe wie „Kunde" verwendet werden, die alle Geschlechter meinen. Wenn explizit der männliche Kunde gemeint ist, wird dies im Text deutlich gemacht.

1 Typische Einwände gegen Gender Marketing

In den vergangenen Jahren habe ich immer wieder dieselben Vorbehalte und Tot-schlagargumente gegen Gender Marketing gehört. Es sind nicht viele, aber sie hal-ten sich hartnäckig. In diesem Kapitel möchte ich die häufigsten Einwände gesam-melt aufgreifen — und widerlegen.

1.1 „Frauen und Männer sind überhaupt nicht so unterschiedlich"

„Frauen und Männer sind überhaupt nicht so unterschiedlich! Die Unterschiede zwischen allen Männern und allen Frauen sind innerhalb des Geschlechts größer als zwischen allen Frauen und allen Männern."

Diese Aussage ist sehr beliebt, wie mir scheint, besonders an den Universitäten. Aber sie ist so nicht zutreffend.

Forschungsergebnisse der Humangenetik

Die Varianzen zwischen allen Frauen sind groß, also die Vielzahl der möglichen Charakteristika, Fähigkeiten und Eigenschaften. Die schiere Menge der Unter-schiede zwischen allen Männern ist noch größer als die Unterschiede zwischen den Frauen. Das hängt mit dem Geschlechtschromosom zusammen. Frauen be-sitzen zwei X-Chromosomen als 23. Chromosomenpaar, die füreinander quasi als Sicherheitssystem dienen. Alle Gene sind somit doppelt vorhanden, und wenn ein Gen auf dem einen X-Chromosom beschädigt ist, kann es durch das andere aus-geglichen werden. Bei Männern gibt es kein zweites Set „Ersatzgene". Dies ist die wissenschaftliche Erklärung für die Tatsache, dass so viel mehr Männer als Frauen farbenblind sind: Das Gen für Farbsicht liegt auf dem X-Chromosom genau die-ses 23. Paares. Bei Frauen müssen schon beide Gene Defekte aufweisen, damit sie farbenblind werden. Gleiches gilt etwa für die Intelligenz, wie der Professor für Humangenetik, Horst Hameister, nachweisen konnte: Es gibt bei Männern sehr viel mehr „Ausreißer" nach unten und nach oben auf der IQ-Skala, also deutlich mehr mit einem IQ unter 70 und über 135. Bei Frauen werden die Werte gemittelt.[1]

Frauen haben überall dort einen Vorteil, wo Unzulänglichkeiten auf einem der beiden X-Chromosomen durch eine „bessere" Codierung auf dem jeweils anderen neutralisiert oder zumindest abgemildert werden können. Männer hingegen haben den Vorteil bei der Anlage von Spitzenbegabungen, weil diese nicht „nach unten korrigiert" werden.

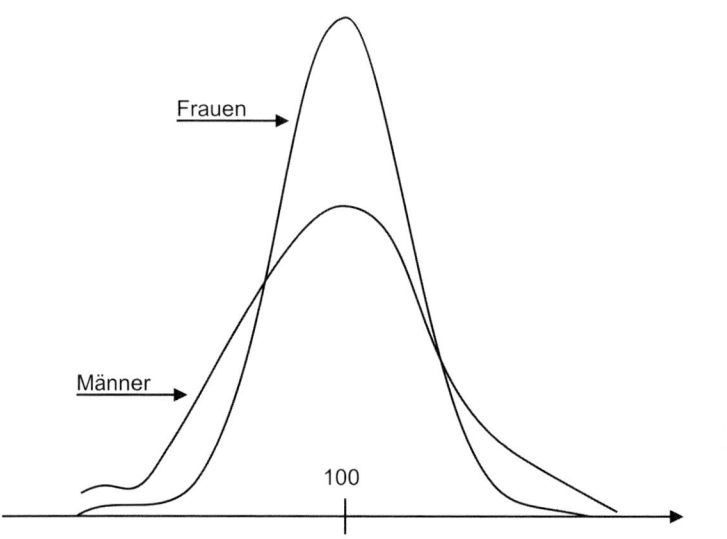

Frauen

Männer

100

Abb. 2: IQ-Verteilung bei Frauen und Männern
Quelle: Horst Hameister

Der inzwischen emeritierte Professor für Psychologie Norbert Bischof hat schon früh ausführlich mit der Professorin Doris Bischof-Köhler, seiner Frau, über Geschlechtsunterschiede geforscht.[2] Dabei wies er neben vielem anderen nach, dass die *Mehrheit der Frauen* und die *Mehrheit der Männer* bei vielen Merkmalen hinsichtlich der *Ausprägung* voneinander abweichen. Die gesamte Skala einer Eigenschaft, zum Beispiel bei der mathematischen Begabung, mag bei beiden Geschlechtern existieren, aber die Mehrheit der Männer wird dabei eine stärkere Ausprägung zeigen als die Mehrheit der Frauen. Das führt natürlich nicht zu der Aussage, dass es keine Frauen mit hoher mathematischer Begabung gibt. Es sagt auch nicht aus,

---

[1]   Hameister, Horst, Online-Artikel: http://bit.ly/1kqNvtW
[2]   Bischof, Norbert (1980); Bischof-Köhler, Doris (2006)

dass mathematisch begabten Frauen ihre Weiblichkeit oder die Zugehörigkeit zum weiblichen Geschlecht abgesprochen wird. Es besagt nur, dass es mehr Männer mit einer starken Ausprägung dieses Merkmals gibt. Es ist eine statistische Feststellung, keine Bewertung.

Stereotype über männliches und weibliches Verhalten

Norbert Bischof hat in diesem Zusammenhang übrigens auch untersucht, wie Stereotype sich äußern. Dabei erwies es sich, dass die am häufigsten wahrgenommenen Unterschiede zwischen Frauen und Männern an Bedeutung zunehmen, sodass sie sich extremer äußern, als sie tatsächlich sind. Eine Ähnlichkeit bleibt jedoch bestehen. Wenn es also heißt, dass (alle) Frauen nicht einparken können, ständig Schuhe kaufen und die Kreditkarten ihrer Partner plündern, oder wenn Männer angeblich alle autobegeisterte Biertrinker sind, die jedem Rock hinterherjagen, dann mag dies zwar für viele Personen im Grundsatz zutreffen, aber bei Weitem nicht in dem Maße, wie es den meisten Menschen erscheint.

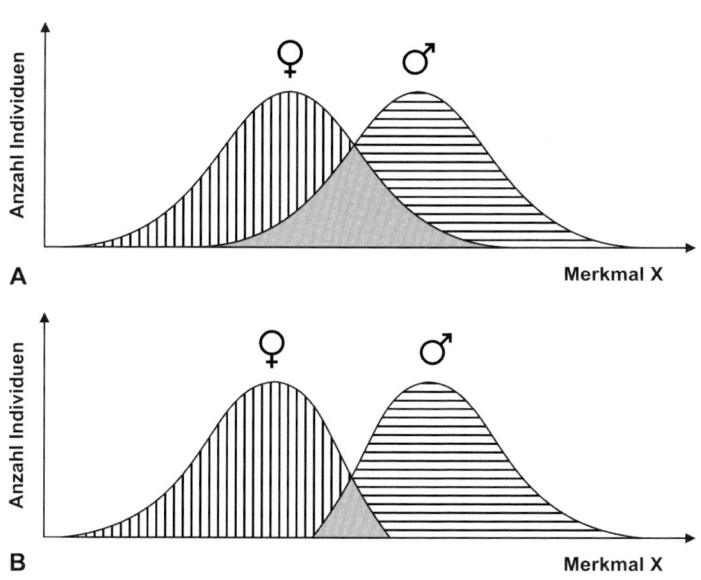

Abb. 3: Tatsächliche Verteilung von Geschlechtsunterschieden (A)
Veränderung der Wahrnehmung bei Geschlechtsstereotypen (B)
Quelle: Norbert Bischof, 1980

1.2 „Die Geschlechter gleichen sich immer mehr an"

Bereits in meinem zweiten Buch, das 2011 erschienen ist, griff ich diese Behauptung auf und widerlegte sie ausführlich. Doch sie hält sich weiterhin hartnäckig. Frauen und Männer gleichen sich nicht an. Und auch die angebliche Existenz von metrosexuellen Männern ist kein Beleg für diese These.

Der Mythos vom metrosexuellen Mann

1994 führte Mark Simpson in einem Artikel für die britische Zeitung *The Independent* den Begriff des Metrosexuellen ein und beschrieb ihn so: „Der metrosexuelle Mann, der junge Single-Mann mit einem hohen verfügbaren Einkommen, der in der Stadt arbeitet oder lebt (weil sich hier die besten Geschäfte befinden), ist vielleicht die vielversprechendste Konsumenten-Zielgruppe des Jahrzehnts. In den Achtzigern war er nur in Modemagazinen wie etwa *GQ* zu finden, in Fernsehwerbung für Levis Jeans oder in Schwulenbars. In den Neunzigern ist er überall, und er geht shoppen."[3]

Bei alledem ist zunächst festzuhalten, dass der britische Mann traditionell besonderen Wert auf ein gepflegtes Erscheinungsbild legt, wie unter anderem das bis heute hohe Ansehen der Herren-Maßschneider in der Savile Row Londons belegt. Ein Bespoke-Anzug gilt heute international als Statussymbol. Überdies gilt London spätestens seit den 1960ern als Geburtsort vieler Musik- und Modetrends. Der junge britische Großstadtmann ist also nicht unbedingt als Blaupause für eine breite gesellschaftliche Strömung anzusehen, sondern vielmehr als Speerspitze einer zeitgeistigen Jugend, die ihren Ausdruck sucht. Ständige Veränderung und Erneuerung sind die Kennzeichen dieser nachwachsenden jungen Generationen, die ihre Moden Dank der Medien schnell international verbreiten.

Kennzeichen des Metrosexuellen

Erst 2002 begann der von Mark Simpson erfundene Begriff des metrosexuellen Mannes sich rasant zu verbreiten. Und dann auch schon in einem falschen Zusammenhang, denn Simpson wies explizit auf den Single-Status des von ihm beschriebenen Typus' hin. Bekannt wurde der Begriff aber durch die brillante Vermarktung des Fußballers David Beckham durch seine Frau Victoria. David Beckham ist ein Fa-

---

[3] Simpson, Mark (1994)

milienvater, immer wieder auch ein beliebtes Unterwäsche-Model, der sein Styling aber seiner Frau zu verdanken hat, die inzwischen auch ihre eigene Modemarke herausbringt. Das Bild, das hier entstand, hatte mit Simpsons ursprünglicher Definition überhaupt nichts mehr gemein. Simpson hatte für seinen Artikel durch Beobachtungen in seinem direkten Umfeld formuliert, was die Kennzeichen des Metrosexuellen waren:

„Der metrosexuelle Mann trägt Davidoffs „Cool Water" After-Shave (das mit dem nackten Bodybuilder am Strand), Paul-Smith-Jackets (Ryan Giggs trägt sie), Kord-Hemden (Elvis trug sie), Chinohosen (Steve McQueen trug sie), Motorradstiefel (Marlon Brando trug sie), Calvin-Klein-Unterwäsche (Marky Mark trägt nichts anderes). Der metrosexuelle Mann ist ein Warenfetischist: ein Sammler von Fantasien über Männlichkeit, die ihm über die Werbung verkauft wird."[4]

Dass der Mythos vom metrosexuellen Mann nicht totzukriegen ist, liegt sicher auch an der Hoffnung der Menschen, ihre Identität zu einem großen Teil selbst zu bestimmen. Schon 1947 hat Erich Fromm verschiedene Sozialcharaktertypen beschrieben, darunter den der Marketing-Orientierung. Dieser Typus lebt nicht nach eigener Identität, sondern er versucht sich stets so zu verhalten, wie es ihm den höchsten (vermeintlichen) Wert verschafft. Ob seine Bemühungen erfolgreich sind, misst dieser Typus am Grad der sozialen Akzeptanz, die er von anderen erfährt.[5] Heute wollen schon kleine Kinder beliebt oder cool sein. Beides dient der Steigerung des sozialen Werts und der Gruppenzugehörigkeit.

Die Kultur ist eine sehr dünne Decke, die immer dann reißt, wenn der Mensch in Notlagen gerät. Dann zeigt sich meist bei jedem Menschen, wie stark die „natürlichen" Impulse sind. Einmal beklagte sich eine ältere Dame in der Fragerunde nach einem meiner Vorträge über einige Unarten ihres Gatten. Dann fragte sie mich, ob sie es noch erlebt, dass ihr Mann sich noch ändern wird. Sie schaute sehr enttäuscht, als ich ihr mitteilen musste, dass die Natur rund 50.000 Jahre für einen Evolutionsschritt benötigt. Und so ist festzustellen, dass eine biologische Annäherung zwischen den Geschlechtern — und nur eine solche ist dauerhaft und keinen zeitgeistigen Moden unterworfen — womöglich stattfindet, jedoch in einem Tempo, das die Veränderung erst nach Tausenden von Jahren in der Rückschau feststellbar sein wird.

---

[4]   Ebd.
[5]   Fromm, Erich (2009), S. 61 ff.

Der metrosexuelle Mann — eine Erfindung von Werbeagenturen

Angesichts der Hartnäckigkeit des Gerüchts, Frauen und Männer würden sich angleichen, habe ich mich umso mehr gefreut, als ich einen Artikel in *L'Officiel Homme*, einer Modezeitschrift für Herren, fand, in der ein männlicher Autor aus Frankreich ein Wort zur Klärung verlauten ließ:

„Um der Frage auf den Grund zu gehen, ob Frauen wirklich Augen für Männer haben, die sich um ihr Aussehen kümmern, ist es zunächst notwendig, mit einer urbanen Legende aufzuräumen: Bitte vergessen wir endlich den „metrosexuellen" Mann! Diese Kreatur hat nie existiert. Sie tauchte vor etwa fünfzehn Jahren in der Frauen-Presse auf. Plötzlich wurde dort ein Typ herbeifabuliert, der sich mit Cremes einschmiert und die Körperpflege zelebriert. Lassen Sie uns das hier klarstellen: Diese Männer sind eine seltene Ausnahme. Der metrosexuelle Mann ist in erster Linie eine Erfindung von Kosmetikmarken und Werbeagenturen, um den Beauty-Market für Männer lukrativer zu gestalten. Deshalb erklären wir an dieser Stelle ein für alle Mal: Der metrosexuelle Mann ist tot, es lebe der stilvolle Mann!"[6]

Das Gedächtnis der Menschen ist offenbar sehr kurz, denn sonst würden sie sich an die Jugendkulturen, Trends und die gesellschaftlichen Diskussionen der letzten Jahrzehnte erinnern, die sie ja selbst durchlebt haben! Wir könnten weiter in der Geschichte zurückgehen, doch ein Blick bis in die 1960-er Jahre genügt vollauf. Seither gab es immer wieder Phasen, in denen die Geschlechter zueinander und wieder voneinander weg mäanderten. Um es nur kurz aufzuzählen:

- In den 60er-Jahren gab es die Mods. 1966 revolutionierte Yves Saint Laurent (erneut) die Mode, als er als erster Designer einen Damen-Smoking präsentierte. Seither sind Hosenanzüge aus keiner Damengarderobe mehr wegzudenken.
- In den 70er-Jahren war David Bowie das Vorbild für Androgynität. Dann kam der Glam Rock.
- In den 80er-Jahren gab es New Wave und New Romantic. Im selben Jahrzehnt nahm die Frauenmode maskuline körperliche Attribute auf und überzog sie gänzlich in Form von Schulterpolstern, mit denen frau nur noch seitwärts durch eine Tür kam.
- In den 90er-Jahren war viel erlaubt. Die rückblickend größte Bewegung kam durch House und Techno. Die Loveparade war stark von den Umzügen zum Christopher Street Day beeinflusst. Beide waren durch fantasievolle, körperbetonte und vor allem freizügige Verkleidungen über alle Geschlechter und sexuellen Ausrichtungen hinweg gekennzeichnet. Schminke gehörte selbstver-

---

[6] Godard, Bruno (2013)

ständlich auch dazu. In den Clubs gehörte es in jenen Zeiten zum guten Ton, der liebevollen Stimmung mit Ecstasy gehörig nachzuhelfen. Einander innig lieb zu haben war ein Gefühl, das gerade auch die jungen Männer damals sehr genossen. Als Kerl cool zu sein bedeutete in jenen Jahren zumindest auf Partys, kuschelig bis zur Anhänglichkeit zu sein.

- Als Anfang des neuen Jahrtausends der gepflegte Mann „gespottet" wurde, fiel das tatsächlich „zufällig" mit der Einführung von pflegender Herrenkosmetik zusammen.
- Seit 2012 lässt sich beobachten, dass der Trend zum „SUV-Mann" geht — wie ich ihn gerne nenne.

Der „SUV-Mann" und der Outdoor-Trend

Seit 2012 sehen wir zunehmend Männer, die in der Stadt Bart und Jack Wolfskin tragen, besser noch The North Face. Sie sehen aus, als kämen sie aus der Wildnis oder vom Berg, leben jedoch in der Stadt und würden sich womöglich ähnlich schnell im Wald verlaufen wie ich. Sie entbehren eben nicht einer gewissen Ähnlichkeit zu den Sport Utility Vehicles, den Pseudo-Geländewagen in der Stadt.

Die städtischen Naturburschen wurden zuerst in Berlin gesichtet, doch dass sie sich verbreiten werden, zeigt sich an mehreren Indizien: Ihre Bilder tauchten zuerst in Magazinen für urbane Nischen-Zielgruppen auf. Das Sponsoring verschiedenster Extremsport-Expeditionen und -Veranstaltungen durch die Hersteller von Outdoor-Bekleidung nahm zu. Gleichzeitig erweiterten sie ihr Produktsortiment enorm. Schließlich begannen sie, mit großen Kampagnen im deutschen TV zu werben, was sie vorher noch nie getan hatten. Seit geraumer Zeit gibt es einen Boom bei Klettersportarten und der Bau von Kletterhallen nimmt in rasantem Tempo zu. Maskulinität ist wieder „in". Und welches Bild eignet sich dafür besser als der Naturbursche, der in der Natur und Wildnis zuhause ist? Was zählt dagegen ein Firmenmanager, wenn man doch gegen die Natur antritt oder doch zumindest an ihrer Seite für sie kämpft?

Das Männermagazin von Burda

Eins von vielen weiteren Indizien für diesen Trend ist die Tatsache, dass Burda am 7. Juni 2013 erstmals einen neuen Titel herausbrachte: *FREE MAN's WORLD*. Das Magazin erschien in einer Startauflage von 100.000 Exemplaren und muss gut gelaufen sein, denn schon 2014 wurde es in einen vierteljährlichen Erscheinungsmodus gehievt. Es kam über den Outdoor-Trend, wurde konzeptionell aber als hochwertiges „Abenteuer-Magazin für Kerle"[7] angelegt. Burda selbst beschreibt es so: „FREE MAN's WORLD ist die aufregendste Medieninnovation für Männer, denn kein anderer Titel im Zeitschriftenmarkt packt den Mann bei seiner wahren Natur. Freiheit spüren, Abenteuer leben, Herausforderungen meistern. Mit starken Storys, hautnahen Berichten und faszinierenden Bildern. Getreu dem Lebensmotto seiner Leser: Nicht planen, sondern handeln!"[8]

Kurzzeit-Trends richtig einschätzen

Für das Marketing ist es außerordentlich wichtig, zwischen Kurzzeit-Trends und der evolutionären Ausstattung der Geschlechter zu unterscheiden, die auf die Mehrheit der Bevölkerung zutrifft. Vor diesem Hintergrund stellen sich Entscheidungen zur Unternehmensentwicklung und insbesondere für oder gegen Investitionen im größeren Rahmen ganz unterschiedlich dar. Wer heute eine Boulder- oder Kletterhalle baut, sollte sich bewusst machen, dass die Masse der heutigen Kletterer sich in einigen Jahren dem nächsten Trendsport zuwendet oder eine Familie gründet und dann ganz andere Interessen verfolgen wird.

1.3 „Diversity Marketing ist wichtiger und wirkungsvoller als Gender Marketing"

„Gender Marketing ist zu platt, zu grob und unzureichend. Die Zielgruppen müssen viel stärker differenziert werden. Diversity Marketing ist da viel wirkungsvoller und gesellschaftlich wichtiger."

Für Deutschland, Österreich und die Schweiz wie auch für die allermeisten anderen Länder ist Diversity Marketing viel zu kompliziert und nicht rentabel. Nur Länder wie die USA, die bis heute vor allem durch große Einwanderergruppen aus allen Weltteilen gekennzeichnet sind, die sich wiederum nicht an eine bestehende Mehrheitsgesellschaft assimilieren, müssen kulturelle Faktoren und sogar teilweise biologische (z. B. anatomische) Unterschiede ebenso stark berücksichtigen. Nur für solche Länder ist es empfehlenswert, Diversity Marketing dem Vorzug vor Gender Marketing zu geben.

---

[7] Winterbauer, Stefan (2013)

[8] http://bit.ly/1gN0jX3

Wer dagegen Teile der Queer Community ansprechen will (Schwule, Lesben, Trans-sexuelle und alle anderen, die sich nicht eindeutig zu einem der beiden „gesell-schaftlichen Standardgeschlechter" zuordnen lassen können oder wollen), für den ist Gender Marketing der falsche Weg. Wesentlich älter als Gender Marketing ist das LGBT-Marketing (LGBT = Lesbian, Gay, Bi, Transsexual), das aus dieser Community heraus entwickelt wurde.

1.4 „Männer und Frauen – das sind doch willkürliche Festlegungen!"

„Männer und Frauen — das sind willkürliche Festlegungen! Wir lernen, Frauen und Männer zu sein, wir passen uns nur an gesellschaftliche Rollenverständnisse an. Es gibt nicht nur zwei Arten zu existieren, sondern unendlich viele."

Ich persönlich habe größten Respekt vor allen Spielarten der Natur und der Indi-vidualität jedes Menschen. Ich bin gänzlich gegen jegliche Vorschrift oder Bevor-mundung, wie jemand zu sein habe. Wenn es um die Gender Studies geht, sehe ich allerdings vieles anders. Ich könnte sämtliche Gender- und Queer-Theorien kom-mentieren, aber das hat Doris Bischof-Köhler bereits sehr ausführlich in ihrem, wie ich finde, großartigen Buch *Von Natur aus anders* getan.[9] Dem hätte ich nicht mehr viel hinzuzufügen. Aber aus eigenem Miterleben weiß ich eines:

Wer jemals die Bekanntschaft eines transsexuellen Menschen gemacht hat, *weiß*, dass Geschlecht keine Zufälligkeit und auch nicht *nur* anerzogen ist. Transsexuelle nehmen Enormes auf sich, um den richtigen Körper und die auch juristisch richtige Identität zu ihrer Persönlichkeit zu bekommen. Für sie ist das Leben im falschen Körper eine für andere nicht nachvollziehbare Qual. Sie riskieren noch immer sehr oft den Verlust ihrer Familie und ihrer sozialen Bindungen, wenn sie ihren Umwand-lungsprozess beginnen. Hätten die Vertreter der Gender Studies und die Queer-Theoretiker Recht, dann dürfte es Transsexuelle im Grunde gar nicht geben. Es gibt sie aber. Und es ist für sie existenziell wichtig, auch von der Gesellschaft mit dem richtigen und eindeutigen Geschlecht wahrgenommen zu werden.

Ich plädiere dafür, all jenen, die sich nicht festlegen lassen möchten, das Recht auf eine „geschlechtsdialektisch" freie Existenz zuzugestehen, genauso, wie all diejeni-gen akzeptiert werden sollten, die für sich eine eindeutige Zugehörigkeit zum männlichen oder weiblichen Geschlecht beanspruchen.

---

[9] Bischof-Köhler, Doris (2006)

1.5   Klischees – besser als ihr Ruf

„Klischee!" ist ein beliebter Vorwurf, der sich gegen Unternehmen jeder Couleur richten kann. Diesen undifferenzierten Einwand habe ich in den Jahren meiner Gender-Marketing-Praxis unzählige Male gehört. (Nebenbei bemerkt: Fast immer wurde er von den Verärgerten begrifflich falsch verwendet.)

Verallgemeinerungen bilden die Grundlage unserer Wahrnehmung

Ursprünglich waren Klischees (Clichés) Druckformen in der Buch- und Zeitungs-drucktechnik und dienten der Vervielfältigung. Klischees sind im Grunde kein Problem. Vielmehr sind sie die natürliche Grundlage unserer gesamten Wahrneh-mung. Unser Gehirn verallgemeinert ständig. Es schließt vom Einzelnen auf die All-gemeinheit, bildet aus Gesehenem und Wahrgenommenem permanent Schlüsse in Bezug auf das große Ganze. Ich persönlich habe immer nur Pfauen gekannt, die das typische bunte, herrlich schillernde Federkleid besaßen. Ich war immer faszi-niert von diesem besonderen Farbenspiel. Ihre Federn wurden sogar in sündhaft teuren Stoffen verarbeitet, gedacht für ausgefallene Kleider und Schleppen. Oder als Ohrringe. Pfauen waren für mich also selbstverständlich immer bunt. Mein Kli-schee lautete demnach: Alle Pfauen besitzen ein buntes Federkleid. Als ich 2012 im Internet erstmals Bilder von weißen Pfauen sah, hielt ich sie für eine der üblichen Photoshop-Kreationen irgendwelcher Leute mit seltsamen Ambitionen, also für einen typischen Hoax. Doch dann lernte ich, dass es diese weißen Pfauen tatsäch-lich gibt. Neues Wissen bricht Klischees oder erweitert diese zumindest. Jetzt sind Pfauen für mich bunt oder in seltenen Fällen weiß. Kein Grund zur Aufregung.

Was bedeuten Klischees für die Geschlechterfrage?

Es hat einige Jahre gedauert bis ich verstand, weshalb rosa Kinderspielzeug auch von kinderlosen Frauen als so großer Affront empfunden wird, dass sie sogar dage-gen demonstrieren gehen. Männer fühlen sich von Werbung oder Produkten, die sie als irrelevant oder unzutreffend ansehen, schlichtweg nicht angesprochen und nicht belastet. Anders Frauen: Sie nehmen viele Ereignisse persönlich (oft zum gro-ßen Erstaunen von Männern). Aus diesem Grund nehmen sie auch Produkte und Werbung, die gar nicht für sie gedacht sind, persönlich. Und wenn sie etwas davon nicht mögen, werden sie wütend. Wütend werden Menschen immer dann, wenn sie das Gefühl haben, dass ihre Rechte verletzt werden[10], bzw. wann immer sie sich angesichts der Geschehnisse machtlos fühlen. Derart wütende Frauen unterstellen den Produktherstellern sowie Verursachern und Sendern von bestimmten Produkt- und Werbebotschaften, dass sie ihnen mit den gezeigten Frauen- und Gesellschaftsbildern *vorschreiben* wollen, wie sie, die Frauen, zu *sein* hätten. Diese unbewusste Unterstellung kollidiert mit dem eigenen Wunsch, anders zu sein und in dieser Andersartigkeit akzeptiert zu werden.

Das beinhaltet gleich mehrere psychologisch ungemein wichtige Aspekte. Es lohnt sich, einen genaueren Blick darauf zu werfen:

Aspekt 1: Übertragung der Verantwortung für schlechte Gefühle

Wir alle, Frauen wie Männer, leben in einer Gesellschaft, in der der Glaube verbreitet ist, dass ein anderer schuld an unseren Gefühlen sei, positiv wie negativ. Der unangenehme Kollege ist ein unfairer Typ, der fiese Nachbar macht uns das Leben sauer, die auf der Onlineplattform gefundene Liebe unseres Lebens soll uns endlich glücklich machen. Die Verantwortung für das eigene Befinden wird jedem beliebigen Menschen nicht nur überlassen, sondern geradezu aufgedrängt. Daher stammt die Forderung an Konsumgüterhersteller, sie sollen uns gefälligst gute Produkte, ein gutes Selbstbild und — daraus resultierend — ein gutes Gefühl liefern.

Aspekt 2: Gefühl der Gruppenzugehörigkeit

Hinzu kommt, dass Frauen Beziehungsmenschen sind. Sie treten mit anderen Menschen, aber auch Firmen und Marken weitaus stärker in Beziehung als Männer dies tun, auch wenn die Unternehmen diese Beziehung oft nicht bemerken und daher auch nicht erwidern. Frauen sehen sich prinzipiell als Bestandteil einer Gruppe und stellen sich zu anderen Gruppenmitgliedern in ein Verhältnis. Die Zugehörigkeit zu einer Gruppe ist für Frauen ungemein wichtig. Männer sind in der Regel viel autonomer. Aus der Menschheitsgeschichte heraus betrachtet ist es für Frauen lebensbedrohlich, aus einer Gruppe ausgeschlossen zu werden, zumal wenn sie Kinder haben. Wenn also eine Marke ein Menschenbild postuliert, das bewusst oder unbewusst als Gruppenregel im weitesten Sinne verstanden werden könnte, dann kämpfen Frauen vehement dagegen an, wenn sie eine andere Position vertreten. Sie wollen instinktiv verhindern, aus der Gruppe ausgeschlossen zu werden, indem sie versuchen, die Regeln für die Zugehörigkeit zu verändern. Das erklärt, weshalb

---

[10] Reivich, Karen und Andrew Shatté (2002), S. 75

Frauen so viel sensibler darauf reagieren, wenn sie etwa mit absurden Frauenbildern in der Werbung konfrontiert werden.

Aspekt 3: Betonung des Beziehungshinweises

Friedemann Schulz von Thun hat in seinem Nachrichtenquadrat die „Anatomie einer Nachricht" analysiert. Demnach besteht jede Äußerung aus vier Bestandteilen, die er auf seiner Website so beschreibt:

1. eine Sachinformation (worüber ich informiere),
2. eine Selbstkundgabe (was ich von mir zu erkennen gebe),
3. ein Beziehungshinweis (was ich von dir halte und wie ich zu dir stehe),
4. ein Appell (was ich bei dir erreichen möchte).[11]

Frauen achten demnach wesentlich stärker auf den Beziehungshinweis und den (zuweilen sogar nur vermuteten) Appell. Sie lesen bzw. hören also aus einem Produkt oder auch einem Frauenbild in der Werbung heraus, was womöglich niemals jemand intendiert hat: Die reine Existenz eines pinken Laptops könnte dann unbewusst so verstanden werden: „Da bin ich, ich rosa Laptop! Kauf mich! Ich passe zu dir! Ich bin ein Produkt, das genau auf deine Bedürfnisse hin entwickelt wurde. Mit mir wird jeder sehen, wer du bist: eine unreife, kindische, oberflächliche Modezicke ohne Hirn. Denn genau so sehen meine Entwickler dich und deinesgleichen! Und weil wir dich so sehen, bist du auch genauso!"

Dabei könnten sich Frauen oftmals einfach nur köstlich amüsieren, wenn sie sich auf die eigentliche Botschaft konzentrieren würden, die Unternehmen mit ihren Produkten transportieren. Dann würden sie sich nämlich fragen, in welch einer seltsamen Welt Hersteller von Rasierklingen leben, für die glatt rasierte Beine Zeichen für Göttlichkeit sind.

Nicht nur einen Vogel, sondern gleich ganze Vogelschwärme schießen allerdings Firmen wie beispielsweise der polnische Sarghersteller Lindner ab, der seit 2011 analog zu Pirelli (und inzwischen vielen anderen) einen Kalender herausbringt, in dem doch tatsächlich Särge mit nackten Frauen geschmückt werden. Als ob der Zusammenhang zwischen Gummireifen und Frauen nicht schon an den Haaren herbeigezogen worden wäre. Aber Särge …?!

---

[11]   http://bit.ly/19F0scJ

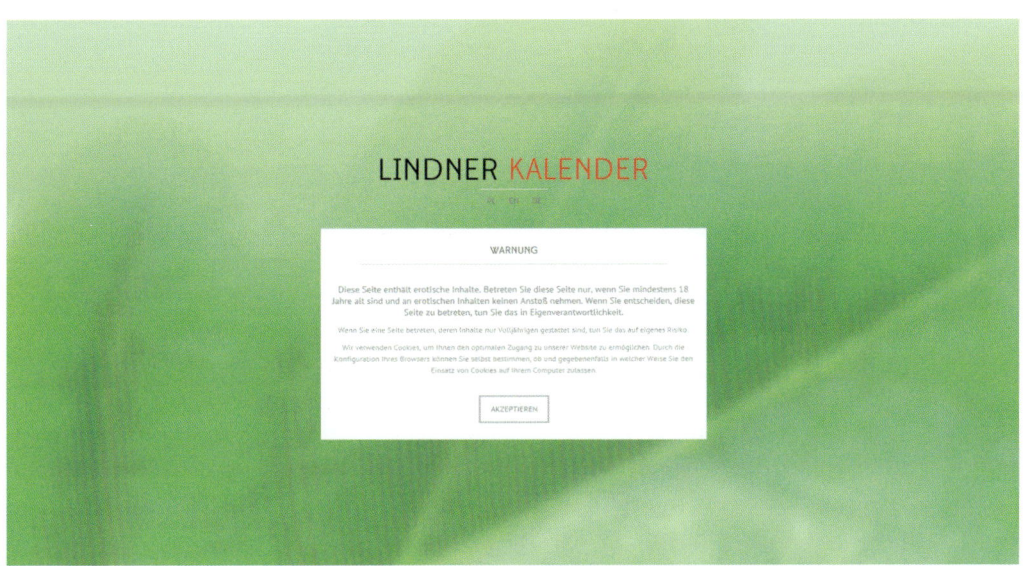

Abb. 4: Warnhinweis für zarte Gemüter – aber nur für die erotischen, nicht die morbiden Anteile
Quelle: Screenshot www.kalendarzlindner.pl

Abb. 5: Lindners „Miss März 2014"
Quelle: Screenshot www.kalendarzlindner.pl

Dieses Bild ist schon etwas makaber, zumal die Dame so gar nicht nach einer Vampirin aussieht. Und der Sarg ist sicherlich auch Geschmackssache. Doch ganz offensichtlich gibt es dankbare Abnehmer für diese Kalender, sonst wären sie längst wegen Erfolglosigkeit eingestampft worden.

Kleine Checkliste für eine Kommunikationskampagne

Unternehmen sollten sich gut überlegen, was sie mit einem Produkt, einer Aktion, einer Kommunikationskampagne, ihrem gesellschaftlichen Verhalten etc. auslösen. Sie sollten sich immer vier Fragekategorien stellen:

1. Wofür stehen wir mit dem, was wir tun? Was sagen wir über uns selbst aus?
2. Was löst das, was wir tun, zumindest in einem Teil der Bevölkerung aus? Kann das, was wir tun, zu Missverständnissen führen? Haben wir wirklich alle Eventualitäten durchdacht oder haben wir uns so sehr in unsere Idee verliebt, dass wir über andere Sichtweisen gar nicht mehr nachgedacht haben? Können wir mit den Konsequenzen, die aus den Missverständnissen resultieren, leben?
3. Entspricht das, was wir tun, unseren Werten? Womit können andere oder womöglich wir selbst unserer Marke oder unserem Unternehmen schaden?
4. Welchen Preis zahlen wir, wenn wir diese Kommunikationskampagne durchführen, und welchen Preis zahlen wir, wenn wir es nicht tun?

Fallstricke geschlechtsspezifischer Kommunikation

Gerade in Zeiten von Social Media und viraler Kommunikationswege können auch unbedachte oder vermeintlich lustige Geschichten auf viel Unverständnis stoßen. Männer können über seltsame Männergestalten und sich selbst lachen, Frauen über bizarre Frauenbilder und sich selbst nur im Ausnahmefall.

So hat der zu Eon gehörende Billigstromanbieter „E wie Einfach" überhaupt keine geschlechtsspezifische Kommunikation betrieben, doch sein Anfang 2012 gelaunchter Spot wurde von vielen Menschen als unzumutbar empfunden: Ein Pärchen liegt im Bett. Sie wälzt sich schlaflos herum und sagt schließlich zu ihm: „Hase, ich kann nicht schlafen." Er beugt sich über sie, zunächst scheinbar zärtlich — und verpasst ihr dann eine Kopfnuss. Sie sinkt bewusstlos in die Kissen zurück und eine Männerstimme aus dem Off sagt: „Ist doch ganz einfach! So einfach wie der Wechsel zu E wie Einfach!"[12]

---

[12] http://bit.ly/Kvlz7T

Der Shitstorm war riesig, sodass das Stromunternehmen sich gezwungen sah, den Spot schnell zurückzuziehen. Da half es nichts, dass die verantwortlichen weiblichen Kreativen bei der für derbere Arbeiten bekannten Werbeagentur *Heimat* ihre Arbeit verteidigten.[13] Sie und die Verantwortlichen bei „E wie Einfach" irrten sich allerdings: Gewalt gegen Frauen ist kein Thema, das sich leicht bekömmlich zu lustiger Werbung verarbeiten lässt. Was immer die entscheidenden Gründe waren: Bereits Ende 2013 suchte sich „E wie Einfach" eine neue Agentur. Da ändert es nichts, dass Dannon (Danone) in den USA ungestraft einen Spot zeigen konnte, in dem eine Frau einem Mann eine Kopfnuss verpasst, weil er ihr den Joghurt weglöffelt.[14]

Die Bewertung geschlechtsspezifischen Verhaltens — Projektion und Übertragung

Das Problem ist nicht unsere Feststellung, dass die Mehrheit der Frauen so und die Mehrheit der Männer anders denkt, handelt und kauft. Das Problem taucht dann auf, wenn wir das, was methodologisch sauber beobachtet und ausgewertet wurde, *bewerten*. Es ist im Grunde völlig unproblematisch, wenn die meisten Männer zum Beispiel auf Technik und schöne Frauen stehen. Es wird dann ein Problem, wenn wir dies als schlecht bewerten, darauf herabsehen und es als nicht länger akzeptabel ansehen. Es ist ebenso wenig ein Problem, wenn viele Mädchen im Kindergarten- und vielleicht noch im beginnenden Grundschulalter rosa Bekleidung und Spielzeug bevorzugen. Schwierig wird es erst, wenn sich jemand hinstellt, dies als falsch deklariert und meint, das dürfe nicht so sein. Genau das passiert aber immer dann, wenn sich jemand angegriffen fühlt, dessen Selbstbild und Selbstverständnis von diesen Bildern abweichen. Dann nämlich unterstellen diese Personen den Anbietern solcher Produkte, sie würden es darauf anlegen, dass Mädchen ein bestimmtes Rollenbild übernehmen. Die Hersteller und Verkäufer solcher Produkte würden Mädchen absichtlich verbiegen wollen oder diese Einschränkung persönlicher Freiheiten zumindest billigend in Kauf nehmen.

In der Psychologie fällt dieser Vorgang unter die Begriffe Projektion bzw. Übertragung: Etwas, das in der Kindheit als beschränkend oder beschädigend erlebt und niemals geheilt wurde, wird in der Gegenwart anderen unterstellt. Wir können also davon ausgehen, dass Menschen, die sich vehement gegen Forderungen zum konformen Geschlechterrollenverhalten auflehnen, in Wahrheit Schattenkämpfe

---

[13]   Blum, Sebastian (2012)

[14]   http://bit.ly/1eplR9f

führen, denn die wahren Forderungen wurden vor langer Zeit von ganz anderen Menschen an sie gestellt.[15]

Es ist mir sehr bewusst, wie gewagt es ist, solche Dinge in einem Marketingbuch zu schreiben. Es ist mir jedoch sehr wichtig, auf derartige menschliche Befindlichkeiten hinzuweisen, die ich persönlich sehr ernst nehme. Wir kommen in keinem Lebensbereich an Projektionen und Übertragungen vorbei, weder im Privaten noch mit Kollegen — und schon gar nicht in der Kommunikation mit Kundinnen und Kunden. Und so empfehle ich sehr, gut zu überlegen, wie man als Unternehmen mit derart verletzten Menschen umgeht.

Mehr noch: Meines Erachtens demonstrieren die Produzenten stereotyper Angebote nur ihre eigene Einstellung. Sie sind unkreativ und risikoavers, denn sie liefern nur weitere Me-too-Produkte ab, in der Hoffnung, dass sie sich gut verkaufen. Bei neuen Produktideen gibt es diese Garantien natürlich nicht. Also ist doch nichts einfacher, als immer dasselbe zu perpetuieren, solange es eben läuft. Kinder sind nachwachsende Pflänzchen ohne Erfahrung mit anderen Angeboten und einem Geschmack auf einer frühen Entwicklungsstufe. Also lässt sich davon ausgehen, dass alle Kinder, die ein bestimmtes Entwicklungsstadium durchlaufen, bis auf Weiteres auf dieselben Angebote reagieren werden. Bei den Jungen sind es eben typischerweise Piraten- und Fußball-Themen, Technik und Lego.

Alternativen zu den typischen Mädchenprodukten

Ich bin sehr dafür, Mädchen Alternativen zu den derzeit überall erhältlichen „typischen Mädchenprodukten" anzubieten. Wenn sie sich allerdings für die Welt der rosa Prinzessinnen entscheiden, dann ist es sicherlich interessanter, sich als Eltern damit auseinanderzusetzen, weshalb das Kind sich so und nicht anders entscheidet. Man erfährt dadurch, was dem Kind zu diesem Zeitpunkt seines Lebens wichtig ist. Und das bleibt nicht auf die Kindheit beschränkt! Ich halte es ausnahmslos für wichtig, immer zu verstehen, wieso sich Kunden so verhalten wie sie es tun. Dabei geht es nie um meine Interpretationen — und womöglich meine unbewussten Unterstellungen — sondern stets um das Erkennen, wodurch sie zu diesem

---

[15] Der Psychiater und Psychoanalytiker Hans-Joachim Maaz weist in seinem ausgesprochen lesenswerten Buch *Die narzisstische Gesellschaft* sogar auf den besonderen Zusammenhang zwischen auffallend vehementen Kämpfern für ein höheres Ziel mit großem Sendungsbewusstsein und narzisstischen Persönlichkeitsstörungen hin. Narzisstische Persönlichkeitsstörungen sind keinesfalls „eine Egosache", sondern basieren auf schwerwiegendem Mangel an notwendiger Zuwendung durch die Eltern in früher Kindheit. Dadurch entsteht eine Persönlichkeitsausprägung mit klar feststellbaren Charakteristika, die auf hohem Leidensdruck basieren.

Verhalten bewegt werden. Vielleicht stelle ich ja fest, dass ich selbst mit meinem Produkt, mit meiner Platzierung des Produkts am Point of Sale (POS), mit meiner Kommunikation oder womit auch immer dafür gesorgt habe, dass sie sich so verhalten!

Wir können die Kundschaft nicht ändern. Wir können aber versuchen zu erkennen, was wir tun können, damit es ihr gut geht. Und für eine Marke kann das eben auch bedeuten, dass sie Rückgrat bewahren muss, wenn ein Teil der Öffentlichkeit sich womöglich wirklich täuscht. Das ist aber kein Freifahrtschein für Selbstgerechtigkeit oder Ignoranz. Es empfiehlt sich immer, sorgfältig zwischen kurz-, mittel- und langfristigen Unternehmenszielen sowie dem Wohl der Öffentlichkeit abzuwägen, sofern beides nicht zur Deckung gebracht werden kann.

2 Gender Marketing – viel mehr als „nur" das Kundengeschlecht

2.1 Ein ganzheitliches System

Judith Tingley und Lee Robert führten in den 1990er-Jahren eine Studie mit dem Titel „Sales Preference Survey" durch. Tingley und Robert stellten fest, dass *Frauen am liebsten weibliche Produkte von Verkäuferinnen und Männer am liebsten männliche Produkte von Verkäufern kaufen*. Das hieß also, dass nicht nur Kunden ein Geschlecht haben, das beachtet werden muss, sondern dass im Verkauf mindestens auch das Geschlecht des Verkäufers und auch das Geschlecht des Produkts eine Rolle spielt, wie wir in Kapitel 2.3.2 sehen werden.

Durch meine Arbeit mit Kunden aus den verschiedensten Branchen ist mir wiederholt bewusst geworden, dass noch viele andere Faktoren innerhalb des Marketings und des Verkaufsprozesses unter dem Aspekt der Geschlechtlichkeit betrachtet werden müssen: Es gibt von Frauen und von Männern präferierte Einkaufskanäle für zumindest einen Teil der Produktlandschaft. Die Kaufarten unterscheiden sich bei Verbraucherinnen und Verbrauchern, ebenso die Kommunikationsstile, Sehgewohnheiten, notwendige Präsentationsformen von Waren am Point of Sale (POS) und vieles mehr. Selbstverständlich weisen auch Produkte, Marken, die Art, wie Informationen vor einem Kauf beschafft werden, ja, selbst die Menge und die Quellen geschlechtsspezifische oder geschlechtstypische Merkmale auf. Und und und …

Es hat sich herausgestellt, dass es sich bei Gender Marketing um ein *ganzheitliches System* mit vielen verschiedenen, einzelnen Komponenten handelt, die alle weibliche oder männliche Eigenschaften bzw. Charakteristika aufweisen. All diese Komponenten müssen analysiert und wie in einer feinen Komposition exzellent orchestriert werden, sonst ist das Ergebnis nur eine Kakofonie. Und wer will die schon hören, geschweige denn Geld dafür ausgeben?

Absolut korrekt wäre es wahrscheinlich, wenn ich Beschreibungen wie „die oftmals von Frauen bevorzugte Methode" und „die von den meisten Männern präferierte Vorgehensweise" verwenden würde. Der Einfachheit halber werde ich die Zuschreibung jedoch auf „weiblich" und „männlich" verkürzen, weil die Tatsachen auch der Empfindung vieler Menschen entsprechen, wie sich gezeigt hat. Außerdem liest sich die Verkürzung einfacher, schneller und schöner.

Im Folgenden zeige ich beispielhaft einige Konstellationen von realen Unternehmen auf, die zeigen, wie komplex sich das Geschlecht in die verschiedenen Marketing- und Vertriebsaspekte hineinwebt. Was im ersten Moment vielleicht als schwierig zu managen erscheint, zeigt schließlich, welche Stellräder in Wahrheit existieren, auch wenn wir sie bisher gar nicht wahrgenommen haben, und wie sie gezielt eingestellt werden können, um von der Marktforschung bis zum letzten Kommunikationsaspekt den Produkterfolg künftig besser planen zu können.

Und noch ein wichtiger Punkt zeigt sich: Die bisherige Trennung in Business to Business (B2B) und Business to Consumer (B2C) kann bei einer ganzheitlichen Betrachtung aller Marketingaspekte, wie sie in diesem Buch vorgestellt wird, in vielen Fällen nicht mehr aufrecht erhalten werden. Vielmehr ergeben sich Kombinationen aus beidem oder sogar Verschmelzungen.

Gehen Sie es also an, Produktflops künftig anderen zu überlassen!

2.2 Konstellationen: Hersteller – Handel – Produkt – Kunde

Wie eingangs gezeigt, ist es noch immer vergleichsweise selten, dass sich Unternehmen ausführliche Gedanken über das Geschlecht ihrer Zielgruppe machen und dabei eben nicht in höchst oberflächlichen und stereotypen Betrachtungen stecken bleiben. Die nach wie vor übliche Herangehensweise im Marketing und im Vertrieb wird von dem folgenden Schema geprägt:

- Ein Hersteller
- produziert Produkte
- unter einer oder mehreren Marken,
- die er über einen Vertriebsweg (z. B. Handel)
- zum Kunden bringen will.
- Dazu muss er mit dem Handel (B2B)
- und mit der Kundschaft (B2C) kommunizieren.

Der Handel bietet die Produkte (im Fall einer Platzierung) an und kommuniziert darüber hinaus über verschiedene Werbekanäle oder über Below-the-line-Aktivitäten am POS mit den Kunden.

Das sieht dann ungefähr so aus:

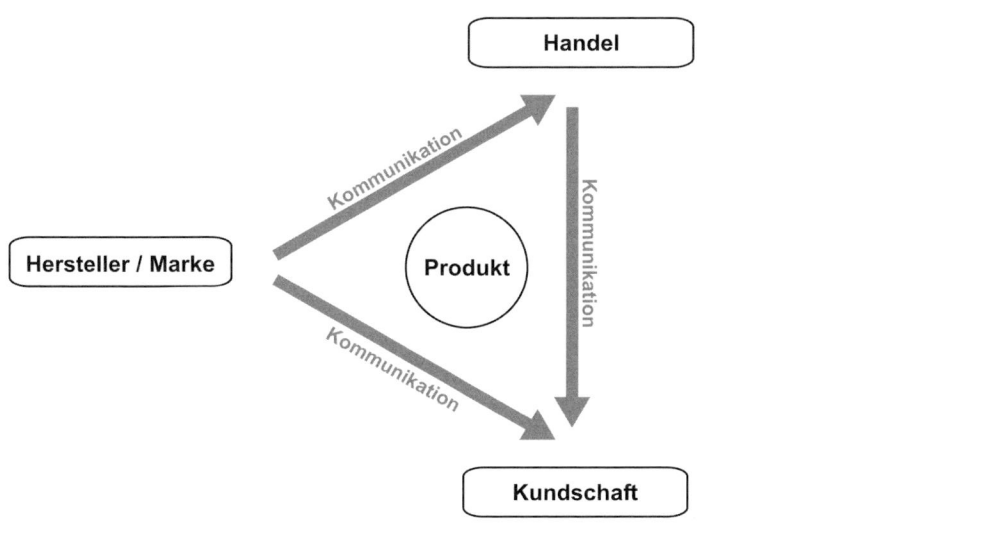

Abb. 6: Schema eines üblichen Verkaufsansatzes eines Markenherstellers
Quelle: Diana Jaffé, 2014

Gleiches gilt im Prinzip, wenn ein Händler ein *Private Label* (Hausmarke) produziert, nur dass der Händler nicht von einer Platzierung überzeugt werden muss, weil er die Herstellung des Produkts selbst beauftragt hat. Der Hersteller füllt oftmals freie Produktionskapazitäten aus, indem er neben eigenen Markenprodukten als Lohnfertiger für den Handel oder andere Marken auftritt. Kommen die von ihm im Auftrag Dritter gefertigten Produkte in den Verkauf, tritt er mit seiner eigenen Marke nicht in Erscheinung. Für die Kommunikation und den Abverkauf ist ausschließlich der Auftraggeber verantwortlich, in diesem Fall also der Händler.

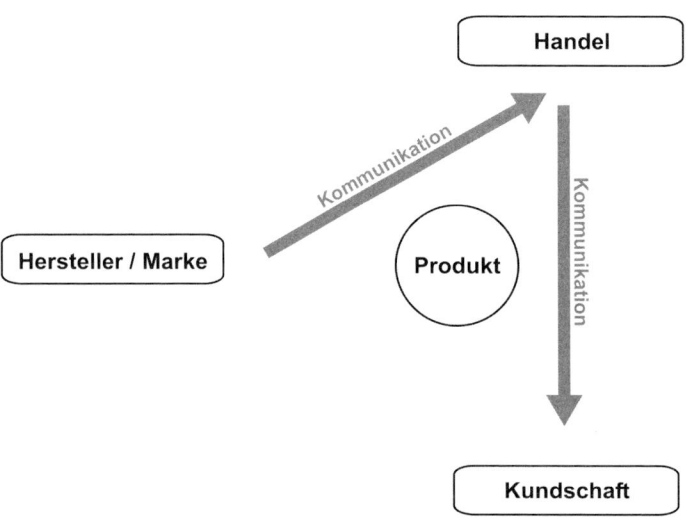

Abb. 7: Schema eines üblichen Verkaufsansatzes für Hersteller von Handelsmarkenprodukten im Auftrag eines Händlers
Quelle: Diana Jaffé, 2014

Im besten Fall wird auch das Geschlecht der Kundschaft berücksichtigt. Gender Marketing wird dann so verstanden:

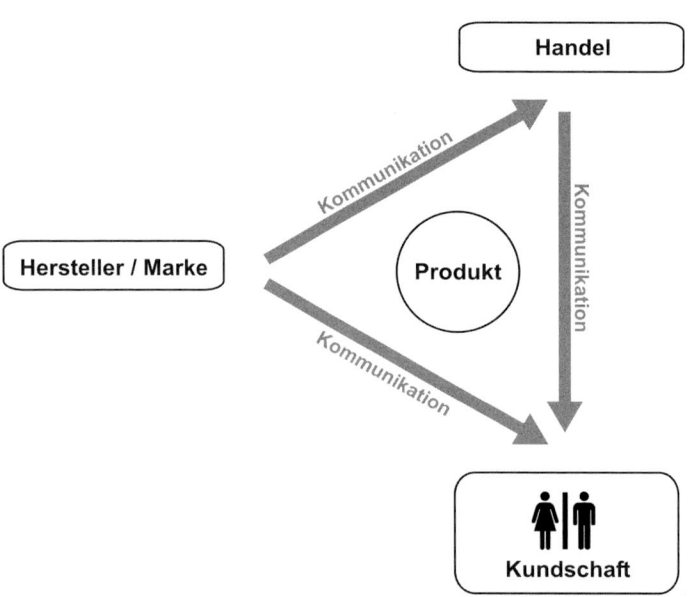

Abb. 8: Schema des weit verbreiteten Verständnisses von Gender Marketing
Quelle: Diana Jaffé, 2014

Die Abbildung zeigt, dass sich nur das Geschlecht der Kundschaft präzisiert hat. Weit verbreitet ist noch das Missverständnis, bei Gender Marketing würde es sich um „Marketing für Frauen" handeln. Tatsächlich aber betrachtet das Gender Marketing beide Geschlechter — und dies *über weite Teile der gesamten Wertschöpfungskette*. Das ist eine sehr komplexe Angelegenheit, die ich im Folgenden Schritt für Schritt erläutern werden, sodass die Zusammenhänge klarer werden.

Wir beginnen zunächst ganz einfach: Ein Autohändler mit einer oder mehreren deutschen Marken befindet sich im Allgemeinen in dieser Konstellation:

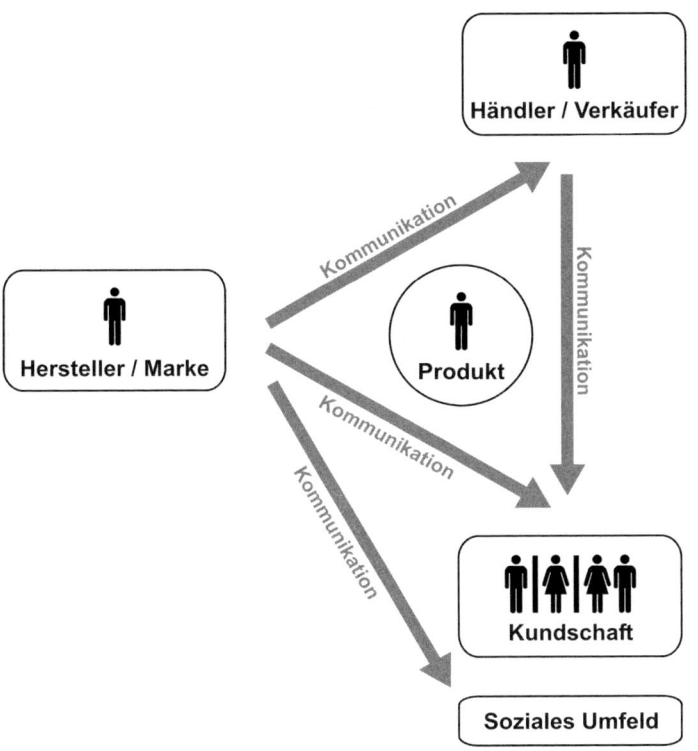

Abb. 9: Schema Hersteller – Vertrieb – Kunde in der Automobilwirtschaft
Quelle: Diana Jaffé, 2014

Aus der Perspektive des Gender Marketing lassen sich zunächst die folgenden Punkte sachlich feststellen:

- Die Automobilbranche ist sehr männlich geprägt ebenso wie die Autohersteller.
- Gleiches gilt für ihre Marken.
- Autos sind weitgehend männliche Produkte.
- Die Händler sind stark männlich geprägt. Das gilt für die Verkaufsräume ebenso wie für das Geschlecht der Verkäufer und den Verkaufsstil.
- Die Kundschaft ist interessanterweise gemischt. 2010 habe ich für einen Buchbeitrag zum Thema Aftersales in der Automobilbranche errechnet, dass in Deutschland lediglich 20 Prozent aller Autos ohne jegliches Zutun einer Frau gekauft werden. Dies bedeutet im Umkehrschluss, dass bei 80 Prozent aller Autoverkäufe eine Frau allein entscheidet, mitentscheidet oder die Kaufentscheidung zumindest in einem gewissen Maße beeinflusst.[1] Der Automobilhandel müsste sich also schon längst auf Kundinnen bzw. die Besuche von Paaren eingestellt haben.
- Die Kommunikation sollte sich folglich also sowohl an Männer als auch an Frauen als potenzielle Kaufentscheider richten.
- Für die Markenpflege ist es natürlich wichtig, auch über das eigentliche Kundenpotenzial hinaus zu kommunizieren. Trotz sich verändernder Mobilitätsgewohnheiten (derzeit insbesondere in Großstädten) und weniger Autos im Privatbesitz aufgrund vieler alternativer Transportoptionen (inklusive Bike- und Car-Sharing) ist und bleibt das Auto ein Statussymbol, zumindest ab einer bestimmten Model- und Preisklasse. Das funktioniert aber nur, wenn alle, jedoch ganz besonders das soziale Umfeld der Besitzer, das automobile Eigentum diesbezüglich richtig einschätzen können. Echtes Understatement findet sich bei Autobesitzern nur selten.

Und nun schauen wir uns das Ganze etwas genauer an.

Männliche Automobilhersteller

Die deutschen Automobilhersteller und ihre Marken sind höchst männlich aufgestellt. Die Automobil- und die Finanzbranche sind neben dem Baugewerbe mit Abstand die männlichsten Wirtschaftsbereiche im deutschsprachigen Raum. Auch wenn BMW meint, mit „Freude am Fahren" schon enorm emotional zu sein, differenziert sich diese Marke bei genauerem Hinsehen aus weiblicher Sicht kaum von Audis „Vorsprung durch Technik". Deutsche Autobauer sind womöglich die

---

[1]   Hurth, Joachim, Hans-Gerhard Seeba, Falk Hecker (Hrsg.) (2010)

technischsten der Welt. Sie stehen damit weltweit auch für die technisch beste Verarbeitung. Der gesamte VW-Konzern samt Porsche, Audi und Co. ist geradezu berühmt für seinen Fugenfetischismus, bei dem enge und gleichmäßige Spaltmaße gleichzeitig das Maß aller Dinge zu sein scheinen. Deutsche Autos sind Statussymbole. Aber dafür vernachlässigen sie andere Werte sträflich. Deutsche Autos sind weder sinnlich (wenn man nicht nur strenge männliche Normen ansetzt), noch elegant und schon gar nicht verspielt.

Männliche Verkaufsräume

Die Händler bleiben auf derselben Schiene: Viele Verkaufsräume verströmen mit ihren Fliesen noch immer das Flair von Fleischereien, die sich mit dem Elefantengehege im Zoo gepaart haben. Das mag zwar für die Eigentümer und die Putzkolonne alles recht praktisch erscheinen, doch die Atmosphäre stimmt Frauen kaum auf einen Kauf ein. Doch wenn das nur schon alles wäre!

Männliches Verkaufsgespräch

Die Beratungs- und Verkaufsriten sind nach wie vor männlich, ebenso wie die meisten Verkaufsberater. Ich höre schon, wie so mancher Autohausbesitzer und Autoverkäufer jetzt heftig protestiert. Doch Fakt ist: Es wird in dieser Branche als Fortschritt schlechterdings, ja, als *state oft the art* gewertet, wenn der Einstieg in die Beratung von Kundinnen anders beginnt als in das herkömmliche Verkaufsgespräch: Frauen werden in vielen Autohäusern — eben den fortschrittlichen — zuerst auf die Farbgebung und Ausstattungsmerkmale hingewiesen, die rein kosmetischer Natur sind oder der Bequemlichkeit dienen und mit dem Auto als Fortbewegungsmittel im Grunde wenig zu tun haben. Es gibt durchaus Frauen, die wenig mehr zu einem Auto zu sagen haben, außer dass es sie bitteschön fahren soll, wohin sie wollen. Solche Autokäuferinnen sind keine so seltenen Exemplare! Jedoch beginnt ein gutes Verkaufsgespräch anders, insbesondere bei potenziellen Kundinnen.

Auch in vielen B2B-Präsentationen und Vorträgen beobachte ich immer wieder, mit welch ungeheuerlicher Ausdauer manche Präsentatoren ihre Zuhörer ermüden, indem sie permanent nur über sich (bzw. ihr Unternehmen und ihr Produkt) reden und sich letztendlich nicht dafür interessieren, weshalb die Zuhörer sich die Zeit für den Vortrag genommen haben. Dabei gibt es nur recht wenige Menschen, die tatsächlich eloquent sind, wenn sie lange nur über sich selbst sprechen. Die meisten Autoverkäufer fühlen sich wichtig, wenn sie die Leistungsdaten und die Vorzüge eines Modells aus ihrer Sicht herunterbeten. Sie scheinen stolz auf ihr

Wissen zu sein und wollen es unbedingt demonstrieren. Wenn diese Art der Gesprächsführung nicht zum tatsächlichen Verkauf führt, dann kämen sie nie auf die Idee, dass das etwas mit ihnen zu tun haben könnte.

Mit Paaren können die Autoverkäufer, wie in anderen Branchen auch, kaum je umgehen, obwohl zu ihnen besonders viele kommen.

In Autohäusern wären die Verkäufer gut beraten, zunächst eine Vertrauensbasis mit dem Kunden herzustellen und dann eine gute Bedarfs- und Bedürfnisanalyse durchzuführen. Stattdessen passiert es noch immer täglich, dass Frauen in Autohäusern vergeblich auf ein Beratungsgespräch warten. Seit bald 20 Jahren höre ich immer wieder von Frauen, dass sie in den Räumlichkeiten eines Autohändlers nicht beachtet wurden, bis sie diese nach einer langen, sinnlosen Wartezeit schließlich wieder verließen, weil sich so mancher Verkäufer weigerte, ein Verkaufsgespräch zu führen. So fahren viele Frauen ihre „alten Möhren" weiter, obwohl sie eigentlich schon längst bereit für ein neues Auto wären und das Geld dafür auf ihren Konten bereits zu schimmeln beginnt.

Lieblose Warenpräsentation

Die Warenpräsentation ist in aller Regel lieb- und einfallslos. Denn auch bei der Präsentation von Autos ließe sich eine Menge verbessern, sodass die Produkte nicht nur in Marken-Showrooms, sondern auch beim Wald- und Wiesen-Händler ansprechender aussähen.

Männliche Marken- und Produktkommunikation

Obwohl vier von fünf Autokäufen von Frauen allein oder mitentschieden werden, ist die Verkaufskommunikation so gut wie immer männlich. Dies gilt für die Markenkommunikation genauso wie für Wagenklassen und einzelne Modelle. Nur wenige Kleinwagen wurden in der Vergangenheit an Frauen kommuniziert, allerdings auch dies nicht immer gelungen.

Opels Kleinwagenmodell „Adam"

Opel versucht seit 2013, das Kleinwagenmodell „Adam" sowohl an junge Männer als auch an junge Frauen zu vermarkten. Unglücklich ist in diesem Zusammenhang sicherlich der Name des Modells. Was auch immer sich die Verantwortlichen bei Opel dabei gedacht haben, ausgerechnet einen Kleinwagen nach dem Firmengründer zu benennen, so ist es doch in mehrfacher Hinsicht keine besonders gelungene Idee.

- Erstens sollte der Firmengründer nicht nur ins Gedächtnis gerufen, sondern auch geehrt werden. Dazu ist ein prestigeträchtiger Wagen sicherlich bei Weitem besser geeignet als ausgerechnet ein Kleinwagen, auch wenn dieser als besonders innovativ positioniert werden soll.
- Zweitens ist es strategisch fragwürdig, inzwischen alle Autosegmente primär bei männlichen Käufern verschiedenen Alters zu platzieren. Frauen scheinen für die Autobauer nur noch auf den Beifahrersitz des Familienkombis zu gehören. Willkommen im Jahr 1970! Mit dem Kleinwagenmodell „Adam" fährt Opel eine gemischtgeschlechtliche Strategie, die allerdings mehr auf die Altersstufe und ein bestimmtes Lebensgefühl abzielt als auf das Geschlecht. Und dann trägt ausgerechnet dieses Modell einen Männernamen. In alledem kann ich keine Logik erkennen.

Seit geraumer Zeit findet man auch in Frauenzeitschriften gelegentlich Autowerbung. Die Anzeigenmotive stammen dann immer aus den üblichen, auf männliche Zielgruppen abgestimmten Kampagnen. Und so etwas interessiert Frauen überhaupt nicht. Solche Anzeigen, insbesondere in Vogue und Co., sind rausgeschmissenes Geld.

Grundsätzlich lässt sich feststellen, dass die Automobilbranche außerstande, aber auch unwillig ist, Frauen als Käufer richtig anzusprechen. Dummerweise brauchen Frauen Autos, sodass sie sich bestenfalls dadurch „wehren" können, indem sie sich zumindest einen freundlichen Händler suchen.

Pflegeprodukte für Männer

Als die pflegende Kosmetik für Männer eingeführt wurde, war die Situation hingegen eine ganz andere als in der Automobilbranche.

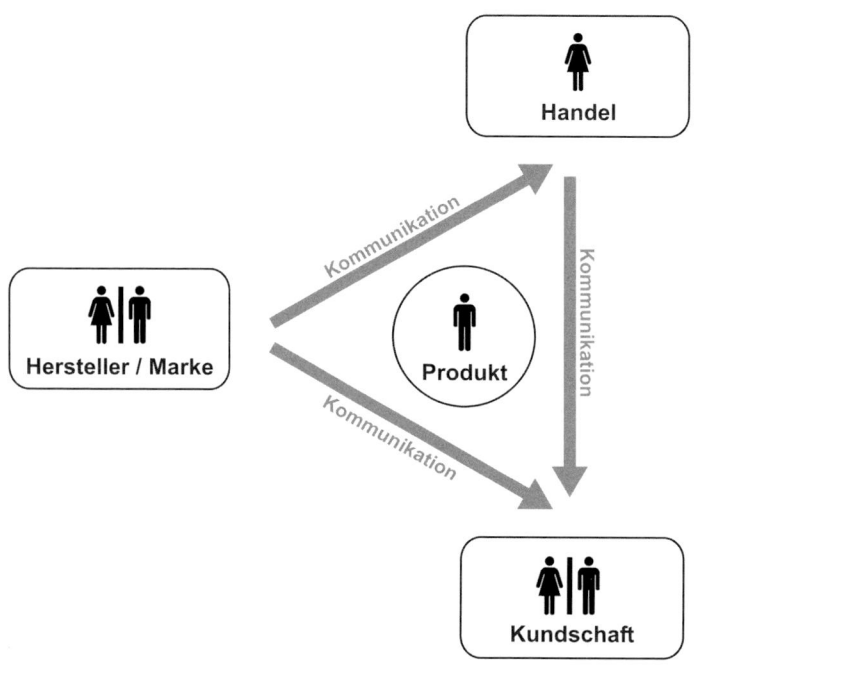

Abb. 10: Konstellation bei der Einführung von pflegender Herrenkosmetik am Markt
Quelle: Diana Jaffé, 2014

Die Hersteller von Kosmetikartikeln selbst gehören in die Chemiebranche, die per se männlich ist. Das spielt aber keine große Rolle, denn im Grunde kommt es in diesem Produktbereich auf die Marke an.

Die Marken, die nun anfingen, Herrencremes zu produzieren, hatten in aller Regel jedoch eine lange Geschichte in der Frauenkosmetik, und dafür waren sie auch bekannt. Die bei Männern gut platzierten Marken blieben in ihren Ecken. Gillette und Wilkenson blieben strikt bei der Rasur. Ihre Systeme „vorher — rasieren — nachher" mit Rasierschaum, Rasierern und After Shave wurden nicht erweitert, die Marken nicht gedehnt. Traditionsfirmen wie beispielsweise Old Spice diversifizierten zwar, aber in andere Richtungen. Old Spice war einst vor allem ein After Shave, das vor Jahrzehnten auch vorsichtig bei Rasierseifen und Körperpflegeprodukten einstieg. Dabei ist es geblieben. Im Falle von Old Spice gibt es — zumindest in den USA — eine schier unüberschaubare Menge an Duschgels jeder Couleur, Funktion und Kombination, Seifen, Deodorants und Antiperspirants, Haarprodukte Rasierzubehör und Düfte, allerdings keine Cremes.

Die Marken mussten also die Herausforderung bestehen, mit der Einführung neuer Herrenlinien auch für Männer glaubwürdig zu werden. Denn sie konnten bei Weitem nicht immer auf bereits bestehende „Men"- oder „Homme"-Linien aus dem Bereich der Parfums, der Duschbäder oder der Haarpflege aufgesetzt werden.

Waren die Produkte — Cremes und Reinigungsprodukte für die Gesichts- und Hautpflege — zuvor rein weiblich, mussten die Herrenlinien maskulin daherkommen. Die neue Produktkategorie „Männerpflege" wurde aus der Taufe gehoben, und sie durfte keineswegs von Männern mit Produkten zur Pflege für Frauenhaut verwechselt werden.

Männerkosmetik wird nach wie vor auch oft von den Partnerinnen gekauft. Belastbare Studien neueren Datums, die ermittelt haben, welcher Anteil der Pflegeprodukte von den Männern selbst gekauft wird (und dann womöglich noch aufgeteilt in hetero- und homosexuell), habe ich vergeblich gesucht.

Verkaufsorte für Herrenpflegeprodukte

Herrenkosmetikartikel werden überwiegend noch immer über den Fachhandel erstanden. Hier spielen weiterhin die Kosmetikabteilungen der Kaufhäuser, Drogerien und Parfümerien die größte Rolle. Das Internet ist als Absatzkanal zumindest im deutschsprachigen Raum noch zu vernachlässigen.

Drogerien, Parfümerien und Kaufhäuser sind bis heute weibliche Orte bzw. Handelskanäle. Die Produktpräsentation und -platzierung und das Category Management sind im Hinblick auf die weiblichen Käufer optimiert, für Männer ist es oft noch sehr schwierig, das, was sie suchen, zu finden. Spontankäufe sind somit schwer möglich. Diese Verkaufsorte haben Männer dazu erzogen, ihre Rasierer und die Ersatzklingen in Kassennähe zu finden. Doch wo noch könnten die Männer ungezwungen und unauffällig nach etwas anderem als Rasier-Gel schauen?

Kommunikationsstrategie für Herrenpflegeprodukte

Die Kommunikation beherrschen die Hersteller ganz hervorragend. In wenigen Jahren haben zumindest die großen Massenmarken wie beispielsweise L'Oreal und Nivea eine sehr gute Positionierung und Eindeutigkeit gefunden. Aufgrund der Neuheit dieses Marktsegments konnte sie ihre Kommunikationsstrategie nach anfänglichem Lernen unter Realbedingungen gut planen. Nivea setzt dabei seit einigen Jahren auf ein allseits bekanntes, sehr wichtiges Motiv bei Männern: Erhalt der Leistungsfähigkeit des Mannes auf dem Höhepunkt seiner Schaffenskraft und Lebenslust. Jahre zuvor war das Thema Sportlichkeit bespielt worden.

Für die kaufenden Partnerinnen war und ist die gelungene männliche Kommunikation, die auch in Medien geschaltet wird, die Frauen konsumieren, kein Problem. Sie wollen ja Produkte für ihren Partner, die für „den Mann" gemacht sind.

Beispiel: Gender Solutions in der Medizinbranche

Wie unterschiedlich sich die Situation in zwei Unternehmen aus vermeintlich derselben Branche darstellen kann, möchte ich anhand von zwei konkreten Beispielen aus der Praxis aufzeigen. Lassen Sie uns einen Blick auf den Medizinbereich werfen. Gerade hier spielt nicht nur die Gender Medicine eine große Rolle, sondern auch das Gender Marketing — das sich keineswegs nur auf das Design von Produktverpackungen beschränkt (auch wenn sich das noch lange nicht herumgesprochen hat).

Das Gender Knee

Dieses Beispiel stellt die Situation des weltweit führenden Prothesenherstellers im Jahr 2006 dar, als das Unternehmen die erste Knieprothese für Frauen weltweit auf den Markt brachte. Die Bezeichnung für die neue Produktreihe lautete *Gender Solutions*. Dem Unternehmen war bei der Analyse statistischer Daten aufgefallen, dass die meisten Frauen mit den gängigen (d. h. anhand männlicher Knie entwickelter) Knieprothesen nicht optimal versorgt sind. Anhand eindeutiger medizinischer Daten wurde festgestellt, dass Frauen nicht nur mehr künstliche Kniegelenksoperationen benötigen als Männer, sondern dass sie auch weitaus mehr Revisionen aufweisen, dass bei ihnen also viel öfter eine Nachoperation erfolgen muss, weil es durch das neue Gelenk zu großen Beschwerden in Form von Entzündungen und Gewebereizungen kommt. Daraufhin gab das Medizin-Unternehmen eine Studie in Auftrag, für die ein unabhängiger Experte die Knie von 600 Frauen vermaß. Er kam zu dem eindeutigen Schluss, dass es signifikante Unterschiede zwischen der Anatomie von Frauen und Männern gab, die es nicht nur rechtfertigen, sondern erfordern, ein Knie-Implantat für die weibliche Physiologie zu entwickeln. So kam es schließlich zu dem „Gender Solutions NexGen CR-Flex" und dem „Gender Solutions NexGen LPS-Flex" oder verkürzt für beide Knie-Systeme: „Gender Knee" (mit einer nicht ganz perfekten Bezeichnung).

Als das „Frauenknie" auf den Markt kam, entstand die folgende Konstellation für die Zimmer GmbH, aus der aus Unkenntnis diverse Schwierigkeiten erwuchsen, die das Unternehmen — aus mangelnder Erfahrung — nicht sofort in den Griff bekam:

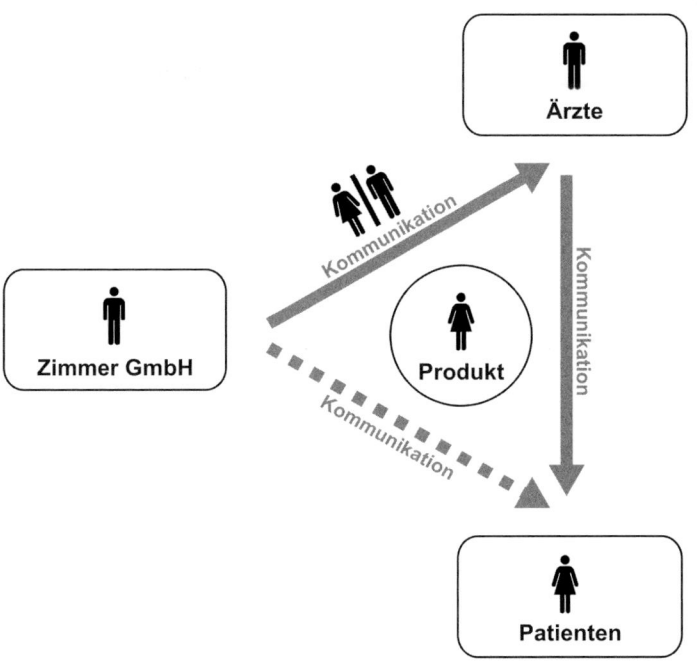

Abb. 11: Schema der Produkt-, Verkaufs- und Kommunikationsstruktur der Zimmer GmbH 2006 bei der Einführung des Gender Knee
Quelle: Diana Jaffé, 2014

Kommunikationsstrategie für das Gender Knee

Das Schema der Zimmer GmbH zeigt deutlich, wodurch sich die Produkt-, Verkaufs- und Kommunikationsstruktur auszeichnet:

- Das Produkt war im Wesentlichen für Patientinnen gedacht. Nur eine kleine Minderheit von Männerknien (10 Prozent) wies dieselben anatomischen Merkmale auf.
- Das Produkt sollte weiblich positioniert werden.
- Eine direkte Kommunikation mit den Patientinnen in Form unverhohlener Werbung ist medizinischen Unternehmen in bestimmten Produktsegmenten gesetzlich untersagt. So auch hier. Zimmer schöpfte die erlaubten Möglichkeiten mittels PR aus. Die so verteilten Informationen stießen bei potenziellen Gender-Knee-Empfängerinnen und Angehörigen auf immenses Interesse. Viele Patientinnen fragten ihre Ärzte gezielt nach dem Gender Knee der Zimmer GmbH.

- Gelenkprothesen werden ausschließlich von den Chirurgen ausgesucht und empfohlen. In diesem Fall kommt ihnen quasi die Rolle der Händler zu. Chirurgen sind zu 99 Prozent Männer.
- Das Unternehmen bzw. die Marke war eher männlich als weiblich.
- Die Berater des Unternehmens für die Chirurgen und ärztlichen Leiter von Kliniken waren sowohl weiblich als auch männlich. Die Beratungsgespräche wurden lediglich auf medizinischer Ebene geführt, ohne die Besonderheiten geschlechtsspezifischer Kommunikationsstile zu berücksichtigen. Die Ärzte erfuhren somit nichts Neues über weibliche Gesundheitsbelange oder Kommunikationsstile.
- Das Informationsmaterial für die Ärzteschaft war, wie in der Branche üblich, lediglich auf die Darstellung des Produktnutzens sowie medizinische Hintergründe beschränkt.

Produktpräsentation

Anfänglich wurde das Produkt branchenüblich bei Fachkongressen für Chirurgen vorgestellt. Dabei wurde, wie ebenfalls üblich, eine praktische Anwendung demonstriert. Dies geschah in Form einer Live-Übertragung einer Knie-Operation bei einer Patientin mit dem Einsatz des Gender Knee. Während der OP erläuterte der operierende Chirurg für das Auditorium sein Vorgehen und die Unterschiede zwischen dem Gender Knee und anderen Knie-Implantaten. Außerdem nahm er Fragen seiner Kollegen entgegen. Darüber hinaus gab es eine ganze Reihe von Vorträgen zu den unterschiedlichen Verletzungen von Frauen und Männern aufgrund unterschiedlicher Bewegungsmuster bei denselben Sportarten und diverse andere Präsentationen, darunter eine von mir zu den Zusammenhängen zwischen Gender Medicine und Gender Marketing.

Weitere Incentivierungen für Ärzte und Entscheider wurden aufgrund strengster Compliance-Richtlinien des Unternehmens nicht durchgeführt, während Wettbewerber sich an dieser Stelle weltweit mehr erlaubten.

Zimmer schickte somit Berater beiderlei Geschlechts zu männlichen Chirurgen, um ihnen ein weibliches Produkt vorzustellen, das sie (selbstverständlich geeigneten) Patientinnen nach eingehender Beratung einsetzen sollten. Die männlichen Chirurgen sollten sich also in ihre Patientinnen einfühlen und quasi als Männer Frauen ein weibliches Produkt „verkaufen". Das ist eine durchaus schwierige Konstellation in der Praxis. Obwohl diese Situation alltäglich ist, heißt dies noch lange nicht, dass sie trivial ist oder von allen Beteiligten gut beherrscht wird.

Verschiedene Untersuchungen haben in den vergangenen Jahren aufgezeigt, dass Patientinnen und Patienten von Ärzten bei denselben Leiden oft unterschiedliche Diagnosen gestellt werden. Patientinnen werden weitaus häufiger auf psychosomatische Krankheitsauslöser diagnostiziert, während Männer vielfach auf rein physiologische Krankheitsursachen reduziert werden. Psychische Faktoren werden bei ihnen zu oft ausgeblendet. Erst neuerdings sind Kurse zur einfühlsamen Gesprächsführung Bestandteil der medizinischen Ausbildung, wenn auch nur an besonders fortschrittlichen Universitäten. Geschlechtsspezifische Kommunikation ist allerdings noch immer kein Bestandteil dieser Universitätskurse.

Schwierigkeiten in der Einführungsphase des Gender Knee

In der Einführungsphase des Gender Knee zeigte sich bald ein Phänomen, das sich nicht einfach aus der Welt schaffen ließ: Ein Teil der Chirurgen akzeptierte das neue Knie ohne Bedenken. Der andere Teil jedoch wehrte sich mit Händen und Füßen dagegen und war auch mit statistischen Belegen, Hard Facts und gutem Zureden nicht zum Umdenken zu bewegen.[2] Auf jeden Fall führte ihr Verhalten dazu, den interessierten Patientinnen von der ersten, anhand der weiblichen Anatomie entwickelten Knie-Prothese abzuraten.

Für ein medizinisches Unternehmen ist der Umgang mit nicht nur ablehnenden, sondern abwehrenden Ärzten ein ernst zu nehmendes Problem, da es keinen alternativen Vertriebsweg zur Ärzteschaft gibt. Diese Situation lässt sich mit der Situation vieler Hersteller vergleichen, die sich (zurecht) über ihre Einkäufer beklagen. Denn tatsächlich orientieren sich viele Einkäufer insbesondere für Handelsketten zu wenig an den Endkunden. Dabei sind es gerade sie, die den Erfolg des Handels massiv mitbeeinflussen. Die Sortimentsgestaltung erfordert weitaus mehr Kenntnisse als die Orientierung an Stückzahlen und Rabatten.

---

[2] Die Argumente gegen diese Prothese waren immer dieselben und sie klangen allesamt wie vorgeschoben. Bei den Gesprächen mit einigen Chirurgen, die das neue Knie ablehnten, gewann ich den Eindruck, dass es sich um unbewusste Abwehr handelte. So vermute ich, dass sie den Gedanken nicht ertrugen, für ihre Patientinnen in der Vergangenheit nicht das denkbar Beste geleistet zu haben, was nur durch das neue Produkt offenbar wurde. Wurde das Produkt abgewertet, konnte ihr Ethos und ihr Anspruch an sich selbst aufrechterhalten werden.
In solchen Fällen von psychologischer Abwehr, und das sind die häufigsten Ursachen für Ablehnung, nützt es nichts, sich mit den sachlich vorgeschobenen Gründen zu befassen. Hier ist viel Menschenkenntnis gefragt – ganz besonders bei den Vertriebsmitarbeitern des Unternehmens bzw. den Handelsvertretern. Verkaufen bedeutet heute mehr denn je, empathisch aufzunehmen, was das Gegenüber braucht. In diesem Sinne gilt es zu allererst zu verstehen, wieso jemand eine ablehnende Haltung einnimmt, selbst und insbesondere dann, wenn derjenige es selbst nicht verstehen kann.

Inzwischen hat sich das Verständnis bei der Zimmer GmbH übrigens noch deutlich weiterentwickelt. Untersuchungen in den Folgejahren haben gezeigt, dass neben den geschlechtsspezifischen auch physiologische Unterschiede zwischen den Ethnien existieren, die signifikant genug sind, um das Angebot im Bereich der Knie- und anderer Gelenkprothesen entsprechend zu diversifizieren. Das Geschlecht war bei diesem Marktführer der Anfang für die Entwicklung eines neuen Verständnisses für die Bedarfe der Patienten.

Gender Marketing für Pharmakonzerne

Analysieren wir nun das Beispiel eines Pharmakonzerns. In Bezug auf Aspekte des Gender Marketings ist die Situation noch vielfältiger als im Beispiel der Zimmer GmbH.

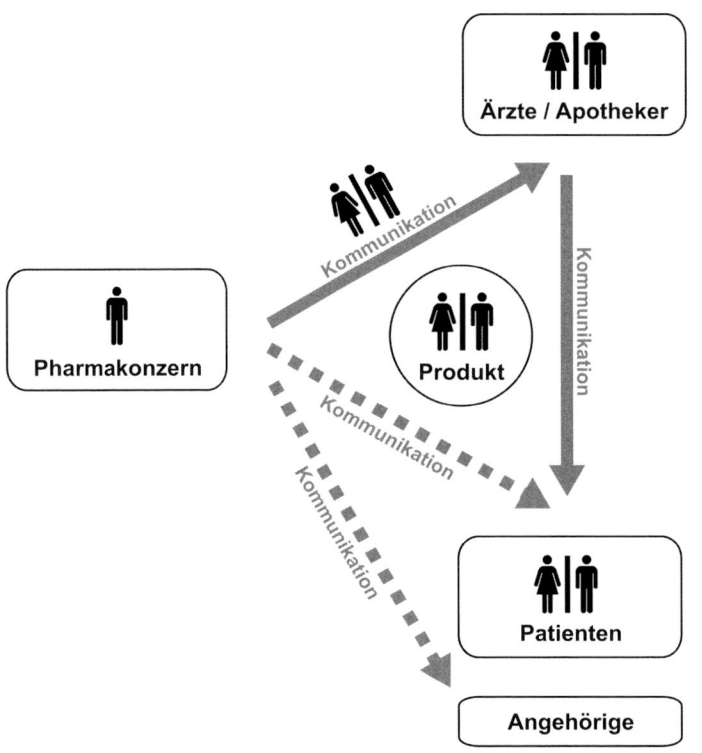

Abb. 12: Schema der Produkt-, Verkaufs- und Kommunikationsstruktur von Pharmakonzernen
Quelle: Diana Jaffé, 2014

Weibliche und männliche Medizin

Pharmaunternehmen entwickeln und vertreiben sowohl weibliche als auch männliche Produkte. Eine Untersuchung zum Geschlecht von Medikamenten wurde noch nie durchgeführt. Aufgrund meiner Erfahrungen nehme ich allerdings stark an, dass nicht nur Präparate gegen Frauen- oder Männerleiden bei der Kundschaft ein „Gefühl der Geschlechtlichkeit" hervorrufen, sondern auch die meisten anderen. So würden frei verkäufliche pflanzliche Präparate bei einer Befragung quer durch die Bevölkerung sicherlich als weiblich empfunden, während Mittel für Chemotherapien bestimmt als männlich angesehen würden. Die Ärzteschaft ist je nach Fachgebiet mehr oder weniger mit männlichen bzw. weiblichen Ärzten besetzt. Unter den Allgemeinärzten wird die überwiegende Mehrheit inzwischen von Frauen repräsentiert, während Chirurgen fast immer Männer sind. Apotheken sind ein zunehmend weibliches Feld. Bereits jetzt beträgt der Frauenanteil laut der Apothekengewerkschaft Adexa 70 Prozent.

> Gesundheit gilt generell als „Frauenthema". Frauen gehen nicht nur häufiger zum Arzt als Männer und betreiben eher Gesundheitsvorsorge, sondern gelten auch als die „Gesundheitsminister" in den Familien. Sie entscheiden über den Großteil aller Gesundheitsausgaben, gleich, ob sie als Singles, in einer Partnerschaft oder mit Familie leben.

Im Over-the-Counter-Segment (OTC) lassen sich Frauen direkt erreichen, allerdings gilt bei verschreibungspflichtigen Medikamenten dasselbe wie zuvor bei der Zimmer GmbH: Diese dürfen nicht gegenüber Endkunden beworben werden. Hier sind wieder die Ärzte das Nadelöhr, durch die ein Pharmaunternehmen kommen muss, oftmals zusätzlich beschränkt durch die Zulassungen von Krankenkassen. Der Druck auf die Unternehmen bei den Vermarktungsmöglichkeiten ist sehr viel größer als dies von der Öffentlichkeit wahrgenommen wird, dabei ist die Entwicklung ihrer Produkte am aufwendigsten.

Wie Männer mit Krankheit umgehen

Eine wesentliche Schwierigkeit der Medizinbranche liegt generell darin, von Krankheit betroffene bzw. bedrohte Männer zu erreichen. Zwar befürchten viele Männer mit fortschreitendem Alter den Verlust ihrer Leistungsfähigkeit, doch führt dies bei den meisten dazu, ein eventuelles gesundheitliches Problem lieber zu verdrängen. Nicht darüber nachzudenken fällt vielen Männern leichter, als sich mit dem Verlust von Jugend, vermeintlicher Unverwundbarkeit und grenzenloser Potenz auseinanderzusetzen. Nur wenige verfallen in die sehr aufmerksame Beobachtung kleinster Zustandsveränderungen oder gar in die Hypochondrie. Männer wollen funktionieren. Wenn ihr Körper nicht mitspielt, ist das für sie schlimm. Es bewegt sie aber noch lange nicht dazu, einen nach weiblicher oder ärztlicher Einschätzung gesunden Umgang mit dem eigenen Körper zu pflegen. Sich mit Arzneien, selbst frei verkäuflichen, zu befassen, die einem anderen Zweck dienen als die eigene Leistungsfähigkeit zu steigern, kommt daher nicht infrage. Das wären dann Präparate, durch deren Nutzung sie sich eingestehen müssten, dass etwas nicht völlig in Ordnung mit ihnen ist.

Beispiel: Gender-Marketingstrategie eines Möbelherstellers

Das folgende Beispiel stammt aus meiner Beratungspraxis. Es handelt von einem Möbelhersteller, dessen Möbel über stationäre Premiumhändler mit hohem Designanspruch bezogen werden können.

Die Ausgangssituation

Dies war die Ausgangssituation, als wir von Bluestone den Beratungsauftrag übernommen haben:

- Über das Geschlecht der Zielgruppe war in der Vergangenheit wenig nachgedacht worden. Klar war, dass Frauen die Möbel dieses Herstellers stärker nutzen und dass sie höhere Ansprüche an die Funktionalität stellen würden. Doch das Wissen darum, wer das Produkt letztlich kaufen würde, überließ man bis dato völlig dem jeweiligen Händler.
- Die Eigentümer der Geschäfte in diesem Branchensegment sind fast immer Männer. Bei großen Händlern bzw. Handelsketten sind die Einkäufer ebenfalls männlich.
- Der Hersteller beschäftigte in der Vergangenheit lediglich männliche Verkäufer und Handelsvertreter, die mit dem Handel und den Einkäufern zu tun hatten. Lediglich in der internen Vertriebsabteilung gab es Frauen, die den Verkaufssupport gewährleisteten.
- Die Verkäufer, die die Möbelkäufer am POS beraten, sind wiederum sowohl Frauen als auch Männer.
- Die Marke dieses Herstellers war in der Vergangenheit nicht systematisch aufgebaut und kommuniziert worden, sodass hier nur eine geringe Bekanntheit herrschte, als wir mit der Arbeit begannen.
- Die gesamte Kommunikation, sowohl mit dem Handel als auch gegenüber der Endkundschaft, war, wie sich schnell herausstellte, in der Vergangenheit männlich. Die gesamte Printwerbung (Kataloge und Broschüren) entsprach vollständig den männlichen Seh- und Informationsgewohnheiten (mehr hierzu in Kapitel 2.4.3). Gleiches galt für die Website.

Die Zielsetzung

Nach den grundlegenden Analysen sah die Zielsetzung so aus:

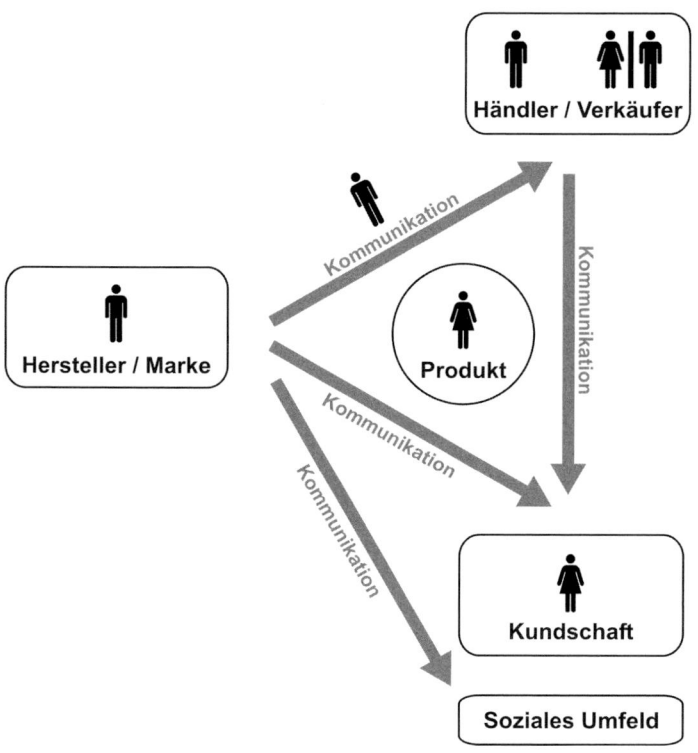

Abb. 13: Schema der Gender-Marketingstrategie eines Möbelherstellers
Quelle: Diana Jaffé, 2014

Wir präzisierten, was wir in unserer Analyse vorfanden und ergänzten es in den notwendigen Punkten. Abbildung 13 zeigt die Aspekte der Grundstrategie, die Sie auf den folgenden Seiten im Einzelnen kennenlernen.

1. Konzentration auf die weibliche Zielgruppe

Der Fokus wird explizit auf eine weibliche Zielgruppe gelegt, zumal Frauen ohnehin die Hauptentscheider bei der Haus- und Wohnungseinrichtung sind. In diesem speziellen Fall hat der Möbelhersteller für diese weibliche Zielgruppe spezifische Kriterien definiert. Dennoch ist diese Zielgruppe in vielen Punkten weiterhin sehr heterogen, was manche Entscheidungen in der Produktentwicklung kompliziert.

Doch diese Heterogenität ist nicht zu ändern, also müssen alle Projektbeteiligten damit arbeiten und so viel Wissen wie irgend möglich ansammeln.

2. (Neu-)Entwicklung „weiblicher" Produkte

Ein beträchtlicher Teil der bereits seit Jahren existierenden Hauptprodukte dieses Möbelfabrikanten ist als weiblich einzustufen. Ein Teil der männlichen Produkte wird künftig nicht fortgeführt, ein anderer Teil stärker als bisher „ins Weibliche" weiterentwickelt. Die Neuentwicklungen werden hinsichtlich Ausführung, Materialität und Farben deutlich stärker ins weibliche Spektrum gerückt.

3. Verbesserung des Vertriebs — Ausbildung der Händler

Der Vertriebsweg wird so, wie er ist, weiterhin beibehalten. Alternativen zu den bisherigen stationären Händlern im Sinne einer Fokussierung auf solvente Kundinnen, die autonom entscheiden, existieren gegenwärtig noch nicht. Über die Ausweitung der Vertriebskanäle wird zu einem späteren Zeitpunkt nachgedacht. Somit bleiben die Ansprechpartner beim Handel genauso, wie in der Vergangenheit, weiterhin hauptsächlich Männer. Sie entscheiden über Waren, die sie in ihrem Handel zeigen. Ihr Wissen über die spezifischen Bedarfe und Bedürfnisse von Kundinnen ist im Großen und Ganzen allerdings noch sehr gering. Sie müssen mehr über die geschlechtsspezifischen Bedürfnisse und Bedarfe ihrer Kunden erfahren, um aus dem riesigen Angebot aller heutigen Möbelhersteller die optimalen Produkte für Frauen als Zielgruppe auswählen zu können.

Frauen sind die Hauptmöbelkäufer! Eine Studie des Hauptverbands der Deutschen Holzindustrie und Kunststoffe verarbeitenden Industrie und verwandter Industrie- und Wirtschaftszweige e. V. (HDH) hat gezeigt, dass nur 10 Prozent aller Männer in Deutschland jemals ganz allein ein Möbelstück gekauft haben.[3]

4. Schulung der Key-Account-Manager

Die männlichen Key Accounts müssen viel verändern, da ihre frühere Arbeitsweise den neuen Anforderungen nicht genügt. Sie müssen Gender Sales beherrschen und die Händler nicht nur hinsichtlich der Produkte, sondern auch hinsichtlich des Gesamtbereichs „Verkaufen an Frauen" beraten können.

---

[3]   HDH/VDM Verbände der Holz- und Möbelindustrie (2009)

Möbel sind — mit wenigen Ausnahmen — weibliche Produkte. Allerdings werden Designmöbel als deutlich männlicher wahrgenommen als Möbel ohne die Voranstellung des Wortes „Design". Der Großteil der Händler dieses Herstellers verkauft Designmöbel. Sie überschätzen ihr Wissen über weibliche Wohnweisen und die weibliche Wahrnehmung von Warenpräsentationen. Ihnen fehlt der Vergleich zu einer alternativen Herangehensweise.

5. Visual Merchandising am POS

Die Präsentation der Möbel in den eigenen Räumen des Herstellers war schon früher wesentlich weiblicher als bei fast allen Wettbewerbern, jedoch verstanden viele Händler das Konzept nicht. Sie waren größtenteils außerstande, ihre Warenausstellung frauenaffin zu gestalten.

Frauen betrachten Einrichtungsgegenstände nie als bloße Objekte, sondern stets im Kontext einer Lebensweise. Das wissen inzwischen auch die Einrichtungszeitschriften, die seit geraumer Zeit keine Studioaufnahmen mehr zeigen, sondern nur noch Bilderstrecken aus realen Häusern von realen Menschen (auch wenn hier insbesondere bei deutschen Zeitschriften über Gebühr alles weggeräumt wird, was auf ein echtes Leben in diesem Interieur hinweisen könnte — genau das, was Leserinnen interessiert). Künftig wird das Visual Merchandising am POS eine noch größere Rolle spielen als bisher.

Der stationäre Möbelhandel selbst ist als Vertriebskanal übrigens als weiblich einzustufen. So allerdings, wie er am POS hinsichtlich Sortiment, Warenpräsentation und Beratung auftritt, ist er noch viel zu männlich geprägt.

6. Schulungen für das Verkaufspersonal

Die Verkaufsmannschaft bleibt vorerst so, wie sie ist, erhält jedoch ausführliche Schulungen in Gender Sales — dem geschlechtsspezifischen Verkauf. Den Händlern werden Veranstaltungen, Seminare, Trainings sowie On-the-job-Coachings für ihre Verkäufer zu Gender Marketing und Gender Sales angeboten.

7. Kommunikation und Markenlogo

Die Marke, ebenso wie die nun klare Positionierung, werden umfassend bekannt gemacht, nicht nur bei der Zielgruppe, sondern auch im weiteren sozialen Umfeld. In diesem Zuge wird auch das Logo neu gestaltet. Die Kommunikation wird dezidiert auf die jeweilige Kommunikationszielgruppe abgestimmt. Die männlichen Händler, Einkäufer, aber auch Verkäufer erhalten über die üblichen Produktinformationen hinaus auch solche, die sie die weibliche Kundschaft und das neue Markenkonzept verstehen lassen. Dadurch werden sie in die Lage versetzt, die neuen Konzepte im eigenen Geschäft umzusetzen. Die für sie gedachten Informationsmittel werden im Wesentlichen im männlichen Kommunikationsstil gehalten. Gleichzeitig werden die Endkundinnen stärker als zuvor angesprochen und informiert. Dabei wird besonders auf den Einsatz des weiblichen Kommunikationsstils und die Verbreitung über von Frauen gern genutzte Kommunikationsmedien geachtet. Außerdem wird besonders auf die Etablierung eines dialogischen Austauschs Wert gelegt.

Ansprechende Produktdarstellung — für Frauen

Besonders wichtig ist das Wissen, dass Frauen Wert auf andere Produktdarstellungen legen als Männer. Für Frauen müssen die Produkte adäquat inszeniert werden, während sich Männer gern auf die „nackten" Produkte fokussieren. Übermäßiges Styling lenkt sie vom Wesentlichen ab. Bei Frauen erzeugen die bloßen Möbel nur Desinteresse und häufig sogar Ablehnung. Die Inszenierungen müssen also mit Bedacht gestaltet werden.

Von entscheidender Bedeutung für den Aufbau einer Marke ist auch die kommunikative Adressierung des sozialen Umfelds. Ein Statussymbol (und Marken sind im Prinzip immer Kennzeichen für den gegenwärtigen Status, das Selbstbild und eine Selbstaussage ihres Besitzers) funktioniert nur dann.

Und nun wollen wir uns all dies Schritt für Schritt genauer ansehen.

2.3 Produkte und Geschlecht

2.3.1 Produkte und Produktgattungen

Tingley und Robert (2000) fanden in ihrer Studie heraus, dass Menschen in den USA auch Dingen ein Geschlecht zuweisen. Ich entwickelte auf dieser Basis einige weitere Thesen, die ich in Vorträgen und bei anderen Gelegenheiten getestet habe. Ermutigt durch die Ergebnisse führte ich (mit der Bluestone AG) 2010 schließlich ebenfalls eine Studie unter dem Titel „Das Geschlecht der Dinge" durch. Ich wollte wissen, ob nur die US-Amerikaner ein derart seltsames Verhältnis zu Gegenständen haben oder ob auch die Deutschen, Österreicher und Schweizer Dingen ein Geschlecht zuweisen. Um es kurz zu machen: Ja, auch die allermeisten von ihnen haben ein starkes Empfinden dafür, ob ein Produkt weiblich oder männlich ist.

Eine ausführliche Darstellung der Ergebnisse der Studie „Das Geschlecht der Dinge", kombiniert mit den Ergebnissen von Tingleys und Roberts, finden Sie in meinen Büchern *Werbung für Adam und Eva* sowie *Verkaufen an Adam und Eva*. Hier möchte ich nur ein paar rudimentäre Aspekte aufführen, die das Verständnis der folgenden Ausführungen erleichtern.

Das Geschlecht der Dinge

Im Rahmen meiner Studie habe ich 34 Begriffe von Armbanduhr bis Zeitung abgefragt. Die Geschlechtszuweisung erfolgte keineswegs aufgrund des grammatikalischen Geschlechts. „Der", „die" oder „das" spielen kaum eine Rolle. Bei der Bewertung jedes Substantives griffen die 1.100 Testteilnehmer auf innere Bilder, Wissen, Erlebnisse und bewusste, aber auch unbewusste Erfahrungen zurück. Deswegen ist das gute alte Festnetztelefon für rund 21 Prozent aller Befragten männlich und für 61 Prozent weiblich, das Handy hingegen halten 39 Prozent für männlich und 32 Prozent für weiblich. Angehörige älterer Altersgruppen, die vor der „Generation Y" oder den „Millenials" geboren wurden, verbinden mit dem Telefon unter anderem ständige Kämpfe um das einzige Telefon der Familie ebenso wie endlose Dauergespräche von Müttern und Schwestern mit deren Freundinnen.

Durch diese Untersuchung erfuhren wir also, dass Produkte für Verbraucher außerhalb der USA ebenfalls ein Geschlecht haben. Genauer gesagt: Wir haben das Geschlecht der *Produktgattung* erforscht.

Doch in Wahrheit geht alles noch viel tiefer. Setzt man Menschen einen bestimmten Begriff vor, löst dieser in ihrer Vorstellung ganze Assoziationsketten aus, die auch abgespeicherte Bilder des jeweiligen Gegenstands enthalten. Wenn sie sich entscheiden sollten, ob „Buch" weiblich oder männlich ist — was schießt Ihnen durch den Kopf? Denken Sie an einen Roman oder an ein Sachbuch? Oder vielleicht einen Kunst- oder Fotoband? Ein Lexikon? Welche Geschichte kommt Ihnen in den Sinn? Welches Märchen? Welches Bild? Wie sieht das Buch aus? Ist es gebunden oder ein Taschenbuch? Ist es alt oder neu? Hat es einen Goldschnitt? Ist es nur ein einzelnes Buch oder denken Sie gleich an eine Bibliothek? Wem gehört das Buch? Wem die Bibliothek? Wie sieht sie aus? Wer befindet sich darin? Wie oft lesen Sie selbst? Lesen Sie überhaupt gern oder freuen Sie sich, wenn Sie nach einem anstrengenden Arbeitstag endlich nichts mehr lesen müssen? Sind Sie womöglich ein Mann, dessen Partnerin jeden Abend im Bett liest? Oder haben Sie als Mutter oder Vater eine Tochter, die gerade in der Altersstufe ist, in der Mädchen buchregalweise Pferdebücher verschlingen? Wer liest mehr: Ihr Sohn oder Ihre Tochter? Wer hat Ihnen Geschichten vorgelesen, als Sie klein waren?

Es sind diese und noch ganz andere Assoziationen, die neben vielen weiteren unser Gefühl in Bezug auf einen Gegenstand und sein Geschlecht bilden. Sobald es also konkret wird, haben Kunden ein fassbares Produkt im Kopf und denken nicht mehr an eine übergeordnete Produktgattung.

Und das lässt sich noch weiter konkretisieren: Etwas völlig anderes ist es, wenn man Menschen nicht nur ein Wort, sondern ein Bild vorsetzt. Der Chefsessel ist ein ganz hervorragendes Beispiel, um Menschen die eigenen Klischees vor Augen zu führen. Ich wette, dass bei dem Wort „Chefsessel" ein schwerer Bürostuhl mit hoher Lehne aus schwarzem Leder vor Ihrem inneren Auge aufgetaucht ist. Und hätte ich Sie gefragt, dann hätten Sie mit allerhöchster Wahrscheinlichkeit geantwortet, dass dies der Stuhl eines Mannes sei. Sie müssten sich schon etwas anstrengen, sich eine Frau als Chefin in demselben Chefsessel vorstellen. (Dieses Spiel ließe sich noch weitertreiben im Hinblick darauf, wie alt diese Chefin wäre, wie sie aussähe und welche Kleidung sie trüge.) Wenn ich Ihnen nun das Foto eines schweren Bürostuhls mit hoher Lehne aus *weißem* Leder zeige, würde es Ihnen leichter fallen, sich darin eine Frau vorzustellen.

Produkte sind immer Teil eines biologischen, kulturellen und individuell-psychologischen Kontexts. Eines der verblüffendsten Ergebnisse unserer Untersuchung war, wie einhellig Frauen und Männer alle abgefragten Begriffe bewerteten. Die größten Abweichungen gab es beim Fotoapparat (hier waren 74,9 Prozent der Männer, jedoch nur 54,1 Prozent der Frauen der Ansicht, dass dieses Gerät männlich ist; das entspricht einer Differenz von 20,8 Prozentpunkten zwischen den Geschlechtern), gefolgt vom Radio (18,9 Prozentpunkte Differenz), dem Laptop (18,2 Prozentpunkte Differenz), der Zeitung (18,1 Prozentpunkte Differenz) und dem Einfamilienhaus (17,4 Prozentpunkte Differenz). All diese Dinge hielten Männer für deutlich männlicher als Frauen, die sie entweder für weiblich oder neutral hielten.

Die folgenden Tabellen zeigen die zusammengefassten Antworten aus der Studie:

Mode, Accessoires und Kaufhäuser

Gegenstand	Produktgeschlecht	Gesamt
Armbanduhr	männlich	65,7 %
	weiblich	19,1 %
	beides	13,3 %
	weiß nicht/keine Angabe	2,0 %
Schmuck	männlich	2,4 %
	weiblich	94,8 %
	beides	2,1 %
	weiß nicht/keine Angabe	0,8 %
Mode	männlich	2,0 %
	weiblich	89,2 %
	beides	7,4 %
	weiß nicht/keine Angabe	1,4 %
Jeans	männlich	41,3 %
	weiblich	37,1 %
	beides	19,4 %
	weiß nicht/keine Angabe	2,3 %
Kaufhaus	männlich	9,9 %
	weiblich	84,0 %
	beides	3,9 %
	weiß nicht/keine Angabe	2,1 %

Tab. 1: Studie der Bluestone AG „Das Geschlecht der Dinge"
Quelle: Diana Jaffé / Bluestone AG 2010

Nahrungs- und Genussmittel

Gegenstand	Produktgeschlecht	Gesamt
Eisbecher	männlich	13,9 %
	weiblich	75,6 %
	beides	8,2 %
	weiß nicht/keine Angabe	2,3 %
Hamburger	männlich	87,1 %
	weiblich	5,2 %
	beides	4,4 %
	weiß nicht/keine Angabe	3,2 %
Obst	männlich	4,5 %
	weiblich	87,2 %
	beides	6,2 %
	weiß nicht/keine Angabe	2,1 %
Wein	männlich	38,3 %
	weiblich	43,6 %
	beides	15,8 %
	weiß nicht/keine Angabe	2,3 %

Tab. 2: Studie der Bluestone AG „Das Geschlecht der Dinge"
Quelle: Diana Jaffé / Bluestone AG 2010

Medien

Gegenstand	Produktgeschlecht	Gesamt
Buch	männlich	15,9 %
	weiblich	66,3 %
	beides	15,3 %
	weiß nicht/keine Angabe	2,5 %
Zeitung	männlich	64,0 %
	weiblich	17,1 %
	beides	16,0 %
	weiß nicht/keine Angabe	2,9 %

Gegenstand	Produktgeschlecht	Gesamt
Radiogerät	männlich	52,3 %
	weiblich	29,3 %
	beides	14,6 %
	weiß nicht/keine Angabe	3,8 %
TV	männlich	54,4 %
	weiblich	21,3 %
	beides	20,1 %
	weiß nicht/keine Angabe	4,2 %
Internet	männlich	63,1 %
	weiblich	16,0 %
	beides	17,5 %
	weiß nicht/keine Angabe	3,4 %

Tab. 3: Studie der Bluestone AG „Das Geschlecht der Dinge"
Quelle: Diana Jaffé / Bluestone AG 2010

Technik

Gegenstand	Produktgeschlecht	Gesamt
Computer	männlich	79,8 %
	weiblich	7,6 %
	beides	11,0 %
	weiß nicht/keine Angabe	1,5 %
Laptop	männlich	44,8 %
	weiblich	32,9 %
	beides	18,7 %
	weiß nicht/keine Angabe	3,6 %
Telefon	männlich	22,5 %
	weiblich	60,7 %
	beides	14,2 %
	weiß nicht/keine Angabe	2,6 %

Gender Marketing – viel mehr als „nur" das Kundengeschlecht

Gegenstand	Produktgeschlecht	Gesamt
Handy	männlich	38,8 %
	weiblich	31,7 %
	beides	24,5 %
	weiß nicht/keine Angabe	5,0 %
Fotoapparat	männlich	61,3 %
	weiblich	25,3 %
	beides	11,6 %
	weiß nicht/keine Angabe	1,8 %

Tab. 4: Studie der Bluestone AG „Das Geschlecht der Dinge"
Quelle: Diana Jaffé / Bluestone AG 2010

Wohnen und Büro

Gegenstand	Produktgeschlecht	Gesamt
Chefsessel	männlich	84,1 %
	weiblich	7,4 %
	beides	7,2 %
	weiß nicht/keine Angabe	1,2 %
Kleiderschrank	männlich	9,2 %
	weiblich	84,9 %
	beides	4,0 %
	weiß nicht/keine Angabe	1,8 %
Designmöbel	männlich	32,5 %
	weiblich	55,7 %
	beides	9,7 %
	weiß nicht/keine Angabe	2,1 %
Lampe	männlich	15,3 %
	weiblich	73,7 %
	beides	7,9 %
	weiß nicht/keine Angabe	3,1 %

Gegenstand	Produktgeschlecht	Gesamt
Vase	männlich	2,2 %
	weiblich	96,0 %
	beides	1,0 %
	weiß nicht/keine Angabe	0,8 %
Einfamilienhaus	männlich	36,1 %
	weiblich	48,1 %
	beides	13,2 %
	weiß nicht/keine Angabe	2,6 %
Putzmittel	männlich	11,6 %
	weiblich	81,3 %
	beides	5,0 %
	weiß nicht/keine Angabe	2,1 %

Tab. 5: Studie der Bluestone AG „Das Geschlecht der Dinge"
Quelle: Diana Jaffé / Bluestone AG 2010

Werkzeug

Gegenstand	Produktgeschlecht	Gesamt
Bohrmaschine	männlich	94,6 %
	weiblich	3,0 %
	beides	1,8 %
	weiß nicht/keine Angabe	0,6 %
Motorsäge	männlich	96,7 %
	weiblich	2,4 %
	beides	0,5 %
	weiß nicht/keine Angabe	0,4 %
Rasenmäher	männlich	91,2 %
	weiblich	4,0 %
	beides	3,6 %
	weiß nicht/keine Angabe	1,2 %

Tab. 6: Studie der Bluestone AG „Das Geschlecht der Dinge"
Quelle: Diana Jaffé / Bluestone AG 2010

Mobilität, Verkehr, Tourismus

Gegenstand	Produktgeschlecht	Gesamt
Auto	männlich	86,0 %
	weiblich	6,2 %
	beides	7,9 %
	weiß nicht/keine Angabe	1,0 %
Navigationsgerät	männlich	70,6 %
	weiblich	18,9 %
	beides	8,3 %
	weiß nicht/keine Angabe	2,2 %
Urlaubsreise	männlich	9,7 %
	weiblich	68,2 %
	beides	18,9 %
	weiß nicht/keine Angabe	3,1 %

Tab. 7: Studie der Bluestone AG „Das Geschlecht der Dinge"
Quelle: Diana Jaffé / Bluestone AG 2010

Finanzen

Gegenstand	Produktgeschlecht	Gesamt
Geld	männlich	54,5 %
	weiblich	26,1 %
	beides	16,6 %
	weiß nicht/keine Angabe	2,8 %
Versicherung	männlich	62,9 %
	weiblich	24,1 %
	beides	11,3 %
	weiß nicht/keine Angabe	1,7 %

Tab. 8: Studie der Bluestone AG „Das Geschlecht der Dinge"
Quelle: Diana Jaffé / Bluestone AG 2010

2.3.2 Die Bedeutung des Produktgeschlechts

Frauen haben eine Affinität zu weiblichen Produkten und Männer zu männlichen. Umgekehrt — und das ist oftmals noch viel wichtiger — haben Produkte, die dem anderen Geschlecht zugeordnet werden, schlichtweg keine *Relevanz*. Ein männliches Produkt weckt bei Frauen häufig weder Aufmerksamkeit noch Interesse. Noch gravierender ist es bei Männern und weiblichen Produkten. Da Frauen in einer oftmals noch immer männlichen Produktwelt leben, insbesondere wenn es sich um technische Erzeugnisse handelt, und weil sie sich auch bei Werten oftmals am Männlichen orientieren[4], sind sie eher imstande und bereit, in bestimmten Bereichen auch männliche Produkte zu akzeptieren. So war Yves Saint Laurent der erste, der den Damen-Smoking auf den Laufsteg schickte und ihn Frauen als Alternative zum Abendkleid anbot. Seither hängen in den meisten Schränken von Businessfrauen mehr Anzüge in gedeckten Farben als Kostüme oder Kleider, seither kommen männliche Looks in der Mode und bei den Accessoires immer wieder. Zumindest die gängige Kleiderordnung im Geschäftsleben lässt sich bei Frauen getrost unter Mimikry verbuchen. Und in der Freizeit trägt „Sie" auch mal Taucher- und Fliegeruhren in Herrengröße.

Finanzen und Versicherungen — männliche Produkte?

Ganz anders sieht es bei weniger alltagsnahen Produkten aus. Mein Lieblingsbeispiel sind Finanzprodukte. Untersuchungen zum Finanzwissen und Finanzverhalten von Frauen und Männern haben teilweise gravierende Unterschiede ausgemacht. So ist seit vielen Jahren bekannt, dass Frauen in Bezug auf ihre Altersvorsorge massiv unterversorgt sind. Sie geben signifikant mehr Geld für Konsum aus und nehmen für die Finanzierung von Urlaub sowie Anschaffung von Konsumgütern häufiger

---

[4] Die deutschsprachigen Staaten gehören zu den Gesellschaften, die das Männliche hoch und das Weibliche gering schätzen oder gar nicht richtig wahrnehmen können. Beispielsweise müssen alle, die Karriere machen wollen, die männlichen Spielregeln beherrschen und anwenden können, auch die Frauen. So werden typisch weibliche Kommunikationsmuster im männlichen Verständniskontext als Unsicherheit ausgelegt, statt als weibliche Höflichkeitsfloskel (vgl. hierzu Tannen, Deborah (1997 und 2004)). Studien haben auch wiederholt gezeigt, dass Frauen auf Bewerbungsfotos darauf achten müssen, maskuliner auszusehen. Kurze oder streng hochgesteckte Haare, ein markantes Kinn und die Reduktion weiblicher Gesichtsformen durch Make-up lassen Frauen kompetenter für Jobs erscheinen, bei denen Eigenschaften rund um die Durchsetzungskraft gefordert sind (vgl. von Rennenkampff (2005)). Frauen akzeptieren im Zusammenhang mit dem Job in hohem Maße männliche Werte. Die Forderungen der letzten Jahre, mehr Frauen müssten in Führungspositionen und in naturwissenschaftlich-technische Berufe gebracht werden, ja, alle Posten müssten möglichst bald paritätisch verteilt sein, zeigen, dass diejenigen, die diese Forderungen aufstellen, diese Berufe für wertvoller halten als andere. Statt „typisch weibliche" Berufe wie z. B. die gesellschaftlich unabkömmlichen Pflegeberufe aufzuwerten und ihnen die dringend notwendige und gebührende Anerkennung zu verschaffen, sollen Frauen „männliche" Berufe ergreifen, um eine höhere Akzeptanz zu bekommen.

Kredite auf als Männer. Das Wissen über Finanzprodukte ist bei Frauen teilweise gravierend geringer.[5] Lediglich die Geldanlegerinnen, deren Zahl kleiner ist als unter den Männern, sind mit ihren Strategien erfolgreicher als die Männer. Mit mehr Geduld und weniger Aktionismus erzielen sie höhere Renditen als die männlichen Geldanleger, wie regelmäßige Studien der DAB Bank immer wieder bestätigen.

Geld und Versicherungen sind für die meisten Frauen fremdes Terrain. Es sind sehr abstrakte Dinge, die sich sinnlich nicht direkt erfahren lassen. Zahlen sind geschlechtsspezifisch. Das Verständnis von Mathematik und Finanzfragen wird durch einen höheren Testosteronspiegel begünstigt, wie zahllose wissenschaftliche Untersuchungen gezeigt haben. (Frauen haben dafür eine höhere Affinität zu Sprache als Männer.) Dazu kommt, dass die Finanzprodukte für Laien oftmals ohnehin unverständlich und schwer vergleichbar sind.

Die wesentlichen Hürden für Frauen im Zusammenhang mit Finanzprodukten lassen sich so zusammenfassen:

- Die Produkte sind oftmals schwer verständlich.
- Die Materie ist abstrakt und kann nicht direkt erfahren werden. Geld wird erst durch den „Tausch" in ein Produkt oder ein Erlebnis „real".
- Das Interesse und die Motivation, sich mit diesem Themengebiet zu befassen, sind sehr gering. Hilfreiche Vorkenntnisse existieren nicht.
- Frauen haben in vielen Produktkategorien später als Männer das Gefühl, dass sie ein Produkt wirklich verstanden haben. Sie benötigen mehr Informationen und mehr Zeit. Außerdem lassen sie sich gern von Freundinnen und Fachexperten beraten. Männer schätzen ihre Kompetenz höher ein als Frauen, wodurch sie sich gemessen am Informationsumfang vergleichsweise schnell gut informiert und entscheidungsfähig fühlen.

So lassen sich Frauen für Finanzprodukte gewinnen

Wer Frauen an Finanzprodukte heranführen will, muss sein Angebot so darstellen, dass es für eine Frau verständlich und sinnvoll *im Kontext ihrer Lebenswelt* wird. Dafür muss das Produkt — im Rahmen der rechtlichen Bestimmungen — unter Umständen repositioniert werden. Eine Geldanlage oder ein Sparplan würden dann keinem ungreifbaren oder männlichen Ziel in weiter Ferne dienen, wie zum Beispiel dem Kauf einer Yacht, wenn man mit seinem Partner schon alt und weißhaarig ist, wie in einem alten Deka-Investment-Spot gezeigt. Vielmehr muss das Gefühl von

---

[5]   Commerzbank, 2003

heutigem Verzicht zugunsten einer zukünftigen Belohnung vom „Gefühl des Ver-
lustes" in der Gegenwart befreit werden. Und mehr noch: Die Produkte müssen ver-
ständlicher und konkreter werden, müssen in den Kontext eines weiblichen Lebens
eingewoben werden, wobei die verwendete Sprache eine immense Rolle spielt.

Ein heute typischer und weit verbreiteter Textstil auch gegenüber Privatkunden,
der nicht nur der gesetzlichen Informationspflicht geschuldet ist, lautet beispielhaft so: „Stimmt die Bank bei Sparkonten im Ausnahmefall einer vorzeitigen Kün-
digung zu, so werden Vorschusszinsen abgezogen. Sie werden bis zum Ablauf der
Kündigungsfrist berechnet. Dabei wird die Hälfte des zum Zeitpunkt der Rückzah-
lung geltenden Guthabenzinssatzes zu Grunde gelegt. Vorschusszinsen werden
höchstens bis zur Höhe der insgesamt für die Spareinlage vergüteten Zinsen
berechnet."[6] Haben Sie das verstanden?

Doch auch bei Männern spielt Relevanz eine immense Rolle. Sie bzw. ihr Fehlen
äußert sich allerdings häufig ganz anders als bei Frauen.

In all den Jahren habe ich bei der Auftragsvergabe einen Satz mit Abstand am häufigsten gehört: „Machen Sie eine Strategie für uns, mit der wir mehr Frauen als
Kundinnen gewinnen — aber eine, bei der wir unsere männlichen Kunden nicht
vergraulen." Männer finden „weibliche" Produkte für sich uncool. Sie können es
akzeptieren, wenn Frauen sie benutzen (und das bestätigt oft ihre Vorstellungen
und Klischees, was sie vielleicht auch mit einer gewissen Genugtuung erfüllt), für
sich jedoch wären sie nie akzeptabel. Aus diesem Grund wehren sich ganz besonders die deutschen Automarken, in die Nähe von weiblichen Käufern zu geraten,
denn die Automobilbranche ist in Deutschland noch weitaus technisch-männlicher
geprägt als anderswo. (Lediglich das Geschäft in den USA mit getunten Muscle
Cars, Hot Rods und anderen Custom Made Cars ist noch machohafter.) Das geht
dann soweit, in der Werbung niemals eine Frau am Steuer zu zeigen, sondern immer nur auf dem Beifahrersitz.

Gesamtgesellschaftlich gilt in unserem Kulturkreis: Männliche Produkte sind
cool, weibliche nicht oder nur für Frauen.

---

[6] Informationstext der Deutschen Bank im März 2014, http://bit.ly/1dSClWw

Produkte dienen Männern unbewusst auch dazu, sich von Frauen abzuheben. Männer wollen Männer und damit anders sein als Frauen. Dafür nehmen sie so einiges in Kauf. In vielen Kulturen müssen Jungen noch immer Initiationsriten bestehen, um zum Mann zu werden. Viele Männer glauben, sich ständig aufs Neue beweisen zu müssen, um nicht wieder zur Frau zu werden.[7] Frauen hingegen wollen sich nicht von den Männern unterscheiden. Sie suchen die Einheit. Das erklärt, weshalb Frauen — innerhalb gewisser Grenzen — eine höhere Akzeptanz für männliche Produkte aufweisen als Männer für weibliche. Allzu „maskuline" Produkte finden sie dann aber auch irgendwann übertrieben.

Ist ein Produkt also männlich, dann ist es mit hoher Wahrscheinlichkeit relevanter für Männer als ein weibliches. Doch es muss auch in weiterer Hinsicht passen: Ein von Geburt an gehörloser Mann kann auch der besten Musikanlage von Burmester nichts abgewinnen. Bedarf und/oder Bedürfnis müssen ebenfalls vorhanden sein.

Bedeutung des Produktgeschlechts für den Verkauf

Doch neben der Relevanz hat das Geschlecht von Dingen und Produktgattungen auch große Bedeutung für den Verkaufsprozess. Ich habe dieses Thema gemeinsam mit Vivien Manazon ausführlich in *Verkaufen an Adam und Eva* erörtert, doch da es für das Gesamtverständnis außerordentlich wichtig ist, greife ich die wichtigsten Aspekte in Kapitel 2.5.3 auf.

2.3.3 Weibliches und männliches Design

Manche Produkte gibt es in weiblicher und männlicher Ausführung, obwohl sie sich eigentlich nicht unterscheiden. Fahrräder gehören dazu, Parfums, Grußkarten, Schmuck und vieles mehr. Frauen benötigten in frühen Zeiten, als es für sie noch undenkbar war, Hosen zu tragen, Fahrräder mit einem für Röcke passenden Rahmen, der wiederum eine geringere Stabilität aufwies als Herrenräder. Sehr viel später erst kamen Farbvariationen dazu und erst in neuerer Zeit wurde ein Variantenreichtum geschaffen, der dem individuellen Geschmack viel Auswahl lässt. Und doch lässt sich auch hier beobachten, dass viele Designs eindeutig weiblich oder männlich wirken. Wie kommt es dazu? Welche Stellschrauben gibt es, um ein Produkt weiblicher oder männlicher erscheinen zu lassen? Lassen wir die Funktionalität mal beiseite und konzentrieren uns nur auf die gestalterische Form.

---

[7] Schwanitz, Dietrich (2001), S. 63 ff.

Geschlechtsspezifisches Design im Möbelbereich

Im Rahmen meines Projekts für den Möbelhersteller machte ich mich auf die Suche nach den Hintergründen für das Möbeldesign und sein Geschlecht. Nachdem ich zahllose Kataloge und Zeitschriften studiert, Designer beobachtet und ihnen aufmerksam zugehört, Möbelstücke jeder Stilrichtung und Preislage auf ihre Haptik hin getestet hatte, kam ich zu folgendem Ergebnis:

Dimension Wesentliche Faktoren	Männlich	Weiblich
Form	Gerade, eckig, kantig	Rund, geschwungen
Größe	Groß, massiv	Klein, filigran
Material	Hart (z. B. Beton)	Weich (z. B. Stoffe)
Material-Temperatur	Kalt	Warm
Oberflächen, Strukturen	Grob	Fein
Farben	Dunkel, düster, kühl	Hell, licht, warm
Ornamentik	Schlicht	Opulent
Gewicht	Schwer	Leicht
Technischer Grad	Sichtbare Mechanik, Elektronik etc.	Mechanik und Elektronik sind nicht sichtbar oder nicht vorhanden.
Stil/Epoche (Achtung: nur aus heutiger Betrachtung gültig)	Modern, zeitgenössisch, architektonisch-reduziert, berühmte Designer-Stücke aus dem 20. Jahrhundert	Rokoko, Barock, Country, Romantik, Shabby Chic etc.

Tab. 9: Wesentliche Faktoren für das geschlechtsspezifische Möbeldesign
Quelle: Diana Jaffé / Bluestone AG 2013

Eine untergeordnete Rolle spielen die Dimensionen:

- Proportionen
- Detailausführung
- Ursprungsland eines Produkts
- Lichtreflexion, -brechung

Symmetrie, Volumen und natürliche/organische Anmutung spielen nach derzeitigem Erkenntnisstand in diesem Zusammenhang keine Rolle.

Alle in der Übersicht aufgeführten Designdimensionen (linke Spalte der Tabelle) lassen sich miteinander kombinieren. Nur ein einzelnes (weibliches oder männliches) Merkmal macht noch kein weibliches oder männliches Möbelstück aus. Jede einzelne Dimension kann man sich als Gerade mit Schieberegler vorstellen. Die Anmutung eines Produkts bzw. die Empfindung des Betrachters, ob es sich um ein weibliches oder männliches Design handelt, entsteht aus der Kombination und Gewichtung der verschiedenen Dimensionen. Interessante Spannungen entstehen durch gezielte Kombinationen aus weiblichen und männlichen Attributen. (Geschmacklosigkeiten lassen sich häufig auf verunglückte Kombinationen zurückführen.)

Designsprache für männliche und weibliche Zielgruppen

Im Möbelbereich und in anderen Bereichen, beispielsweise bei Fahrrädern, hat sich im Lauf der Zeit eine Designsprache für die Geschlechter entwickelt. Doch als die Kosmetikserien für Herren eingeführt wurden, musste für die Verpackung eine neue visuelle Sprache entwickelt werden. Dies galt umso mehr für Unternehmen, die vor der Einführung von Cremes und Co. noch keine Shampoos, Duschgels, Rasierzubehör oder gar eine eigene Marke für Herrenprodukte führten. Und so gibt es noch immer erstaunlich viele Branchen und Produktbereiche, in denen bis heute keine Designsprache für weibliche Zielgruppen existiert, wenn man von den missglückten rosa Versuchen z. B. bei Laptops absieht.

Seit einigen Jahren versuchen Hotels und Boarding Houses, den Bedürfnissen weiblicher Geschäftsreisender besser gerecht zu werden, indem sie einzelne Zimmer geringfügig anders gestalten und ausstatten. Die meisten Versuche fallen zaghaft aus und man sieht ihnen die Ratlosigkeit der Gestalter an. Häufig dominiert in solchen Räumen die Farbe Purpur oder Rot, ein entsprechender Teppich wurde dem üblichen Bodenbelag hinzugefügt, eine einsame Blume in derselben Farbe steht in einer Vase, es wird auf einen besonders teuren Wellness-Drink im Zimmerkühlschrank verwiesen, die Beleuchtung im Badezimmer zaubert immer noch besonders reizende Falten ins Gesicht, der Ganzkörperspiegel im Flur lässt einen immer zu dick erscheinen, weil auch hier zusätzlich zum mangelnden Abstand die Beleuchtung ihr schändliches Werk vollbringt. Selten gelingt es einem Interior Designer in diesen Hotels für Frauen ansprechende Räumlichkeiten zu schaffen.

Weibliche Designsprache in der Technikbranche?

Die Technikbranche tut sich schwer mit weiblichem Produktdesign. Das erklärt sich natürlich zu einem beträchtlichen Teil daraus, welche Menschen technische Berufe ergreifen und Produktdesigner und Manager in dieser Branche werden. Sie werden von der Faszination für Technik getrieben, nicht gerade von empathischen Fähigkeiten.[8] Eine völlig andere Philosophie hat Apple unter Steve Jobs wieder hochgebracht und den Produkten eine ganz eigene Faszination verliehen. Von dieser Ausnahmemarke abgesehen ist es niemandem im Techniksegment gelungen, ein Design zu entwickeln, das (auch) für Frauen funktioniert, sicherlich auch, weil es niemand ernsthaft versucht hat.

Bei genauerem Hinsehen ist die mangelnde Fähigkeit zur Empathie etwas, das alle im weitesten Sinne technischen Branchen kennzeichnet. Das ist immer ablesbar am Produktdesign und betrifft Wintergärten ebenso wie etwa die Präsentationstechnik. Obwohl es Knopfmikrofone für das Revers gibt, sind von den Kongress- und Tagungszentren in den letzten Jahren besonders häufig Mikrofone angeschafft worden, die man sich um die Ohren schnallen muss. Nicht nur, dass sie schlecht sitzen, weil sie für die denkbar größten Pferdeköpfe gemacht zu sein scheinen. Vielmehr hat nie jemand darüber nachgedacht, wie viel Zeit Rednerinnen vorab mit dem Styling ihrer Frisur verbracht haben, das durch diese Mikrofone sofort und unwiederbringlich ruiniert wird. Und wer jetzt einwenden möchte, dass Frauen sich darüber zu viel Gedanken machen, dem sei entgegnet, dass es leider nicht die Vortragenden sind, die sich über eine zerstörte Frisur unnötigerweise echauffieren, sondern große Teile des Publikums, die bei Frauen genau darauf achten, nicht aber bei Männern.

Autos für die Karrierefrau

Ein hochinteressanter Produktbereich wäre, wie ich meine, die Auswahl an Geschäftsautos für die stetig wachsende Zielgruppe der Karrierefrau. Derzeit lernen Frauen noch, dass sie keinesfalls auf einen Dienstwagen verzichten dürfen, der ihren Status unterstreicht. Bescheidenheit in diesem Zusammenhang wirkt sich als Karrierebremse aus, auch wenn in urbanen Gebieten bei den jüngeren Generationen die Bedeutung eines eigenen Autos zuletzt extrem zurückgegangen ist. Doch auch neue Mobilitätskonzepte und das Car Sharing hebeln das Statusdenken in der Wirtschaft nicht aus, zumindest noch nicht. Diese beruflich aufsteigenden

---

[8] Vergleiche hierzu: Baron-Cohen, Simon 2004, Jaffé, Diana und Saskia Riedel 2011, S. 87 ff., Jaffé, Diana und Vivien Manazon 2012, S. 31 ff.

Frauen sind noch immer auf ein Angebot beschränkt, das in Design und Philosophie dem männlichen Denken entspricht. Ein Auto für Frauen wäre keineswegs ein Rückfall in die 80er-Jahre mit dem motorisierten Einkaufswagen für Mutti, sondern eine Herausforderung an die Designer, die Vorstände und die Markenspezialisten.

Vor wenigen Jahren hörte ich von zwei Verlegern zu ungefähr derselben Zeit, dass jedem von ihnen ein Buch aus den USA zu „Marketing to Women" als Lizenzausgabe angeboten wurde. Es waren zwei verschiedene Bücher, die zufällig fast dasselbe Ereignis schilderten. In beiden Büchern erzählten die Autorinnen unabhängig voneinander, wie sie sich ein neues Auto anschaffen wollten und mit ihren Ehemännern ein BMW-Autohaus aufsuchten, um sich beraten zu lassen. BMW gilt in den USA als großes Statussymbol, auch für Geschäftsfrauen. In beiden Fällen schilderten die Autorinnen den mehr oder minder unbefriedigenden Beratungsprozess. Beide fühlten sich vom Verkäufer zu wenig beachtet und nicht ausreichend ernst genommen. Schließlich brachten die Frauen in ihrem Unbehagen den Einwand vorbrachten, das Auto besäße keinen ordentlichen Getränkehalter für einen großen Becher Kaffee, den sie aber dringend benötigten, da sie die Fahrzeit zum Büro bereits als vollwertige Arbeitszeit für Geschäftstelefonate nutzten, und dazu wollten sie ihren Morgenkaffee trinken. So waren sie es seit Jahren gewöhnt. In einem der beiden Fälle sagte der Verkäufer, Europäer würden im Auto weder essen noch trinken.[9] Im anderen Fall schlug der Verkäufer, als die potenzielle Kundin insistierte, einen notdürftigen Getränkehalter für den Gegenwert von ca. einem Dollar vor, der sich zwischen Fensterscheibe und Türfutter klemmen lässt — und das bei einem Auto, das Tausende von Dollar kosten sollte. In beiden Fällen verließen die beiden Autorinnen die Autohäuser enttäuscht und entnervt, verabschiedeten sich womöglich für immer von der Marke BMW, erzählten ihrer Leserschaft und wahrscheinlich bei jeder sich bietenden Gelegenheit von ihren enttäuschenden Erfahrungen mit BMW — und gingen zu Automarken wie Lexus, wo sie sich bestens verstanden und bedient fühlten. Hier gab es auch Autos mit Kaffeehaltern in der richtigen Größe.

Die Pointe dieser Geschichte: In beiden Fällen verzichteten die Verleger auf das Angebot, die Bücher auf Deutsch herauszubringen. Als ich nach dem Grund fragte, sagten beide unabhängig voneinander, sie hätten Bedenken, ein Buch herauszubringen, in dem etwas so Triviales wie ein unzureichender Getränkehalter bei einem Auto thematisiert werde. Sie selbst zweifelten an der Qualität der Bücher und an deren Verkaufserfolg, einfach weil sie nicht nachvollziehen konnten, dass der fehlende Getränkehalter für ein fehlendes Prinzip stand. Dazu sei gesagt: Beide Verleger sind sehr kluge Männer, die ich sehr schätze.

---

[9] Brennan, Bridget 2011, S. 1 ff.

Weibliche Statussymbole

Hierzulande gibt es zahlreiche Männer, die während Langstreckenfahrten auf Getränkehalter im Auto angewiesen sind, und sei es für Dosen mit Energydrinks. Doch es geht nicht um Cupholder an sich, sondern um die grundlegende Erforschung, wie Frauen ihr Auto nutzen und welches Karosseriedesign sie als schön empfinden. Weiblicher Status wird in überwiegender Zahl noch immer mit anderen Mitteln als männlicher ausgedrückt (auch wenn Apple-Produkte zu gewissen Überschneidungen geführt haben). Typisch für die Demonstration von weiblichem Status-Bewusstsein sind noch immer wertvoller Schmuck, teure Handtaschen, exklusive Modemarken und sonstige kostspielige Accessoires. Logisch betrachtet liegt nichts näher, als Frauen nicht nur knutschige Kleinwagen für die Stimulation des Progesteronspiegels anzubieten, sondern auch im hochwertigen Bereich ein elegantes Auto zu designen, das einer erfolgreichen Frau würdig ist. Ein gut gemachtes „Frauenauto" wäre alles andere als uncool, sondern sicher auch für so manchen Mann zum Verlieben schön.

Hier ist also noch eine Menge Grundlagenarbeit vonnöten.

Kein Patentrezept für weibliches Produktdesign

Ich weiß, dass sich so mancher Leser und so manche Leserin nun eine genaue Anleitung von mir wünschen würde, wie richtiges Produktdesign für Frauen aussehen könnte bzw. worin weibliches Produktdesign sich von männlichem unterscheidet. Und ich muss zu meinem eigenen größten Bedauern zugeben, dass ich hierfür kein Patentrezept habe.

Die beste Ausgangsbasis sind immer Fragen, möglichst viele Fragen. Ich habe beobachtet, dass in vielen Unternehmen nur eine verkümmerte Fragekultur herrscht. Etwas nicht zu wissen wird als ein Makel empfunden. Dabei ist das Fragen auf die Weise, wie Kinder es tun, der Königsweg zur Erkenntnis und zur Innovation. Und dafür ist es wenig hilfreich, die Fragen einer Marktforschungsabteilung oder gar einem externen Dienstleister zu überlassen. Wenn ich die Fragen, die ich habe, jemand anderem zur Erforschung überlasse, dann bekomme ich zwar Antworten, ich weiß allerdings nicht, wie sie zustande gekommen sind. Ich weiß nicht, was gefiltert wurde, ich weiß nicht, was womöglich nicht ins Schema der Forschungsarbeit gepasst hat und daher gekappt wurde. Ja, ich selbst forsche im Auftrag anderer, und die Ergebnisse, die meine Kunden erhalten, sind auch durch meinen eigenen Filter gelaufen. Jedoch wende ich Methoden an, die mir maximale Freiheit lassen, jeder kleinen Andeutung, jedem Impuls, jeder intuitiven Regung nachzugehen. Ergebnisoffenheit ist für mich das höchste Gebot. Ich will keine These bestätigt haben, sondern ich möchte in Erfahrung bringen, weshalb sich Menschen so verhalten, wie sie es tun. Denn manchmal würden sie sich glatt anders verhalten, wenn die Umstände ihnen Alternativen bieten oder sie auf andere Wege lenken würden.

Manchmal zeigen Menschen bestimmte Präferenzen für Produkte, einfach weil es keine anderen gibt. Wenn ich also herausfinden möchte, welche neuen Funktionen oder Eigenschaften mein Produkt bieten soll, dann muss ich erst verstehen, wie Menschen das bisherige Angebot nutzen, was ihnen aus welchem Grund gefällt, was ihnen fehlt, was komfortabel ist, was sie nervt. Und dies sollte ich in aller Gründlichkeit und Offenheit tun, um im Anschluss auswerten zu können, ob geschlechtsspezifische, altersbedingte, bildungsrelevante oder sonstige Unterschiede bestehen.

Männliche Produktauswahl — Konzentration auf wenige Kriterien

Wenn es um die Auswahl eines Produkts geht, beschränken sich Männer meistens nur auf die allerwichtigsten Kriterien, die das Produkt für sie erfüllen soll. Zwar gäbe es noch ein paar weitere Nice-to-haves, doch die sind nicht wichtig und würden den Auswahlprozess aus männlicher Sicht nur unnötig komplizieren. Also fokussieren sie sich auf die absoluten Must-haves, was in aller Regel ein bis maximal drei Kriterien entspricht, die erfüllt sein müssen.

Es lässt sich interessanterweise beobachten, dass in zahlreichen Produktentwicklungsabteilungen ein ziemlich ähnlicher Geist herrscht. Das erklärt, weshalb so viele Waren mit nur geringem Innovationswert auf den Markt gebracht werden. Die Entscheider winken Produktentwicklungen durch, die sich in nur wenigen Eigenschaften von Wettbewerbswaren unterscheiden. Manchmal werden die Produktentwickler sogar aus Kostengründen ausgebremst, obwohl noch viele gute Überlegungen in ein Design einfließen könnten. Bei männlichen Käufern sind solche Produkte darauf angewiesen, dass sie genau das Wenige suchen, was das Produkt auch nur zu bieten hat. Bei weiblichen Kunden fallen solche Dinge oftmals komplett durch.

Männliche Saticficer und weibliche Maximizer

Dem männlichen Prinzip des „Gerade-ausreichend" steht das weibliche Prinzip „Nur-das-Beste-und-Vollkommene-genügt" gegenüber. Herbert Simons hat dieses Prinzip bereits in den 1950er-Jahren beschrieben. Er kombinierte die Wörter „satisfy" (befriedigen) und „suffice" (ausreichen, genügen) zu „satisfice". *Satisficer* sind demnach Menschen, die nur den unbedingt nötigen Aufwand treiben, um eine gerade ausreichend gute Lösung zu finden. Eine solche Lösung reicht ihnen für ihr Empfinden und ihre Zwecke aus. Im Gegensatz dazu suchen sogenannte *Maximizer* nach der besten Lösung überhaupt. Dafür sind sie bereit, auch großen Aufwand zu betreiben.[10] Das heißt nicht, dass Satisficer überhaupt keine Ansprüche stellen. Vielmehr stellen sie ihre Bemühungen exakt in dem Moment ein, in dem ihre persönlichen Ansprüche bzw. Maßstäbe erfüllt sind.[11] Welche Möglichkeiten darüber hinaus existieren, interessiert Satisficer nicht, Maximizer hingegen sehr.

Me-too-Produkte und selbst Raubkopien sind gewissermaßen ebenfalls Satisfice-Produkte, wenn auch in etwas extremer Auslegung: Ein anderer Hersteller ist der Ansicht, dass das Produkt eines Wettbewerbers (oder Markenherstellers) so gut ist, dass daran nichts Wesentliches verbessert werden muss. Der Beweis für diese Einschätzung ist dessen Marktführerschaft oder der sonstige Markterfolg. Also spart sich der Kopierer den Aufwand, etwas Eigenes zu entwickeln und übernimmt einfach das Produkt des Innovators. Dieses Verhalten lässt sich überall feststellen.

Empörung über rosa Mädchenspielzeug

In den letzten drei Jahren stieg die Empörung über rosa Mädchenspielzeug stetig an. Ferrero brachte das rosa Überraschungsei für Mädchen heraus, ohne dabei das herkömmliche Überraschungsei zum Jungen-Ei zu erklären. Die deutsche Sektion der Protestorganisation gegen Geschlechterstereotype, Pinkstinks[12], protestierte gemeinsam mit barbusigen Femen-Aktivistinnen[13] gegen das Barbie-Dreamhouse in Berlin, eine Installation der rosa Puppenwelt in Menschengröße in der Nähe des Alexanderplatzes. Es soll dabei auch zu lauten Rufen gekommen sein, das Dreamhouse, das in Wahrheit lediglich ein Zelt war, niederzubrennen.[14] Auf jeden Fall brannte eine Barbie an einem Kreuz. Davon gibt es Fotobeweise.[15]

In diesem Zeitraum bekam ich auffallend viele Interviewanfragen, bei denen zumeist weibliche Journalisten wissen wollten, was ich als Expertin zu all dem rosa Mädchenspielzeug zu sagen hätte. Um es kurz zu machen: Ich sehe die Sachlage recht

---

[10] Simons, Herbert (1956)

[11] Schwartz, Barry (2004), S. 88 ff.

[12] http://www.pinkstinks.de

[13] http://femen.org/

[14] Leurs, Rainer (2013)

[15] http://bit.ly/1djc9nU

entspannt. Manche Aktivistinnen denken, ich nähme die rosa Spielzeugflut nicht ernst genug. Was ich jedoch immer wieder erklären muss, ist, dass es sich bei all den rosa Prinzessinnen für kleine Mädchen à la Lillifee[16] keineswegs um eine fiese Verschwörung der Spielzeugindustrie handelt, die Mädchen in antiquierte Rollenbilder zwingen will, sondern um wirtschaftliche Überlegungen, die gelegentlich mit einem Sicherheitsbedürfnis oder auch mit einer gewissen Faulheit bei den Produzenten einhergehen: Ein Hersteller hat eine Idee, die sich hervorragend verkauft. Andere sehen das und kopieren die Idee, weil sie auch ein Stück vom Kuchen haben wollen.

Die Entwicklung einer innovativen Idee kostet viel Geld und ist riskant, weil die neue Idee vielleicht am Markt floppt. Die Kopie einer fremden Strategie, die bereits bewiesen hat, dass sie grandios funktioniert, ist dagegen risikolos und verspricht guten Ertrag bei minimalem Einsatz. Es ist einfacher, jemandem Anteile eines bereits bestehenden Marktes abzuluchsen, als ein neues Marktsegment zu definieren. Das ist die ganz banale Erklärung dafür, weshalb es inzwischen so viele Prinzessinnen-Spielserien gibt, von Disney bis Playmobil.

Die Nachfrage bestimmt das Angebot

Was bei aller Empörung gegen die vermeintlich reaktionären Hersteller gern übersehen wird, die Mädchen angeblich nur zeigen wollen, dass ihr Platz am rosa Herd ist: Wenn diese Spielsachen beim Großteil der Kaufentscheider nicht so beliebt wären (oder wenn sich nicht so viele Mütter von ihren bettelnden Töchtern zum Kauf überreden ließen, obwohl sie selbst dagegen sind), dann würden sich diese Spielsachen nicht so gut verkaufen. Dann wären auch nicht so viele Hersteller daran interessiert, sie zu produzieren, da es dann keinen solch lukrativen Markt gäbe. Und wenn ich durch den Berliner Bezirk Prenzlauer Berg gehe, dann sehe ich beinahe ein Geschäft neben dem anderen, das mit pädagogisch sinnvollen Spielwaren und auch sonst sehr hübschen Sachen angefüllt ist. Es gibt durchaus viele Alternativen zu rosa Plastikprinzessinnen. Diese Artikel sind vielleicht nicht in einer Kleinstadt erhältlich und schon gar nicht auf dem Lande, aber wer sie finden will, dem gelingt es auch. Und Dank Onlineshopping ist das meiste auch in Hintertupfingen beschaffbar.

Kurzum: Der Unterschied zwischen den Satisficern und den Maximizern unter den Produktentwicklern und Unternehmensentscheidern besteht also in der Herangehensweise an die Frage, wann eine Produktentwicklung gut genug ist. Wenn Frauen die Kaufentscheider sind, dann reicht ihnen ein, nach männlicher Auffassung ausreichend innovatives, Produkt oftmals nicht aus.

---

[16] http://lillifee.de/

Der Einfluss von Alter und Geschlecht auf die Techniknutzung

Bei technischen Erzeugnissen stellt sich die Situation jedoch oft anders dar: Sofern Frauen nicht etwas sehr Spezielles benötigen oder erwarten, stellen sie nicht die höchsten Ansprüche. Die Mehrzahl der Frauen ist weitaus weniger technikbegeistert als Männer. Neue Technologien nimmt die weibliche Mehrheit noch immer später an als die meisten Männer.[17] Allerdings zeigt sich hier ein Gefälle bei den Altersstufen:

Je jünger und je besser gebildet Frauen sind, desto schneller und ausgiebiger nehmen sie neue Technologien an, nutzen sie weidlich und mit Vergnügen.[18] Je älter die Frauen heute sind und je geringer ihr Bildungsstand[19] ist, desto später erfolgt die Nutzung. Diese Faktoren haben auch Einfluss auf die Nutzung durch Männer, jedoch einen weitaus geringeren.[20]

Viele kommen gar nicht mehr zur Nutzung neuer Technologien, während ihre Partner sich durchaus noch in großer Zahl für Internet, Smartphones, Tablets etc. begeistern können.[21] Frauen interessieren sich eher für den praktischen Nutzen eines Produkts und wie sich dieser auf ihren Alltag auswirkt. So sind Männer eher an Tablet-PCs interessiert, während Frauen eine größere Tendenz zu E-Book-Readern zeigen.[22] Eine Studie von HTC untersuchte 2013/2014, wie Frauen ihre Smartphones nutzen (leider ohne dabei einen Vergleich zu Männern zu ziehen). Dabei stellte sich beispielsweise heraus, dass 72 Prozent der Studienteilnehmerinnen Tablets für unnötig halten, weil diese nicht mehr können als ihr Smartphone. Dieselbe Leistung mit geringeren Maßen und geringerem Gewicht spielt für Frauen eine große Rolle. Aus diesem Grund würden 70 Prozent der Frauen ein Smartphone mit großem Display bevorzugen.[23] Das sind exakt dieselben Aussagen, die ich vor über zehn oder fünfzehn Jahren in einer Studie las, die die Erwartungen von Frauen an Laptops untersucht hatte.

[17] Wilkens, Andreas (2013), BITKOM (2012 a)
[18] http://technikistpink.wordpress.com/, http://www.chipchick.com/
[19] BITKOM (2013 b)
[20] TWT Interactive (2012)
[21] Graf, Joachim (2012)
[22] BITKOM (2013 b), Weckbrodt, Heiko (2013)
[23] Nicholas, Kamal (2014)

Was Frauen von Produkten erwarten

Was ich mit alledem deutlich machen will, ist, dass es keine Faustformel dafür gibt, was Frauen von Produkten erwarten, schon gar nicht ein Ranking der wichtigsten drei, fünf oder zehn Kriterien, die womöglich auch noch für alle Produktarten, die es gibt, anwendbar wären. Von Männern wissen wir zumindest so Grundlegendes, wie etwa, dass Technik und Leistung sie begeistern, selbst wenn diese in Form eines Staubsaugers daherkommen, den die meisten von ihnen wahrscheinlich niemals benutzen würden. Bei Frauen ist vieles wesentlich komplizierter, zumindest erscheint es uns jetzt noch so, da dieses Gebiet bisher so wenig erforscht ist.

2.3.4 Partizipation von Kunden bei der Entwicklung

Viele Unternehmen testen ihre Produkte auf Herz und Nieren. Leider geschieht dies oftmals unter derart künstlichen Laborbedingungen, dass die Produkte dennoch floppen. So liegt der Verdacht nahe, dass diese Methode bestenfalls unter bestimmten Bedingungen einsetzbar ist.

Ein gescheiterter Mitmach-Wettbewerb im Internet

In heutigen Zeiten veranstaltet jedes Unternehmen, das sich zeitgemäß modern darstellen möchte, einen Mitmach-Wettbewerb im Social Web. Und regelmäßig verbrennen sich Marken dabei die Finger. Dabei zeigen doch schon genug „Fails" aus der jüngeren Vergangenheit, wie man es nicht macht.

Zu den bekanntesten negativen Beispielen gehört Pril. Henkel hatte 2011 zu einem Wettbewerb aufgerufen, um für seine beliebte Spülmittelmarke die schönste Etikettgestaltung zu finden. Die Teilnehmer sollten ein vorgegebenes Onlinetool verwenden, bei dem Farben, Hintergründe und Motive hinterlegt waren, die es möglichst geschmackvoll zu kombinieren galt. Andere Facebook-User sollten aus allen eingereichten Designs die Siegerentwürfe auswählen, die dann als limitierte Editionen in den Handel kommen würden.

Ein Werbetexter ärgerte sich über das Gestaltungstool und die vielen Blümchen und Schmetterlinge. Mit dem Zeichentool krakelte er die Umrisse eines Brathuhns auf fiesen braunen Hintergrund und kritzelte darunter: „Schmeckt lecker nach Hähnchen!" Der stets etwas albernen und für Anarchospäße aufgeschlossenen Facebook-Community gefiel dieses Motiv weitaus besser als jedes der anderen 33.000 eingereichten Motive, sodass das leckere Grillhuhn schon bald gemeinsam mit einigen anderen humorigen Ideen das Siegerfeld anführte.

Das fand man bei Henkel nicht so witzig und zudem nicht gesetzeskonform. Der Marketingverantwortliche dachte, der Hinweis darauf, dass der leckere Hähnchengeschmack nicht zulässig ist, würde die Internetgemeinschaft wieder zur Vernunft bringen und der ganzen Aktion den nötigen Ernst zurückgeben. Also änderte Henkel kurzerhand die Abstimmungsregeln und entsorgte gleich einige andere Motive, die keine Kolibris verwendet hatten. Dadurch jedoch fühlten sich die Facebook-Abstimmer nicht gewürdigt. So leicht konnte man sich ihrer nicht entledigen, denn schließlich hatten sie sich die Werbebotschaft („Pril!") gefallen lassen und viel Zeit für die Sichtung der Entwürfe investiert. Und nun sollte ihre zuerst geschätzte Meinung einfach so auf dem Datenmüllberg landen? Mitnichten! Und so erhob sich ein Sturm der Entrüstung. Dem Werbetexter wurde alles zu unheimlich, und er zog sein Hähnchen-Motiv zurück.[24]

Aus Sicht des Unternehmens war das Verbot von Spaßmotiven verständlich: Zwar hatten sich die Zeiten seit den Pril-Blumen der 70er-Jahre gewandelt, aber die Pril-Verwenderinnen und -Verwender waren sicherlich noch nicht reif für einen so großen Bruch innerhalb der Marke. Was sollten denn die Nicht-Nutzer von Facebook denken, wenn plötzlich eine mit einem Krakelhuhn versehene Flasche Pril vor ihnen im Drogerieregal steht?

Sie ahnen es schon: Der Shitstorm war heftig und führte unter den Internetnutzern sicherlich nicht zur Gewinnung neuer Pril-Kunden. Erst nach einem schmerzhaften Prestigeverlust versuchte man bei Henkel, eigentlich schon viel zu spät, die Diskussion positiv zu beenden und versprach den Facebook-Abstimmern, 111 Pril-Flaschen mit dem nach dem Hähnchen-Rückzug bestplatzierten Monster-Gesicht[25] zu bedrucken und sie exklusiv der Internetgemeinde anzubieten. Ein Candystorm[26] ist daraus aber nicht mehr geworden.

---

[24] Breithut, Jörg (2011)

[25] http://bit.ly/1lZsDIx

[26] Ein Candystorm ist das Gegenteil eine Shitstorms: Wenn das Netz stark mit einer Aktion sympathisiert und sie unterstützt, regnet es Süßigkeiten.

Eines muss Unternehmen klar sein: Social Media ist nicht nur ein mehr oder weniger privates Kommunikationstool, sondern es kann auch ein Mittel sein, um wie in alten Zeiten einen Mob zusammenzutrommeln. In öffentlichen Foren, Blogs und über Leserkommentaren kann jeder seinem Zorn eine Stimme verleihen, und über Netzwerke kann jeder Wutbürger und jede Wutbürgerin genügend Gleichgesinnte finden, um einen Machtkampf gegen ein Unternehmen zu veranstalten oder sogar mediale Lynchjustiz zu üben, wie es der TV-Moderator Markus Lanz Anfang 2014 erleben musste.[27] Man kann die Arbeitsweise, den Kommunikations- und Präsentationsstil eines Moderators oder eben eines Unternehmens zur Diskussion stellen, doch das wird nicht gemacht. Ein sachlicher Diskurs wird nicht mehr geführt. Stattdessen wird persönlich angegriffen und jeglicher menschlicher Schaden billigend in Kauf genommen. Durch die Distanz und Anonymität, die das Medium Internet schafft, fällt es Menschen ganz leicht, sich auch mit Großkonzernen anzulegen. Mit der nötigen Anzahl an Mitunterzeichnern unter Petitionen oder Facebook-Posts ist der Machtkampf des kleinen Mannes (und der kleinen Frau) eröffnet. Die meisten Unternehmen sind darauf noch immer nicht vorbereitet.

Ein gelungener Mitmach-Wettbewerb von OTTO Versand

Doch zurück zu Henkel: Henkel hätte von OTTO lernen können. Der Versandhändler hatte bereits im Jahr zuvor einprägsame Erfahrungen mit der Netzgemeinde gesammelt. 2010 wollte OTTO sich als Marke wohl etwas verjüngen und suchte Kontakt zu jüngeren Shopperinnen. Diesmal ging es in dem Mitmach-Wettbewerb um die Suche nach einer hübschen Frau. Die Mädels sollten sich mit Fotos bewerben, und die vom „Volk" gewählte Siegerin würde ein professionelles Shooting für OTTO durchführen, dessen Ergebnisse das Facebook-Profil von OTTO zwei Wochen lang zieren sollten. Der zusätzliche Einkaufsgutschein im Wert von 400 Euro lässt sich kaum als Preisgeld bezeichnen.

Mit dieser Aktion erhoffte sich das Versandhaus große Aufmerksamkeit weit über die klassischen OTTO-Zielgruppen hinaus. Viele Frauen bewarben sich, darunter so manche echte Grazie.

Das Rennen machte allerdings jemand ganz anderes. Es begab sich, dass ein junger BWL-Student nach einem anstrengenden Tag an seiner Fachhochschule seinen Facebook-Account öffnete und von OTTO-Werbung für diesen Wettbewerb er-

---

[27] Ebbinghaus, Uwe (2014), Kretschmar, Daniel (2014)

schlagen wurde. Daraufhin beschloss er zurückzuschlagen. Er kramte ein Foto vom letzten Faschingsfest heraus, auf dem er mit mies sitzender blonder Billigperücke in Federboa und Klamotten von seiner Mutter zu sehen war, und postete es auf der Wettbewerbsseite. Dann bat er seine 400 Facebook-Freunde um ihre Stimme.[28] Das Foto des Studenten war so scheußlich, dass es sofort viele Fans fand. Am Ende setzte sich der Student mit dem Künstlernamen „Der Brigitte" mit 23.000 von insgesamt 1,2 Millionen Stimmen gegen fast 50.000 Mitbewerberinnen durch.[29]

OTTO reagierte souverän und zog die Aktion mit dem Sieger durch. Über die zahlreichen enttäuschten Teilnehmerinnen berichtete das Unternehmen natürlich nicht, denn OTTO konnte mit der Aktion mehr als zufrieden sein: Nicht nur hatte das Unternehmen seine Follower von 25.000 auf 163.000 Fans steigern können. Die Aktion musste vorzeitig abgebrochen werden, weil die Server-Architektur für so viele tägliche Zugriffe gar nicht ausgelegt war und trotz angeblicher Aufstockung in die Knie ging. Am Ende fand das Fotoshooting im Beisein diverser Medien statt, sodass noch ein riesiger Mediawert im Vorbeigehen mitgenommen werden konnte. OTTO konnte sich über einen Preis für seinen Umgang mit „Der Brigitte" freuen und bot dem Studenten schlussendlich noch ein Praktikum in seiner Kommunikationsabteilung an, damit er etwas über „Unternehmenskommunikation und Neue Medien" lernen könne.[30]

Abgesehen davon, dass das Unternehmen anfänglich gar nicht glücklich über die Entwicklung war, denn sonst hätte der Unternehmenssprecher nicht über Pressemitteilungen verlauten lassen, Humor sei, wenn man trotzdem darüber lache, lief es für OTTO sehr gut. Dieses Beispiel zeigt aber dasselbe wie der Verlauf des Pril-Wettbewerbs:

> **Unternehmen, die im Social Web zur Teilnahme an werbewirksamen Mitmach-Kampagnen aufrufen, müssen auch bei weiblichen Produktgattungen, Marken oder Ähnlichem damit rechnen, dass es Männer sind, die die Gelegenheit ergreifen, sich einen öffentlichen Auftritt zu verschaffen, selbst wenn sie die Thematik eigentlich überhaupt nichts angeht.**

---

[28] Breer, Kathrin (2010)

[29] OTTO (2012)

[30] Ebd.

Ein völlig normaler Wettbewerb mit einem sehr normalen Marketingziel zieht den Zorn eines einzelnen jungen Mannes mit einer geringen Schamschwelle auf sich. Das Gegenärgern ist nur wenige Klicks entfernt, zumal ein passendes Foto vom letzten Fasching zufällig schon auf dem Rechner schlummert. Noch eine Massenaussendung an Freunde und die Rache für zu viel Werbung auf seiner Pinnwand ist seine. Da möchte man doch fragen, was dieser Student denn sonst mit OTTO zu tun hat, ob er jemals in seinem Leben etwas von diesem Versandhändler bestellt hat. Die Netzgemeinde schlägt sich natürlich auf die Schenkel und treibt den Spaß voran.

Obwohl Facebook nicht nur in den USA, sondern auch in Deutschland stärker von Frauen genutzt wird[31], werden es immer Männer sein, die den spektakulären Auftritt suchen. Frauen nutzen auch das Social Web für private Kommunikation, während Männer alle öffentlichen Kanäle, also Facebook, Xing, Google+, Blogs, Foren und Leserkommentare nutzen, um sich zu exponieren und ihre Meinung kund zu tun. Frauen halten sich bedeckt, Männer schaffen sich eine Bühne.

Fazit

Männer brauchen die Öffentlichkeit, um ihr Heldentum zu zelebrieren. Am heimischen Küchentisch lohnt die Mühe nicht.[32] Und das ist exakt das Ergebnis, was im Prinzip jede Marke im Internet erwartet, die den Kontakt zu Userinnen und Usern sucht. Je größer ein Unternehmen und je bekannter eine Marke ist, desto größer wird dieser Effekt ausfallen. Es werden stets die Männer sein, die — etwa bei Mitmach-Wettbewerben — ein auffälliges Ergebnis abliefern, während die Mehrheit der Frauen brav und mit größtem Ernst die gestellte Aufgabe erfüllt. So enden viele Aktionen, die die Partizipation von Frauen anstreben, häufig mit einer großen Enttäuschung genau für die potenziellen Kunden, deren Herzen doch eigentlich gewonnen werden sollten. Und das sollte kein Unternehmen womöglich auch noch billigend in Kauf nehmen.

Wer explizit nur die Teilnahme von Frauen an einer Aktion im Social Web wünscht, muss dies unmissverständlich und von Anfang an unübersehbar ankündigen. Und auch dann gibt es keine Garantie, dass alle User sich daran halten.

---

[31] BITKOM (2013 a), S. 9

[32] Das hat mit dem Testosteronspiegel zu tun, der im Alter von zwanzig Jahren rapide ansteigt. Am leistungsstärksten sind Männer zwischen 25 und 30 Jahren. Zu diesem Zeitpunkt ist der Testosteronspiegel im Leben eines Mannes am höchsten, vorausgesetzt, er ist nicht verheiratet.

Partizipation von Männern

Wer die Partizipation von Männern sucht, insbesondere bei der Produktentwicklung, wird insbesondere im Internet gut damit fahren. Crowdsourcing nennt sich das heute. Männer werden sich in vergleichsweise großer Zahl tatkräftig an technischen Entwicklungen beteiligen, programmieren, lustige chemische Verbindungen testen, tüfteln und kalkulieren und sehr oft wirklich kreativ sein. Mein Lieblingsbeispiel hierfür ist noch immer Local Motors.[33]

In meinen letzten zwei Büchern habe ich über die von der — männlichen — Internetgemeinde entwickelten Autos berichtet. Innerhalb weniger Jahre sind viele weitere Produkte bis zur Marktreife entwickelt worden. Inzwischen sind bei Local Motors Motorräder, ein Drift Trike[34] für Erwachsene, ein Skateboard mit Surf-Gefühl, ein Ladekabel für die leere Autobatterie mit eigener Batterie, Laser-Fahrradrücklichter, Motoren für Papierflieger und vieles mehr zu haben. Gleichzeitig arbeitet das Unternehmen gemeinsam mit der Community an Projekten wie der mobilen Mikro-Autofabrik im Container. Auf der Website heißt es dazu: „Das Ziel bei der mobilen Fabrik ist, dass Local Motors die Einheit an jeden Ort der Welt transportieren kann und dort eine Einrichtung zur Verfügung hat, um darin schnell Prototypen zu entwickeln und eine kleine Menge dieser Produkte zu produzieren."[35]

Partizipation von Frauen

Es sind nur vereinzelt Frauen bei solchen Projekten zu finden. Ob auf Facebook oder auf Plattformen wie www.unseraller.de: Die meisten Frauen zeigen ihr Interesse immer dort, wo sie aus einer gegebenen Bemusterung eine Auswahl treffen können. Das kommt allen Unternehmen entgegen, die sich selbst nicht entscheiden können, welche Produkte sie aus all ihren Entwicklungen herstellen sollen. Sie lassen somit die Mehrheit (der Frauen) entscheiden. Ob Görtz 17 die Dessins einer kleinen Halstuch-Kollektion wählen lässt, ob Misslyn und Manhatten zeitgleich die Farben der neuen Nagellack-Kollektion inklusive Kollektionsnamen aussuchen lässt, ob ein Brainfood-Hersteller eine neue Verpackung für seine Fitness-Drinks

---

[33] https://localmotors.com/

[34] Drift Trikes entstanden, wie viele andere Funsportarten in Neuseeland, um die Fahrer der Auto-Rennserie D1 New Zealand außerhalb der Saison zu beschäftigen. Drift Trikes sind eine Promenadenmischung aus Dreirad, Kart und vielleicht noch einer Idee Chopper. Das ausgestellte Vorderrad und der Lenker erinnern an ein Mountainbike, die beiden Hinterräder bestehen aus Kartfelgen mit Hartplastik-Bereifung zum Driften. Drift Trikes sind hierzulande nicht straßenzugelassen und dürfen nur auf privatem Gelände gefahren werden.

[35] Übersetzung: Diana Jaffé

sucht, ob eine Filmproduktion eine Textzeile für einen Plakatentwurf texten lässt oder ob Edeka neue Anregungen für Geschmacksrichtungen für Joghurts, Kekse und Smoothies sammeln will[36] — dies alles ist nur sehr bedingt als Crowdsourcing einzustufen. In Wahrheit ist das alles nichts anderes als einfach nur eine modernere Form der Marktforschung und Werbung. Außerdem hoffen Unternehmen so, Risiken durch eigene Entscheidungen zu reduzieren. Das ließe sich zwar als Kundennähe und „mit dem Ohr am Puls der Kundin" bezeichnen, doch die meisten Kundinnen sind leider etwas anders gestrickt als Kunden: Frauen sind subjektiver in der Meinungsbekundung, haben einen heterogenen Geschmack und eben weniger visionäre Vorstellungskraft als Männer. Es hätte in der Vergangenheit sicher mehr Erfinderinnen gegeben, wenn Frauen mehr Zugang zu Bildung gehabt hätten. Doch heute haben sie diesen Zugang — und es gibt noch immer viel mehr männliche Erfinder (womit die Leistung der Frauen in der Forschung und Entwicklung überhaupt nicht geschmälert werden soll!).

Unternehmen, die für weibliche Zielgruppen entwickeln, werden also auch weiterhin vor dem Problem stehen, selbst wissen zu müssen, was sie den Frauen anbieten. Das ist umso schwieriger für all jene Branchen, die über sehr wenig Wissen und Erfahrung mit Kundinnen und Nutzerinnen verfügen, dafür aber über viele männliche Marktforscher, Produktentwickler und Entscheider. Ihnen bleibt nichts anderes übrig, als sich dringend Unterstützung von Experten zu holen, wenn ihre Produkte auch von Kundinnen gekauft werden sollen. Und gerade in technischen und Finanzbranchen ist Wachstum schließlich nur noch über die Gewinnung von Frauen als Kundinnen möglich.

---

[36] Pelzer, Claudia (2013)

2.4 Die Unternehmensseite

2.4.1 Markenpositionierung und Markenführung

Die Produktentwicklung ist nur ein Bereich, um den sich Unternehmen kümmern müssen. Die Marke ist ein weiterer.

Die Entwicklung der Zeitungs- und Zeitschriftenverlage

Zeitungs- und Zeitschriftenverlage haben im Grunde seit der Einführung des World Wide Web mit Auflagenschwund zu kämpfen. Das Internet ist schneller und aktueller als jedes andere Medium. Im Jahr 2013 wurden 43 Prozent weniger Kaufzeitungen am Kiosk losgeschlagen als noch in 2000.[37] (Besonders ins Gewicht fiel dabei das sinkende Interesse an der *BILD* und der *BamS*.[38]) Doch auch so klassische Zeitschriftentitel wie *Der Spiegel*, *Stern* und *Focus* sind massiv unter Druck geraten. *Der Spiegel* und *Stern* verstanden sich einst als Politikmagazine, deren Redaktionen die Geschicke des Landes zu steuern vermochten. Wenn es Skandale zu enthüllen oder ein Tabu zu brechen gab, dann waren diese beiden Publikationen ganz weit vorn dabei. Am 6. Juni 1971 titelte der *Stern* „Wir haben abgetrieben!" Das Titelbild zeigte 28 von insgesamt 374 Frauen, die sich zur illegalen Abtreibung und somit zum Verstoß gegen den Paragrafen 218 bekannten, darunter so bekannte Schauspielerinnen wie Romy Schneider und Senta Berger. Das war geradezu revolutionär! Beide Magazine hatten ihre beste Zeit, als schlichtweg alles politisch war. Terrorismus, Ereignisse diesseits und jenseits des Eisernen Vorhangs, Drogen, Abhöraktionen, das Bildungssystem, Nazis, Atomkraft, der jeweilige Kanzler und nur selten ein Gesundheits- oder Gesellschaftsthema zierten die Seiten der wöchentlichen Druckerzeugnisse. 1978 lohnte sich tatsächlich noch der Aufmacher „Der befreite Busen — Oben ohne an Europas Stränden"[39], und es war ein absolutes Novum, dass Frauen sich gegen ihre prügelnden Ehemänner wehrten und zurückschlugen.[40] Inzwischen sind die großen Enthüllungen, die bis zur nächsten Drucklegung warten können, rar geworden.

---

[37] http://bit.ly/1aCIDhn

[38] http://bit.ly/1lh6eZw

[39] http://bit.ly/1bsTpkV

[40] http://bit.ly/1esCP5t

Gender Marketing – viel mehr als „nur" das Kundengeschlecht

Magazine wie *Der Spiegel* und *Stern* lebten jahrzehntelang von ihren männlichen Käufern und Lesern. Doch die nutzen nun Onlinemedien und dabei besonders gern das großzügige kostenlose Angebot. Also bleibt den Herausgebern nichts anderes übrig, als den Auflagensturz wenigstens etwas zu verlangsamen. Und womit sollte das besser gehen als mit der Ansprache neuer weiblicher Zielgruppen?

Ansprache weiblicher Zielgruppen

Eines ist klar: Wenn vermehrt Frauen beim Kauf zulangen sollen, dann muss das Cover schon ein schmissiges Thema hergeben, dass das weibliche Geschlecht auch zu locken vermag. Erstaunlich einig grasten die Redaktionen von *Spiegel* und *Stern* das traditionelle Feld von *Focus* ab und entliehen sich so manches medizinische Thema. Und sie gingen noch weiter: „Mobbing"[41], „die gestresste Seele"[42], „Lebenskunst Optimismus"[43] und sogar „Ewige Liebe — was Paare unzertrennlich macht"[44] zierten die Cover des einstigen Polit-Schwergewichts der deutschen Presse. Einige dieser neumodischen Cover sind sogar leuchtend pink! Und so manche Ausgaben von *Stern* und *Focus* sehen sich geradezu zum Verwechseln ähnlich. Es scheint beinahe, als gäbe es in der Welt nicht mehr genügend Politk- und Wirtschaftsskandale.

Doch geht die Rechnung auf? Ganz klar nein.

Diese Zeitschriftenauflagen „feiern" ständig neue Minusrekorde. Die zu 68,7 Prozent männlichen *Spiegel*-Leser interessieren sich nicht für solche „soften" Themen und lassen die Hefte im Kiosk- und Spätkaufregal verschimmeln. Und wieso greifen Frauen nicht zu? Ganz einfach, weil *Der Spiegel* nicht zu ihrem Relevant Set gehört. *Der Spiegel* hat es während seiner seit Jahren andauernden sanften Umorientierung bei den Titelthemen versäumt, weibliche Pressekäufer wissen zu lassen, dass viele Ausgaben für sie interessantes Lesefutter zu bieten haben. Und mehr noch: Die Marken haben sich nicht bewegt. Sie stehen noch immer für den alten Glanz und die alte Glorie von Politik und Wirtschaft. Dies sind aber bis heute — trotz aller Emanzipation und Bildung — männliche Themengebiete, weil sie noch immer von mehr Männern als Frauen bevorzugt werden. Analysen von Tageszeitungen zeigen noch immer, dass bestimmte Rubriken verstärkt von Männern, andere von Frauen gelesen werden. Politik, Wirtschaft und Sport sind die typischen Männerrubriken, während „Aus aller Welt", Wohn- sowie Lifestyle-Themen und Lokales mehr für Frauen interessant sind.

---

41 http://bit.ly/1f6Ust5

42 http://bit.ly/1aY86ja

43 http://bit.ly/1i4jRq7

44 http://bit.ly/1bsU4CM

Angst vor einer „Verweiblichung" der Marke

Der Spiegel und andere Magazine haben also vernachlässigt, die Marke an das Themenspektrum anzupassen. Wie so oft fürchten die Führungskräfte nichts mehr, als ihre männlichen Kunden für immer zu vergraulen, wenn sie ihre Marke auch für Frauen öffnen. Doch wenn, wie im Falle dieser Verlagserzeugnisse, Frauen als Kundschaft zugewonnen werden sollen, lässt es sich nicht vermeiden, dies der Zielgruppe auch mitzuteilen. Das bedeutet keineswegs automatisch eine „Verweiblichung" der Marke. Doch sie muss im Zusammenhang mit den Produkten, die sie repräsentiert, stimmig sein. Dafür muss die Markenführung sorgen. Und die Bekanntheit sowie die Relevanz der Marke müssen bei der gewünschten Käuferschaft erhöht werden. Wie das auch eine durchaus maskuline Marke schafft, zeigt niemand besser als Bosch Power Tools (siehe Kapitel 3.4).

Das Geschlecht von Marken und Branchen

Firmenbranchen und Dachmarken erzeugen übrigens — ebenso wie Unternehmen — ein Gefühl für das eine oder andere Geschlecht. Machen Sie die Probe aufs Exempel:

- Chemie
- Finanzen
- Mode
- Rüstung
- Lebensmittel
- Medizin[45]

Die Dachmarken-Kampagne von Procter & Gamble

Ich erinnere mich an ein Gespräch, das ich im Jahr 2000 mit Marketingführungskräften von Procter & Gamble (P&G) führte. Damals wurde die Dachmarke P&G in Ländern wie zum Beispiel den USA und auch Russland seit Langem offensiv als der Konzern kommuniziert, zu dem Pampers, Lenor, Tide, Oral-B und eben sehr viele andere Marken gehören. Nur in Deutschland blieb P&G so gut wie unsichtbar. Wir diskutierten heftig, denn es war für mich nicht einsichtig, weshalb sich die Dach-

---

[45] Auflösung: weiblich sind Mode, Lebensmittel und Medizin, soweit die Gesundheit im Vordergrund steht; männlich sind Chemie, Finanzen, Rüstung und die Medizin, sofern an die Historie, an berühmte Ärzte mit bahnbrechenden Operationstechniken, an die Wissenschaft als solche oder die Apparatemedizin gedacht wird.

markenstrategien in den Ländern so stark unterschieden. In Deutschland hegte man damals die Befürchtung, der Produktabsatz würde unter einer Paranoia der Kundschaft leiden, die die mächtige Dachmarke als einen „bösen weltverschlingenden Konzern" sieht. Seit der Sommerolympiade 2012 zeigt sich der Konzern jedoch plötzlich global als fürsorgliches Unternehmen, das Müttern hilft und sie in höchsten Tönen preist. Zur Olympiade wurde der Spot „Best Job"[46] gelauncht, der erfolgreiche olympische Athleten zeigt — und dass sie ihren Erfolg ihren Müttern verdanken. Der Claim: „P&G — Proud Sponsor of Moms".

Zu diesem Motto gibt es in jedem Land eine nationale Adaption. In Deutschland verkörperten seit 2013 die ehemalige Spitzen-Skiläuferin Rosi Mittermaier und ihr Sohn Felix Neureuther die Kampagne mit dem Titel „Danke Mama". 2014 knüpfte P&G als Sponsor der Olympischen Winterspiele in Sotschi mit „Pick them back up" an der Kampagne von 2012 an. Diesmal halfen Mütter ihren Kindern über die Rückschläge beim Training hinweg und begleiteten sie so zum Erfolg.[47] Das Ganze wurde vor Ort mit einer großen Mütter-Kampagne begleitet. P&G lud über Pantene, Gillette, Wella, Fairy und einige andere Marken die Kampagnen-Mütter zu den Spielen ein und brachte sie im „P&G Family Home" unter. Dazu wurden sie mit Beauty-Behandlungen verwöhnt. Die Wickelräume sponserte Pampers.[48]

Im Gegensatz zu früher hat sich die Dachmarke P&G, die in diesem Fall ja tatsächlich nur Produkte für Haushalt und Familie führt, vor die einzelnen Produktmarken gestellt. Oder anders ausgedrückt: Die Produktmarken sind wie die zahlreichen Kinder bzw. Nachkömmlinge einer Mutter dargestellt. P&G und die Produkte werden ausgesprochen subtil als eine Familie inszeniert. Das ermöglicht es, mehrere Marken zugleich zu bewerben und die allein aufgrund der Menge der Untermarken außergewöhnliche Kompetenz des Unternehmens bei FMCG-Produkten zu zeigen. Das stellt die frühere Strategie auf den Kopf und funktioniert ausgezeichnet. Außerdem erspart eine solch konsequente Dachmarkenkampagne die Entwicklung von vielen einzelnen Produkt-Kommunikationsstrategien.

---

[46] http://bit.ly/1bp4hCx

[47] http://bit.ly/1bb2iPT

[48] App, Ulrike (2014)

Marketing to Moms

Übrigens konnte die Herausstellung der Bedeutung bzw. der Lebensleistung von Müttern in den USA an verschiedenen Stellen beobachtet werden, beispielsweise durch das Erscheinen von einigen „Marketing to Moms"-Büchern. In vielen Ländern wie eben auch in Deutschland, in Österreich und in der Schweiz ist die Adressierung von Müttern auf eine so achtungsvolle Weise noch recht neu. Als Vorwerk die „Familienmanagerin"[49] ansprach, wurde das noch kontrovers diskutiert. (Vielen erschien es wie eine unangebrachte Übertreibung, Mütter auf dieselbe Stufe wie Manager zu stellen.)

Männliches oder weibliches Logo?

Neben alledem kann sogar das Logo männlich oder weiblich gestaltet sein. Heute entbehren viele Firmen-Signets allerdings einer eindeutigen Zuordnung. Jeder schaut bestenfalls danach, ob das Logodesign halbwegs zum Produkt passt. Vielfach wird aber auch dieser Zusammenhang ignoriert. Über das Geschlecht denkt erst recht niemand nach. Das kann durchaus dazu führen, dass sich auch Angehörige der geplanten Zielgruppe nicht so recht angesprochen fühlen und das für sie gedachte Angebot gar nicht ernsthaft erwägen.

Hier kommt eine kleine Auswahl an Firmenlogos, die hierzulande teilweise unbekannt sind. Machen Sie selbst die Probe aufs Exempel: Welches Logo erscheint Ihnen eher weiblich, welches männlich? Und worauf könnte Ihre Empfindung wohl basieren? Welche Aspekte an dem jeweiligen Signet machen einen männlichen oder weiblichen Eindruck?

---

49 http://bit.ly/1brmv7I

ARTDECO

Abb. 14: Auswahl von Firmenlogos
Alle Logos sind Eigentum des jeweiligen Unternehmens.

Das Geschlecht des Logos entspricht dem Geschlecht der Branche

Diese Auswahl habe ich ausschließlich aufgrund des Logodesigns getroffen. Es ist jedoch kein Zufall, dass in den meisten Fällen sichtbar wird, dass das Logo dem Geschlecht des Produktsegments bzw. der Branche des jeweiligen Unternehmens entspricht. Und dieses entspricht wiederum dem Geschlecht der Mehrheit der diesbezüglichen Kaufentscheider. Lediglich beim letzten Logo, dem von Twitter, wurde die Logik durchbrochen. Twitter ist zwar ein Nachrichtenkanal für das Individuum im Internet (männlich), der in den USA jedoch deutlich mehr von Frauen genutzt wird, genauso wie Facebook.[50] Dies gilt jedoch nicht für alle Länder. Im deutschsprachigen Raum zwitschern mehr Männer, wobei dieses Medium 2013 erst von rund sechs Prozent der hiesigen Internetnutzer verwendet wurde.[51]

Manche Symbole werden ausschließlich zur Ansprache eines Geschlechts verwendet. Hier eines der offensichtlichsten Beispiele:

Abb. 15: Auswahl von „männlichen" Firmenlogos
Alle Logos sind Eigentum des jeweiligen Unternehmens.

50   Pingdom (2012)
51   BITKOM (2013 c)

2.4.2   Vertriebsmitarbeiter – die Kontaktstelle zum Handel

Das Unternehmen tritt auf vielfältige Weise mit der Öffentlichkeit in Kontakt. Zumindest war es früher so. Wie eingangs berichtet, schotten sich immer mehr Firmen hermetisch von der Öffentlichkeit ab. Einerseits wird über Facebook-Fanpages Kundennähe behauptet, andererseits führt über die Telefonzentrale kein Weg mehr zu irgendeiner Person im Haus, sofern der Kontakt nicht schon vor dem Anruf bestanden hat.

Die Bedeutung von Handelsvertretern und Key Accountern

Den Vertriebsmitarbeitern von Unternehmen, sei es als Key Accounter oder als freier Handelsvertreter, kommt eine enorm wichtige Rolle zu. Sie müssen den Einkäufern auf der Händlerseite vermitteln können, warum ihre Waren eine Bereicherung für das Sortiment des Händlers bzw. für seine Kunden darstellen. Meine Erfahrung zeigt, dass die meisten Hersteller noch immer auf den Händler fixiert sind, nicht auf die Endkunden. Die Hersteller kennen ihre Handelspartner und führen ihre Verkaufsgespräche stets mit dem Ziel, von jenem gelistet zu werden. Sie betrachten also den Händler als ihren Kunden, nicht die Endkunden, die die Produkte auch tatsächlich verwenden. Allerdings zeigt die Praxis, dass dies heute keinesfalls mehr ein funktionierender Ansatz ist.

Ansprache des Endkunden

Angesichts der vielfältigen Vertriebskanäle nützt es außerordentlich wenig, sich auf den Händler als Kunden zu konzentrieren, auch wenn er traditionell derjenige war, der den Endkunden die Produkte zugänglich gemacht hat. Früher galt: Was nicht im Laden steht, kann nicht verkauft werden. Heute stellt sich die Situation vollkommen anders dar: Die Märkte sind internationaler geworden, es können also auch Händler im Ausland gefunden werden, was heute weitaus weniger aufwendig ist, als es früher war. Dann wäre noch der Onlinehandel zu nennen, der inzwischen ausgesprochen erfolgreich viele Produkte vertreibt, die eigentlich einer gründlichen sinnlichen Prüfung vor dem Kauf bedürfen, also zum Beispiel Bekleidung, Möbel, Kosmetika. Und schließlich kann heute jeder einen eigenen Onlineshop eröffnen, der mit dem richtigen Angebot und einem guten Marketing ausgesprochen erfolgreich werden kann (siehe hierzu insbesondere die Case Study von Funkybod in Kapitel 3.5). Mehr denn je ist also der Kunde König — oder besser gesagt: die Kundin.

Die Anforderungen an Hersteller und Handel haben sich gravierend verändert: Der Hersteller darf nicht länger nur mit dem Fokus auf die Listung beim Händler produzieren, sondern beide müssen als Partner gegenüber den Kaufentscheidern agieren, um erfolgreich zu sein. Das aber erfordert eine völlig andere Art der Zusammenarbeit als in der Vergangenheit.

Partnerschaft zwischen Herstellern und Händlern

Wie könnte eine solche Partnerschaft zwischen Herstellern und Händlern funktionieren? Schauen wir uns zunächst die folgende Konstellation an: Ein Produkt ist bekannt und wurde womöglich nur einem „Facelifting" unterzogen, einer kleinen Veränderung im Aussehen oder in der Funktion. Sofern die Vorversion bereits beim Händler gelistet wurde und sich halbwegs gut verkaufte, gibt es nur wenig Gesprächsbedarf zwischen dem Key Accounter des Herstellers und dem Verantwortlichen für den Einkauf.

Anders sieht es jedoch aus, wenn ein (wirklich) neues Produkt platziert werden soll. Der Händler muss dann überzeugt werden, dass es eine gute Entscheidung darstellt, dem neuen Produkt einen der kostbaren Regalplätze zur Verfügung zu stellen. Der Verkäufer des Unternehmens muss dem Händler dann plausibel erklären können, wieso das neue Angebot das Risiko rechtfertigt, gegebenenfalls ein anderes Produkt aus dem Sortiment zu nehmen.

Kenntnis der Zielgruppe

Der Einkaufsverantwortliche muss, um positiv entscheiden zu können, seine eigene Kundschaft und sein Marktpotenzial gut kennen *und* verstehen, dass die Innovation ihm einen besseren Umsatz beschert als die vorherige Sortimentszusammenstellung. Dies bedarf allerdings einiger Voraussetzungen:

1. Das innovative Produkt wurde vom Hersteller tatsächlich auf die Bedarfe und Bedürfnisse der Zielgruppe optimiert.
2. Diese Zielgruppe des Herstellers ist bereits die Kundschaft des Händlers oder würde diesen aufsuchen, wenn er dieses Angebot führte.
3. Der Händler kennt seine Zielgruppe gut und ist zudem auch noch imstande, das Sortiment zielgruppenaffin zu präsentieren (siehe Kapitel 2.5.2).
4. Hersteller und Händler vertrauen einander und verstehen, dass sie nicht gegeneinander arbeiten dürfen, sondern dass nur die gemeinsame Verfolgung gemeinsamer Ziele zum Erfolg führt. Statt endlos um Rabatte und Mengen zu feilschen, müssen sie alle Energie in den Abverkauf legen.
5. Der Vertriebler kann dem Händler vermitteln, inwiefern sein Produkt besser als andere den Wünschen der Kundschaft des Händlers entspricht.

Diese Vermittlungsarbeit des Vertrieblers wird besonders dann ausgesprochen anspruchsvoll und komplex, wenn es sich nicht um zwei Männer handelt, die über ein männliches Produkt für männliche Kunden sprechen. Sobald es sich zum Beispiel um ein weibliches Produkt für eine weibliche Kundschaft handelt, wird es oft sehr kurios, wenn ein Mann einem anderen vermitteln soll, inwiefern das weibliche Produkt besser zu der Kundin passt als alles andere, das der Händler zu bieten hat. Die wenigsten (heterosexuellen) Männer sind Frauenversteher.

Alle diese Punkte sind interessant und wichtig. Doch das größte Unverständnis steckt im vierten und fünften Punkt. Obwohl viele Händler meinen, ihr Geschäft bestens zu verstehen, fehlen manchen Händlern entscheidende Grundlagen, und das umso mehr, wenn es um den unterschiedlichen Verkauf an Frauen und Männer geht. Besonders problematisch ist es, wenn Paare gemeinsam ein Geschäft aufsuchen. Paare sind für viele Händler (und ihre Verkaufsmitarbeiter) noch immer ein Feld voller Fettnäpfe, um nicht zu sagen: ein Minenfeld.

Vermittler zwischen Hersteller und Endkunden

Noch komplizierter wird es, wenn der Vermittler zwischen Hersteller und Endkunden gar kein erfahrener Händler ist. Im vorangegangenen Beispiel des Implantate-Herstellers und des Pharmaunternehmens in Kapitel 2.2 sind Ärzte die Schnittstelle zwischen Produkt und Patienten. Bei den Implantaten sind 90 Prozent der „Kunden" Frauen, hingegen entscheiden die Chirurgen, welches Implantat eingesetzt wird, und die sind zu 99 Prozent männlich.

Nun erscheint es den meisten Laien völlig schlüssig, sich für dasjenige Knie-Implantat zu entscheiden, das anhand der Daten aus der Ausmessung von 600 Frauenknien entwickelt wurde, vorausgesetzt, die Patientin entspricht mit ihrer Physiognomie den zugrunde liegenden weiblichen Standarddaten. Das sehen aber bei Weitem nicht alle Chirurgen so. Bei meinen Gesprächen mit einigen von ihnen habe ich festgestellt, dass manche von ihnen schlichtweg nicht daran *glaubten*, dass dieses neue Implantat bessere Operationsergebnisse und eine höhere langfristige Beschwerdefreiheit ergeben würde. Ihre Gründe klangen zunächst nicht unplausibel, doch bei näherem Hinhören ergab sich häufig, dass unbewusst ganz andere Gründe zur Ablehnung führten: Einige wollten sich nicht eingestehen, dass sie in bester Absicht und mit höchstem Engagement über viele Jahre Patientinnen mit neuen Knien versorgt hatten, die — wie sich nun herausstellte — gar nicht die bestmögliche Lösung darstellten. Und da sie sich damit nicht auseinandersetzen wollten, konnte ihnen auch nicht klar werden, dass sie ihren Job gar nicht besser hätten machen können, weil es zuvor einfach kein besseres bzw. passenderes Produkt gegeben hat! Denn *niemand* hatte zuvor darüber nachgedacht, dass sich die weibliche Physiognomie stark von der männlichen unterscheidet. Eine Grundlage für solche Überlegungen hatte es allein deswegen nicht gegeben, weil vorher niemand darüber geforscht hatte.

Doch die Gründe können auch ganz woanders liegen, beispielsweise im System: Wenn festgestellt wird, dass Ärztinnen bestimmte Präparate deutlich seltener verschreiben als Ärzte, dann kann dies an vielen verschiedenen Ursachen liegen. Hier eine Auswahl:

- Sie schätzen das Medikament aufgrund der ihnen vorliegenden Informationen oder nach bestimmten Erfahrungen mit ihren Patienten anders ein als männliche Ärzte. Da viele Ärztinnen einen anderen Behandlungsstil aufweisen als Ärzte, nehmen viele von ihnen mehr Informationen über die Patienten und deren Befindlichkeiten auf. So greifen sie nicht selten auf einen höheren Erfahrungsschatz zurück.
- Ärztinnen werden von Pharmavertretern gar nicht aufgesucht. In der Pharmaindustrie ist es üblich, eher große Gemeinschaftspraxen aufzusuchen als kleine Einzelpraxen. Davon erhofft sich die Vertriebsleitung eine effizientere Nutzung der Vertriebsorganisation. Ebendiese Gemeinschaftspraxen vereinen jedoch deutlich mehr männliche Ärzte. Ärztinnen betreiben öfter kleinere Einzelpraxen.
- Ärztinnen sind oftmals anspruchsvoller als Ärzte. In Gesprächen mit Ärztinnen habe ich weitaus öfter als in Gesprächen mit Ärzten gehört, dass ihnen die Pharmavertreter viel zu wenig wissen. Sie könnten viele zentrale Fragen nicht beantworten, sodass ein Gespräch oft verlorene Zeit sei. Und deshalb würden die Ärztinnen sie gar nicht mehr empfangen.
- In der Medizin werden Frauen und Männer oftmals unterschiedlich diagnostiziert. So werden beispielsweise bei kranken Männern viel zu häufig organische Ursachen diagnostiziert, während bei Frauen zu häufig psychosomatische Gründe für das Leiden unterstellt werden.[52] Auch kann es vorkommen, dass dieselbe Erkrankung aufgrund völlig unterschiedlicher Symptome bei Frauen selbst in akuten und lebensbedrohlichen Fällen nicht erkannt wird, wie beispielsweise noch oft beim Herzinfarkt.[53] Aus diesen Gründen wird dasselbe Leiden oft falsch behandelt.

---

[52] Becker, Conny (2013)
[53] Westerhaus, Christine (2011)

Fazit

Es lohnt sich, die ganze Reise eines Produkts zum Endkunden samt Informationsverlauf gründlich zu analysieren. Wo befinden sich Gefahrenstellen aufgrund von unerkannten geschlechtsspezifischen Aspekten bei den verschiedenen Prozessabschnitten und den Schnittstellen zwischen diesen (Markengeschlecht — Produktgeschlecht — Verkäufergeschlecht — Geschlecht des Handelstyps — Kundengeschlecht etc? Müssen Männer über weibliche Produkte sprechen? Und welches Geschlecht haben die meisten Käufer? Sind sie männlich oder weiblich? Handelt es sich womöglich um Geschenke, die der Mann seiner Partnerin mitbringt? So ist es zum Beispiel in Deutschland, wo ein Großteil der Herrenunterwäsche von Frauen gekauft wird, für die meisten kaum vorstellbar, doch in den USA ist es durchaus üblich, dass Männer ihren Frauen Dessous als Geschenk mitbringen. Dort ist es allerdings auch üblich, dass die Verkäufer weiblich sind und den Kunden über das weibliche Produkt gut beraten können. Dennoch: Die Verkäuferinnen müssen imstande sein, eine Kundin ebenso gut zu beraten wie einen Kunden, selbst wenn sich die Kauf- und Kommunikationsstile fundamental unterscheiden.

2.4.3 Gender Marketing Communication

Die Kommunikation zwischen Hersteller und Handel

Hersteller stehen oftmals vor dem Problem, dass sie wenig oder gar keinen Einfluss darauf haben, wie der Handel ihre Produkte präsentiert, auspreist, bewirbt oder anderweitig kommuniziert. Doch eigentlich beginnt die Schwierigkeit bereits dort, wo ein (männlicher) Einkäufer davon überzeugt werden muss, ein neues Produkt, das sich womöglich auch noch an eine weibliche Zielgruppe richtet, in sein Sortiment aufzunehmen. Ich habe viele Unternehmensentscheider darüber seufzen hören, dass Einkäufer diese frauenspezifischen Produkte häufig gar nicht verstehen und daher auch nichts damit anzufangen wissen. Sie sehen die Notwendigkeit gewisser Produktausführungen nicht, weil ihnen schlicht der *Einblick in die weibliche Nutzungsweise* fehlt. Stattdessen lassen sie sich leichter für einen Tretmülleimer mit LED-Beleuchtung begeistern, einfach weil ihnen die Beleuchtungsfunktion Spaß macht.

Weibliche Geschäftsideen — für Männer schwer nachvollziehbar

Auch in anderen Situationen zeigt sich dieses Unverständnis immer wieder. Ich habe eine Zeit lang Frauen und Männer begleitet, die sich mit einer Geschäftsidee selbstständig machen wollten. Die Ideen waren bei den Männern in der Regel recht konventionell. Einer wollte in Berlin eine Weinhandlung kombiniert mit einer Kunstgalerie eröffnen. Er hatte keinerlei Schwierigkeit, seinen Gründungskredit zu bekommen, obwohl es in Berlin massenhaft Galerien und Weinhandlungen gibt. Nach rund zwei Jahren musste er sein Geschäft wieder schließen. Ich habe die Beobachtung gemacht, dass Männer von Banken schnell Zusagen für einen Gründungskredit erhielten, auch wenn ihre Geschäftsideen wenig originell und auf Dauer nicht erfolgversprechend waren. Die Geschäftsideen von Frauen waren dagegen für die Kreditentscheider häufig viel schlechter nachzuvollziehen. Das allein reichte ihnen als Grund für die Ablehnung aus.

► **BEISPIEL**

Eine der damals von mir begleiteten Gründerinnen stellte unglaublich hübsche, reizvolle und ungewöhnliche Schminktäschchen, Portemonnaies etc. her. Wenn sie einen Raum betrat und ohne ein Wort zu sagen eine Tüte mit ihren selbst entworfenen und genähten Täschchen auf einem Tisch ausleerte, dauerte es nur Sekunden, bis alle Frauen aus dem gesamten Raum sich um diesen Tisch versammelten und bis zu den Ellbogen tief in den nützlichen Behältnissen wühlten. Ich konnte gar nicht so schnell gucken, wie sich Gespräche unter vollkommen Fremden über die bezaubernden Sachen entwickelten und die ersten nachfragten, was die Stücke denn kosten würden. Ich hatte nie zuvor und nie wieder danach solche Szenen beobachten können. Und doch bekam diese Gründerin keinen Kredit. Ich war sehr verblüfft und bat die Bank selbst um ein weiteres Gespräch. Ich wollte verstehen, wie es zu der Ablehnung kam, denn schließlich trug die Bank so gut wie kein Risiko, da es sich um einen öffentlich geförderten und gesicherten Kredit der KfW handelte. Ich lernte bei diesem Termin nur, dass alle am Entscheidungsprozess beteiligten Männer nicht verstanden, dass es eine große potenzielle Kundschaft für ihre handgefertigten Unikate gab, nicht nur in Deutschland, sondern international. Die Gründerin musste viele Banken abklappern, bis sie irgendwann einen regulären Kredit zu weitaus schlechteren Konditionen erhielt als der ursprünglich angestrebte Kredit aus öffentlicher Förderung.

Mit Empathie die Brücke zum Kunden schlagen

Wenn Männern Empathie fehlt, was sehr häufig vorkommt, dann ist es schwer, ihnen zu vermitteln, wie ihre Kunden ticken, vor allem wenn diese weiblich sind. Der Key Account Manager, Handelsvertreter oder sonstige Vertriebsmitarbeiter eines Herstellers muss imstande sein, für den Händler die Brücke zur Kundin zu schlagen. Wenn die Vertriebler des Herstellers und der Einkäufer Männer sind, die Kundschaft aber aus Frauen besteht, dann ergibt sich die etwas kuriose Situation, dass ein Mann einem anderen erklären muss, wie eine Frau denkt, fühlt und handelt. Und doch ist diese Situation der Regelfall. Aber leider wird sie nicht gelöst, denn diese notwendige Aufklärung findet nicht statt.

Umgekehrt ergeben sich andere Konstellationen. Sind Frauen die Entscheider im Handel, dann kennen sie sich mit den Belangen ihrer männlichen Kunden gut aus. Sie sind in der Regel sehr versiert im Umgang mit den Produkten und den männlichen Endkunden. Sie haben den Vorteil, dass sie gelernt haben, die Materie aus männlicher Sicht zu betrachten und zudem mit angeborener Empathie ausgestattet sind, mit der sie sich auch in die Besonderheiten des anderen Geschlechts, zumindest bis zu einem gewissen Grad, hineindenken können.[54] Empathie ist genau das, was Männern im Geschäftsleben oft fehlt, sodass sie diese Lücke mit anderen Taktiken kompensieren müssen, dazu gehören auch Machtdemonstrationen.

Der Hersteller kann sich also nicht darauf verlassen, dass sich der Händler intensiv auf seine Kundschaft einlässt, insbesondere wenn diese weiblich ist. Selbst wenn es vollkommen im Eigeninteresse des Händlers liegt — was *de facto* natürlich der Fall ist — sein Sortiment und seine Warenpräsentation maximal an die Kaufmuster der größten, solventesten und wichtigsten Kundengruppe anzupassen, passiert dies in der Praxis zu häufig nicht.

Wissen über das Kauf- und Nutzerverhalten der Kunden

Insbesondere in inhabergeführten Geschäften zeigen sich immense Wissenslücken, wenn es um das Verbraucherverhalten geht. Und Menschen sind auch eitel. Es ist für Menschen grundsätzlich wichtig, ein gutes Bild von sich selbst zu haben. Und so werden sie sich auch dann für gute Händler halten, wenn sie ihr Geschäft so ausstaffieren, wie sie selbst es für richtig halten, nicht etwa ihre kaufbereiten Kunden. Viele, und das ist nur zu menschlich, wollen lieber Recht haben, als die Sache richtig zu machen. Wenn dann nicht gekauft wird, ist die schlechte Konjunktur schuld oder die Kundschaft, die keine Ahnung oder einen schlechten Geschmack hat.

---

[54] Vgl. Baron-Cohen, Simon (2004), Jaffé, Diana und Vivien Manazon (2012)

Wer als Hersteller also — soweit dies möglich ist — sicherstellen will, dass die Kunden an dem Ort, an dem sie faktisch mit ihren Produkten in Berührung kommen, also am POS, ihre Produkte richtig kennenlernen können, kommt nicht umhin, diejenigen Händler, bei denen dies nötig ist, mit fundiertem Wissen über das Kauf- und Nutzerverhalten von Endkunden zu versorgen.

Dasselbe gilt für die Pharmabranche. Ärzten kann man keine Diagnose oder Therapie vorgeben. Was man allerdings tun kann, ist ihnen detailliert zu erläutern, inwiefern das eigene Produkt Vorteile für die Patientinnen oder Patienten hat und wie diese den Patienten im Gespräch vermittelt werden können. Natürlich immer vorausgesetzt, dass das Gesagte tatsächlich zutrifft. Für Ärzte ist es heute von besonderem Interesse, wenn es sich dabei um Individuelle Gesundheitsleistungen (IGeL) handelt, die vom Patienten selbst getragen werden müssen, oder wenn sie viele Privatpatienten haben. So übernimmt nicht mehr jede Krankenkasse die Entfernung von Zahnstein und die allgemeine Säuberung der Zähne übernehmen. Im richtig geführten Gespräch lässt sich so manchem Patienten vermitteln, dass blitzblanke Zähne Vorteile in vielen Lebenslagen bieten, von der Gewinnung von Freunden über die Partnersuche bis zur Beförderung. Der gesundheitsförderliche Aspekt überzeugt eben nicht jeden, um sich gut um sein Gebiss zu kümmern. Manchmal wirken andere Motive stärker.

Information über den Produktnutzen

Viele Hersteller schulen ihre Händler bzw. deren Verkäufer nicht auf die Weise, die für die die Endkunden nötig wäre. Gerade für technische Geräte, insbesondere für „weiße Ware" wie Kühlschränke, Waschmaschinen etc. ist es wichtiger, etwas über die Waschwirkung und die Auswirkungen der Waschprogramme sowie der Waschtrommel auf empfindliche Gewebe zu kennen, als nur die Leistungsdaten herunterzubeten. Und für einen Autoverkäufer wäre es gut, für Interessentinnen mehr als nur den Hinweis auf die Farbe des Interieurs auf Lager zu haben, um das Verkaufsgespräch zu starten. Es ist also nötig, die technischen Daten und fachkundigen Informationen beispielsweise zur Verarbeitung der Produkte zur Verfügung zu stellen, aber eben auch Kenntnisse darüber zu vermitteln, wie sich das alles in der Nutzung des Produkts bemerkbar macht.

Es ist besonders wichtig, dass die Verkäufer lernen, welche Produkteigenschaften und Informationen für Frauen und welche für Männer wichtig sind. Darauf müssen sie sich im Beratungsgespräch mit Endkunden konzentrieren. Für Männer ist an einem Fotoapparat womöglich die maximale Anzahl der Fotos pro Minute wichtig, etwa weil sie Bewegungsaufnahmen bei Sportwettkämpfen machen wollen. Eine Frau interessiert sich vielleicht mehr für die Feinheiten der Ausleuchtungsfunktion bei Portraits und wie sie die Fotos auf Instagram hochladen kann.

Und weil all das noch nicht reicht, müssen Verkäufer heute wissen, wie sie ihren Kommunikationsstil an das Geschlecht ihrer Kundschaft anpassen (dazu mehr in Kapitel 2.5.3). Es ist für den Hersteller durchaus von großem Nutzen, bei seinen Produktschulungen auch Aspekte des geschlechtsspezifischen Verkaufs und Hinweise zur Beratung von Paaren zu thematisieren. Voraussetzung hierfür ist natürlich, dass man dafür einen kundigen Experten hat und niemanden, der hier Nonsens erzählt, denn der zerstört jegliches Geschäft.

Die Kommunikation zwischen Hersteller und Verbraucher

Was würden Sie hinter einer solchen Anzeige (vgl. Abb. 16) vermuten? Ist das etwa ein unanständiges Angebot oder ein ganz alltäglicher Heiratsantrag von einem Mormonen?

Abb. 16: Teil einer Onlineanzeige, März 2014

Auf jeden Fall ist es Teil einer Onlineanzeige, die im März 2014 in verschiedenen Formaten auf *Spiegel Online* geschaltet wurde. Und wenn man den weiteren Informationen folgt, landet man nicht bei dem Angebot eines Traummannes, sondern eines Traumjobs — als Lehrer/in in Mecklenburg-Vorpommern. Die Anzeige wurde vom Ministerium für Bildung, Wissenschaft und Kultur des Landes Mecklenburg-Vorpommern in Auftrag gegeben. Wer will da noch behaupten, dass Beamte keinen Humor haben?[55]

---

[55] Ein Klick auf die Anzeige führte direkt auf eine Landing Page für die Nutzer von *Spiegel Online*, wo es dann aber deutlich langweiliger wurde. Die Kampagne fand sich leider nicht in den hier bereitgestellten Informationen wieder.

Gender Marketing Communication darf frech sein. Vor allem aber hat geschlechts-spezifische Kommunikation viele Gesichter. Einige davon sind ziemlich stereotyp, andere sind völlig misslungen, manche aber überraschen auf angenehme Weise, lassen aufmerken und machen ein wenig nachdenklich.

Abb. 17–20: Kampagne zur Anwerbung von Lehrern durch das Ministerium für Bildung, Wissenschaft und Kultur des Landes Mecklenburg-Vorpommern auf Spiegel Online
Quelle: Screenshots von http://www.spiegel.de/unispiegel/, März 2014

Die Kampagne von InterSky — Spiel mit Stereotypen

Die österreichische Fluggesellschaft InterSky[56] hat bis 2014 an den Gates der von ihr angeflogenen Flughäfen eine zu ihrer Dienstleistung passende Werbung gezeigt. Reisende werden häufig von ihren Partnern vom Flughafen abgeholt. Und genau das nahm diese Fluggesellschaft ein wenig auf die Schippe. Über den Check-in-Schaltern von InterSky hing eine Tafel mit dem Aufdruck: „Gleich ist es vorbei mit sturmfrei! Auch an alles gedacht?" Und darunter, an den Vorderseiten von zwei Countern, hingen zwei weitere Schilder:

Abholer-Checkliste für Männer:
- Rosen gekauft
- Pralinen besorgt
- Wohnung aufgeräumt
- Hemd gebügelt

Abholer-Checkliste für Frauen:
- Kühlschrank voll
- Auto repariert
- Shoppingrechnung versteckt
- Bier kaltgestellt

Warum sollte ein offensichtliches Spiel mit Stereotypen nicht erlaubt sein? 2013/2014 spielte die TV-Werbung von Ariel gleich mit zweien — Geschlecht und Alter. Der Spot zeigt zwei Schwestern im mittleren Alter in ihrer Waschküche. Eine von beiden erklärt in die Kamera, dass ihre Schwester nicht geglaubt habe, dass sie die Flecken aus ihrer Bluse wieder herausbekommen würde. Da hätten sie gewettet. Sie habe Ariel genommen und gewonnen. Jetzt dürfte sie eine Woche lang ihre Musik spielen. Sagt sie, schaltet das Radio an, aus dem deutscher Techno mit leichtem Rammstein-Einschlag ertönt, und beginnt, dazu mit den Hüften zu kreisen. Dazu gibt es übrigens auch eine Langfassung, die allerdings nie im TV gelaufen sein dürfte.[57]

„Diamonds are a man's best friend"

Und anknüpfend an die Debatte, ob Männer weiblicher oder doch wieder maskuliner werden, lässt sich das folgende Plakat der Wodka-Marke Three Sixty diskutieren. Die Kampagne des Wodkas aus dem Haus der deutschen Brennerei Schwarze und Schlichte, die 2012 durchgeführt wurde, spielte damals mit ihrem Claim „Diamonds are a man's best friend" sicherlich auch auf Marilyn Monroes berühmtes Lied aus dem Film „Blondinen bevorzugt" an. Da dieser Wodka „diamanten-gefiltert" ist (was immer das bedeutet), haben sich Brennerei und Agentur eine Kampagne mit Augenzwinkern erlaubt, die die Brücke zwischen Diamanten und Spirituosen

---

[56] http://www.flyintersky.com/
[57] Langfassung des Ariel-Spots: http://bit.ly/1g69Qrs

schlagen sollte und sich dabei des womöglich berühmtesten Ausspruchs über Diamanten bediente, eben Marilyns „Diamonds are a girl's best friend" — Diamanten sind die besten Freunde eines Mädchens.

Abb. 21: Plakat der Wodka-Marke Three Sixty im November 2012
Quelle: Diana Jaffé

Sicherlich hat diese Kampagne viel Aufmerksamkeit erzeugt, zumindest bei jenen, die das Motiv auf Plakaten und auf Anzeigen sahen. Aber ob es den gewünschten Effekt auf den Absatz und die Marke hatte, sei dahingestellt. Bald darauf wurde die Kampagne ausgewechselt. Seit 2013 zeigt der TV-Spot für Three Sixty einen cool-erotischen jungen Kerl und eine dementsprechende junge Frau in Schwarz-Weiß bei einem Konzert zu treibenden Rhythmen.[58] Der Claim lautet nun schlicht „Diamond filtrated Vodka". Der Wodka-Hersteller wollte wohl doch lieber eine Kundschaft erreichen, die das Selbstbild von Party-People pflegt.

---

[58] http://bit.ly/1lk5wH8

Werbung mit nackten Tatsachen

Es gibt unzählige Werbung, die versucht, Produkte mittels nackter Menschenhaut zu verkaufen, auch wenn der Zusammenhang schon arg an den Haaren herbeigezogen scheint. Im Frühjahr 2013 versuchte Nordsee, seine Fischbrötchen als gesunde Fast-Food-Alternative zu Pizza und Hamburgern in Stellung zu bringen. Dazu zeigten die Werbemotive einen bleichen nackten Frauen- und einen ebenso bleichen unbekleideten Männertorso. Die Geschlechtsregionen beider waren von einer Fahne mit der Aufschrift „Fisch macht sexy …" verdeckt.[59] Ob das die jüngeren Verbraucherinnen und Verbraucher (um die 40 Jahre[60]) tatsächlich überzeugt hat, mehr Nordsee-Fisch zu verspeisen, vermag ich nicht zu sagen. Ich kann jedoch feststellen, dass die Botschaft „Nutze mein Produkt und du wirst davon schöner!" nicht wirklich originell ist. Allerdings ist Originalität nicht das alles entscheidende Kriterium.

Werbung ist natürlich nur ein winziger Teil aller Kommunikation, die zwischen Unternehmen und Konsumenten stattfindet. Das gesamte Thema ist so umfangreich, dass ich es hier nur streifen kann. Ausführlich habe ich die Besonderheiten der geschlechtsspezifischen Marketingkommunikation in meinem zweiten Buch *Werbung für Adam und Eva* behandelt.

Unternehmenskommunikation über Social Media

Die Kommunikation von Unternehmen mit der Bevölkerung über Social Media gewinnt eine immer größere Bedeutung. Social Media fasziniert männliche Berater aus Agenturen, Unternehmensberatungen und von technischen Dienstleistern ebenso wie die männlichen Entscheider in Unternehmen. Es sind jedoch vor allem die technischen Aspekte, Fantasien über kommunikative Strategien und deren Verwertbarkeit, die sie dabei interessieren. Sie glauben gern, dass die Kommunikation unter den Verbrauchern plötzlich transparenter und damit für sie besser auswertbar und nutzbar wird. Die kleinteilige Kommunikation und die Befassung mit den Verbrauchern selbst werden in ihrer eigentlichen Bedeutung völlig unterschätzt. Das liegt zumeist bereits daran, dass die grundlegenden Unterschiede zwischen den weiblichen und den männlichen Kommunikationsprinzipien nicht bekannt sind.

---

[59] Schobelt, Frauke (2013); http://bit.ly/1cMk2lS
[60] Nienhaus, Lisa (2013)

Männliches Verhalten im Social Web — Machtinteresse

In *Werbung für Adam und Eva* habe ich die *GMC-Kommunikationsrichtungsachse* eingeführt. Dabei handelt es sich um ein Kommunikationsmodell, das die große Ähnlichkeit im Kommunikationsverhalten von männlichen Konsumenten und (männlich geprägten) Unternehmen aufzeigt, während Frauen ein ganz anderes Muster bevorzugen.

Unternehmen und männliche Kommunikatoren in Foren, Blogs und auf Social-Media-Plattformen sind meistens nicht an einem echten Austausch interessiert, sondern vor allem daran, ihre Botschaft abzusetzen oder ihre Meinung kundzutun. Dies gehört zur männlichen Auffassung von Macht und Machtstrukturen: Wer die Macht hat (z. B. ein Vorgesetzter) spricht und alle anderen müssen zuhören. Der Mächtige hat das Privileg, niemand anderem zuhören zu müssen. Unternehmen erheben für sich den Anspruch, ihre Werbebotschaft loszuwerden, ohne auf eine *Antwort auf Augenhöhe* reagieren zu müssen.

Modell 1: Die männlichen Anteile der GMC-Kommunikationsrichtungsachse
Quelle: Diana Jaffé / Bluestone AG 2010

Die Rolle von aktiven Konsumenten und Trollen

Viele Konsumenten akzeptieren dieses Machtgefälle, insbesondere, wenn sie eine bestimmte Marke verehren. Nicht so die kritischen Konsumenten, Enttäuschte und die sogenannten Trolle (Forenschreiber und sonstige „Rabauken", die ihrer Destruktivität in der Anonymität des Internets freien Lauf lassen): Sie nehmen für sich ebenfalls in Anspruch, die Stimme zu erheben und nicht auf andere zu hören. Kritiker können in Form von Organisationen (z. B. Foodwatch) oder auch als Einzelpersonen auftreten. Ihr Schwert heißt Moral. Doch in ihrem Kommunikationsverhalten sind viele von ihnen nicht besser als die Trolle, die ohne Rücksicht auf Verluste ihr Unwesen treiben. Weder machtbewusste Unternehmen noch Verbraucher, die sich vielleicht selbst zu wichtig nehmen, sind an einem konstruktiven Dialog zwischen Unternehmen und Bevölkerung interessiert. Die Angehörigen dieser Parteien verfolgen nur den Zweck, Eigeninteressen durchzusetzen. Ihre wesentlichen kommunikativen Aktivitäten beschränken sich daher auf Plattformen, auf denen vergleichsweise wenig Dialog stattfindet, aber viel Selbstpräsentation möglich ist. Auch wenn Firmen im Social Web aktiv sind, so sind die Akteure vom alten Schlag noch immer wesentlich stärker auf allen Kanälen in Sachen Eigenwerbung unterwegs, als einen *echten* Dialog zu führen, denn ihr Verständnis von einem Dialog ist weit weniger ausgereift als das von Frauen oder von an Macht wenig interessierten Männern. Umgekehrt sind viele machthungrige User weniger auf Facebook aktiv, als überall dort, wo sie sich präsentieren können, ohne mit viel Gegenwind rechnen zu müssen, in Form von Leserkommentaren (sehr gern bei *Spiegel Online*), in Blogs, auf Xing und LinkedIn, wie diverse Studien gezeigt haben.

Weibliches Verhalten im Social Web — Austausch und Dialog

Frauen bevorzugen Facebook und Pinterest, Plattformen, auf denen viel miteinander kommuniziert wird. Sie wollen mit anderen in Kontakt kommen. Sie wollen sich zeigen und Reaktionen auf das Geschriebene oder die auf Pinterest geposteten Fotos erhalten. Sie wollen Bestätigung dafür, dass das, was ihnen gefällt, von anderen geteilt wird. Frauen suchen den Austausch und die Gemeinschaft.

Modell 2: Die vollständige GMC-Kommunikationsrichtungsachse
Quelle: Diana Jaffé / Bluestone AG 2010

Dialog ist das, was den Austausch zwischen Herstellern bzw. Marken und Kunden ermöglicht. Und den beherrschen die meisten Firmen eben leider noch nicht gut genug. Typisch ist zum Beispiel das Verhalten eines Payment-Anbieters, auf dessen Facebook-Seite sich die Händler bzw. Verkäufer in Serie beschwerten, dass dieser Zahlungen von Kunden zurückhalten würde. Das Unternehmen antwortete darauf überhaupt nicht. Als ich dies sah und etwas irritiert nachfragte, erhielt ich die Antwort, man würde sich selbstverständlich darum kümmern, aber doch direkt im vertraulichen E-Mail-Austausch, nicht auf der öffentlichen, für alle einsehbaren Facebook-Seite. Dem Unternehmen war überhaupt nicht klar, dass es für alle anderen Besucher der Seite so aussehen musste, als ob es sämtliche Beschwerden eisern ignorieren würde.

Das Unternehmen schädigt durch dieses Kommunikationsverhalten seine Reputation, die es auf anderem Weg mit teuren Werbemaßnahmen wieder aufbauen musste. Für alle lesbar standen auf der Facebook-Seite die frustrierten Vorwürfe und Beschwerden von unzufriedenen Kunden. Bei einem Unternehmen mit so vielen täglichen Transaktionen kommen regelmäßig so einige Schimpf-Postings zusammen, die umso frustrierter formuliert waren, je weniger sich jemand Hoffnung machte, dass ihm geholfen werden würde. Und woher sollte er diese Hoffnung auch nehmen, wenn die vielen Frust-Posts auf der Facebook-Seite doch nur die Erwartung wecken konnten, dass sein Ärger ungehört bleibt. Unter jede Beschwerde auf Facebook gehört die Antwort, dass sich das Unternehmen um den Anlass kümmert. So sendet es die Botschaft, dass es auch den Menschen und seine persönliche Befindlichkeit ernst nimmt. Mehr braucht es nicht, um eine konstruktive Lösung im beiderseitigen Interesse einzuleiten. Alle Details werden dann natürlich weiterhin im Privaten geklärt.

Zwei anonymisierte Beispiele von Facebook-Konversationen zwischen je einer Kundin und dem Unternehmen zeigen, was in der Kommunikation schief läuft:

▶ **BEISPIEL 1: Facebook-Konversation zwischen Kunde und Firma**

Kundin: Ich glaube, da verschickt jemand Spam-Mails in eurem Namen. Von dieser Dame habe ich heute eine E-Mail mit Zip-Anhang bekommen: Nina XXX Inkasso Anwaltschaft …

Firma: Hallo [Kundin], leider hast du Recht, es handelt sich hierbei um Betrugmails. Wir versuchen natürlich die Versendung solcher Mitteilungen verhindern zu lassen. Bitte öffne auf keinen Fall den Anhang. Wir danken dir für deine Aufmerksamkeit! Viele Grüße, XXX vom XXX-Team.

Einige Leser mögen diese Firmenantwort als hilfreich und nützlich empfinden, aber eigentlich handelt es sich hier um eine Standard-E-Mail, die auf die Verunsicherung der Kundin kaum eingeht. Außerdem ist die Behauptung, das Unternehmen wolle die Versendung solcher E-Mails verhindern lassen, mit großer Wahrscheinlichkeit Humbug, weil es keine Stelle gibt, die das verhindern könnte. Sollte das Unternehmen Strafanzeige gestellt haben, dann sollte es dies entsprechend kommunizieren. Falls bekannt ist, ob es sich um Spam oder einen angehängten Virus handelt, wäre ein Hinweis darauf sicherlich auch hilfreich gewesen. Statt eines Danks für die Aufmerksamkeit wäre eine höfliche Entschuldigung, dass die Kundin im Namen der Firma zugespamt wird, angebrachter, auch wenn das Unternehmen für den Missbrauch seines Namens natürlich nichts kann. Männer entschuldigen sich nicht. Bei Frauen gehört das jedoch zum Mindestmaß an Höflichkeit. Es handelt sich um eine weiblich-kulturelle Gepflogenheit und gehört zu ihrem Kommunikationsstil.

Weitaus heftiger ist dieser Austausch:

> **BEISPIEL 2: Facebook-Konversation zwischen Kunde und Firma**
>
> **Kundin:** Wer hat ein blaues Bobbycar, Schuhschoner und eine Stange bestellt und einen CD-Player, ein Dicki Auto und Car Mitbringspiel bekommen?
>
> **Firma:** Hallo [Kundin], es tut mir sehr Leid, dass wir dir eine komplett falsche Lieferung zugeschickt haben. Dass dies gerade bei einer Geburtstagsbestellung geschehen ist, ist umso tragischer. Selbstverständlich versendet unser Lager deine Bestellung schnellstmöglich. Sobald dein Paket an unseren Versandpartner XXX übergeben wurde, erhältst du eine automatische Bestätigung per E-Mail. Eine Zustellung nimmt im Regelfall dann noch 1 bis 2 Werktage in Anspruch.
>
> Schreib' uns bei weiteren Fragen gern eine E-Mail an XXX@XXX, wir helfen dir dann gern weiter.
>
> Liebe Grüße
>
> XXX vom XXX-Team
>
> **Kundin:** Ja sicher. Kommt nun angeblich am Mittwoch. Nur hat mein Kind am Montag Geburtstag. ☹

Dieser Versender von Kinderspielzeug und anderen Kinderprodukten hat ständig damit zu tun, dass Bestellungen zu Kindergeburtstagen von dem Versandunternehmen, das zufällig zu demselben Konzern gehört, nicht pünktlich geliefert werden. Die Facebook-Seite ist voll von Beschwerden von unglücklichen Eltern, die auf diesem Wege auch sogleich ihren Kundenstatus kündigen. Das Einzige, was dieses Unternehmen üblicherweise antwortet, ist, dass die ärgerliche, enttäuschte, ratlose Mutter (oder analog der Vater) bitte verstehen soll, dass es sich um „interne Prozesse" handele und eine solche Situation leider vorkommen kann. Die Eltern, die nicht wissen, wie sie die Geburtstagsfeier des Kindes noch retten sollen, und die es sich vielleicht nicht leisten können, auf die Schnelle neue Geschenke in einem Ladengeschäft zu kaufen, sollten doch bitte ihr Anliegen an die offizielle Beschwerdestelle (mit Angabe der E-Mail-Adresse) richten und noch einmal schildern, was passiert ist.

Dieses Handelsunternehmen verdirbt den wichtigsten Tag des Jahres in der betreffenden Familie, entschuldigt sich nicht dafür, zeigt kein Mitgefühl, bietet keine Entschädigung an (obwohl es sich der Konzern durchaus leisten könnte, wenigstens einen Rabatt-Gutschein für die nächste Bestellung beizulegen, wenn vielleicht keine Expresslieferung möglich ist) und fordert die emotional zurecht höchst aufgebrachten Eltern dazu auf, noch mehr Zeit zu investieren, um einer Serviceabteilung eine Beschwerde-E-Mail zu schicken. Wozu soll das gut sein? Die Serviceabteilung hat auch keine Möglichkeiten, etwas wieder in Ordnung zu bringen. Und die Frage, wieso nach einer Beschwerde über Facebook eine weitere redundante E-Mail an eine Serviceabteilung geschrieben werden soll, wird damit beantwortet, dass die internen Prozesse dies erfordern. Mir persönlich stehen bei solchen Vorkommnissen die Haare zu Berge.

Noch lassen sich das viele Kunden gefallen. Sie werden mit ihrem Frust alleingelassen. Stattdessen wird ihnen noch das Schreiben sinnloser E-Mails nahegelegt. Ich selbst habe mich bisher immer erfolgreich dagegen verwahrt, noch mehr Zeit und Mühe zu investieren, wenn das Versagen beim Händler oder bei einem Unternehmen lag. Kunden müssen nicht zulassen, dass ein Unternehmen seine versäumte Verantwortung an sie zurückdelegiert. Der nächste Händler ist ja nur noch einen Mausklick entfernt.

Empfehlungen für die geschlechtsspezifische Unternehmenskommunikation

Wer Werbung konzipiert, die Frauen oder Männer oder beide ansprechen soll, muss in der Kommunikation viele Aspekte berücksichtigen:

1. Geschlecht der Zielgruppe und des Produkts

Das Geschlecht der Zielgruppe und des Produkts bzw. der Dienstleistung spielen in der Unternehmenskommunikation eine Rolle, da unter Umständen die Relevanz für Kunden dargestellt werden muss, wenn sie ein anderes Geschlecht haben als das Produkt. Für die Herrenkosmetik-Linie nutzt die französische Marke Clarins dasselbe Prinzip wie L'Oreal ca. zehn Jahre zuvor: Durch die Verwendung von Piktogrammen, die eigentlich aus der Werkstatt stammen (Hammer und Maulschlüssel, Batterien, Feuerlöscher etc.), machen sie deutlich, dass es sich eben um kein Damenprodukt handelt, sondern um Kosmetika für Männer, die anpacken und sich auch schmutzig machen können (vgl. Abb. 22).

Abb. 22: Clarins' Website für Männerkosmetik: Nutzung von Symbolen, die Männern vertraut sind
Quelle: Screenshot von http://www.clarins.de/clarinsmen/500/, März 2014

2. Geschlechtsspezifische Kaufmotive

Oft treiben Frauen und Männer ganz unterschiedliche Motive zum Kauf desselben Produkts. Diese zu kennen ist von entscheidender Bedeutung. Bei Pflegekosmetik — um bei diesem Beispiel zu bleiben — treibt Frauen der Wunsch nach Schönheit zum Kauf von Cremes und Mascara, während Männer zur Tube greifen, weil sie ihre Leistungsfähigkeit erhalten möchten. Die meisten Männer fürchten — bewusst oder unbewusst — mit steigendem Alter den Verlust von Produktivität und Fitness.

3. Männerthemen und Frauenthemen

Inhalte und Botschaften von Werbung müssen mit Frauen- bzw. Männerthemen korrespondieren. Autowerbung thematisiert oftmals Leistungsmerkmale oder Fahrerlebnisse, die Männer schätzen. Handelt es sich um einen Kombi, wird er mit rudimentären Familienthemen — meist eine Familie auf der Urlaubsreise — thematisiert. Beziehungen, die für Frauen wichtig sind, werden kaum je dargestellt.

Exzellent war in dieser Hinsicht der Spot mit Heidi Klum und ihrem damaligen Ehemann Seal für den VW Tiguan.[61] Er war so erfolgreich, dass VW die Kampagne abbrach, weil das Unternehmen mit den Bestellungen nicht mehr nachkam. Auch Fords „Schmollbraten"-Werbung für die SMS-Vorlesefunktion vom Ford Fiesta aus dem Jahr 2013 erzählt eine sympathische kleine Geschichte von einem Paar, das einen Streit vermeiden kann, weil er (auf dem Beifahrersitz!) eine lustige Entschuldigungs-SMS an ihr Auto schickt.[62]

Gewöhnlich zeigt Autowerbung nur diffuse und austauschbare Bilder vom Fahren. Sie erzählt keine Geschichten vom Ankommen. Für die überwiegende Anzahl von Frauen sind Autos aber ein Mittel zum Zweck. Für sie stellt sich somit die Frage, wohin sie fahren, wenn sie sich ins Auto setzen, während für Männer das Fahrgefühl eine große Rolle spielt. Wer Frauen erreichen will, die ja immerhin 80 Prozent aller Autokäufe in Deutschland zumindest beeinflussen, wenn nicht allein entscheiden, der sollte sich darüber Gedanken machen, auf welche Menschen eine Frau am Ende einer Reise trifft und in welcher Beziehung sie zu ihnen steht.

4. Storytelling, Erzählweise

Die Geschichten, die Frauen und Männer erzählen bzw. über sie erzählt werden, unterscheiden sich ebenso wie die Erzählweise. Klassischerweise lässt sich feststellen, dass Geschichten über Männer von deren Heldentaten handeln. In aller Regel ist es der Protagonist selbst, der von seiner Mission und seinen Heldentaten berichtet. Einer Frau würde es niemand verzeihen, wenn sie sich als Heldin ihrer eigenen Geschichte inszenieren würde. Das schickt sich nicht. Ein Mann hat Spektakuläres zu leisten und darf damit glänzen. Eine Frau darf ebenfalls eine Leistung erbringen, sogar eine große, aber sie muss dabei stets bescheiden bleiben. Wer Leistungen einer Frau darstellen will, muss andere Personen zeigen, die ihre Erfolge bewundernd beschreiben. Sie selbst darf nur zu Wort kommen, wenn sie sittsam über ihren Forschungsdrang oder ihr Projektziel spricht.

---

[61] http://bit.ly/1i1nlL2
[62] http://bit.ly/1i1nlL2

5. Sprache, Wording, Textlänge …

Männer mögen Zahlen und Leistungskennzahlen, Frauen können damit meistens wenig anfangen. Dafür haben Frauen eine größere Affinität zu Sprache. Daher lesen sie Packungsaufdrucke und längere Texte. Männer nicht. Bei alledem ist es wichtig, auch auf die unterschiedlichen Ausdrucksweisen zu achten. Frauen und Männer verwenden in unterschiedlichen Zusammenhängen direkte und indirekte Sprache. Frauen werden häufig dann indirekt, wenn sie Ablehnung oder Konfrontationen vermeiden wollen. Auch direkte Anweisungen schwächen sie so ab (ein Klassiker ist: „Der Müll müsste mal runtergebracht werden", was sie als direkten Appell meint, er aber bestenfalls als Vorschlag versteht). Indirekte Sprache verwenden Männer meist dann, wenn sie über Gefühle und Beziehungen sprechen.[63]

6. Layout von Werbeanzeigen und Websites

Das Layout und die Aufmachung, beispielsweise einer Werbeanzeige, aber auch von anderen visuellen Informationsmaterialien wie Websites, sollten weiblich bzw. männlich aufbereitet werden. Ein konkretes Beispiel, wie unterschiedlich männliches und weibliches Layout bei inhaltlich gleichen Anzeigen wirken, zeigen die Anzeigen für Gillette und Herbal Essences von Procter & Gamble. Die eckig-statischen Varianten (Abb. 23) wirken hart und maskulin, selbst wenn bei der Herbal-Essences-Anzeige die Pink-Töne stark überwiegen. Die Verwendung rund-geschwungener Formen in den Vergleichsanzeigen (Abb. 24) führt zu einem weicheren und weiblicheren Eindruck.

6. Verwendung von Bildern

Die Verwendung von Bildern ist ein großes Thema für sich. Eine Faustformel lautet, dass Männern Bilder mit der Darstellung von Dingen gefallen, zum Beispiel technische und wissenschaftliche Grafiken. Für sie muss der Fokus eindeutig erkennbar auf dem Produkt liegen, das beworben wird. Frauen wollen Menschen sehen. Die Produkte sind meistens Mittel zum Zweck. Ihre Wirkung auf Menschen ist wichtig. Nur bei Dingen, die einen starken ästhetischen Aspekt haben wie zum Beispiel Schmuck, genügt es, diesen für sich und ohne Kontext zu zeigen. Hier verfügen Frauen über ausreichend Erfahrung, um den Kontext automatisch selbst zu ergänzen.

---

[63] Tannen, Deborah (2004), S. 307

7. Lieblingsfarben

Zur Verwunderung der meisten Menschen teilen 68 Prozent der Frauen und 72 Prozent der Männer dieselben drei Lieblingsfarben: Blau, Rot und Grün. Blau mögen 40 Prozent aller Männer am liebsten und 36 Prozent aller Frauen, Rot jeweils 20 Prozent, gefolgt von Grün mit je 12 Prozent.

8. Kommunikationsmedien

Facebook und Pinterest gehören zu den bevorzugt von Frauen genutzten Social-Media-Kanälen, in den USA und einigen weiteren Ländern auch Twitter. Männer verschaffen sich insbesondere auf Foren, in Blogs, in Form von Leserkommentaren, auf Xing und LinkedIn eine Stimme. Diese Geschlechtlichkeit existiert auch in Bezug auf alle anderen Kommunikationskanäle. Hierfür habe ich 2010 das *GMC-Kit* erstellt, eine Analyse all dieser Verbreitungsmedien hinsichtlich der Kommunikationsrichtungsachse (Eignung zur einseitigen Kommunikation im Gegensatz zum Dialog) und der allgemeinen Kommunikationsvorlieben von Frauen und Männern. Daran lässt sich ablesen, auf welchem Kanal man welches der Geschlechter besser erreicht und wie sich die verschiedenen Kommunikationskanäle sinnvollerweise für eine geschlechtsspezifische Kommunikationskampagne kombinieren lassen.[64]

---

[64] Detaillierte Ausführungen entnehmen Sie bitte meinem Buch *Werbung für Adam und Eva*.

Abb. 23 und 24: Anzeigen von P&G vor und nach der Beratung der Lebensmittel Zeitung zur Optimierung. Hier war Geschlechtsspezifik nicht das Thema, die Ausgangsmotive und die Ergebnisse weisen jedoch eindeutig geschlechtsspezifische Layoutmerkmale auf.
Obere Reihe: männlich; untere Reihe: weiblich
Quelle: Lebensmittel Zeitung, 2014

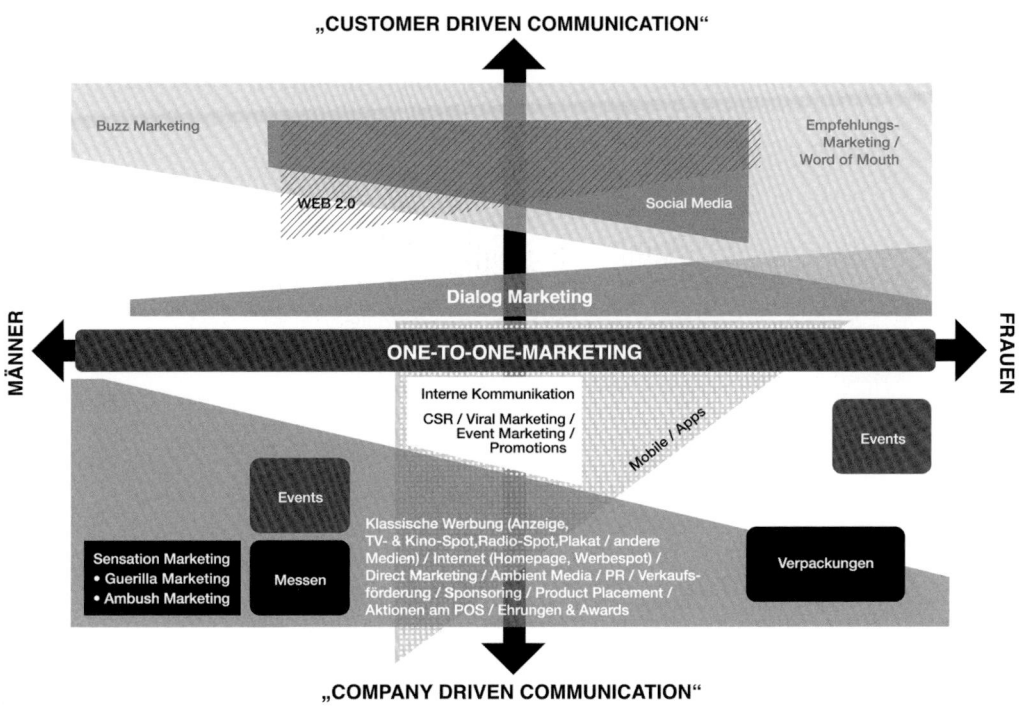

Abb. 25: Gender Marketing Communication Kit
Quelle: Diana Jaffé / Bluestone, 2010

Eine Kommunikationskampagne für beide Geschlechter?

Auf den vorangegangenen Seiten ist deutlich geworden, dass Frauen und Männer in der werblichen Kommunikation unterschiedlich angesprochen werden sollten. Ist eine gemeinsame Ansprache unmöglich? Unmöglich nicht, aber sehr schwierig. Nur selten findet sich ein unspezifisches oder so anrührendes Thema, das beide Geschlechter anspricht und überzeugt. Kinder und Tiere helfen dabei immer, wie 2013 auch die Kampagne von eBay gezeigt hat, bei der ein Hund von Mitleid mit seinem Mitbewohner erfasst wird — einem Hamster. Der Hund möchte dem Hamster mehr Spaß verschaffen und ihn aus seinem Hamsterrad befreien. Also bestellt er per Tablet seines abwesenden Herrchens auf eBay ein kleines Riesenrad und fortan fährt der Hamster mit dem Riesenrad vor der Haustür. Das Herrchen kommt heim und lobt den Hund. Beide schauen dem Hamster beim Fahren in der Gondel zu.[65]

---

[65] http://bit.ly/1dAZFam

In der Fortführung der Kampagne zu Weihnachten desselben Jahres ist es zu kalt, um Riesenrad zu fahren. Also schenkt der Hund dem Hamster, seinem Herrchen und sich selbst Mützen und Schals, sodass der Hamster wieder Riesenrad fahren und Hund und Herrchen ihm glücklich dabei zugucken können, ohne dass jemand frieren muss.[66]

Ein Einwand gegen unterschiedliche Kampagnen für Frauen und Männer lautet oftmals, das Budget des jeweiligen Unternehmens sei für zwei unterschiedliche Kampagnen einfach zu klein. Oder es wird angenommen, dass zwei unterschiedliche Kampagnen für Frauen und Männer zu teuer seien und so wird standardmäßig lieber eine „neutrale" Kampagne (die es so im Prinzip kaum jemals gibt und die dann auch vergleichsweise wenig Wirkung erzielt) durchgeführt. Häufig zielt die Kampagne weiterhin auf Männer ab, selbst wenn Frauen die größere oder wichtigere Entscheidergruppe stellen. Dass dies keine gute Entscheidung ist, legt die Logik nahe. Die Case Study von Bosch in Kapitel 3.4 zeigt, welche unglaublichen und lohnenswerten Effekte eine zweigleisige Kampagne erzielen kann. Die kluge Investition lohnt also, vorausgesetzt, man macht es auf Anhieb richtig.

2.5   Der stationäre Einzelhandel im Gender Marketing

2.5.1   Atmosphäre, Ladeneinrichtung und Produktplatzierung

Frauen und Männer stellen sehr unterschiedliche Ansprüche an die Ausstattung und Einrichtung eines Geschäfts. Wenn Frauen nicht schon von außen einen Blick ins Innere erhaschen, also nicht erfassen können, was sie drinnen erwartet, dann werden sie sich mit dem erstmaligen Betreten eines Geschäfts sehr schwer tun. Dieses Verhalten ist wiederum für Geschäfte schwierig, die Diskretion im Sinne ihrer Kundschaft wahren möchten. Dazu gehören nicht nur die immer zahlreicher werdenden Sexshops „für Sie" oder „für Sie und Ihn", sondern unter Umständen auch schon das eine oder andere Dessous-Geschäft. Die Kundin möchte nämlich auch ihre Privatsphäre gewahrt wissen.

---

[66] http://bit.ly/PgOIqp

Atmosphäre eines Geschäfts

Für Frauen ist die Atmosphäre eines Geschäfts ebenso wichtig wie Sauberkeit und Hygiene. Unordentliche oder gar schmutzige Geschäfte wirken abstoßend. Sogar zu niedrige Decken bei Geschäften in Untergeschossen können den Eindruck erwecken, dass hier etwas nicht stimmt. Eine ungute Atmosphäre, wodurch sie auch immer ausgelöst sein mag, treibt Frauen unverrichteter Dinge wieder aus dem Laden. Das kann die falsche Einrichtung sein, eine falsche Regalhöhe, Unübersichtlichkeit, ein schlechter Geruch, selbst wenn seine Intensität unter der Wahrnehmungsschwelle liegt, eine schlechte Beleuchtung, eine misslungene Warenpräsentation oder auch nur mies gelaunte Mitarbeiter. Vieles kann so störend und verstörend wirken, dass Frauen sich entschließen, ein Geschäft nie wieder zu betreten. Männer sind da in aller Regel wesentlich robuster. Sie sind auf einer Mission und die lautet: den Kauf erle/di/gen. Darauf sind sie fokussiert, alles andere ist Nebensache, wenn sie nur ans Ziel kommen.

Gang durchs Geschäft

Frauen und Männer bewegen sich nicht nur (freiwillig) in unterschiedlichen Geschäften, sondern auch auf verschiedene Weise durch sie hindurch. Dabei gibt es, neben geschlechtsneutralem Allgemeinwissen wie der Präferenz, rechtsherum zu laufen und rechts zu greifen, vieles, das zusätzlich zu beachten ist. Männer und Frauen laufen, sofern sie nicht als Paar unterwegs sind, mit unterschiedlichem Tempo durch größere Geschäfte. Das liegt daran, dass Frauen sich beim Shoppen gern inspirieren lassen und dafür auch viele Metainformationen aufnehmen, während Männer sich zielgerichteter verhalten. Vor allem aber wollen die Verbraucherinnen einen Gesamteindruck gewinnen, während die Männer bei einem Großteil ihrer Käufe vornehmlich das eine Regal suchen, das die von ihnen gewünschte Ware enthält. Frauen nehmen beim Durchgang auch in der Raumtiefe viele Waren wahr, vorausgesetzt, die Regalhöhen und Sichtfluchten erlauben dies. Ohnehin ist es Frauen wichtig, einen Raum möglichst vollständig zu überblicken. Sind die Regale in der Raummitte zu hoch, ist ihnen dies nicht möglich.

Die bekannte Handelsberaterin Iris Skowronek empfiehlt, die Regalhöhen zu den Wänden hin zu erhöhen, um eine perspektivische Wahrnehmung zu begünstigen, Durchsicht und Überblick zu erlauben und dabei gleichzeitig die Verkaufsfläche optimal zu verwenden.

Verweilzonen und Rempeleien

Frauen nutzen Verweilzonen stärker als Männer, um Produkte und Verpackungsaufdrucke aufmerksam zu studieren. Wichtig ist dabei jedoch, dass die Gänge breit genug angelegt sind und dass die Regale nicht mitten in oder direkt an der Laufzone stehen. Nichts ist aus Sicht einer Käuferin schlimmer, als wenn sie von wildfremden Leuten von hinten angerempelt wird, während sie sich hinunterbeugt, um etwas aus einem tieferen Regalbereich herauszufischen.

Auch Männer reagieren negativ auf solche Rempeleien, doch bei Weitem nicht so stark wie Frauen. Der US-amerikanische Handelsforscher und -berater Paco Underhill hat hierfür die Bezeichnung *butt-brush effect* geprägt — Hintern-Berührungseffekt. Underhill zufolge brechen Menschen ihren Kaufakt ab, sobald andere sie von hinten stoßen, insbesondere, wenn ein so persönliches und empfindliches Teil wie das Gesäß davon betroffen ist.[67] Sie wenden sich vom Produktregal ab, auch wenn sie kaufwillig sind, und verlassen im schlimmsten Fall sogar Kassenschlangen, wenn ihnen jemand einen Einkaufswagen in den verlängerten Rücken rammt. Dabei ist die Berührung des weiblichen Pos als intimer zu werten als die eines männlichen.

Beratungscounter

Beratungscounter sind für Frauen sehr wichtig. Sie lieben es, sich an einen solchen Stehtisch zu schmiegen. Underhills Untersuchungen haben nachgewiesen, dass Frauen mit höherer Wahrscheinlichkeit etwas kaufen, wenn sie sich während eines Beratungsgesprächs oder einer Produktdemonstration an einen Counter lehnen können, als wenn sie einige Schritte weiter entfernt davon stehen.[68]

Wer Männer zum Kauf verführen will, muss ihnen die für sie gedachten Artikel so unter die Nase hängen, dass sie diese sogar im Lauftempo entdecken können, selbst wenn sie Scheuklappen tragen würden. Das bedeutet primär, die Produkte direkt und deutlich sichtbar an der Laufzone zu platzieren. Es lohnt sich dabei insbesondere, prestigeträchtige Marken für den Mann prominent herauszustellen, denn letztlich ist so gut wie jeder Mann in der einen oder anderen Hinsicht statusbewusst.

---

[67] Underhill, Paco (2000), S. 17 f., S. 28 f., S. 117 ff., S. 184 f.
[68] Underhill, Paco (2000), S. 117

Bei einer meiner Kundenbeobachtungen konnte ich die folgende Szene verfolgen: Ein Paar in mittlerem Alter bewegte sich durch die Abteilung für Herrenoberbekleidung eines Kaufhauses. Beide waren unauffällig, er war mit mausgraubeiger Hose und ebensolcher mausgraubeiger Windjacke bekleidet. Ganz offensichtlich hatte sie sich vorgenommen, dass sie ihm eine neue Jacke kaufen würden. Er, ein erwachsener Mann, bewegte sich wie ein fünfjähriger Junge hinter ihr her. Er schlurfte mit nach innen gedrehten Füßen, die Außenkanten voraus, hinter ihr her und schlackerte mit den Armen links und rechts um seinen Körper. Der Kopf pendelte von einer Seite auf die andere. Er langweilte sich schrecklich an diesem schönen Samstag in diesem Kaufhaus. Er sah nichts, wollte nichts und ballte die Hände zu Fäusten in der Hoffnung, mit den Händen nicht in die Ärmel zu kommen, wenn sie ihm eine Jacke zum Probieren hinhielt. Dieses Schauspiel zog sich eine Weile. Sie verschwand zwischen den Ständern in der Verweilzone, er drückte sich, soweit möglich, am Hauptgang herum. Dann, auf einmal, fiel sein Blick auf einen einzelnen Ständer mit 30 bis 40 gleichen, dunkelblauen Windjacken, allesamt mit einem großen, weißen BOSS-Schriftzug im Schulter-Nackenbereich. Auf einmal kam Leben in diesen Mann! Er sprang auf den Ständer zu, riss eine Jacke vom Bügel, kam kaum schnell genug aus seiner graubeigen Jacke heraus und schmiss sich in den BOSS-Windbreaker. Strahlend lief er zu seiner Frau und präsentierte sich in dem Kleidungsstück, das er sich ganz offenbar mehr als alles andere wünschte. Es gab eine kurze Diskussion, bei der sie sich nicht einmal die Mühe machte, aufs Preisschild zu sehen. Auch ohne das Gespräch hören zu können, war völlig klar, was passierte, denn auf einmal sackte er wieder in sich zusammen, ließ Kopf und Schultern hängen. Dann schlüpfte er widerwillig und langsam aus der BOSS-Jacke und schlurfte damit zum Ständer zurück. Es tat ihm richtig weh, sie wieder zurückzuhängen. Seine Frau war derweilen weiter bei ihrer Suche geblieben, rief ihn zu sich, zwang ihn in eine andere, völlig langweilige Jacke und begann, sich mit einer Verkäuferin zu unterhalten, während er vor einem Spiegel stand und den Blick hinein vermied. Gesichtsausdruck und Körpersprache waren eindeutig: Er *hasste* das Kleidungsstück, in dem er jetzt steckte. Und er resignierte, weil seine Frau nicht nur seine Wünsche (schon wieder!) vollkommen ignoriert hatte, sondern weil sie und ihre Komplizin, die Verkäuferin, ihn in ihrem Gespräch weiterhin völlig übersahen.

Männer halten sich nicht gern in Kaufhäusern auf. Kaufhäuser werden als weibliche Domäne empfunden, wie unsere Untersuchung (vgl. Kapitel 2.3.1) bestätigt hat. Und doch ist es ganz offensichtlich möglich, mit den richtigen Produkten am richtigen Platz selbst das Interesse eines unfreiwilligen männlichen Besuchers zu wecken.

Verweilzonen für gelangweilte Männer

Viele Männer mögen es bekanntlich gar nicht, die Samstage mit ausgedehnten Einkaufstouren zu verbringen. Manche können sich dagegen zur Wehr setzen, andere nicht, wie ein einziger kurzer Blick in Warenhäuser aufdeckt. Da wünsche ich mir von den Geschäften, dass sie auf diese erschöpften Begleiter mehr eingehen, indem sie ihnen bequeme Sitzgelegenheiten anbieten. Sessel oder Sofas (nicht nur Hocker!) mögen zwar kostbaren Platz belegen, der dann für Warenaufsteller fehlt, jedoch schaffen sie auch Ruhe und gleichzeitig nörgelnde, ungemütliche Partner aus dem Weg, die sonst ihre Partnerinnen beim Stöbern und Shoppen stören würden. Gelangweilte Shopping-Begleiter werden nicht selten auch zu Störfaktoren für andere Kundinnen. Ebenso wie es gelegentlich vorkommt, dass gelangweilte Frauen ihre Partner aus deren Hobbyläden herausnörgeln, machen manche Männer ihre Frauen so nervös, dass diese ihre Rundschau und Suche abbrechen.

2.5.2 Sortiment, Category Management und Warenpräsentation

Seit vielen Jahren höre ich von Herstellern aus den unterschiedlichsten Branchen, dass der Handel immer wieder große Probleme bereitet. Die Einkäufer seien immer nur an Liefermengen und Rabatten interessiert.

Der stationäre Handel muss natürlich seine Interessen wahren, insbesondere unter dem stetig wachsenden Druck des Onlinehandels. Und für den kleinen Einzelhändler ist eine Teilnahme am neuen Hype, dem Multichannel-Vertrieb, in den allermeisten Fällen viel zu aufwendig. Er kann weder die finanziellen Mittel aufbringen, um seine Waren im stationären Geschäft wie auch im Onlineshop auf allen Plattformen anzubieten, noch bringt er die nötige Erfahrung mit, um eine solche Investition tatsächlich in bare Münze umzuwandeln. Doch wenn Ware eingekauft wird, die am Bedarf und an den Wünschen der Kundschaft vorbeigeht, wenn Ware schlecht platziert und präsentiert wird, wenn der Service nicht ausreicht, wenn Personal nicht beraten kann, dann sind das schwere Versäumnisse, die Betroffene auf die eigene Kappe nehmen müssen.

Aufgabe des Handels: Auswahl und Orientierung im Überangebot

Für das richtige Sortiment zu sorgen ist keine triviale Aufgabe angesichts des überbordenden Angebots. Der Niedergang des Konzepts der klassischen Warenhäuser war schon sehr lange abzusehen, denn er steht in unmittelbarem Zusammenhang mit dem Überangebot von Waren, bei denen die Kundschaft oftmals keine Unterscheidungsmerkmale mehr feststellen kann. Die heutige Aufgabe des Handels besteht für Kundinnen darin, eine für die Kundinnen passende, ja *perfekte* Auswahl zu treffen. Frauen spüren nämlich die Notwendigkeit, aus dem unübersehbaren Gesamtangebot die für sie perfekte Wahl zu treffen. Heute mehr denn je muss der Handel Orientierung im nicht mehr zu bewältigenden Überangebot bieten. Dazu stehen dem Händler verschiedene Instrumente zur Verfügung. Am wichtigsten ist das Sortiment und seine aus Kundensicht logische Gliederung und Präsentation.

▶ **BEISPIEL: Die Einführung eines neuen Category Management Systems**

Vor wenigen Jahren verhandelte ich mit zwei Verbänden, die vorhatten, ein Category Management System als Standard für den Fachhandel für einen bestimmten Produktbereich zu entwickeln. Es war dem Geschäftsführer des Fachverbands einfach nicht auszureden, was er sich überlegt hatte: Er ging tatsächlich davon aus, dass Frauen beim Kauf dieser Produkte nach einer spezifischen Taxonomie vorgehen würden! Auch die Unterstützung des durchaus verständigen Mitarbeiters aus dem anderen Verband, der viele wertvolle Erfahrungen in seinem früheren Job bei einer Kaufhaus-Kette gesammelt hatte, half nichts. Der Geschäftsführer war tatsächlich überzeugt, Kunden würden sich gedanklich von der obersten Kategorie bis zum konkreten Produkt von oben nach unten durchdenken und Frauen täten das als Kundinnen ebenso. Um das Beispiel zu veranschaulichen, ohne den Produktbereich benennen zu müssen, möchte ich mich eines Beispiels aus dem Tierreich bedienen, das ich mir ausnahmsweise bei Wikipedia entliehen habe:

Klassifikation	Beispiel
Reich	Vielzellige Tiere
Abteilung/Stamm	Chordatiere
Unterstamm	Wirbeltiere
Klasse	Säugetiere
Ordnung	Raubtiere
Überfamilie	Katzenartige
Familie	Katzen
Unterfamilie	Kleinkatzen
Gattung	Altwelt-Wildkatzen
Art	Wildkatze
Unterart	Hauskatze

Quelle: Wikipedia 2014

Demnach würde eine Kundin, die sich eine Hauskatze zulegen wollte, mit ihren Überlegungen bei den vielzelligen Tieren beginnen. Dann würde sie Schritt für Schritt jede Stufe der Klassifikation abarbeiten, bis sie endlich bei der Hauskatze landet. Die eigentlichen Eigenschaften der Katze wie Farbe, Rasse, Charaktermerkmale etc. sind in diesem System ja noch nicht einmal vorgesehen. Diesem System entsprechend wollte der verantwortliche Verbandsgeschäftsführer das allgemeingültige Category Management für seinen Sortimentsbereich entwickeln und danach sollte der Fachhandel verfahren. Alle professionellen Hinweise meinerseits wurden ignoriert und so stieg ich aus dem Projekt wieder aus, noch bevor es richtig begonnen hatte.

Orientierung am Kundenverhalten

Der Ressortleiter Non-Food bei der *Lebensmittel Zeitung* und Ausrichter des jährlichen Non-Food-Kongresses sowie Fachmann für die richtige Warenlegung, Tassilo Zimmermann, weist unermüdlich darauf hin, wie wichtig das richtige Category Management ist. Der Food-Bereich sei da schon sehr weit, aber im Non-Food-Segment sei noch viel Verbesserungsbedarf, nicht nur auf der Großfläche.

Produktgruppen müssen einer assoziativen Logik folgen

Dass dies nicht pauschal für einen Produktbereich festgelegt werden kann, sondern an die Verhaltensweisen und Kaufpräferenzen der Kunden an jedem Standort angepasst werden muss, schreibt Iris Skowronek, ehemalige Einrichtungshaus-Chefin bei IKEA und heute eine von mir sehr geschätzte Beraterin für den Handel. Vor allem aber müssen innerhalb des Sortiments Produktgruppen gebildet werden, die einer assoziativen Logik folgen. Zum Porzellan-Service gehört auch alles andere für den gedeckten Tisch[69], also Bestecke, Vasen, Tischdecken, Tischsets, Servietten, Serviettenringe, Kerzenständer, Kerzen etc.

Gute Buchhändler haben schon vor Jahren begonnen, Kochbücher mit eigentlich sortimentsfremden Waren zu kombinieren und so Themenwelten zu kreieren. So gehört auf einen Präsentationstisch mit italienischen Kochbüchern eben auch Pasta, Würzmischungen, Pizza- oder Spaghetti-Teller und Kochutensilien, die für die Zubereitung italienischer Speisen notwendig sind. Hübsch angerichtet verleiten sie nicht nur zum Spontankauf, sondern ersparen der Kundschaft auch so manchen Extra-Weg, weil sie ein paar außergewöhnliche Zutaten aus den Koch-

---

[69] Skowronek, Iris 2012, S. 100 ff.

rezepten sofort bekommen. Das ist für den Käufer selbst praktisch und erleichtert darüber hinaus das Schenken. Schließlich ist es doch sehr aufmerksam, wenn jemand nicht nur ein Kochbuch schenkt, sondern auch einige darin verwendete exotische Zutaten. So muss die oder der Beschenkte sich nicht selbst auf die Suche begeben, sondern kann gleich mit dem Kochen beginnen.

Individuelle Sortimentsgestaltung im Buchhandel

Dies gilt natürlich auch für alle anderen Sortimente. Hier ist es besonders wichtig, darauf zu achten, geschlechtsspezifisch vorzugehen. So erzählte mir die Buchhändlerin Viola Taube aus Nordhorn, dass sie jeden Freitagmittag ihr Geschäft umsortiert und eine spezielle Produktpräsentation und Warenanordnung für männliche Kunden herrichten lässt.[70] Die Mitarbeiter sind gehalten, Kleinserien zusammenzustellen, etwa nach Ausgabe, Thema oder Autor, da Männer auch gern eine Bücherserie mit bis zu sechs Büchern erstehen. Sie haben Sets gern „komplett". Die „Freitagmittags-Präsentation" hat sich in den letzten Jahren erfolgreich bewährt. So wird den (männlichen) Kunden für ihre Haupteinkaufszeit am Freitagnachmittag und -abend eine auf ihre Bedürfnisse abgestimmte Auswahl angeboten.

Für Samstagfrüh wird dann abermals umgeräumt, damit die Kundinnen sich wieder zurechtfinden. Wichtig ist bei alledem, das Kundenverhalten im Wandel der Zeit immer im Blick zu behalten — und das natürlich geschlechtsspezifisch. Viola Taube hat in ihrer Buchhandlung beobachten können, wie sich das Kauf- und Leseverhalten der Geschlechter verändert hat. Während Frauen früher Bücher nur für sich kauften und für ihren Partner höchstens eine Zeitschrift mitbrachten, bringen sie ihm inzwischen öfter auch mal ein Buch mit. Und auch die Männer haben sich verändert. Man könnte fast meinen, einige von ihnen seien „softer" geworden. Früher hätten sie niemals einen Krimi von einer Autorin gekauft. Heute ist das völlig normal. Sie trauen Krimiautorinnen heute ebenso spannende Romane zu wie ihren Geschlechtsgenossen. Überhaupt akzeptieren Männer heute viel bereitwilliger Autorinnen als noch vor vier Jahren — und auch weibliche Geschichten sind kein Tabu mehr. Männliche Siebtklässler kaufen „Die Tribute von Panem", ohne rot zu werden. Der Jugendbuch-Mehrteiler, von dem bereits zwei Bücher fulminant verfilmt wurden, enthält auch viel Romantik.

---

[70]   Vgl. Jaffé, Diana (2011)

Themenwelten für den Mann

Bereits im Jahr 2000 beschrieb der US-amerikanische Einkaufsforscher Paco Underhill eine Beobachtung bei einem seiner Kunden, Pfaltzgraff[71], einem Händler für alles rund um den gedeckten Tisch. Die riesige Auswahl an Geschirr, Besteck und Co. erleichtert den Auswahlprozess nicht unbedingt, und wenn sich Kunden, darunter insbesondere Paare, für ein komplettes Service entscheiden, dann dauert es oftmals eine gefühlte kleine Ewigkeit, bis letztendlich alles ausgewählt und bruchsicher verpackt ist. Underhill hat mittels Videoaufzeichnungen beobachtet, dass die gelangweilten Männer durch das Geschäft mäanderten und dabei häufig bei den Biergläsern hängen blieben. Underhill beschrieb, dass es dem amerikanischen Mann zukam, sich um die Auswahl der Gläser zu kümmern, während seine Gattin die Entscheidungen für das Service traf. Underhill beschrieb, dass es dem amerikanischen Mann zukam, sich um die Getränke zu kümmern, während seine Gattin das Essen zubereitete. Das war seine Rolle am Vorbereitungsprozess. Als Underhill nun also sah, wie zwei Männer sich sogar Biergläser schnappten und so taten, als würden sie sie über eine Bier-Zapfanlage befüllen, hatte er die zündende Idee. Er empfahl seinem Kunden, einen Sortimensbereich „Bar" einzurichten, wo Männer alles finden würden, wofür sie sich interessieren, also Gläser, Korkenzieher, Shaker und sämtliches sonstiges Barzubehör.[72] In dieser für sie interessanten Themenwelt wären sie nicht nur während der Wartezeiten beschäftigt, sondern sie wäre natürlich die perfekte Möglichkeit für Zusatzgeschäfte. Außerdem sind beschäftigte Männer keine quengelnden Partner mehr, die ihre Frauen aus Langeweile zum vorzeitigen Verlassen des Geschäfts drängen.

Selbstverständlich müssen solche Abteilungen von Männern auch gefunden werden. Es ist also sinnvoll, sie in Sichtweite zu den Produktflächen zu platzieren, wo Frauen bzw. Paare gewöhnlich längere Zeit benötigen, um das Angebot zu sichten und sich zu entscheiden.

IKEA — Perfekte Warenpräsentation

IKEA ist bei Frauen so unglaublich beliebt und erfolgreich, weil dieses Möbelhaus über Jahrzehnte eine nahezu perfekte Methode der Warenpräsentation entwickelt hat. Was bei Frauen wunderbare Inspirationen hervorruft, führt bei vielen Männern jedoch zu einer Reizüberflutung über alle Maße. Jedes IKEA-Haus ist im

---

[71] www.pfaltzgraff.com
[72] Underhill, Paco (2000), S. 104 f.

Grunde in vier Bereiche aufgeteilt: Möbelausstellung, Restaurant, Markthalle und Möbel-SB-Bereich.

Das größte Kunststück stellt die Möbelausstellung dar. Hier werden nicht, wie sonst bei Möbelhändlern üblich, einige Möbel zusammengestellt und mit kaum mehr als einer Vase „wohnlich" gemacht. Vielmehr geht jedem Zimmer-Modell eine genaue Überlegung voraus, wer wohl darin wohnt. Es wird anhand des Einzugsgebietes jeder IKEA-Filiale herausgefiltert, wer die wesentlichen Käuferinnen und Käufer sind, wie sie leben, was sie bevorzugen. Nötigenfalls gehen manche Einrichtungshaus-Chefinnen und -Chefs auch vor der Eröffnung eines neuen Markts von Tür zu Tür und bitten um Einlass, um sich anzuschauen, wie die Menschen in dieser Region leben. Und auf diese Lebenswelten abgestimmt werden dann sogenannte *Personas*, also Modelle von Personen entwickelt, deren Lebensweise sich schließlich an einem Interieur ablesen lässt. Im Unterschied zu den meisten anderen Händlern begnügt sich IKEA nicht damit, ein paar Möbel zusammenzustellen und sie notdürftig zu dekorieren. Stattdessen erschafft IKEA ein Wohnumfeld, bei dem die Besucherinnen gleich das Gefühl bekommen, bei einer realen Person (oder Familie) zu Gast zu sein, die nur kurz das Zimmer verlassen hat. Das umfangreiche Deko-Sortiment, das bis auf die Bücher und gelegentlich eingesetzte Unterhaltungselektronik komplett in der Markthalle erhältlich ist, ist so ausgewählt, dass tatsächlich der Eindruck entsteht, dass in dem Interieur ein echter Mensch lebt. Und wohnlich wirkt alles obendrein.

Frauen wollen Möbel und Dekorationsartikel, aber auch alle anderen Produkte, die in der Regel mit anderen Dingen kombiniert werden, z. B. Bekleidung und Accessoires, im Kontext sehen. Dennoch müssen die Artikel, auf denen beim Absatz das besondere Augenmerk liegt, so herausgestellt werden, dass sie im Unbewussten wirken.

Unterschiedliche Warenpräsentation für Frau und Mann

Männer haben eine völlig andere Seh- und Wahrnehmungspräferenz. Während Frauen immer verstehen wollen, ja müssen, wie ein Produkt einem Menschen nützt, interessieren sich Männer für das Ding an sich. Ich fasse es gern in der Aussage zusammen, dass Frauen *menschenzentriert* veranlagt sind, Männer hingegen *dingzentriert*. Aus diesem Grund wollen Frauen sehen, wie sich ein Möbelstück oder ein Dekoartikel in eine Lebenswelt einfügt, während Männer nur das Möbelstück selbst sehen wollen. Alles andere lenkt ab und verwirrt nur. Somit suchen Frauen dann auch menschenzentrierte Informationen („Kann mein Sohn mit diesem Skateboard auch Tricks in der Halfpipe fahren?"), während Männer viel lieber ein

Produkt und seine faktischen Eigenschaften studieren („Welchen Härtegrad haben diese Räder?"). Diese unterschiedlichen Kommunikationsstile und Methoden der Informationsgewinnung müssen sich letztlich auch in der Warenpräsentation und in den erläuternden Hinweisen widerspiegeln. Für Frauen ist die Beschreibung von Funktionen auf Beschilderungen zielführend, für die meisten Männer hingegen die Auflistung von Leistungsdaten hilfreicher.

Emotionen und Kaufverhalten

Ich möchte noch ausdrücklich vor der seit Jahren kursierenden Plattitüde warnen, Frauen würden emotional, Männer hingegen rational kaufen. Auch so undifferenzierte Aussagen wie Marken müssten „emotionalisiert" werden bzw. Werbung oder Verkauf müssten „Emotionen wecken" helfen wenig weiter, denn wer immer eine dieser Floskeln verwendet, macht sich häufig keine weiteren Gedanken darüber, *welche* Emotionen er wecken möchte. Wann immer mir etwas rebellisch zumute ist, hake ich gern nach, welche Emotionen gemeint seien, Wut, Traurigkeit oder Ekel. Das kommt natürlich nie gut an. Gemeint ist wohl, man solle *gute* Gefühle wecken und damit bei den Verbrauchern eine spontane Kauflust erzeugen. Nur ist „gut" eine Bewertung und nicht die Umschreibung oder Benennung einer konkreten Emotion.

Forscher haben längst nachgewiesen, dass Emotionen die Voraussetzung für jedwede Entscheidungsfähigkeit sind. Ohne die Beteiligung der emotionalen Gehirnbereiche, etwa in Folge einer schweren Verletzung der Amygdala, ist ein Mensch gänzlich außerstande, nicht nur sich zu einem Kauf zu entschließen, sondern jegliche noch so banale und selbstverständliche Entscheidung zu treffen. Er kann morgens nicht mehr entscheiden, was er zum Frühstück essen soll, was er anzieht, ob er überhaupt die Zähne putzen oder gleich im Bett bleiben soll. Der *Homo Oeconomicus* war nichts als eine theoretische Annahme, historisch basierend auf dem Selbstbild des vernünftigen (und damit nicht irrationalen) Mannes. Dieses Konzept wurde längst revidiert und zu Grabe getragen.[73] Auch wenn dieser Forschungszweig noch jung ist, wissen wir bereits, dass Frauen feinfühliger sind als Männer und dass sie einen direkteren Zugang zu ihren Emotionen haben.[74] Männer benötigen mehr Zeit, um emotionale Signale zu interpretieren.[75] Es lassen sich dabei tatsächlich neurologische Unterschiede in der Verarbeitung zwischen den Geschlechtern feststellen: Das männliche Gehirn nutzt dafür stets verschiedene Regionen

---

[73] Vgl. z. B. Ariely, Dan (2008), Kast, Bas (2007)

[74] Samter, Wendy (2002), Feingold, Alan (1994), Montagne, Barbara et al. (2005)

[75] McClure, Erin B. et al. (2004), Hall, Geoffrey B. C. (2004)

in der rechten Gehirnhälfte. Im weiblichen Gehirn spielt sich die emotionale Verarbeitung hingegen, abhängig vom Untersuchungsgegenstand und dem Versuchsaufbau, in der linken Hirnhemisphäre oder beidseitig ab.[76] Und dennoch benötigen beide die Auslösung von Emotionen, um sich für einen Kauf zu entscheiden, ob sie es subjektiv spüren oder nicht. Und das sind eben Gefühle wie Neugier, Besitzerstolz, die Hoffnung und Zuversicht, mit dem Gekauften gut auszusehen, gesund zu sein, sozial anerkannt zu werden, der Zuwachs von Selbstwert, die Freude, ein Hobby besser betreiben zu können, neue Ziele zu erreichen, Stolz, der Wunsch, Macht auszudrücken, Minderwertigkeitsgefühle zu kompensieren und vieles mehr.

Es muss klar sein, welche Emotionen konkret getriggert werden sollen. Und oft ist es notwendig, darüber nachzudenken, ob Frauen und Männer mit derselben Sache nicht womöglich unterschiedliche Emotionen verbinden, einfach weil sich ihre Motive unterscheiden.

Nehmen wir zum Beispiel einen regelmäßigen Lauftreff, der von einem Sportgeschäft veranstaltet wird, um eine stärkere Bindung zur Kundschaft zu entwickeln und die Fachkompetenz der Angestellten unter Beweis zu stellen: Selbstverständlich gibt es auch kompetetive Frauen, doch die Anzahl der Männer, die auf ein bestimmtes Ziel hin trainieren, wird weitaus höher sein. Eine beträchtliche Anzahl der Frauen werden womöglich das Laufen mit anderen zusammen als wohltuenden Aspekt empfinden. Liegt das Erlebnis für die teilnehmende Kundschaft also im Erlernen von Lauf- und Ernährungstechniken, gepaart mit dem Erwerb von trainingsunterstützenden Equipments vom Pulszähler hin zur atmungsaktiven Bekleidung, oder darin, in der Gruppe Motivation für die regelmäßige sportliche Betätigung zu erfahren, Freunde zu finden und dabei womöglich auch noch gut auszusehen? Dies sind beispielhaft zwei grundsätzlich unterschiedliche Motivationen sowie Erlebniswelten. Welche wird bevorzugt, welche vernachlässigt oder ganz weggelassen? Wie werden die entsprechenden Produkte im Geschäft inszeniert? Oder wird beides ignoriert, um durch rein sachliche Produktpräsentation nichts falsch zu machen? Seien Sie sich sicher: Das kann oftmals die falscheste Entscheidung von allen sein.

---

[76] Hall, Geoffrey B.C. et al. (2004), Wager, Tor D. (2003)

2.5.3   Das Verkäufergeschlecht

Es ist heutzutage selbstverständlich, Verkäufer hinsichtlich der Eigenschaften und technischen Daten eines Produkts zu schulen. Doch dies ist nur eine Seite der Medaille. Die andere, mindestens ebenso wichtige, wird bis heute völlig außer Acht gelassen. Ich meine damit nicht die Verkaufstechnik. Jedenfalls nicht das, was üblicherweise in diesem Zusammenhang geschult wird.

So ziemlich alle heute verfügbaren Ratgeber, Schulungen und Verkaufsseminare beschreiben nur die gängigen Verkaufstechniken. Allerdings wurden diese von Männern für männliche Verkäufer und männliche Kunden entwickelt. Sie ignorieren vollständig die Kauf- und Kommunikationsstile von Frauen, sowohl die der Kundinnen als auch die von Verkäuferinnen.[77] Vor allem aber fokussieren sich viele dieser Bücher auf das schnelle Geschäft, das gelingen soll, auch wenn Kunden dafür auf unmoralische Weise manipuliert werden.

Gender Sales für die Umsatzsteigerung

Gender Sales, also der geschlechtsspezifische Verkauf, funktioniert völlig anders. Hier wird erstmals das Geschlecht von Kunden, Verkaufsberatern und dem Produkt berücksichtigt. Das ist keine nette, politisch korrekte Idee, sondern aus den folgenden Gründen für das Gelingen von Verkaufsabschlüssen und für langfristige Kundenbeziehungen wichtig.

Tingley und Robert haben als Erste beobachtet, *dass Menschen einen Verkäufer immer dann für kompetent halten, wenn er dasselbe Geschlecht hat wie das Produkt*, das er verkauft.[78] Einem männlichen Verkäufer wird zugetraut, dass er eine Motorsäge (das männlichste Produkt aus unserer Befragung) verkaufen, aber eher keine perfekte Beratung bei Vasen (dem weiblichsten Produkt aus unserer Studie) bieten kann. In einem Autohaus muss eine Verkäuferin immer zuerst tüchtig beweisen, dass sie etwas von Autos versteht, bis die Kunden überzeugt sind und ihr vertrauen, während sie beim Juwelier einen großen Vertrauensvorschuss genießt, da Schmuck als weiblich empfunden wird. Kundinnen wie Kunden erwarten — unbewusst — gleichermaßen, von einem Mann bei männlichen Produkten und von Verkäuferinnen bei weiblichen Produkten besser beraten zu werden.

---

[77] Jaffé, Diana und Vivien Manazon 2012, S. 11
[78] Tingley, Judith und Lee Robert (2000), S. 21

Darüber hinaus gibt es noch eine weitere wichtige Konstellation: Frauen kaufen am liebsten von Verkäuferinnen und Männer am liebsten von Verkäufern. Das liegt am Denk-, Kauf- und Kommunikationsstil. In der Regel gilt, dass Verkäuferinnen besser verstehen, welche Informationen Kundinnen benötigen und Verkäufer sich besser auf männliche Kunden einstellen können.[79]

Frauen kaufen am liebsten weibliche Produkte von Verkäuferinnen, während Männer am liebsten männliche Produkte von Verkäufern erstehen.

Es kommt regelmäßig zu Konflikten und unerkannten Kaufabbrüchen, weil diese Zusammenhänge den Unternehmen häufig nicht bekannt sind. Selbstverständlich ist es keine Option, männliche Produkte nur noch von männlichen Verkäufern und weibliche nur noch von Verkäuferinnen verkaufen zu lassen! Mit dem nötigen Wissen lassen sich Mitarbeiter jedoch zu hervorragenden Beratern ausbilden, die hohe Abschlussquoten mit Kundinnen, Kunden *und* Paaren erreichen. Allerdings ist dieses Wissen unabdingbar, allein um Informationsverhalten und Entscheidungswege zu verstehen.

Unterschiedliche Kaufarten

Verkaufsberater sind nicht bei jedem Kaufakt des Kunden gefordert, bei manchen dafür umso mehr. Bei Frauen und Männern gibt es jeweils zwei Kaufarten. Frauen kennen den Einkauf und das Shopping, Männer den Bedarfs- und den Luxuskauf.[80] Einkauf und Bedarfskauf umfassen notwendige Besorgungen, auf die so wenig Zeit und Energie wie möglich verwendet wird. Interesse kommt erst beim Shopping und beim Luxuskauf auf. Shopping macht Frauen Spaß, und wer der weit verbreiteten Fehlannahme aufgesessen ist, dass Männer keine Freude am Kaufen kennen, muss sich eines Besseren belehren lassen: Luxuskäufe sind lustvolle Käufe. Und Männer verwenden viel Zeit und ausgiebige Ressourcen auf sie, denn hier geht es um Statussymbole, um Anschaffungen für ihr Hobby oder die Kombination aus beidem. Die Investition in das richtige Statussymbol ist „Mann" wichtig, denn sie dienen dazu, potenziellen Partnerinnen die Fülle seiner finanziellen Ressourcen zu demonstrieren, selbst wenn sie bereits in festen Händen sind.

---

[79] Tingley, Judith und Lee Robert (2000), S. 8 f.
[80] Jaffé, Diana und Saskia Riedel 2011, S. 39 ff.; Jaffé, Diana und Vivien Manazon 2012, S. 13 ff.

Der US-amerikanische Psychologe David Buss formuliert es so: „Bei der Partnersuche achten Frauen vor allem auf zwei Eigenschaften von Männern: ihre Ressourcen und ihren Status. Die Evolution hat sie so gemacht, denn ein Mann mit hohem Status und reichlich Ressourcen war immer besser in der Lage, Kinder gut zu versorgen. Deshalb sind Frauen bis heute statusorientiert. Wenn Sie einer Frau den Schauspieler George Clooney in einer Burger-King-Uniform zeigen, wird sie ihn weitaus weniger attraktiv finden als im Designeranzug. Für Männer hingegen ist eine schöne Frau auch dann interessant, wenn ihre Kleidung auf geringen Status schließen lässt."[81] Und was das Hobby betrifft: Es gibt Frauen, die der Ansicht sind, dass ein Mann ohne Bauch kein richtiger Mann sei, doch wahrscheinlich stimmt eher, dass ein Mann ohne Hobby kein richtiger Mann ist.

Wann ist eine Kaufberatung erforderlich?

Beim Einkauf und beim Bedarfskauf wird Beratung weder benötigt noch gewünscht. Beim Shopping und beim Luxuskauf ist ein Beratungsangebot notwendig. Bei Frauen kann man davon ausgehen, dass sie umso mehr kaufen, je länger das Gespräch und somit der Kontakt mit dem Verkäufer andauert, vorausgesetzt, die Beratung verläuft konstruktiv und auf angenehme Weise. Beim Luxuskauf stellt sich die Angelegenheit weitaus komplizierter dar: Wenn ein Mann plant, sich ein neues Hobby zuzulegen oder ein Statussymbol, mit dem er sich noch nie zuvor (ernsthaft) befasst hat, dann wird er frühzeitig einen ersten Sondierungsbesuch in einem Fachgeschäft absolvieren. Er wird sich einen ersten Eindruck vom Angebot vor Ort verschaffen und dem Verkäufer einige harmlose Fragen stellen, die nicht das ganze Ausmaß seiner Unkenntnis preisgeben. Anschließend wird er sich ins stille Kämmerlein zurückziehen und höchstwahrscheinlich beginnen, sich zum Experten zu entwickeln. Er wird alles lesen, was ihm zu dem Thema in die Finger kommt, bevorzugt Fachzeitschriften und Fachforen im Internet, dann Fachbücher und Fachvideos. Er wird sich mit Experten in Verbindung setzen und ihnen, solange er blutiger Anfänger ist, Löcher in den Bauch fragen. Nötigenfalls wartet er monatelang geduldig auf Antwort, falls der Top-Experte für Trekking-Ausrüstungen erst noch seine Antarktis-Expedition beenden muss. So werden Männer schließlich selbst zu Spezialisten auf dem Gebiet ihres Interesses. Was folgt, ist für den stationären Fachhandel oft verheerend: Den Neu-Experten genügen Sortimentstiefe, Sortimentsbreite und das Fachwissen der Berater im Geschäft nicht mehr. So ist es heute schon völlig normal, dass diese Hobby-Neulinge, die selbst womöglich noch

---

[81] Evers, Marco 2005

keine ernsthaften praktischen Erfahrungen gesammelt haben, zu einem Online-händler abwandern, der ihrer Ansicht nach ein besseres Sortiment und bessere Fachkenntnisse hat. Bescheidenere Luxuskäufer oder diejenigen, die sich lediglich eine beeindruckende Armbanduhr kaufen wollen, ohne Interesse, in einem mehr-jährigen Studium alle Spezifikationen jeglicher Uhrenhersteller aufzubringen, su-chen durchaus den Fachhändler auf. Zu diesem aber kommen sie bereits soweit vorbereitet, dass sie nur noch wenige Fragen haben. Der Verkaufsberater soll ihnen eigentlich nur noch behilflich sein, sich zwischen zwei Objekten zu entscheiden.[82]

Das Kaufinteresse-Modell von Vivien Manazon

Doch nicht nur das unterscheidet Adam und Eva beim Verkaufsgespräch. Es gibt noch viel mehr darüber zu wissen! Beispielsweise unterscheiden sich Kundinnen und Kunden zwar nicht im grundsätzlichen Ablauf des Kaufprozesses, doch massiv im Detail. Alle Käufer durchlaufen während der Verkaufsberatung dieselben Pha-sen zwischen Informationsbeschaffung und Kaufentscheidung, allerdings unter-scheiden sich Frauen und Männer darin hinsichtlich der Gewichtungen, Voraus-setzungen und Vorgehensweisen. Das Kaufinteresse-Modell von Vivien Manazon weist fünf Phasen auf:

- Phase 1: Kontaktaufnahme zwischen Kunde und Verkäufer.
- Phase 2: Bedürfnis- und Bedarfsermittlung — Was wünscht der Kunde, was braucht er tatsächlich und welche offenen und verborgenen Kaufmotive weist er auf?
- Phase 3: Angebotsauswahl und Angebotspräsentation — Was empfiehlt der Be-rater dem Kunden aufgrund des ermittelten individuellen Bedarfs?
- Phase 4: Bedenkenklärung — Der Kunde überlegt, ob das Angebotene tatsäch-lich dem entspricht, was er sucht.
- Phase 5: Kaufentscheidung des Kunden, Durchführung des Kaufs und gegebe-nenfalls weitere Zusatzkäufe.

---

[82] Jaffé, Diana und Vivien Manazon 2012, S. 238 ff.

Kaufinteresse

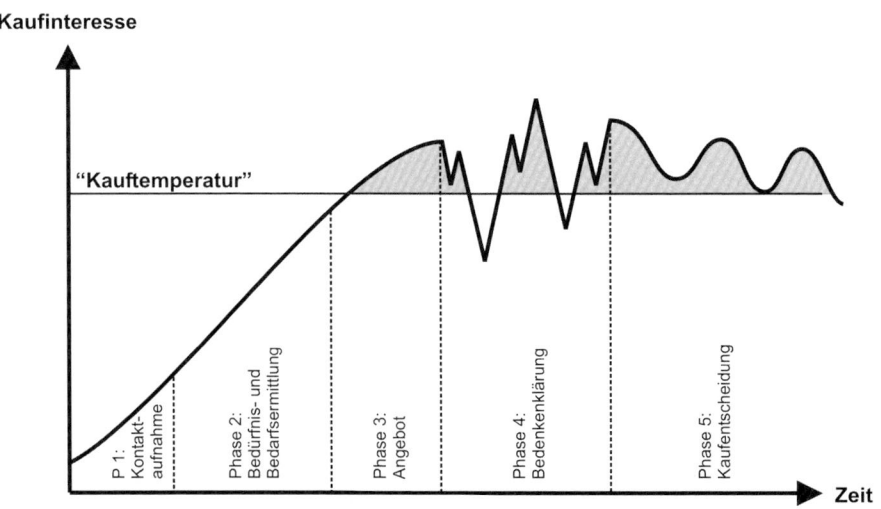

"Kauftemperatur"

P 1:
Kontakt-
aufnahme

Phase 2:
Bedürfnis- und
Bedarfsermittlung

Phase 3:
Angebot

Phase 4:
Bedenkenklärung

Phase 5:
Kaufentscheidung

Zeit

Abb. 26: Der Verlauf des Kaufinteresses bei Kundinnen
Quelle: Vivien Manazon, (Diana Jaffé), 2010

Die Vertrauensbeziehung zum Verkäufer

Kundinnen brauchen viel Vertrauen zu ihrem Berater, egal, welches Geschlecht dieser hat. Wenn sie ihm nicht vertrauen, dann kaufen sie nur aus reiner Höflichkeit oder wenn sie überrumpelt werden. Da Kundinnen allerdings auf die Etablierung langfristiger geschäftlicher Beziehungen aus sind, werden sie niemals mehr wiederkommen und allen, die es hören wollen, von ihren schlechten Erfahrungen mit diesem Geschäft erzählen. Eine verpatzte Kontaktaufnahme mit dem Versäumnis des Verkäufers, seine Vertrauenswürdigkeit unter Beweis zu stellen, kostet somit viele zukünftige Verkäufe mit dieser Frau und einem Großteil ihres sozialen Umfelds.

Es ist wichtig zu wissen, dass Kundinnen sich schon oft gründlich informiert haben, bevor sie ein Geschäft betreten, doch sie sind nur in seltenen Fällen bereits auf die Entscheidung für ein bestimmtes Produkt festgelegt. Im Vorfeld haben sie ihr Anliegen schon ausführlich mit Experten aus ihrem Bekanntenkreis und ihren Freundinnen diskutiert. Wenn sie das Beratungsgespräch suchen, dann wünschen sie sich, dass der Verkäufer ihnen genau die Informationen und Vorschläge unterbreitet, die für sie zu diesem Zeitpunkt relevant sind. Aus diesem Grund ist auch der zweiten Phase, der gründlichen Bedürfnis- und Bedarfsermittlung, viel Zeit zu widmen. Frauen stellen meistens hohe und vor allem viele Anforderungen sogar an recht simple Produkte. Ein Produkt muss oftmals viele Kriterien erfüllen, die nicht nur die Bedarfe der Frauen abdecken, sondern womöglich auch die anderer

Personen, zum Beispiel die ihrer gesamten Familie einschließlich Familienhund und Katze. Die Kundin wird unter Umständen ihre halbe Lebensgeschichte erzählen, in die Hinweise auf all ihre Bedürfnisse eingebettet sind, selbst wenn sie nur eine neue Zahnbürste erstehen möchte. Das mag einem männlichen Verkäufer viel Geduld abverlangen, denn er muss aus langen Geschichten den Kern der Aussage herauszuschälen vermögen.

Wer meint, dass solche Kundinnen den Aufwand nicht lohnen, irrt. Wenn solche Kundinnen zu ihrer Zufriedenheit beraten werden, kommen sie für den Rest ihres Lebens wieder — und bringen all ihre Freundinnen und Verwandten mit. Das ergibt im Verlauf ihres Lebens viele Zahnbürsten, Zahnpastatuben, Seifen, Glühbirnen, Kerzen, Waschmittelpakete, Taschentücher, Servietten, Haarfärbemittel, Zahnseiden, Wattestäbchen, Cremetiegel, Rasierklingen und Katzenfutterdosen, umso mehr, wenn man die von einigen ihrer Freundinnen und Nachbarinnen dazu addiert. Und die wiederum bringen ihre Freundinnen und Nachbarinnen mit. Daraus kann sich schnell ein exponentieller Kundenzuwachs ergeben, wenn sich der Verkäufer geschickt anstellt. Umgekehrt kann sich die Kundschaft auch im selben Tempo abwenden, und die Liste der jährlichen Insolvenzen ist um einen Namen länger.

Es lohnt sich also, der Kundin gründlich zuzuhören und auch konzentriert zu bleiben, wenn sie laut über die vorgestellte Angebotsauswahl nachdenkt. Frauen suchen nicht nur irgendeine halbwegs passable Lösung, sondern im Grunde immer die *beste aller möglichen Lösungen*. Sie muss exakt ihr Problem lösen und/oder *perfekt* ihren Gefühlen entsprechen. Die Angebotssuche und -präsentation ist für den Verkäufer daher überhaupt nicht trivial, denn er muss genau erspüren, auf welche feinen Nuancen es der Kundin ankommt. Dabei sollte er es verstehen, nicht die technischen Datenblätter der verschiedenen (!) Produkte herunterzuleiern, sondern ihr zu erläutern, inwieweit sie genau *ihre* Bedürfnisse erfüllen können.

Sobald das Angebot vor ihr ausgebreitet ist, beginnt die Kundin, „sprechdenkend" zwischen den Argumenten pro und contra hin und her zu mäandern, bis sie hoffentlich die endgültige Kauftemperatur erreicht und sich zum Kauf entschließt. Das kann durchaus eine Weile dauern. (Ist sie sich nicht sicher oder kommt sie zu dem Schluss, dass die vom Berater ausgewählten Produkte nicht passen, wird sie weiterfragen oder den Kaufprozess abbrechen.) Hat sie einmal die Kauftemperatur erreicht, die Bedenkenphase positiv abgeschlossen und sich zum Kauf entschlossen, stehen die Chancen gut, dass sie für Zusatzkäufe aufgeschlossen ist. Werden ihr Zubehör, Accessoires oder Ähnliches angeboten, sollten sie jedoch möglichst zum Hauptprodukt passen. Das erhöht die Chancen für einen Kauf und eine anschließende Zufriedenheit mit der spontanen Kaufentscheidung.

Lautes Denken im Kaufprozess

Ein Wort noch zum typisch weiblichen Sprechdenken: Was die meisten männlichen Verkäufer gar nicht wissen, ist, dass die oft verworrenen und nicht selten auch anscheinend belanglosen und langweiligen Geschichten von Kundinnen tatsächlich ihre Denkwege zur Antwort darstellen. Männer denken ebenso nach wie Frauen, nur eben mit heruntergedrehter Lautstärke. Neurologische Untersuchungen haben gezeigt, dass das Sprechdenken, also das Aussprechen der durchlaufenden Gedanken, das Belohnungszentrum im Gehirn aktiviert. Das bedeutet, dass im Gehirn dieselben freudigen Empfindungen ausgelöst werden wie beim Genuss von Schokolade, Sex, Lieblingsmusik oder beim Drogenkonsum. Es steht allerdings zu vermuten, dass es Männern beim Sprechen ebenso ergeht, nur dass bei ihnen andere Sprechsituationen freudige Gefühle erzeugen. Solange Frauen im Verkaufsgespräch reden, bringen sie sich selbst immer stärker in Kauflaune und mit jedem Wort dem Kaufabschluss näher. Vorsicht ist geboten, wenn die Kundin kein Wort sagt. Dann ist der Verkäufer mit hoher Wahrscheinlichkeit auf dem Holzweg und weiß es nicht einmal.

Der Kaufprozesses bei männlichen Kunden

Der Ablauf des Kaufprozesses bei männlichen Kunden enthält zwar dieselben Komponenten wie der bei Kundinnen, verläuft aber im Vergleich dazu deutlich gestraffter. Der Kaufakt selbst soll vor allem kurz und schnell wieder vorbei sein.

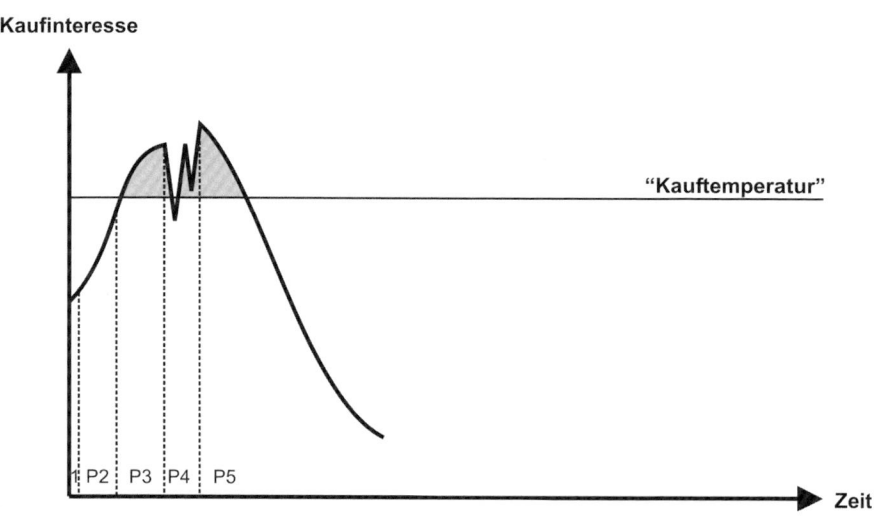

Abb. 27: Der Verlauf des Kaufinteresses bei männlichen Kunden
Quelle: Vivien Manazon, (Diana Jaffé), 2010

Ein potenzieller Kunde kommt stets gut informiert zum Kauf — sofern es sich um einen Kauf für ihn selbst handelt. Dann hat er sich schon auf eine Vorauswahl festgelegt, bei der er sich in der Regel nur noch zwischen zwei, höchstens drei Alternativen entscheiden muss. Er betritt das Geschäft sozusagen „vorgeglüht" und ist somit der Kauftemperatur weitaus näher als eine Frau. Ganz anders sieht es aus, wenn er ein Geschenk sucht, zum Beispiel für seine Partnerin. Dann bringt er nur recht selten Interesse und/oder Produktkenntnisse mit. In solchen Fällen entscheiden sich Männer gern für große, voluminöse Geschenke, die ihrer Ansicht nach den Eindruck erwecken, teuer bzw. prächtig zu sein.

Männer testen die Vertrauenswürdigkeit eines Verkäufers völlig anders als Frauen. Der Grad der Freundlichkeit eines Beraters ist ihnen weitaus weniger wichtig als Kundinnen. Die persönliche Beziehung interessiert sie überhaupt nicht. Was sie suchen, ist Sach- und Fachverstand. Also wird dieser kurz und knackig, nicht selten auch herausfordernd abgeprüft. Wird der Verkäufer als sachkundig genug eingeschätzt, wird das Gespräch fortgeführt. Verkäuferinnen werden dabei umso gründlicher geprüft, je männlicher das Produkt ist, das sie verkaufen. Viele Frauen empfinden solche Kunden als höchst unverschämt und unsympathisch, dabei meinen sie es gar nicht persönlich.

Die Bedarfsanalyse muss kurz und zielgerichtet verlaufen. Männer setzen grundsätzlich nur ein bis maximal drei Hauptkriterien an, die ein Produkt erfüllen muss. Alles andere erscheint ihnen unnötig kompliziert, lästig und überflüssig. Verkäuferinnen fällt es oftmals schwer, diese Hauptkriterien zu erfragen und sich in der Angebotsauswahl darauf zu beschränken. Für männliche Kunden wird die Angebotspräsentation im schlimmsten Fall dann zur Hölle, wenn die Verkäuferin kein Ende dabei findet, alle verschiedenen Vorzüge und Nachteile der diversen unterschiedlichen Angebote oder Dienstleistungen gegeneinander abzuwägen. Bei einer Kundin wäre es wiederum sträflich, genau dies zu unterlassen.

Männer haben vergleichsweise wenige Bedenken vorzubringen. Vielmehr nutzen viele von ihnen diese vierte Phase des Kaufprozesses gern, um kräftig zu handeln. Es verschafft ihnen große Befriedigung, bessere Konditionen zu erkämpfen. „Zu teuer" bedeutet bei Männern keinesfalls, dass sie sich das präsentierte Angebot nicht leisten können. Es ist meistens nur ein Ausdruck ihres „Spieltriebs". Ganz anders bei Frauen: Wenn sie sagen, etwas sei ihnen zu teuer, dann meinen sie auch genau das.

Hat sich ein Mann schließlich zum Kauf entschieden, ist sein Geduldsfaden auch hier kurz. Die Chance auf Zusatzkäufe ist recht gering. Unbedingt notwendiges, am besten technisches Zubehör wird von einer Vielzahl männlicher Kunden leichter akzeptiert als ein modisches Nice-to-have.

Die Abschlussfrage im Verkaufsgespräch

In den gängigen Verkaufstrainings wird scharf darauf gedrängt, stets die Abschlussfrage zu stellen. Damit soll die Kundschaft (gleich welchen Geschlechts) zum Abschluss geführt werden wie die Kuh am Strick. Bei vielen Verkaufsgesprächen lässt sich beobachten, dass Verkäufer die Frage für die Kundin zur Unzeit stellen, während viele Verkäuferinnen diese Frage niemals stellen. Mit Kundinnen kommen dennoch Abschlüsse zustande, mit Kunden deutlich seltener. Was passiert da?

Kundinnen wollen nicht gedrängt werden. Sie signalisieren von selbst, wann sie zu einer Entscheidung gekommen sind, auch wenn das oftmals so subtil geschieht, dass männliche Verkäufer die Signale einfach überhören. Verkäuferinnen hingegen erkennen sie instinktiv. Umgekehrt ist es ausgesprochen sinnvoll, männlichen Kunden die Abschlussfrage zu stellen, damit sie wissen, wann eine Entscheidung von ihnen gefordert ist. Verkäuferinnen agieren hier oft zu passiv.

Dies und noch sehr viel mehr gilt es zu wissen, wenn die Quote bei den Verkaufsabschlüssen deutlich steigen soll. Viele Verkäufer machen ihren Job, aber nur vergleichsweise wenigen ist es ein *Anliegen*, Kunden weiterzuhelfen. Der Verkaufsabschluss ist das messbare Ergebnis eines Verkaufsgesprächs, doch darüber hinaus ist Verständnis und Aufmerksamkeit heute vielleicht eines der größten und kostbarsten Geschenke, die Menschen einander machen können. Nichts läge mir ferner, als gegenseitige Zuwendung zu trivialisieren, und so weiß ich aus eigenem Erleben, dass auch ein Akquisitionsgespräch kein Hauen und Stechen um die besten Konditionen sein muss, sondern eine Gelegenheit sein kann, um mit etwas Glück und Aufmerksamkeit wunderbare Freunde kennenzulernen, die einen viele Jahre lang begleiten. Verständnis für die Bedürfnisse des Anderen sind der Schlüssel dazu, um ihm und sich selbst den Tag ein klein wenig leichter zu machen. Wissen schafft Verständnis.

In der Praxis können wir allerdings beobachten, dass nur sehr wenig Kenntnis um die Andersartigkeit des gegengeschlechtlichen Kunden das Handeln beherrscht. Verkäuferinnen sind in der Regel genauso veranlagt wie Kundinnen, Verkäufer wie Kunden. Deswegen lässt sich oft beobachten, wie es in Verkaufsgesprächen mit dem jeweils anderen Geschlecht zu massiven Störungen kommt, weil Kommunikationsstil, Verkaufstempo, Informations- und Angebotsauswahl nicht an das Denk- und das Verhaltensmuster des Kunden angepasst werden. Dann entsteht eine Asymmetrie im zeitlichen Ablauf des Verkaufsprozesses, wie es in der folgenden Abbildung dargestellt ist.

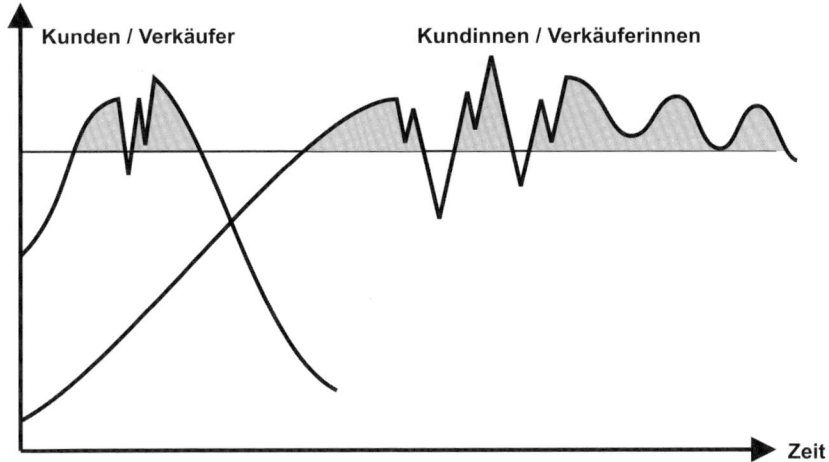

Abb. 28: Die Kaufinteresse-Kurven von Kundinnen und Kunden im zeitlichen Vergleich
Quelle: Vivien Manazon, (Diana Jaffé), 2010

● **TIPP**

Männliche Verkäufer sind gut beraten, mindestens 50 Prozent mehr Zeit für die Beratung einer Kundin einzuplanen und sich insbesondere am Anfang als vertrauenswürdiger Gesprächspartner zu beweisen, der in der Bedarfsanalyse *alle* ihre Erwartungen, Motive und Wünsche erfasst. Das wird die Anzahl der Kaufabbrüche radikal senken.

Weibliche Verkäufer hingegen sollten das Verkaufsgespräch auf maximal 50 Prozent der Zeit verkürzen, die sie für Kundinnen aufwenden würden. Sie sollten gleich am Anfang ihre fachliche Kompetenz unter Beweis stellen und sich bei der Bedarfsanalyse und Angebotsunterbreitung auf die maximal drei wichtigsten Kriterien des Kunden konzentrieren. Das spart viel Zeit, schont sein Nervenkostüm und erhöht ebenfalls die Abschlussquote.

Es ist längst überfällig, nicht nur Produktschulungen als solche mit Fokus auf die Produkteigenschaften und/oder den Kundennutzen durchzuführen. Vielmehr benötigen Verkaufsberater heute detaillierte Informationen darüber, welche Aspekte und technischen Daten für männliche Kunden wichtig sind und auf welche Weise die Produkte von Frauen genutzt bzw. in welcher Bandbreite sie verwendet werden können. Verkaufsberater benötigen ein gutes Verständnis für ihre Kunden, aber auch die richtigen Informationen zum Weiterreichen. Nur so können Hersteller und Handel zum Team werden, das Kundinnen und Kunden die optimalen Angebote zu unterbreiten vermag.

2.6   E-Commerce und Multichannel

2.6.1   Ein paar Zahlen zum Mobile-Commerce

Viel war bislang die Rede vom stationären Handel. Freilich sind E- und M-Commerce aus der heutigen Handelslandschaft nicht mehr wegzudenken. Nun ist es an der Zeit zu fragen, ob sich Frauen und Männer etwa nur im Hinblick auf ihr Kaufverhalten im stationären Handel unterscheiden oder auch im E- und M-Commerce.

Auch wenn der M-Commerce gegenwärtig vor allem vom heimischen Sofa aus betrieben wird und nur 17,2 Prozent aller mobilen Einkäufe tatsächlich unterwegs und draußen getätigt werden[83], kann mit an Sicherheit grenzender Wahrscheinlichkeit angenommen werden, dass sich dieses Verhalten in den kommenden Jahren radikal verändern wird. Die Arbeitsgemeinschaft Online Forschung (AGOF) ist die Vereinigung der führenden Onlinevermarkter in Deutschland. Sie untersucht regelmäßig das Profil und Verhalten der Onlineuser im Internet und inzwischen auch im Mobilbereich. Im November 2013 hieß es in einem Berichtsband der Studie: „Das mobile Internet ist ein vergleichsweise junges Medium, seine Nutzerschaft wird entsprechend von Early Adoptern und Trendsettern dominiert." Noch sind 55,3 Prozent der Mobile-User männlich und somit 44,7 Prozent weiblich. Die AGOF untersucht vornehmlich Personen, die zur werberelevanten Zielgruppe der 14–49-Jährigen zählen. In die allgemeineren Betrachtungen fließen alle ab 14 Jahren ein. Dies entspricht 70,33 Millionen der deutschen Gesamtbevölkerung. Davon sind 63,18 Millionen Handynutzer[84] und 26,68 Millionen sind Unique Mobile User. Somit beträgt der Anteil derjenigen, die per Smartphone ins Internet gehen 37,9 Prozent.[85] 13 Prozent der Deutschen besaßen 2013 ein Tablet-PC. Untersuchungen zufolge besitzen 3 Prozent der Bevölkerung ein Tablet, aber kein Smartphone, sodass die Gesamtzahl der Mobilen Onliner bei 40 Prozent der Bevölkerung liegt. 2012 waren es erst 27 Prozent.[86]

Von allen *Smartphone-Besitzern* haben im April 2013 39,5 Prozent ihr mobiles Telefon zum Shoppen verwendet. In absoluten Zahlen würde das (bei der Vernachlässigung einer kleinen Differenz bei den erhobenen Altersstufen in den verschiedenen Studien) bedeuten: Etwa Mitte bis Ende 2013 waren zwischen 10,5 und 11 Millionen

---

[83]   Fittkau & Maaß (2013)

[84]   AGOF internet facts 2013-07

[85]   AGOF Berichtsband zur mobile facts 2013-II

[86]   Initiative D21 (2013 a)

deutsche Nutzer von Mobile-Commerce-Angeboten. Da es an genaueren Zahlen zum geschlechtsspezifischen Besitz von Smartphones mangelt, schätze ich, dass gerade einmal 4,5 bis 5 Millionen Frauen mobil einkaufen und somit zwischen 6 und 6,5 Millionen Männer. Man sollte also besser davon absehen, Ergebnisse aus US-amerikanischen Studien zum M-Commerce auf Deutschland zu übertragen. Dort ist die Anzahl der Nutzer der mobilen Endgeräte weitaus höher und das Kaufverhalten weicht von dem hiesigen teilweise massiv ab. Außerdem sind die US-Amerikanerinnen technikaffiner als die Frauen im deutschsprachigen Raum. Sie adaptieren neue Technologien schneller und vertrauensvoller.

	Frühjahr 2011	Frühjahr 2012		Frühjahr 2013	
	Anteil	Anteil	Differenz ggü. Vorjahr in Prozentpunkten	Anteil	Differenz ggü. Vorjahr in Prozentpunkten
Gesamt	23,4 %	31,7 %	+8,3	39,5 %	+7,8
nach Geschlecht					
Männer	26,0 %	36,9 %	+10,9	43,0 %	+6,1
Frauen	20,8 %	26,7 %	+5,9	35,9 %	+9,2
nach Altersgruppen					
18 bis 39 Jahre	28,7 %	45,1 %	+16,4	55,6 %	+10,5
40 Jahre und älter	20,0 %	23,0 %	+3,0	29,4 %	+6,4
nach monatlichem Haushaltsnettoeinkommen					
Geringverdiener (< 1.500 €)	21,6 %	32,4 %	+10,8	31,7 %	−0,7
Normalverdiener (1.501–2.500 €)	25,8 %	29,7 %	+3,9	39,8 %	+10,1
Gutverdiener (> 2.500 €)	23,7 %	33,6 %	+9,9	47,5 %	+13,9

Tab. 10: Nutzung eines Smartphone zum mobilen Einkauf nach soziodemografischen Kennzeichen (aktuell/Abweichungen zum Vorjahr)
Quelle: bvh – Bundesverband des Deutschen Versandhandels, 2013

Nutzung eines Tablets

Von den Tablet-Nutzern liegen überhaupt noch keine geschlechtsspezifischen User-Daten aus den deutschsprachigen Ländern vor. Die knapp über neun Millionen Tablet-Nutzer sind allein schon aufgrund des jungen Alters dieses Zugangsgeräts wahrscheinlich überwiegend männlich. Es dauert eben immer eine Weile, bis sich eine neue Technologie oder ein neuer Gerätetyp auch bei Frauen in der Breite durchsetzt.

Bereits jetzt werden Unterschiede zwischen Mobile-Commerce und Tablet-Commerce festgestellt. Die Nutzung unterscheidet sich hinsichtlich dessen,

- was die Nutzer kaufen,
- wie viel die Nutzer kaufen (Wert und Größe des Warenkorbs),
- wo bzw. in welcher Situation und für welchen Teil des Kaufakts (Stichwort: Multichannel[87]) die User das Gerät verwenden, z. B. ob es unterwegs oder zu Hause verwendet wird,
- wie die Produkte präsentiert und dargestellt werden,
- wie das Layout an den Screen angepasst ist.

Doch zu alledem gibt es noch keine geschlechtsspezifischen Untersuchungen. Und gäbe es schon welche, so ließen sich deren Ergebnisse nicht dafür verwenden, um daraus zu extrapolieren, wie sich die Nutzerinnen und Nutzer von M-, Tablet-, Couch- oder Wie-auch-immer-Commerce künftig verhalten werden. Denn eines ist klar: Die bisherigen Verwender sind noch immer die Opinion Leader und Early Adopters.

Multichannel-Vertrieb — verschiedene Vertriebskanäle nutzen

Noch komplizierter wird es, wenn man sich systematisch an das Thema Multichannel-Vertrieb heranwagen will, wofür auch die Synonyme Multichannel-Commerce, Multichannel-Retailing und selten noch Multiple Retailing kursieren. Dabei handelt es sich um einen Vertriebsansatz, der viele verschiedene Vertriebskanäle gleichzeitig nutzt. Dies sind vor allem der stationäre Einzelhandel, Katalogversand, Direktvertrieb, Home-PartysTelefonverkauf/Call-Center, TV-/Teleshopping, E-Commerce und M-Commerce. Diese Kanäle ergänzen sich. Multichannel-Vertrieb ist weitaus aufwendiger und teurer als die Nutzung nur eines Vertriebskanals, weist dafür je-

---

[87] Im Multichannel-Handel vermischen sich die Handelskanäle. So ist inzwischen häufig zu beobachten, dass Interessenten am POS ihr Smartphone zücken und den Preis eines Artikels im Internet gegenchecken. Vielleicht gibt es das gute Stück anderswo ja billiger. Oder ihnen genügt die vor Ort dargebotene Information nicht, also suchen sie im Internet weiterführende Produktinformationen.

doch einige Vorteile gegenüber nur-online oder nur-stationärem Handel auf. Für viele Onlinekunden sind Beratung und Vor-Ort-Service wichtig. Onlinevertrieb ist für die — auch internationale — Expansion eines Geschäfts wichtig, insbesondere, wenn man sich die Eröffnung weiterer Ladengeschäfte nicht leisten kann oder will. Für das M-Commerce existieren bereits sehr spannende Konzepte für Rabattaktionen und neue Einkaufsarten.

● TIPP

Verfolgen Sie die Themen Mobile Commerce und Multichannel-Commerce und werden Sie zum gegebenen Zeitpunkt aktiv. Für den Einsatz von geschlechtsspezifischen Strategien ist es jedoch noch zu früh. Hier sind einige Jahre erforderlich, um zu forschen, selbst zu experimentieren und gegebenenfalls Learnings aus dem E-Commerce der vergangenen Jahre zu Rate zu ziehen.

2.6.2 Grundlagen E-Commerce

Gerade in den Jahren seit der Einführung des Tablet-PCs hat sich im E- und M-Commerce vieles in rasantem Tempo verändert. Wer da nicht auf wirklich aktuelle Erkenntnisse zurückgreifen kann, wird sich in mancherlei Hinsicht mit suboptimalen Verkaufsergebnissen begnügen müssen. Der Grad der erreichten Kundenorientierung hängt dann nämlich vom Zufall ab.

Erst einmal ist festzustellen, dass sich die Differenz zwischen den weiblichen und männlichen Internetnutzern immer weiter schließt. Das lässt eine immer größere Ausgewogenheit bei den online shoppenden Anteilen von Frauen und Männern vermuten.

Jahr	Männer	Frauen	Differenz
2013	81,4 %	71,8 %	9,6 %
2012	81,0 %	70,5 %	10,5 %
2011	80,7 %	68,9 %	11,8 %

Tab. 11: Internetnutzung nach Geschlecht
Quelle: (N)ONLINER Atlas, 2012[88], 2013[89]

---

[88] Initiative D21 (2012)
[89] Initiative D21 (2013 b)

Diese Zahlen bedeuten aber auch, dass 23,5 Prozent der Gesamtbevölkerung Deutschlands noch offline sind, wobei das Gros auf die über 70-Jährigen fällt. Der Anteil der Offliner in dieser Altersstufe beträgt 70 Prozent.[90] Und bei genauerem Hinsehen zeigt sich ein besonders aufschlussreiches Bild, nämlich, dass es bis zum Alter von 49 Jahren kaum noch einen Unterschied zwischen Frauen und Männern bei der Internetnutzung gibt.

Alter	Männer	Frauen
14–49 Jahre	94,2 %	91,9 %
50+ Jahre	63,7 %	46,9 %

Tab. 12: Internetnutzung nach Geschlecht und Alter
Quelle: (N)ONLINER Atlas, 2012[91]

Initiative für die digitale Gesellschaft

Die Initiative D21 (Initiative für die digitale Gesellschaft) hat sich 2012 folgendes Ziel gesetzt: „Weiteres Wachstum kann und muss künftig in den höheren Altersgruppen und bei Frauen erzielt werden — eine Basisvoraussetzung für Zugang zu neuen Medien, digitalen Bildungsangeboten, günstigen Onlineangeboten und -Services und zukünftigen IKT-Applikationen (z. B. Telemedizin).“ Erreichen will der Verband dies so: „Bisherige Offliner mit intuitiv bedienbaren Endgeräten ansprechen (z. B. Tablets).“[92] Die Initiative D21 ist eine 1999 gegründete Public Private Partnership mit rund 200 Mitgliedern aus Wirtschaft und Organisationen sowie der Aufgabe, den „Digital Divide“ zu verhindern — die Spaltung der Gesellschaft in diejenigen, die Zugang zum Internet sowie zu anderen Informations- und Kommunikationstechniken haben, und solchen, die aus welchem Grund auch immer nicht darauf zugreifen können. Die Initiative D21 erhebt und veröffentlicht jedes Jahr den (N)ONLINER Atlas, um jederzeit die Entwicklung der Onlinenutzung verfolgen zu können.

Für die Ausgabe des (N)ONLINER Atlas von 2013 wurde genauer nachgefragt. Auf die Frage, weshalb überwiegend ältere Frauen das Internet nicht nutzen, antworteten 70,9 Prozent der Nicht-Nutzerinnen, dass sie ihre Internet-Angelegenheiten von anderen regeln ließen (Männer: 53,9 Prozent). Sie sagen aus, das Internet nicht

---

[90] Initiative D21 (2012)

[91] Initiative D21 (2012)

[92] Initiative D21 (2012)

selbst nutzen zu *müssen*. Doch im Grunde ist die hinter dieser Aussage versteckte Ursache dieselbe Angst vor der Komplexität des Internets, die 63,4 Prozent der Nicht-Nutzerinnen direkt zugeben (Männer: 48,8 Prozent). 38,0 Prozent der weiblichen und 25,4 Prozent der männlichen Internet-Abstinenzler sagen aus, niemand hätte ihnen das Internet erklärt. Es sind also gerade bei den Älteren Berührungsängste im Spiel, die die jüngeren Nutzerinnen und Nutzer gar nicht kennen.[93]

Wenden wir uns nach diesen Basics nun dem Onlineshopping zu.

Onlineshopping

Werfen wir einen Blick auf die (noch immer recht spärlichen) Studien über die Unterschiede zwischen Frauen und Männern im E-Commerce (die viele der wirklich interessanten Fragen noch immer nicht stellen). Da wäre zunächst einmal festzustellen, dass nur noch 46 Prozent der Deutschen den stationären Einzelhandel als Einkaufsort mit dem größten und schönsten Einkaufserlebnis ansehen. Mehr als die Hälfte Verbraucher halten das Onlineshopping mindestens für ebenso erlebnisreich wie das Stöbern in einem Geschäft, wenn nicht für spannender.

Abb. 29: Wo das Einkaufserlebnis als größer empfunden wird: Online-Shop vs. Einzelhandel
Quelle: ECC Köln, IBM Deutschland und CoreMedia, 2013[94]

---

[93]   Initiative D21 (2013 b)

[94]   HDE – Handelsverband Deutschland (2013)

Der Onlinehandel und der Versandhandel, ob nun als Internet Pure Player (reine Onlineshops) oder im Multichannel-Verbund, wachsen in rasantem Tempo. Mit einem Gesamtumsatz von 48,3 Milliarden Euro erzielten diese Vertriebskanäle 11,2 Prozent am gesamten Einzelhandelsumsatz (Vorjahr: 9,4 Prozent). Gegenüber 2012 betrug die Umsatzsteigerung 22,9 Prozent. In Bezug auf den gesamten Versandhandelsumsatz erwirtschafteten Onlinemarktplätze 26,7 Milliarden Euro, gefolgt von Multichannel-Versendern auf Rang zwei mit 14,0 Milliarden Euro. Auf dem dritten Rang befanden sich die Internet Pure Player. Sie setzten 5,6 Milliarden Euro um. Oder anders betrachtet: Online werden Waren für insgesamt 39,1 Milliarden Euro bestellt. 9,2 Milliarden Euro kommen über die klassischen Bestellwege zusammen: telefonische Bestellungen, per Brief oder Postkarte, per Fax, per E-Mail oder auf sonstigem Wege.[95]

53,4 Prozent oder 25,8 Milliarden Euro des Jahresumsatzes entfielen dabei auf weibliche Käufer. Der Bundesverband des Deutschen Versandhandels (bvh) sieht Frauen damit eindeutig als die stärkeren „Wachstumsmotoren" für den Interaktiven Handel.[96] 62 Prozent der Männer kaufen gern online, weil sie dort günstigere Preise finden. Frauen wiederum mögen das Onlineshopping, weil es ihnen Zeit spart.[97] Außerdem können sie außerhalb der Ladenöffnungszeiten einkaufen. Besonders beliebt ist der Sonntag.[98]

Zwei Anfang 2014 veröffentlichte Studien kommen zu dem gleichen Ergebnis:

Die erste Studie stammt von dem E-Commerce-Center Köln (ECC Köln) und dem zum Otto-Konzern gehörende Versender Hermes. Darin heißt es, dass sich das Ranking der beliebtesten Produktkategorien bei Onlinebestellungen verändert habe. Erstmals hätten Einkäufe im Segment Mode die Käufe von Büchern und Medien überholt. Über 70 Prozent der Befragten hätten schon Mode über das Internet bestellt. An dritter Stelle kommen demnach die Generalisten (69,0 Prozent), gefolgt von Apotheken (58,5 Prozent) und Consumer Electronics (57,4 Prozent).[99] Diese Ergebnisse lassen die Verteilung der Geschlechter auf die Käufe nur erahnen, da eine geschlechtsspezifische Auswertung entweder nicht erfolgt ist oder nur nicht veröffentlicht wurde. Die Aussage, dass Bekleidung Bücher beim Umsatz überholt hat, wird vom bvh bestätigt: Der Umsatz in diesem Warensegment über alle Versandhandelskanäle hinweg betrug 2013 bereits 11,6 Milliarden Euro, gefolgt von

---

[95] bvh (2014)

[96] bvh (2014)

[97] Adobe (2012)

[98] Klarna (2013)

[99] ECC Köln (2014)

Büchern mit lediglich 5,3 Milliarden Euro. Versandhändler von Elektroartikeln und Unterhaltungselektronik verschickten Waren im Wert von 4,0 Milliarden Euro. Für digitale Waren wie Flug- und Bahntickets, Urlaubsreisen, Eintrittskarten für Veranstaltungen etc. gaben die Deutschen insgesamt 10,6 Milliarden Euro aus.[100] Betrachtet man den reinen E-Commerce-Umsatz, fällt sofort die enorme Diskrepanz bei der Bekleidung auf. Diese wird offenbar noch oft über andere Wege bestellt.

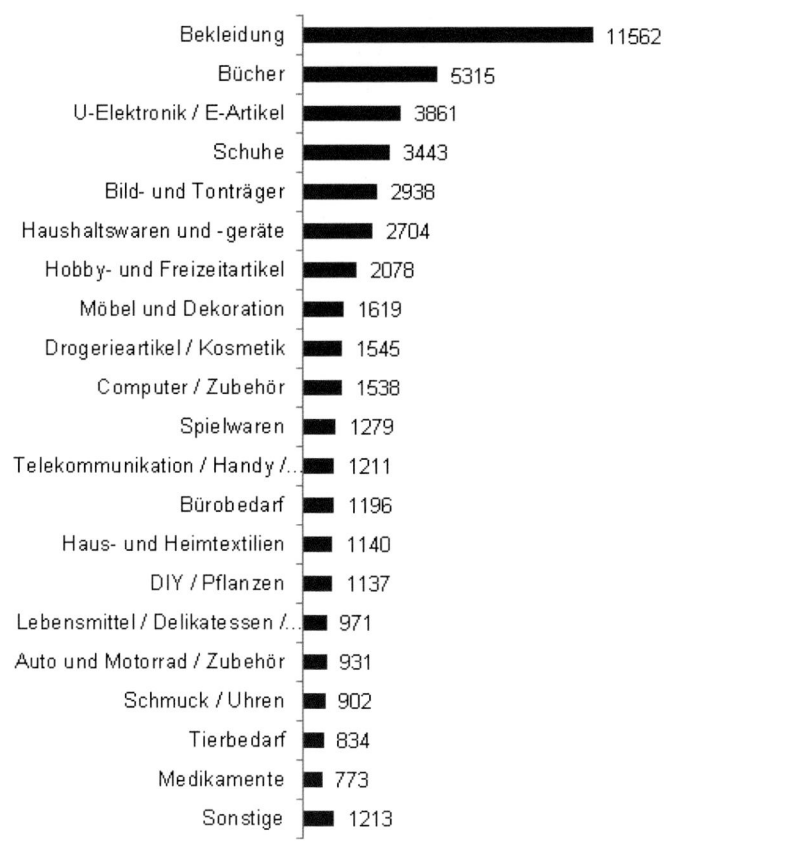

Abb. 30: Umsatz des Interaktiven Handels nach Warengruppen im E-Commerce – 2013 (in Mio. Euro)
Quelle: bvh (2014)

---

[100] bvh (2014)

Gender Marketing – viel mehr als „nur" das Kundengeschlecht

Der bvh liefert neuere Zahlen im Hinblick auf die Gesamtbevölkerung Deutschlands, bezieht aber alle Formen des Versandhandels ein: „Der Anteil der männlichen und weiblichen Käufer, die bevorzugt im Online- und Versandhandel kaufen, ist fast ausgeglichen. Der Anteil der Männer liegt 2013 bei 37,8 Prozent, der Anteil der Frauen bei 36,8 Prozent."[101] Im Einzelnen verteilen sich die Geschlechter nach Umsatz so auf die einzelnen Anbieter-Typen:

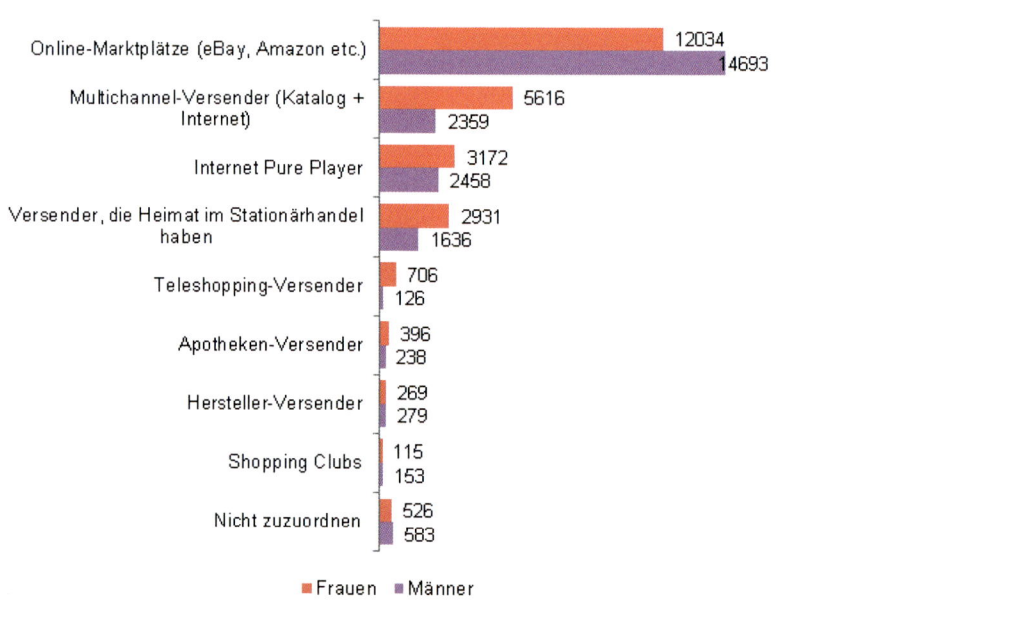

Abb. 31: Umsätze je Anbieter-Typus nach Geschlecht (in Mio. Euro)
Quelle: bvh (2014)

Frauen setzen demnach insgesamt 25,8 Milliarden Euro um (53 Prozent des Gesamtumsatzes), Männer hingegen „nur" 22,5 Milliarden Euro (46,6 Prozent).

---

[101] bvh (2013 b)

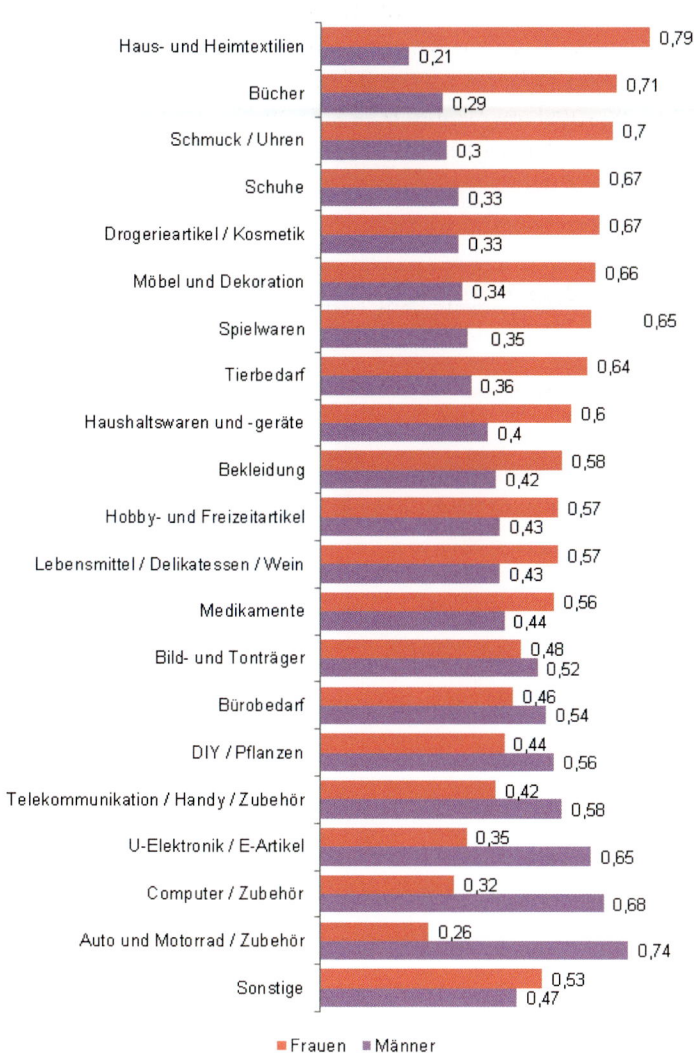

Abb. 32: Was wurde bei welchem Anbieter zuletzt bestellt?
Quelle: bvh (2014)

Studie zur Internetnutzung von der AGOF

Die Arbeitsgemeinschaft Online-Forschung e. V. (AGOF) wertet jeden Monat die Internetnutzung der drei vergangenen Monate aus. Von September bis Dezember 2013 hatten die Internetnutzerinnen und -nutzer teilweise ähnliche, teilweise auch recht unterschiedliche Nutzungsweisen. Wirklich Überraschendes ist nicht dabei.

Gender Marketing – viel mehr als „nur" das Kundengeschlecht

Da die AGOF in der Regel keine geschlechtsspezifische Auswertung veröffentlicht, möchte ich diese Lücke an dieser Stelle schließen. Die Datenbasis ist gut, denn sie umfasst über 101.000 Internet-User. Die folgenden Daten beziehen sich also nicht auf die deutsche Gesamtbevölkerung, sondern nur auf die tatsächlichen User des genannten Zeitraums. Auch wenn dabei die Weihnachtseinkaufszeit ein besonderes Gewicht erhält, so können die Zahlen dennoch als belastbar angesehen und zu allgemeingültigen Aussagen verwendet werden.

Bemerkenswert ist zunächst, dass 73,8 Prozent der Frauen, aber lediglich 71,8 Prozent der Männer zumindest gelegentlich online etwas kaufen. Für die Frauen rangiert der Onlinekauf somit auf Rang 3, bei Männern auf Rang 4 der häufigsten Aktivitäten im Internet.

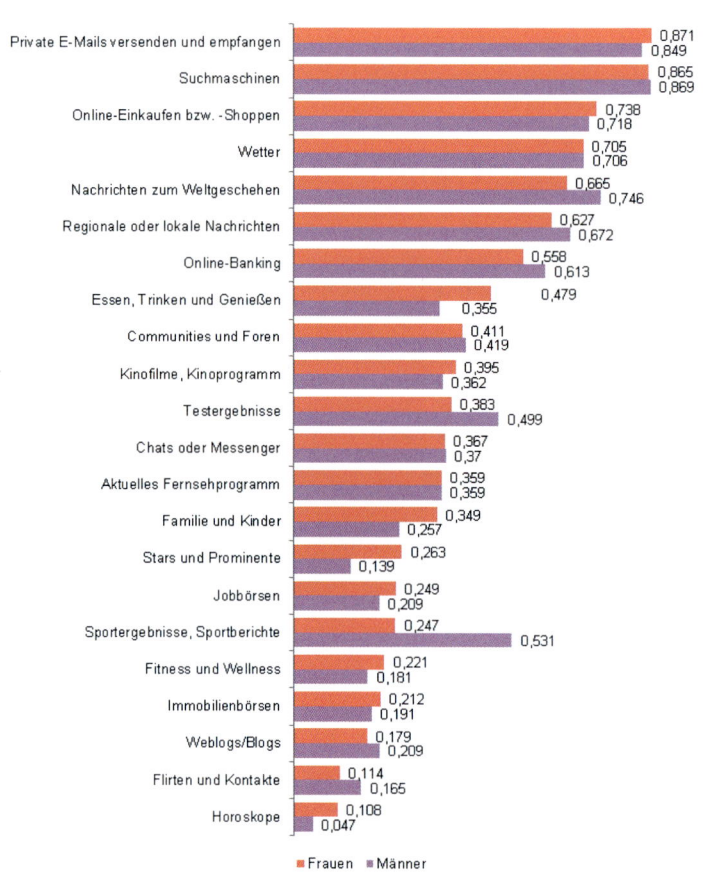

Abb. 33: „Nutze dafür mindestens gelegentlich das Internet"
Quelle: AGOF internet facts 2013-12 (Basis: 14+ Jahre)[102]

---

[102] http://bit.ly/OJFfHN

Bei genauerer Betrachtung der nachfolgenden AGOF-Rohdaten fällt auf, wie groß noch die Diskrepanz zwischen dem generellen Interesse von Verbrauchern an einer bestimmten Produktkategorie ist, welche Informationen sie sich darüber im Internet suchen und wie hoch — oder gering — die tatsächliche Kaufquote im Internet ist. Nun ist natürlich festzuhalten, dass ein gewisses „Interesse an Produkten und Dienstleistungen" natürlich auch all jenes enthält, worüber die Verbraucher bereits ausreichend Wissen verfügen. Die Daten erfassen andere Informationsquellen als das Internet nicht, also weder Fachbücher noch Fachzeitschriften, TV-Beiträge, Vorträge oder anderes. Wenn ein Drittel der männlichen Bevölkerung prinzipiell an Bier interessiert ist, dann heißt es ja nicht, dass jeder davon Brauverfahren oder Markenunterschiede studieren möchte, weder im Internet noch anderswo. Bei vielen reicht das „Interesse" eben nur bis zur Gewissheit, dass sie es trinken mögen. Und das ist durchaus legitim.

Wesentlich aufschlussreicher ist die Differenz zwischen den im Internet gesuchten Informationen und der tatsächlichen Onlinebestellung. Diese Differenz lässt in gewissem Maße Rückschlüsse auf die Nutzung von verschiedenen Vertriebskanälen zu. Auch wenn keine präzisen Zahlen abgeleitet werden können, so bietet sich viel Interpretationsspielraum. Ein Beispiel:

Handy-Tarife im Internet

39,5 Prozent der Männer und 32,2 Prozent der Frauen informieren sich im Internet über Handytarife, aber nur zu 14,1 Prozent bzw. 10,7 Prozent schließen Verträge über das Internet ab. Es ist nicht davon auszugehen, dass irgendwer von ihnen nur aus Spaß die Seiten der Mobilfunkbetreiber besucht, denn so unterhaltsam sind sie wahrlich nicht. Dafür spricht insbesondere, dass lediglich 28,0 Prozent der Männer und 23,2 Prozent der Frauen Interesse für diese Thematik aufbringen. Die meisten informieren sich also, weil konkret eine Vertragsentscheidung ansteht. Und wenn sie nicht im Internet abschließen, dann gehen sie eben vorinformiert ins Geschäft, um sich dort die für ihre finale Kaufentscheidung noch notwendigen Auskünfte einzuholen.

Dabei ist generell interessant, welche Produkterklärungen und Orientierungshilfen sich Frauen und Männer in welchem Umfang im Internet holen. Wie im vorgenannten Beispiel interessieren sich beide Geschlechter nicht in hohem Maße für Handytarife, aber jeder braucht diese Informationen in regelmäßigen Abständen. Daraus ergibt sich die Frage, wie man diese Informationen für beide Geschlechter interessanter oder auch weniger langweilig präsentieren kann.

Geschlechtsspezifische Datenauswertung

Und dann ist natürlich die wichtigste Frage, wie sich die Interessenlagen von Frauen und Männern unterscheiden, wer welchen Anteil an Informationen aus dem Internet bezieht und wer mit welcher Kaufquote glänzt. Die AGOF hat diesbezüglich bislang keine geschlechtsspezifische Datenauswertung vorgenommen angeboten hat. Im Folgenden finden Sie meine Zusammenstellung und Auswertung nach Männern und Frauen getrennt und nach Produktgruppen geclustert, die gegenüberstellt,

- welches Interesse an bestimmten Produkten und Dienstleistungen besteht,
- in welchem Maße Informationen darüber im Internet gesucht werden
- und wie viel Prozent der Befragten diese Produkte oder Dienstleistungen dann auch noch online erstanden haben.

Food und Genussmittel (in Prozent)	Interesse an Produkten und Dienstleistungen	Informationen im Internet gesucht	Im Internet gekauft oder bestellt	Interesse an Produkten und Dienstleistungen	Informationen im Internet gesucht	Im Internet gekauft oder bestellt
	Männer			Frauen		
Alkoholfreie Getränke	47,4	12,9	3,9	52,1	9,8	2,7
Andere alkoholische Getränke und Spirituosen	27,8	17,3	6,8	22,8	12,6	4,2
Bier	33,7	10,7	2,8	14,7	5,3	1,2
Milchprodukte	40,7	9,8	2,8	51,2	10,6	2,5
Süßwaren und salzige Snacks	32,8	10,2	4,9	39,2	10,3	3,8
Tiefkühlprodukte und Fertiggerichte	22,8	9,4	3,5	23,7	7,3	2,3

Tab. 13: Vergleich: Befragte mit generellem Interesse an Themen aus dem Bereich Food und Genussmittel – Befragte, die Informationen zum jeweiligen Produkt im Internet gesucht haben – Befragte, die das jeweilige Produkt anschließend tatsächlich im Internet bestellt haben Quelle: AGOF internet facts 2013-12 (Basis: 14+ Jahre)[103], Diana Jaffé

---

[103] http://bit.ly/OJFfHN

Gesundheit und FMCG (ohne Food) (in Prozent)	Interesse an Produkten und Dienstleistungen	Informationen im Internet gesucht	Im Internet gekauft oder bestellt	Interesse an Produkten und Dienstleistungen	Informationen im Internet gesucht	Im Internet gekauft oder bestellt
	Männer			Frauen		
Babybedarf	6,0	8,0	4,5	10,4	14,0	8,2
Damenkosmetik	7,9	9,6	5,6	59,8	33,9	16,9
Gesundheitsprodukte oder Medikamente	31,6	33,9	18,0	44,3	41,5	22,8
Haarpflegeprodukte	30,4	12,4	5,6	59,9	22,5	9,6
Haustierbedarf	19,7	16,1	9,7	28,0	20,0	11,9
Herrenkosmetik	27,6	17,8	9,0	14,3	10,3	5,4
Körperpflegeprodukte	49,8	20,7	10,8	69,5	28,0	14,3
Parfums, Düfte für Damen oder Herren	34,3	26,7	14,1	51,8	34,3	17,0
Wasch- oder Putzmittel	22,2	9,6	4,5	39,3	11,3	4,2
Wellnessprodukte	16,7	15,4	6,9	35,6	22,9	9,4
Zahnpflegeprodukte	45,6	14,3	6,6	58,8	15,1	6,2

Tab. 14: Vergleich: Befragte mit generellem Interesse an Themen aus dem Bereich FMCG (ohne Food) und Gesundheit – Befragte, die Informationen zum jeweiligen Produkt im Internet gesucht haben – Befragte, die das jeweilige Produkt anschließend tatsächlich im Internet bestellt haben) Quelle: AGOF internet facts 2013-12 (Basis: 14+ Jahre)[104]

---

[104] http://bit.ly/OJFfHN

Medien, Technik und Unterhaltungselektronik (in Prozent)	Interesse an Produkten und Dienstleistungen	Informationen im Internet gesucht	Im Internet gekauft oder bestellt	Interesse an Produkten und Dienstleistungen	Informationen im Internet gesucht	Im Internet gekauft oder bestellt
	Männer			**Frauen**		
Bücher	51,0	57,4	43	70,3	67,1	51,8
Computer- und Videogames	28,0	34,2	20,3	12,1	16,4	8,9
Computer-Hardware oder -Zubehör	40,6	49,5	29,5	15,5	22,9	12,3
Computer-Software ohne Games	37,6	44,0	24,6	14,5	18,9	9,3
Digitale Fotoapparate	35,2	38,4	11,7	35,5	32,0	9,9
DSL- oder anderer Breitband-Internetanschluss	33,1	34,3	10,7	21,3	20,1	6,7
DVD-Player/-Recorder, Bluray-Player/-Recorder, Festplattenrecorder	25,8	26,5	8,2	20,7	15,6	5,0
Fernseher mit Flachbildschirm (LCD, Plasma)	44,6	44,4	11,5	32,6	26,6	6,6
Filme auf DVDs, Videos, Blurays	34,0	39,3	23,6	35,9	37,3	21,9
Handytarife, Handyverträge	28,0	39,5	14,1	23,2	32,2	10,7
Haushaltsgroßgeräte, wie z. B. Kühlschrank, Waschmaschine, Herd	19,1	29,2	8,9	26,5	29,5	9,1
Heimkino/Surround-Anlage	24,7	23,2	6,8	13,1	10,4	2,6
Heimwerkerbedarf oder Heimwerkergeräte	35,2	40,7	20,3	17,9	23,4	10,9
Kostenpflichtige Musik oder Filme aus dem Internet	17,7	29,8	19,6	13,6	22,8	15,1
Musik-CDs	41,1	43,2	26,4	46,7	43,4	27,2
Navigationssysteme	24,1	26,6	8,2	18,8	16,6	5,0
Telekommunikationsprodukte, wie z. B. Handys oder schnurlose Telefone	40,3	49,2	21,2	32,1	38,0	13,9
Triple Play (Fernsehen, Telefon, Internet von einem Anbieter)	25,5	26,7	8,2	20,8	17,5	5,1

Tab. 15: Vergleich: Befragte mit generellem Interesse an Themen aus dem Bereich Medien, Technik und Unterhaltungselektronik – Befragte, die Informationen zum jeweiligen Produkt im Internet gesucht haben – Befragte, die das jeweilige Produkt anschließend tatsächlich im Internet bestellt haben
Quelle: AGOF internet facts 2013-12 (Basis: 14+ Jahre)[105]

[105] http://bit.ly/OJFfHN

Finanzen, Versicherungen und Glücksspiel (in Prozent)	Interesse an Produkten und Dienstleistungen	Informationen im Internet gesucht	Im Internet gekauft oder bestellt	Interesse an Produkten und Dienstleistungen	Informationen im Internet gesucht	Im Internet gekauft oder bestellt
	Männer			Frauen		
Andere Versicherungen wie z. B. Auto-, Hausrat- oder Haftpflichtversicherungen	22,4	23,2	7,2	20,6	16,3	5,2
Autofinanzierung	9,5	12,0	1,4	7,9	8,3	1,4
Geldanlagen, Aktien, Wertpapiere, Fonds	19,4	20,4	6,9	13,3	11,4	3,1
Gewinnspiele	3,5	7,4	5,3	3,5	6,3	4,9
Kostenpflichtige Lotteriespiele	8,8	7,9	4,1	5,9	4,8	2,5
Krankenversicherungen	14,6	15,1	2,7	17,1	14,8	2,4
Kredite	5,3	11,7	2,3	4,2	7,6	1,8
Lebens- und Rentenversicherungen als private Altersvorsorge	16,8	12,6	1,8	18,8	11,1	1,6
Wetten	4,1	5,6	3,0	1,7	2,2	0,7

Tab. 16: Vergleich: Befragte mit generellem Interesse an Themen aus dem Bereich Finanzen, Versicherungen und Glücksspiel – Befragte, die Informationen zum jeweiligen Produkt im Internet gesucht haben – Befragte, die das jeweilige Produkt anschließend tatsächlich im Internet bestellt haben
Quelle: AGOF internet facts 2013-12 (Basis: 14+ Jahre)[106]

---

[106] http://bit.ly/OJFfHN

Gender Marketing – viel mehr als „nur" das Kundengeschlecht

Transport und Urlaub (in Prozent)	Interesse an Produkten und Dienstleistungen	Informationen im Internet gesucht	Im Internet gekauft oder bestellt	Interesse an Produkten und Dienstleistungen	Informationen im Internet gesucht	Im Internet gekauft oder bestellt
	Männer			Frauen		
Bahntickets	22,2	41,6	23,2	25,7	44,7	23,2
Flugtickets	29,6	45,7	26,3	32,9	46,5	26,7
Gebrauchtwagen	27,7	41,1	7,5	16,6	27,2	5,0
Herrenbekleidung	59,6	51,7	34,8	27,0	30,9	20,7
Hotels für Urlaubs- oder Geschäftsreisen	36,7	50,9	29,0	43,4	54,3	30,4
Mietwagen	7,1	16,8	8,8	5,0	12,5	6,0
Neuwagen	25,0	31,7	2,8	15,4	19,4	1,7
Urlaubsreisen oder auch Last-Minute-Reisen	45,2	55,2	26,8	53,7	58,6	28,9

Tab. 17: Vergleich: Befragte mit generellem Interesse an Themen aus dem Bereich Transport und Urlaub – Befragte, die Informationen zum jeweiligen Produkt im Internet gesucht haben – Befragte, die das jeweilige Produkt anschließend tatsächlich im Internet bestellt
Quelle: AGOF internet facts 2013-12 (Basis: 14+ Jahre)[107]

---

[107] http://bit.ly/OJFfHN

Bekleidung, Freizeit und Heim (in Prozent)	Interesse an Produkten und Dienstleistungen	Informationen im Internet gesucht	Im Internet gekauft oder bestellt	Interesse an Produkten und Dienstleistungen	Informationen im Internet gesucht	Im Internet gekauft oder bestellt
	Männer			Frauen		
Damenbekleidung	12,1	18,4	12,9	77,9	67,9	50,0
Eintrittskarten für Kino, Theater, klassische Konzerte, Popkonzerte oder Sportveranstaltungen	40,3	55,7	38,0	49,5	59,5	38,8
Herrenbekleidung	59,6	51,7	34,8	27,0	30,9	20,7
Möbel, Wohnungseinrichtung	31,6	45,3	19,9	49,8	52,8	22,3
Schuhe	44,4	43,8	26,2	68,6	58,3	38,3
Spielwaren	19,9	34,5	23,1	26,0	38,0	26,4
Sportartikel, Sportgeräte	35,2	42,8	23,5	23,9	31,6	15,9

Tab. 18: Vergleich: Befragte mit generellem Interesse an Themen aus dem Bereich Bekleidung, Freizeit und Heim – Befragte, die Informationen zum jeweiligen Produkt im Internet gesucht haben – Befragte, die das jeweilige Produkt anschließend tatsächlich im Internet bestellt haben Quelle: AGOF internet facts 2013-12 (Basis: 14+ Jahre)[108]

Die Studien offenbaren wenig Überraschendes, wenn es um die Kaufhäufigkeit bestimmter Warengruppen nach Geschlecht geht: Offline wie online kaufen Männer besonders häufig Unterhaltungselektronik und technische Produkte, Frauen hingegen erwerben den Löwenanteil bei Textilien, Spielwaren, Medikamenten, Möbeln und Deko-Artikeln.[109]

---

[108] http://bit.ly/OJFfHN

[109] bvh (2013 b)

Informationsquellen von Kundinnen und Kunden

Es ist keineswegs so, dass sich Verbraucher ausschließlich im Internet informieren, bevor sie dort bestellen. Gerade Männer sondieren insbesondere beim Luxuskauf erst einmal das Angebot im Fachhandel, bevor sie sich — nach weiterem Zugewinn von Wissen und Informationen aus den unterschiedlichsten Quellen — dafür entscheiden, wo sie ihren Kauf tätigen. Bestimmte Informationen beziehen sie zuvor aus der Offline-Welt, z. B. aus Fachzeitschriften, aus Gesprächen mit Experten, aus Fachbüchern etc. Doch auch Frauen wollen es gern genauer wissen, bevor sie sich zum Onlinekauf entscheiden:

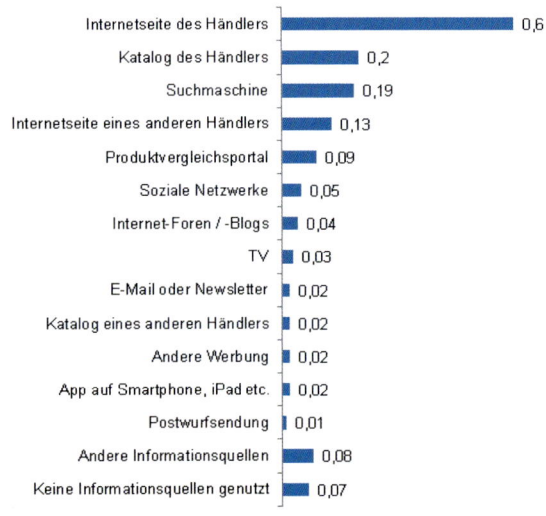

Abb. 34: Genutzte Informationsquellen der Kunden für den Kauf im interaktiven Handel: „Wie und wo haben Sie sich vor Ihrer Bestellung über das Produkt informiert?"
Quelle: bvh (2014)[110]

Conversion Rate

Für Onlinehändler und solche, die es werden wollen, ist es ein wichtiger Hinweis, welche Conversion Rate sich ergibt. Die Conversion Rate, hier die Vergleichszahl, wie viele Frauen und Männer sich im Internet über ein Produkt oder eine Dienstleistung informiert haben im Vergleich dazu, wie viele sich informiert und tatsächlich online gekauft haben, führt uns unweigerlich in das Thema Multichannel. Denn klar ist: Wer sich im Internet informiert, dort aber nicht kauft, kauft mit einer hohen Wahrscheinlichkeit anderswo, und das bedeutet überwiegend im stationären Handel.

---

[110] http://bit.ly/OJFfHN

Unterschiede zwischen Frauen und Männern beim Onlineshopping

Neben all dem gibt es viele unzusammenhängende Studien, die sich oftmals nur auf eine ausgesprochen geringe Anzahl von Fragen beschränken. Die Erhebungsmethoden unterscheiden sich sehr. Dennoch möchte ich an dieser Stelle einige weitere Erkenntnisse neueren Datums über die Unterschiede zwischen Frauen und Männern beim Onlineshopping zusammentragen, denn sie zeigen zumindest interessante Tendenzen auf:

E-Paper und E-Books

2012 nutzten bereits 8 Millionen Deutsche E-Books auf Tablet-PCs, Smartphones oder E-Readern. Das entspricht 11 Prozent der Bundesbürger. Bei genauerer Betrachtung zeigt sich, dass 12 Prozent aller Männer elektronische Sachbücher lesen, jedoch nur 4 Prozent der Frauen. Umgekehrt lesen 10 Prozent der Frauen Belletristik auf einem elektronischen Lesegerät, dafür aber nur 8 Prozent bei den Männern. E-Paper, also elektronische Zeitungen, lesen 16 Prozent der Männer, jedoch nur 10 Prozent der Frauen. Alles zusammengenommen werden die elektronischen Publikationen von 23 Prozent der Deutschen auf einem mobilen Endgerät gelesen.[111]

Online-Shopping

Der Online-Payment-Anbieter Klarna hat die eigenen Kundendaten analysiert und dabei festgestellt, dass in der Altersstufe bis 26 Jahren Frauen 3,5-mal häufiger Bekleidung online kaufen als Männer. 81 Prozent aller Modekäufe gehen auf das Konto von Frauen. Im Durchschnitt aller Klarna-Kunden hat der männliche Klarna-Kunde einen Wert von 104 Euro im Warenkorb, der weibliche jedoch „nur" 98 Euro. Dabei kaufen Frauen je Einkauf — ebenfalls im Durchschnitt — 1,8 Kleidungsstücke, Männer aber nur 1,5.[112] Wohlgemerkt: Hierbei handelt es sich nur um die Nutzer dieses Bezahl-Anbieters.

---

[111] BITKOM (2012 a)
[112] Klarna (2013)

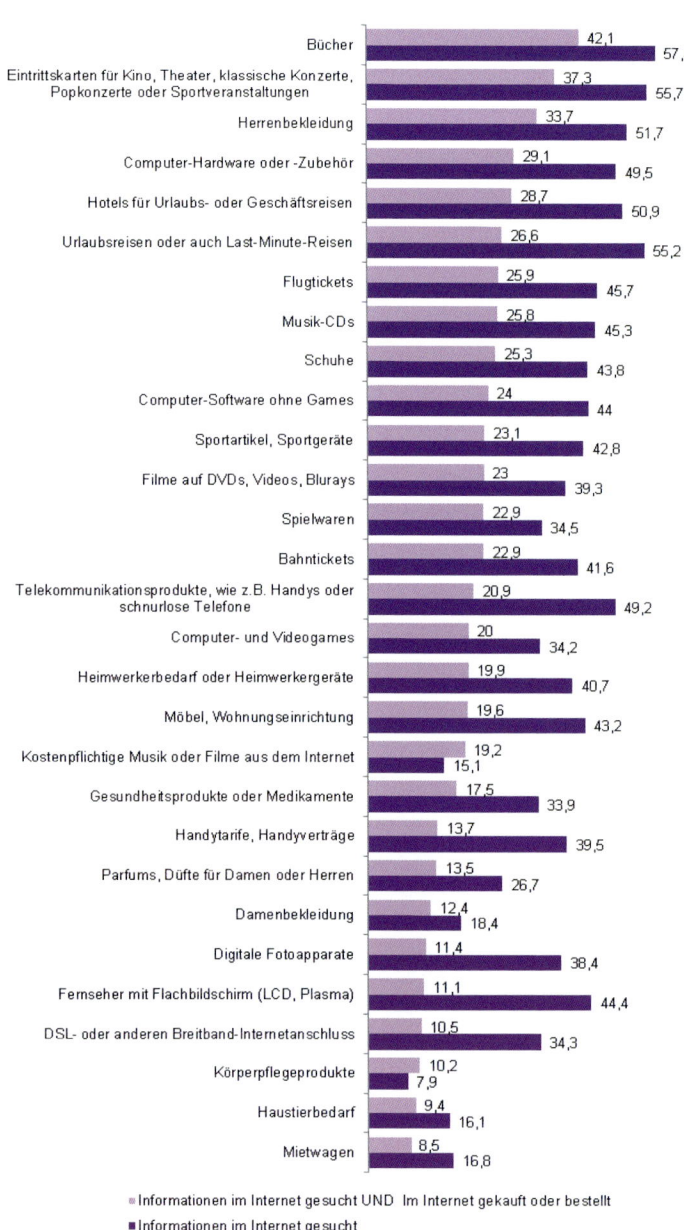

Bücher — 42,1 / 57,4
Eintrittskarten für Kino, Theater, klassische Konzerte, Popkonzerte oder Sportveranstaltungen — 37,3 / 55,7
Herrenbekleidung — 33,7 / 51,7
Computer-Hardware oder -Zubehör — 29,1 / 49,5
Hotels für Urlaubs- oder Geschäftsreisen — 28,7 / 50,9
Urlaubsreisen oder auch Last-Minute-Reisen — 26,6 / 55,2
Flugtickets — 25,9 / 45,7
Musik-CDs — 25,8 / 45,3
Schuhe — 25,3 / 43,8
Computer-Software ohne Games — 24 / 44
Sportartikel, Sportgeräte — 23,1 / 42,8
Filme auf DVDs, Videos, Blurays — 23 / 39,3
Spielwaren — 22,9 / 34,5
Bahntickets — 22,9 / 41,6
Telekommunikationsprodukte, wie z.B. Handys oder schnurlose Telefone — 20,9 / 49,2
Computer- und Videogames — 20 / 34,2
Heimwerkerbedarf oder Heimwerkergeräte — 19,9 / 40,7
Möbel, Wohnungseinrichtung — 19,6 / 43,2
Kostenpflichtige Musik oder Filme aus dem Internet — 19,2 / 15,1
Gesundheitsprodukte oder Medikamente — 17,5 / 33,9
Handytarife, Handyverträge — 13,7 / 39,5
Parfums, Düfte für Damen oder Herren — 13,5 / 26,7
Damenbekleidung — 12,4 / 18,4
Digitale Fotoapparate — 11,4 / 38,4
Fernseher mit Flachbildschirm (LCD, Plasma) — 11,1 / 44,4
DSL- oder anderen Breitband-Internetanschluss — 10,5 / 34,3
Körperpflegeprodukte — 10,2 / 7,9
Haustierbedarf — 9,4 / 16,1
Mietwagen — 8,5 / 16,8

■ Informationen im Internet gesucht UND Im Internet gekauft oder bestellt
■ Informationen im Internet gesucht

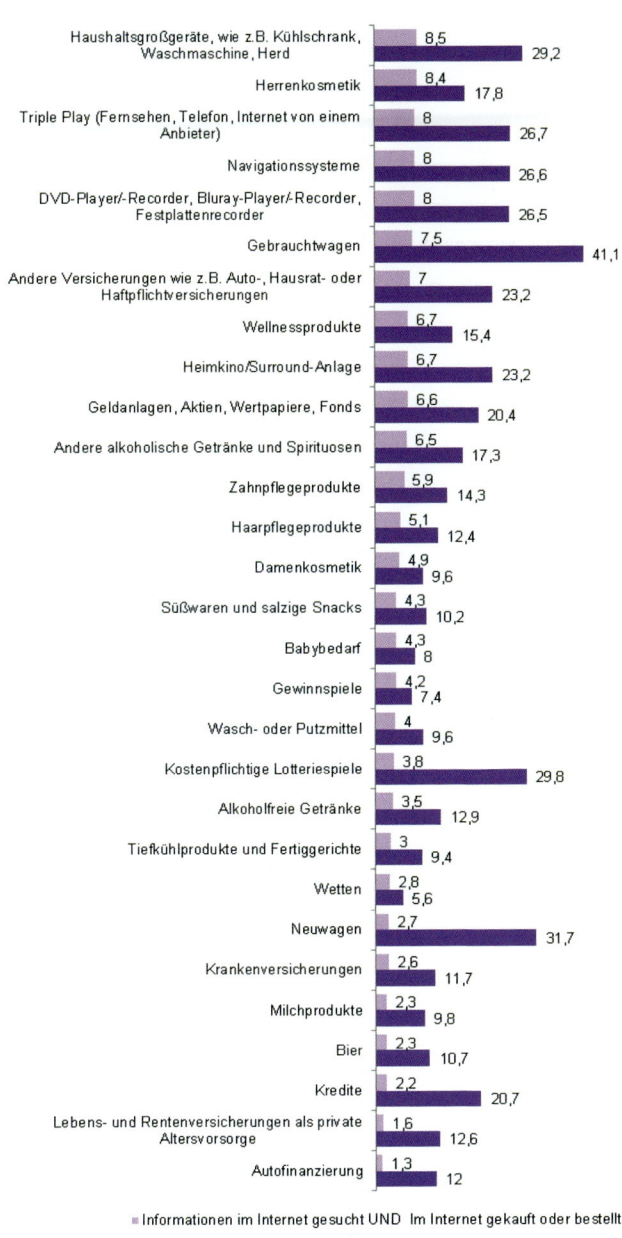

Haushaltsgroßgeräte, wie z.B. Kühlschrank, Waschmaschine, Herd	8,5 / 29,2
Herrenkosmetik	8,4 / 17,8
Triple Play (Fernsehen, Telefon, Internet von einem Anbieter)	8 / 26,7
Navigationssysteme	8 / 26,6
DVD-Player/-Recorder, Bluray-Player/-Recorder, Festplattenrecorder	8 / 26,5
Gebrauchtwagen	7,5 / 41,1
Andere Versicherungen wie z.B. Auto-, Hausrat- oder Haftpflichtversicherungen	7 / 23,2
Wellnessprodukte	6,7 / 15,4
Heimkino/Surround-Anlage	6,7 / 23,2
Geldanlagen, Aktien, Wertpapiere, Fonds	6,6 / 20,4
Andere alkoholische Getränke und Spirituosen	6,5 / 17,3
Zahnpflegeprodukte	5,9 / 14,3
Haarpflegeprodukte	5,1 / 12,4
Damenkosmetik	4,9 / 9,6
Süßwaren und salzige Snacks	4,3 / 10,2
Babybedarf	4,3 / 8
Gewinnspiele	4,2 / 7,4
Wasch- oder Putzmittel	4 / 9,6
Kostenpflichtige Lotteriespiele	3,8 / 29,8
Alkoholfreie Getränke	3,5 / 12,9
Tiefkühlprodukte und Fertiggerichte	3 / 9,4
Wetten	2,8 / 5,6
Neuwagen	2,7 / 31,7
Krankenversicherungen	2,6 / 11,7
Milchprodukte	2,3 / 9,8
Bier	2,3 / 10,7
Kredite	2,2 / 20,7
Lebens- und Rentenversicherungen als private Altersvorsorge	1,6 / 12,6
Autofinanzierung	1,3 / 12

- Informationen im Internet gesucht UND Im Internet gekauft oder bestellt
- Informationen im Internet gesucht

Abb. 35 und 36: Conversion Rate im Internet – Männer
Quelle: AGOF internet facts 2013-12 (Basis: 14+ Jahre)[113]

---

[113] http://bit.ly/OJFfHN

Gender Marketing – viel mehr als „nur" das Kundengeschlecht

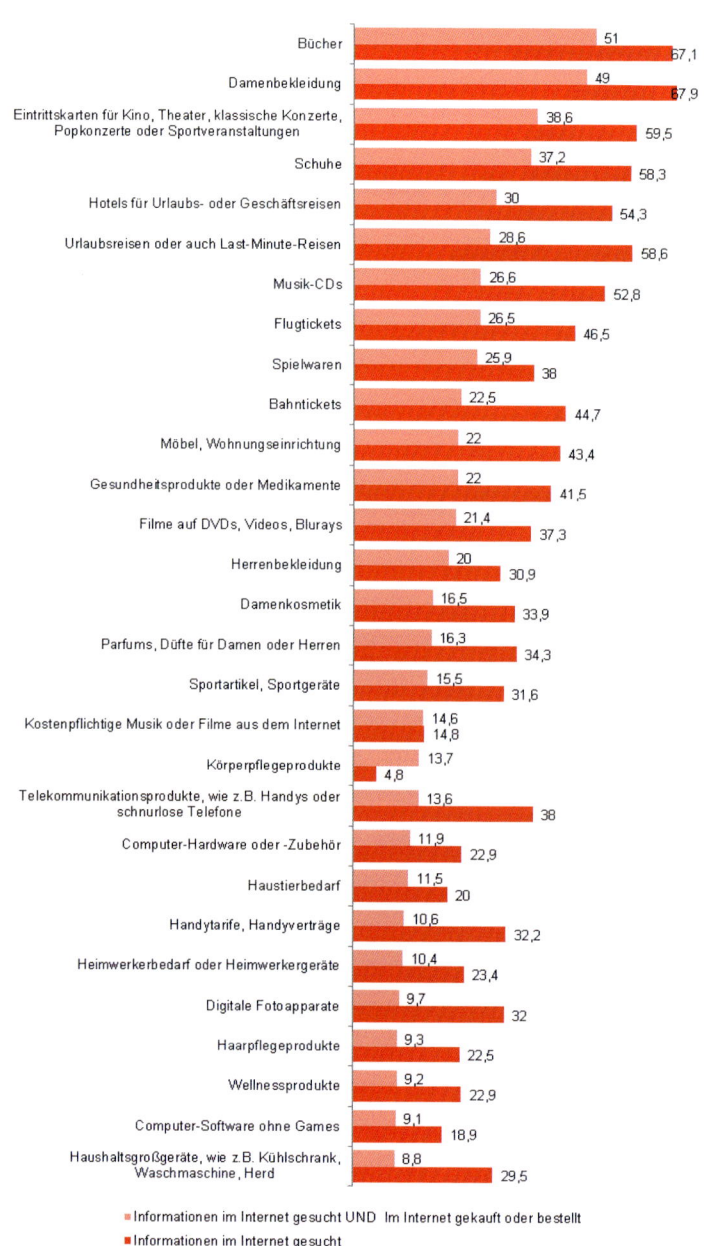

	Informationen im Internet gesucht UND Im Internet gekauft oder bestellt	Informationen im Internet gesucht
Bücher	51	67,1
Damenbekleidung	49	67,9
Eintrittskarten für Kino, Theater, klassische Konzerte, Popkonzerte oder Sportveranstaltungen	38,6	59,5
Schuhe	37,2	58,3
Hotels für Urlaubs- oder Geschäftsreisen	30	54,3
Urlaubsreisen oder auch Last-Minute-Reisen	28,6	58,6
Musik-CDs	26,6	52,8
Flugtickets	26,5	46,5
Spielwaren	25,9	38
Bahntickets	22,5	44,7
Möbel, Wohnungseinrichtung	22	43,4
Gesundheitsprodukte oder Medikamente	22	41,5
Filme auf DVDs, Videos, Blurays	21,4	37,3
Herrenbekleidung	20	30,9
Damenkosmetik	16,5	33,9
Parfums, Düfte für Damen oder Herren	16,3	34,3
Sportartikel, Sportgeräte	15,5	31,6
Kostenpflichtige Musik oder Filme aus dem Internet	14,6	14,8
Körperpflegeprodukte	13,7	4,8
Telekommunikationsprodukte, wie z.B. Handys oder schnurlose Telefone	13,6	38
Computer-Hardware oder -Zubehör	11,9	22,9
Haustierbedarf	11,5	20
Handytarife, Handyverträge	10,6	32,2
Heimwerkerbedarf oder Heimwerkergeräte	10,4	23,4
Digitale Fotoapparate	9,7	32
Haarpflegeprodukte	9,3	22,5
Wellnessprodukte	9,2	22,9
Computer-Software ohne Games	9,1	18,9
Haushaltsgroßgeräte, wie z.B. Kühlschrank, Waschmaschine, Herd	8,8	29,5

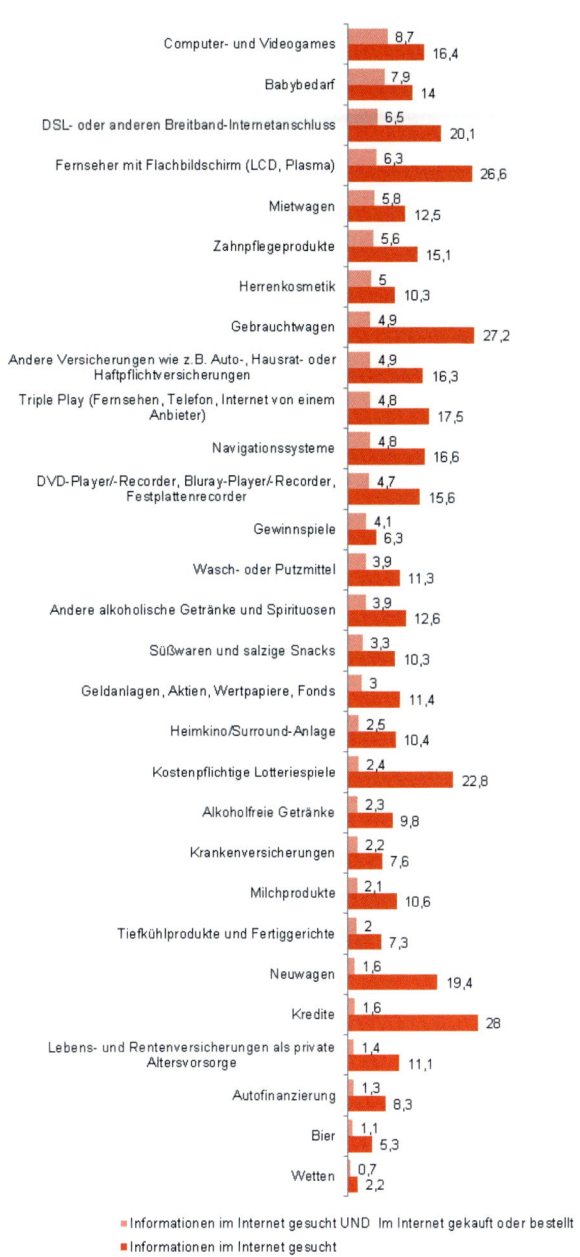

Computer- und Videogames	8,7 / 16,4
Babybedarf	7,9 / 14
DSL- oder anderen Breitband-Internetanschluss	6,5 / 20,1
Fernseher mit Flachbildschirm (LCD, Plasma)	6,3 / 26,6
Mietwagen	5,8 / 12,5
Zahnpflegeprodukte	5,6 / 15,1
Herrenkosmetik	5 / 10,3
Gebrauchtwagen	4,9 / 27,2
Andere Versicherungen wie z.B. Auto-, Hausrat- oder Haftpflichtversicherungen	4,9 / 16,3
Triple Play (Fernsehen, Telefon, Internet von einem Anbieter)	4,8 / 17,5
Navigationssysteme	4,8 / 16,6
DVD-Player/-Recorder, Bluray-Player/-Recorder, Festplattenrecorder	4,7 / 15,6
Gewinnspiele	4,1 / 6,3
Wasch- oder Putzmittel	3,9 / 11,3
Andere alkoholische Getränke und Spirituosen	3,9 / 12,6
Süßwaren und salzige Snacks	3,3 / 10,3
Geldanlagen, Aktien, Wertpapiere, Fonds	3 / 11,4
Heimkino/Surround-Anlage	2,5 / 10,4
Kostenpflichtige Lotteriespiele	2,4 / 22,8
Alkoholfreie Getränke	2,3 / 9,8
Krankenversicherungen	2,2 / 7,6
Milchprodukte	2,1 / 10,6
Tiefkühlprodukte und Fertiggerichte	2 / 7,3
Neuwagen	1,6 / 19,4
Kredite	1,6 / 28
Lebens- und Rentenversicherungen als private Altersvorsorge	1,4 / 11,1
Autofinanzierung	1,3 / 8,3
Bier	1,1 / 5,3
Wetten	0,7 / 2,2

■ Informationen im Internet gesucht UND Im Internet gekauft oder bestellt
■ Informationen im Internet gesucht

Abb. 37 und 38: Conversion Rate im Internet –Frauen
Quelle: AGOF internet facts 2013-12 (Basis: 14+ Jahre)[114]

---

[114] http://bit.ly/OJFfHN

Frauen kaufen auch für andere Familienmitglieder

Der von Klarna ermittelte Warenkorb-Wert lässt sich aber nicht verallgemeinern. In einer Studie des bvh heißt es, die Warenkörbe von Frauen seien größer als die der Männer, weil Frauen bekanntlich nicht nur für sich allein kaufen, sondern auch für andere Familienmitglieder.[115]

Frauen sind die loyaleren Kunden. Sie bleiben treu und probieren seltener einen neuen Shop aus, wenn sie mit einem anderen bereits gute Erfahrungen gemacht haben. Außerdem sind sie eher bereit, einen Onlineshop bei Zufriedenheit weiter-zuempfehlen.[116] Dies entspricht genau ihrem allgemeinen Verhalten, das an dieser Stelle für den Onlinekauf lediglich bestätigt wurde.

Bevorzugte Zahlungsart

Frauen ist es wichtig, dass die von ihnen präferierte Zahlungsart auch tatsäch-lich angeboten wird, sie stufen die Möglichkeit der Ratenzahlung wichtiger ein als Männer. Auch das einfache Einlösen eines Gutscheins beim Kaufabschluss hat für Frauen mehr Relevanz als für Männer. Über eine gemeinsame Studie des bvh in Ko-operation mit Creditreform wurde festgestellt, dass 39 Prozent der Männer, jedoch nur 33 Prozent der Frauen elektronische Bezahlsysteme bevorzugen. Die Kredit-karte nutzen 20 Prozent der Männer, aber nur 9 Prozent der Frauen als Zahlungs-mittel. Dafür fühlen sich Frauen sicherer, wenn sie den Kauf auf Rechnung tätigen können (44 Prozent), was für Männer weniger ausschlaggebend ist (30 Prozent).[117]

Viele Studien werten jedoch noch immer nicht geschlechtsspezifisch aus, doch Durchschnittswerte verschleiern mehr, als dass sie etwas Verwertbares aussagen. Zudem fällt mir bei meinen Recherchen immer wieder auf, dass Untersuchungen aus den USA hierzulande völlig unkritisch zitiert und in den Schlussfolgerungen ebenso unkritisch auf den deutschen bzw. deutschsprachigen Raum übertragen werden. Davor möchte ich unbedingt warnen! Die USA sind ein Markt, der sich hinsichtlich Angebot und Konsumentenverhalten stark von dem hiesigen unter-scheidet. Es ist auf keinen Fall ratsam, von dortigen Verhaltensweisen auf hiesige zu schließen. Viele, die ihre Geschäftsideen dort abgekupfert haben, sind hier da-mit baden gegangen, und sei es nur, weil sie vielleicht mit ihrer Idee zu früh kamen und die Kundschaft — insbesondere die weibliche — hier noch nicht soweit war. Oder auch deshalb, weil die Verbraucher hier Alternativen haben, die in den USA gar nicht oder in weiten Teilen nicht existieren.

---

[115] bvh (2014)

[116] ECC (2012)

[117] Rönisch, Susan (2012)

2.6.3 Geschäftsmodelle, die auf Services basieren

Die USA sind ein ausgeprägtes Service- und Convenience-Land. Schon vor über zwanzig Jahren war es schwierig, in einem typisch amerikanischen Supermarkt frische Lebensmittel zu kaufen. Die endlosen Regale waren voll mit fertigen Mixes für alle erdenklichen Speisen, die es entweder nur noch aufzuwärmen oder mit Wasser anzurühren und dann aufzuwärmen galt. Convenience war da schon längst selbstverständlich. In der Zwischenzeit haben derartige Fertigmischungen auch in unseren Supermärkten enorm zugenommen, doch es gibt darüber hinaus auch Rohwaren, die man ganz nach Belieben für jede erdenkliche Speisenzubereitung kombinieren kann. In den 1990er-Jahren habe ich in den USA kein Päckchen Reis, Mehl oder Sonstiges gefunden, das nicht schon verzehrfertig kombiniert, gewürzt und womöglich schon vorgegart war. US-Amerikanerinnen wussten damals längst nicht mehr, wie man Pfannkuchen ohne eine fertige Backmischung zubereiten kann, obwohl ausgerechnet dieses Frühstücksgericht allgegenwärtig zu sein schien. Eine von ihnen berichtete mir von ihrem gescheiterten Versuch, sich zusammenzureimen, was in einen Pfannkuchenteig hineingehört, als sie eines Morgens feststellen musste, dass die Schachtel mit dem Pancake-Mix leer war. Sie hatte zufällig noch etwas Mehl im Küchenschrank gefunden, es mit Wasser vermischt und das Ergebnis ungenießbar gefunden. Verständlich.

> Bequemlichkeit ist in den USA schon lange Trumpf. Das zeigt sich auch in der Service-Fokussierung eines Landes, das den Begriff „Überfluss" ganz für sich allein zu beanspruchen scheint. Service ist für die US-Amerikaner *die* Möglichkeit schlechthin, sich vom Wettbewerb zu differenzieren — oder Wettbewerbskämpfe darüber auszutragen.

Service

Die US-Amerikaner erwarten von ihren Produkten keine große Zuverlässigkeit. Es ist für sie Normalität, dass die Lebensspanne oder zumindest die Funktionsdauer bis zum ersten Kaputtgehen eines Gegenstands nicht besonders lang ist.[118] Dann aber erwarten sie, dass sich jemand darum kümmert und es in Ordnung bringt. Sie erwarten einen möglichst reibungslosen Service. Service ist daher *das* Differenzierungskriterium, das überhaupt erst so manche Geschäftsidee inspiriert. In Deutschland ist die Lieferung eines neu gekauften Fernsehers noch am selben Tag ein Service, den zumindest die großen Elektronikketten seit Jahren zwar im Angebot haben, den sie aber aus unerfindlichen Gründen oftmals nicht offensiv bewerben.

---

[118] Vgl. Rapaille, Clotaire (2006), S. 187 ff.

Framing — Den Preis günstig erscheinen lassen

IKEA lebt davon, sich jeden Zipfel Service extra bezahlen zu lassen. Das ist psychologisch in bestimmten Bereichen ungeschickt, wird aber gemacht, um stets die Preise für die Kundinnen wahrnehmbar niedrig zu halten. Dieser Effekt ist als *Framing* bekannt. Daniel Kahneman und Amos Tversky (1984) haben folgenden Sachverhalt nachgewiesen: Zwei Händler bieten dasselbe Sofa an. Bei dem einen kostet es 500 Euro zuzüglich 50 Euro für die Lieferung, bei dem anderen kostet das Sofa 550 Euro, wobei es 50 Euro Nachlass gibt, wenn auf die Lieferung verzichtet wird. Beide Angebote sind demnach — objektiv betrachtet — exakt gleich. Ob das erste Angebot als Aufpreis oder das zweite als Rabatt empfunden wird, hängt nur davon ab, ob 500 Euro oder 550 Euro in den Köpfen der Kundschaft als Normpreis verankert sind. Wenn IKEA-Kundinnen auch bei anderen günstigen SB-Anbietern gesucht haben, dann konkurriert IKEA mit jenen anderen Billiganbietern, z. B. Roller. Zusatzservices werden dann als Zusatzkosten wahrgenommen. Wenn Kundinnen sich allerdings zuerst bei höherpreisigen Möbelhäusern informiert haben, dann liegt der verinnerlichte Ankerpreis eher bei einem Komplettpreis inklusive Lieferung, sodass IKEA als besonders günstig auffällt, wenn die Services von einem All-Inclusive-Preis abgezogen werden können.

Lieferservices in den USA

Frei-Haus-Lieferungen sind der Schlüssel zum Erfolg des Onlinehandels. Ursache hierfür ist die Lebensweise der Amerikaner, denen wir zwar in vielerlei Hinsicht folgen, jedoch noch mit einigem zeitlichen Abstand. US-Amerikaner bürden sich viele Tätigkeiten und einen starken Konsum auf, doch sie leben in einer Infrastruktur, bei der alle Besorgungen weite Wege bedeuten, also auch viel Zeit kosten. Gerade in den Vorstädten müssen die Mütter nicht nur arbeiten und den Haushalt versorgen, sondern sind oftmals auch die Chauffeurinnen ihrer Kinder, deren Aktivitäten oftmals ebenfalls außer Haus und damit weit weg stattfinden. (Dies hat Vorstadtmüttern die Bezeichnung „Soccer Moms" eingebracht — Mütter, die ihre Kinder zum Fußballtraining kutschieren und sich zudem für dessen Finanzierung durch die Werbung von Vereinsspenden einsetzen.) Speziell diese Kaufentscheiderinnen sind — wie hierzulande auch — vielfach belastet und müssen zudem weite Wege bewältigen. Darüber hinaus darf nicht aus reiner Höflichkeit übersehen werden, dass Bewegung, selbst in Form eines Einkaufsbummels, für viele übergewichtige Amerikaner eine große körperliche Anstrengung darstellt. All diese Punkte erklären, weshalb Lieferservices, die mit der Bring-Pizza ihren Anfang nahmen, in den USA quasi erfunden werden *mussten*. Und in den letzten Jahren hat sich gezeigt, dass man diese Lieferservices insbesondere einsetzen kann, um Frauen zeitlich und auch in anderer Form zu entlasten. Besonderes Augenmerk wird dabei auf Mütter gelegt, die als *die* Kaufentscheider schlechthin gelten und daher Zielgruppe Nummer 1 für eine ganze Reihe von Unternehmen aus sehr unterschiedlichen Branchen sind.

Onlineshopping — besonders praktisch für Mütter

Wie auch eine Studie von TNS Infratest 2007 für Deutschland ermittelt hat, haben Mütter ein Problem: Das Einkaufen im stationären Handel wird schon während der Schwangerschaft zunehmend körperlich schwieriger, doch wenn das Kind erst da ist und die Nächte kurz werden oder wenn es gar mehrere Kinder zu bändigen gilt, dann sind Mütter vor echte Herausforderungen gestellt. Onlineshops können eine echte Entlastung sein, sofern mit der Bestellung alles klappt. Die Studie hat durch die 2006 erhobenen Daten ermittelt, dass damals Mütter genauso viel Zeit mit dem Durchstöbern von Onlineshops verbracht haben wie kinderlose Frauen, nämlich über zwei Stunden pro Woche. Knapp 60 Prozent der berufstätigen Mütter gaben in der Studie an, bereits seit über einem Monat keine Zeit für einen Einkaufsbummel in „echten" Geschäften mehr gehabt zu haben. TNS Infratest hat diese Aussage Ende 2011 in einer Studie im Auftrag von quelle.de noch einmal für alle Frauen bestätigt. Demnach sagt rund die Hälfte der Onlinekäuferinnen aus, den Vertriebskanal Internet gern zu nutzen, weil er ihnen viel Zeit spart.[119]

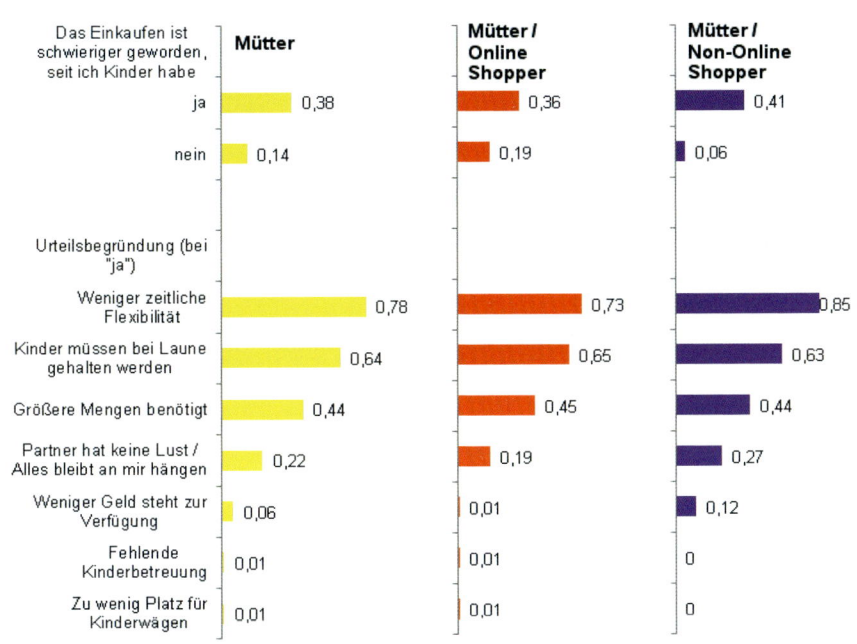

Abb. 39–41: Einkaufen im stationären Einzelhandel wird zur Herausforderung: „Was denken Sie: Ist das Einkaufen schwieriger geworden, seit Sie Kinder haben? Und warum sind Sie dieser Meinung?" Quelle: TNS Infratest, 2007[120]

[119]   Adobe (2012)

[120]   Krüger, Jens und Anja Weinhold (2007)

Produktabonnements für Onlinehändler

Seit geraumer Zeit sind Produktabonnements in den USA insbesondere im Zusammenhang mit Onlineshops ein blühendes Geschäftsmodell. Das größte Angebot gibt es für Kundinnen. Diese können ein Abonnement abschließen, und für einen Festpreis erhalten sie in regelmäßigen Abständen von einem oder mehreren Monaten Produktpakete nach Hause. Manche dieser Angebote enthalten vom Verkaufsteam zusammengestellte Kombinationen, also Dinge, die die Kundinnen gar nicht selbst ausgewählt haben. Die Versender nehmen den Frauen also auch noch den Informationsprozess und die Produktauswahl ab! Sie verkaufen Dinge, von denen die Frauen oftmals gar nicht wissen, dass sie sie wollen. Die Auswahl und die Lieferung sind die Hauptbestandteile des Services!

Bei uns kennen wir derartige Zusammenstellungen eigentlich nur von Bio-Bauernhöfen, die Obst- und Gemüsekisten je nach Erntezeit zusammenstellen und sie im Abo vor die Haustür liefern. In den USA gibt es jedoch Abonnements auch in völlig anderen Bereichen. Einige Start-ups haben versucht, das eine oder andere Geschäftsmodell in den deutschsprachigen Raum zu übertragen, jedoch mit (bislang) geringem Erfolg. Das Geschäftsmodell ist aber denkbar praktisch in Ländern, in denen es tatsächlich funktioniert: Der Händler verschickt Produktproben und Produktpackungen, die die Kundin nicht kennt, womöglich nicht mag und nicht braucht, für die sie aber bereit ist, jeden Monat zu bezahlen, einfach für den Konsum und das Überraschungsmoment. Dafür präsentiert sich der Händler mit seinem Team als hipper und fachkundiger Produkttester, der für seine Kundschaft eine kluge und spannende Vorauswahl trifft.

Hier eine kleine Auswahl an Beispielen:

Kosmetik (z. B. Birchbox[121])

Der im September 2010 von zwei Absolventinnen der Harvard Business School gegründete Online-Kosmetik-Shop offeriert zusätzlich zum auf übliche Weise käuflichen Kosmetikangebot Boxes mit Produktproben verschiedenster Art. Was gefällt, kann im regulären Onlineshop nachbestellt werden. Zahlreiche Abonnentinnen von diesem und anderen Kosmetikversandhändlern haben schon seit Jahren ihren eigenen Youtube-Kanal, auf dem sie ihre „Unboxing-Videos" präsentieren — Videos, in denen sie über den aktuellen Box-Inhalt berichten. Einige Kanäle haben richtig viele Zuschauerinnen. Das Abo-Angebot für Frauen gibt es seit dem

---

[121] http://www.birchbox.com

Markteintritt von Birchbox im September 2010 für 10 US$ pro Monat; 2012 kam das Männer-Box-Abo für 20 US$ dazu. Es enthält neben Gesichtspflegeartikeln auch andere Produkte von Socken bis zu technischen Spielereien. Birchbox expandierte im Herbst 2012 durch Zukäufe nach Frankreich, Großbritannien und Spanien. Bei anderen Kosmetikversandhändlern lassen sich Hauttyp oder Interessenschwerpunkte festlegen.

Kosmetik und mehr für Öko-Mütter (z. B. Ecocentric Mom[122])

Dieser Händler bietet drei verschiedene Boxen mit Öko-Kosmetik, Rabatt-Coupons, Überraschungen und gedruckte Informationen über eine gesunde Lebensweise für Mütter, werdende Mütter und Mütter mit Baby zu 24 US$ pro Monat an.

Noch mehr Verwöhnung (z. B. Escape Monthly[123])

Die Boxen enthalten „Reisegefühl" für 49,95 US$ pro Monat. Es werden Kosmetikprodukte, Feinkost, Reiseinfos, Übernachtungscoupons mit Rabatten (die wahrscheinlich nie genutzt werden) und sonstige Artikel zusammengestellt, die jeden Monat für eine neue Reisedestination weltweit stehen. So wird selbst der Abklatsch eines Reisegefühls frei Haus geliefert.

Spielzeugbox für Kleinkinder (z. B. citrus lane[124])

Monatlich kommt eine dem Alter des Kindes entsprechend zusammengestellte Box mit Spielsachen und Pflegepodukten. Einmal war darin auch ein Kinderbuch über die Kunst von Andy Warhol dabei. Dieser Service erspart es Müttern, sich Gedanken darüber zu machen, womit sie ihr Kind jeden Monat unterhalten sollen.

Es zeigt sich jedoch, dass reine Abonnementversender für Kinderspiel- und -bastelzeug nur selten ohne dazugehörigen Shop auskommen. Das Abo-Geschäft allein ist nur selten rentabel, wie nicht nur Kiwi-Crate in den USA bereits im Mai 2012, nur ein halbes Jahr nach seiner Gründung feststellen musste.[125] 2012 gingen

---

[122] http://www.ecocentricmom.com
[123] http://escapemonthly.com/
[124] https://wwws.citruslane.com
[125] Wirminghaus, Niklas (2013)

in Deutschland mit Wummelkiste[126] und Tollabox[127] zwei Nachahmer online. 2013 folgte Exploribox.[128]

Produktabbonnements bzw. „Boxes" sind natürlich bei Weitem nicht alles. Es gibt noch mehr Onlinegeschäftsmodelle, die den traditionellen Handel verändern oder künftig aufmischen werden. Online ist es viel einfacher, Special-Interest-Angebote zusammenzustellen, denn solche Händler sind nicht länger davon abhängig, dass es genügend Kunden vor Ort gibt. Das „Einzugsgebiet" der Kunden wird durch die Post-Lieferdienste einfach vergrößert. So kann ein Händler wie Wild Mint[129] aus den USA unabhängig vom Standort all jene Mütter beliefern, die größten Wert auf giftstofffreie Artikel von der Babywindel aus Stoff, über Getränkebehälter, Babybekleidung, Camping-Zubehör, Küchenartikel und Bar-Zubehör (!), bis hin zu Kinderspielzeug und wieder einmal Naturkosmetik legen.

Gelegentlich schließen sich sogar Mütter zusammen, um eine E-Commerce-Plattform für andere Mütter zu gründen wie bei Plum District.[130] Mütter suchen also für andere Mütter (Sonder-)Angebote, Produktempfehlungen, Veranstaltungen und Rabatt-Coupons aus, alles sortierbar nach Ballungsgebieten wie New York City, Dallas, Denver, San Francisco Bay Area etc.

Das Sockenabo (nicht nur) für den männlichen Kunden

Abonnements sind nicht nur für Zeitungen und Zeitschriften ein sicheres, weil mittel- und langfristig planbares Einnahmensystem, sondern zunehmend auch für Onlinehändler hierzulande. Sogar ohne Überraschungs-Box-Angebot lassen sich spannende geschlechtsspezifische Angebote finden. Begonnen hat das Abo-Angebot, soweit ich mich erinnern kann, mit den Sockenabos. Männer sollten nie mehr der Peinlichkeit ausgesetzt sein, in einer Situation, in der sie gezwungen waren, in der Öffentlichkeit die Schuhe auszuziehen, mit einem Loch in der Socke dazustehen. Die Geschäftsgründer von Blacksocks[131] aus Zürich und ähnliche Onlineshops zielten auf Männer ab, die aufgrund von Zeitmangel, Faulheit oder sonstiger Verhinderung außerstande waren, sich um die rechtzeitige Aussortierung der Fußbekleidung und den Nachschub zu kümmern, oder die einfach keine Partnerin hatten,

---

[126] https://www.wummelkiste.de/

[127] http://www.tollabox.de

[128] http://www.exploribox.com

[129] http://www.wildmintshop.com

[130] http://www.plumdistrict.com

[131] http://www.blacksocks.com

die diese Pflicht auf sich nahm. Blacksocks hat sein Angebot auf Unterwäsche und Hemden erweitert. Inzwischen bieten auch Sockenhersteller wie beispielsweise Falke[132] Abos an, wobei hier aus einem etwas größeren Sortiment gewählt werden kann. Ob mit einem schmalen Sortiment wie www.sockenkoenig24.de, ob Socken von www.auf-die-socken.de mit individuellem Motivations- oder sonstigem Aufdruck oder Berliner Charme von www.soxinabox.de, wo im Paket „Herrengedeck Tempelhof" zu 89 Euro fünf Paar Tempelhof Herrensocken, drei Paar Tempelhof Herrenkniestrümpfe, ein Nassrasierer „Hydro 5" von Wilkinson, ein Rasiergel, eine Zigarre Montecristo „Open" im Tubos, eine Zahnbürste von Dr. Barman's, ein Nagelknipser und ein Aufkleber (Banderole) enthalten sind.

Inzwischen wurde bei vielen dieser Anbieter auch die Kundin entdeckt. Es steht jedoch sehr zu vermuten, dass die Damen von diesen Abos deutlich weniger Gebrauch machen. Dennoch ist es erstaunlich, wie viele Socken-Onlinehändler von diesem Geschäftsmodell leben können.

Die Abo-Idee greift auch hierzulande immer weiter um sich. Der auf Rasierer spezialisierte Onlineanbieter Shave-Lab bietet eine eigene Linie an Herren- und Damen-Nassrasierern an. Da diese Produkte nur online über den eigenen Shop oder bei Amazon und Co. erhältlich sind, ist ein spontaner Nachkauf von Klingen gar nicht möglich. Um dennoch immer genügend Ersatzklingen im schnellen Zugriff zu haben, ist ein Klingen-Abonnement eine gute Idee. Dabei ist das Klingenangebot für Damen und Herren fast identisch, nur Farbe und Design weichen ab.

Ankleide-Service für den Mann

Und es gibt noch mehr für den einkaufsunwilligen Mann: Anbieter wie Outfittery[133] aus Berlin offerieren Männern online einen Ankleide-Service. Wer selbst keine Lust, keinen Geschmack und/oder keine Freundin hat, die das Kleidungsshopping für „Ihn" übernimmt, kann sich bei Outfittery und Co. guten Geschmack leihen und nach Festlegung des eigenen Stils gemäß vorgegebener Stilgruppen eine Auswahl zusenden lassen, die die Stylistinnen nach einem persönlichen Telefonat zusammengestellt haben. Was nicht gefällt, kann innerhalb von zehn Tagen kostenfrei wieder zurückgeschickt werden.

---

[132] http://www.falke.de
[133] https://www.outfittery.de

Neben alledem existieren selbstverständlich noch Anbieter von Waren, die gegenüber den üblichen Handelspreisen teilweise stark reduziert sind. Dieses Angebot gilt jedoch nur für eine kurze Zeit. Im Möbelbereich ist dies beispielsweise Westwing.[134] Westwing wurde von einer ehemaligen Redakteurin von Elle Decoration gegründet, angereichert mit reichlich Venture Capital. Sie hat sich auf den Einrichtungsgeschmack vieler Frauen spezialisiert. Fab[135] war eine Zeit lang *der* Kurzzeit-Marktplatz für rabattierte Designartikel aller Art und aus aller Welt und insbesondere bei Hipstern beliebt und berühmt. Doch im Zuge der Internationalisierung wurde das Geschäftsmodell radikal verändert: Jetzt ist Fab plötzlich ein Fertiger von Möbeln nach Maß und männlich-reduziertem Geschmack. An Fabs Stelle ist Monoqi getreten, auch wenn diese Produkte weitaus gediegener sind als so manches Flippige in Fabs Vergangenheit.

Net-a-Porter[136], laut eigener Aussage „die weltweit führende Onlineadresse für Luxusmode", bietet seit dem Jahr 2000 eine verführerische Kombination aus Modejournalismus und E-Commerce an: Die Leserin kann die Mode und die Accessoires aller berühmten Luxusmarken (außer denen mit exklusiv-eigenen Vertriebswegen wie Louis Vuitton) zu regulären Ladenpreisen online erstehen.

Auf die Zielgruppe abgestimmte Sortimentsauswahl

Was unterscheidet solche Angebote von klassischen Versandhaus-Modellen wie Otto[137], Baur[138] oder auch Spezialhändlern wie Toys'R'Us[139], babywalz[140] oder tausendkind[141], die sich ein stabiles Standbein im Netz aufgebaut haben? Es sind die Spezifikation der Zielgruppe *und* die Ausrichtung des Angebots auf eine umfassende Themenwelt, die den Unterschied machen.

---

[134] http://www.westwing.de

[135] https://www.fab.de/

[136] http://www.net-a-porter.com/

[137] http://www.otto.de

[138] http://www.baur.de

[139] http://www.toysrus.de/

[140] http://www.baby-walz.de

[141] http://www.tausendkind.de

Während Otto, Baur und Co. nach wie vor auf ein beinahe uferlos großes Angebot in traditioneller Kaufhaus-Manier setzen, begrenzt sich die Sortimentsauswahl der Special-Interest-Anbieter auf ein abgegrenztes Themengebiet. Dieses kann enger oder weiter gefasst sein, doch liegt immer eine *präzise Definition des Angebotsumfangs* zugrunde, basierend auf einer klar definierten Zielgruppe, ihrem Geschlecht und daraus resultierenden Bedarfen und Bedürfnissen.

Die großen Baby-Bedarf-Versandhändler hierzulande mögen sich auf Bekleidung, Spielzeug, Kindermöbel, Babybücher und etwas Zubehör konzentrieren, doch genau damit sind sie eben nicht die ultimative Anlaufstelle für Mütter, denn es fehlen viele weitere Produkte wie Windeln, Pflegeprodukte, Ernährungszubehör, etwas für die Mutter, Hinweise zu der ökologischen Unbedenklichkeit der Produkte, weiterführende Informationen und Tipps rund um das Thema Mutter und Kind etc.

Intuitive Navigation auf der Shopping-Website

Ganz bedenklich ist zumeist auch die Navigation auf der Shopping-Website, die zwar auf den ersten Blick logisch erscheint, es in Wahrheit aber häufig nicht ist. Über eine *intuitive* Bedienung wurde konzeptionell kaum je von einem Anbieter nachgedacht.[142] So gehören gerade auf Baby-Bedarf-Seiten schnelldrehende Verbrauchsartikel wie Windeln ganz „nach vorn", denn die werden viel und oft gebraucht. Der Zugriff muss schnell gehen, denn wir haben ja gelernt, dass Mütter keine Zeit haben. Stattdessen sind Windeln und Pflegetücher „logisch" in die Tiefen eines Katalogs einsortiert, wo eine übermüdete Mutter jedes Mal neu suchen soll. Falls ihr nicht sofort der exakte Produktname einfällt, muss sie sich bei Baby-Markt[143] durch 141 Artikel suchen, wobei sich, wie immer, auch einige Artikel eingeschlichen haben, die gar nicht in diese Produktkategorie gehören.

Übersichtlichkeit des Sortiments

Viele der hiesigen Versandhändler setzen weiterhin auf eine große Sortimentsbreite und -tiefe, statt auf eine gezielte Auswahl, die einer kleineren, näher spezifizierten, aber dadurch besser fassbaren Zielgruppe viel Zeit und Kraft spart. Frauen haben keine überflüssige Zeit und Mütter noch weniger. Da Frauen das Bedürfnis und somit die Angewohnheit haben, sich einen Überblick über das Gesamtangebot

---

[142] Die Anbieter von Onlineshops halten ihre Angebote oft für intuitiv verständlich, aber aus Anwendersicht sind die meisten es nicht.

[143] www.baby-markt.de

zu verschaffen, bevor sie sich entscheiden, weil sie die beste aller möglichen Lösungen suchen, hat ein riesiges Angebot den Effekt einer Kaufverhinderung. Außerdem haben zahlreiche Studien inzwischen erwiesen: *Je mehr Dinge in einer Produktkategorie zur Auswahl stehen, desto geringer ist die tatsächliche Kaufquote*. Es wurde vielfach erwiesen, dass eine geringere Auswahl die Kaufentscheidung erleichtert.

Klassisch ist hier der Marmeladen-Test im Delikatessengeschäft, der so und ähnlich auch mit anderen Produkten durchgeführt wurde.

Der Marmeladen-Test

In einer Versuchsanordnung wurden sechs Marmeladensorten zum Probieren angeboten, in einer anderen 24 verschiedene Sorten. Zwar wurden von den 24 Marmeladen mehr Kunden angelockt, aber es wurde nicht mehr verkostet. Bei den Verkaufszahlen zeigte sich der Unterschied dann gravierend: Bei der kleinen Auswahl kauften 30 Prozent der Kunden, bei der großen mit 24 Sorten hingegen lediglich drei Prozent![144]

Auch wenn viele Onlineshops in ihren Kundenbefragungen die Antwort erhalten, dass eine große Vielfalt und Auswahl wichtig seien, so entspricht das nicht dem Kaufverhalten. Wenn ein Portal wie www.moebel.de sich damit brüstet, 500.000 Artikel aus 150 Shops zu aggregieren, dann sei die Sinnhaftigkeit hierfür dahingestellt. Um dieselbe Anzahl von Verkäufen zu tätigen wie ein gut sortierter und durchschnittlich bekannter Spezialist, müssen der Logik nach viel mehr Besucher auf die Seite eines Großanbieters oder Generalisten gezogen werden, was natürlich einen sehr viel höheren Aufwand bei der Kommunikation und Kundenwerbung bedeutet. Viel bringt also nicht automatisch viel.

Vom Internet zurück in die echte Welt

Inzwischen führt der Weg schon wieder aus dem Internet hinaus in die richtige Welt. Was im Internet entstand, greift aus dem Bildschirm hinaus. Und damit befinden wir uns wieder mitten im Multichannel Commerce. Der vor Weihnachten 2012 eröffnete erste Popup-Store von eBay und PayPal in Berlins Mitte war ein Experiment, das diverse Ziele verfolgte. In einer Pressemitteilung hieß es: „Der eBay-Kaufraum zeigt, wie eBay und PayPal mit ihren Technologien die Gegenwart und Zukunft des Handels mitgestalten." Es ging also um die Erprobung und Kommunikation einiger

---

[144] Iyengar, Sheena S. und Mark R. Lepper (2000)

Konzepte wie zum Beispiel das Einkaufen per QR-Code[145], wie der Handelskonzern Tesco es bereits im Sommer 2011 mit großem Erfolg und viel internationaler Aufmerksamkeit an U-Bahnstationen in Korea erprobt hat. Südkorea gehört zu den Ländern mit der höchsten Arbeitszeit. Die Menschen haben wenig Zeit und nach der Arbeit wenig Kraft, noch einkaufen zu gehen. Tesco hat an den U-Bahn-Stationen Plakate mit Fotos von Supermarktregalen aufgehängt. An jedem Produkt war ein QR-Code angebracht. So konnten die Menschen auf dem morgendlichen Weg zur Arbeit, während sie auf die Bahn warteten, per Handy die QR-Codes der Produkte scannen und so ihre Bestellung aufgeben, die Tesco ihnen am Abend vor die Tür lieferte.[146] Diese Aktion war nicht geschlechtsspezifisch angelegt.

Stella & Dot — Verkaufsveranstaltung als Home-Party

Gänzlich anderes passiert beispielsweise bei Stella & Dot, einem US-amerikanischen Schmuck-Versandhändler, der gegen Ende 2013 im Rahmen der internationalen Expansion auch den Schritt nach Deutschland gewagt hat. Stella & Dot hat eigene Schmuckdesigner, die die Modeaccessoires in rauen Mengen exklusiv für den Onlinehändler mit den Frauennamen herstellen. Dieser aber verlässt sich nicht nur auf seinen Onlineshop, sondern geht den Avon- und Tupperware-Weg: Kundinnen können als Gastgeberinnen Home-Partys veranstalten. Das sind Verkaufsveranstaltungen, zu denen sie ihre Freundinnen einladen und bei denen eine „Stylistin" von Stella & Dot Schmuck präsentiert. Die Gastgeberin wird am Umsatz beteiligt. Gleichzeitig werden aus den Kundinnen Gastgeberinnen sowie neue Stylistinnen rekrutiert. Die Betrachtung von Schmuck am Bildschirm wird durch die Real-Life-Präsentation getoppt. Vor allem aber wird eine echte Verkaufssituation auch ohne Geschäftsräume, dafür aber mit einer motivierten Verkaufsberaterin generiert, die durch Stella-&-Dot-Verkaufsschulungen gegangen ist.

Zielgruppe Amazon Mom

Eine ganz andere Art von Zweikampf unter Giganten führt uns zurück in die USA und zur Zielgruppe der Mütter: 2010 führte Amazon jenseits des Atlantiks eine Mitgliedsgruppe unter der Bezeichnung Amazon Mom[147] ein. Der knackige Name soll jedoch nicht darüber hinwegtäuschen, dass auch andere „primäre Betreuer" von Kindern wie Väter, Großeltern und anderen Personen Zugang zu dem Dienst ha-

---

[145] eBay (2012)

[146] Biermann, Kai (2011)

[147] http://amzn.to/1llNWW3

ben. Amazon Mom will damit ausdrücklich die Familien-Kaufentscheider erreichen und bietet daher werdenden Eltern bzw. Eltern von Kindern bis zum Abschluss des Kleinkindalters diverse Sonderkonditionen. Nach einer dreimonatigen Gratis-Mitgliedschaft bei Amazon Mom wird ein Beitritt zu Amazons Prime-Programm zu 79 US$ pro Jahr nötig, um weiterhin in den Genuss der Vergünstigungen und dazu noch einiger weiterer zu kommen, die in den ersten drei Monaten zunächst nicht zu haben sind. Das Komplettpaket, mit dem Amazon Mütter an sich binden will, enthält

- einen 20-Prozent-Rabatt auf das Abonnement für Windeln und Pflegetücher,
- einen 20-Prozent-Rabatt auf weitere Grundprodukte für Familien, wenn mindestens fünf davon auf monatlicher Basis abonniert werden,
- die Gratislieferung innerhalb von zwei Tagen mit Amazon Prime,
- unbeschränkten Zugriff auf das Film-Streaming-Angebot von Amazon,
- ein kostenloses Kindle-E-Book pro Monat zum Ausleihen,
- die Registrierung von bis zu vier weiteren Haushaltsmitbewohnern zum kostenlosen Prime-Versand sowie
- einen 15-Prozent-Rabatt für die Registrierung des Kindes.

Damit hat Amazon tatsächlich im Verlauf der Zeit vielen Einzelhändlern die lukrativsten Kundinnen weggeschnappt. Die Handelskette Target[148], deren Kernzielgruppe aus Müttern besteht und der Amazon schon vor langer Zeit den Krieg erklärt hat, holte im September 2013 zum Gegenschlag aus. Mit einem Windel-Lieferservice und einem Abonnement-Programm für 150 Baby- und Kinderprodukte (ohne Food) und Rabatten bis zu 20 Prozent will Target die Kundinnen zurückgewinnen. Der Abo- und Lieferservice von Target ist im Gegensatz zu Amazon kostenfrei. Außerdem hat der Offline-Einzelhandelsriese zeitgleich Target Ticket[149] gegründet, einen Online-Filmstreaming-Dienst, der nur jugendfreie Familienunterhaltung enthält. Statt wie bei Amazon einen jährlichen Pauschalpreis zu entrichten, gibt es bei Target Ticket Pay-per-View.[150]

Willkommen im Multichannel-Shopping!

---

[148] http://www.target.com
[149] http://www.targetticket.com/
[150] Tuttle, Brad (2013)

2.6.4 Onlineshops für Sie und Ihn

Ich stelle immer wieder fest, dass auch bei Onlinehändlern noch sehr viel Unwissenheit darüber herrscht, inwieweit sich weibliche Bedürfnisse von denen der männlichen Käuferschaft unterscheiden. Viele Fragen werden aufgeworfen, aber seltsamerweise wird nach vielen dieser sehr wichtigen Antworten überhaupt nicht gesucht. In diversen Artikeln darüber, wie Onlineshops für Frauen und Männer gestaltet werden müssen, werden oberflächliche Verallgemeinerungen über die Geschlechter und — schlimmer noch — viel Falsches verbreitet (auf eine Verlinkung zur Beweisführung möchte ich an dieser Stelle verzichten).

Warum Frauen Online-Shopping lieben

Frauen legen in Onlineshops mindestens ebenso viel Wert auf Ästhetik wie im stationären Handel. Ich verrate Ihnen, worin bei Frauen das Vergnügen beim Shoppen besteht: Sie wollen neue und möglichst auch schöne Dinge entdecken. Im Onlineshop kann die Präsentation verschiedenster Artikel noch viel ansprechender gestaltet werden als in einem Geschäft. Hier kann die Ware regelrecht inszeniert werden (was im Handel ebenfalls in höherem Maße möglich ist, aber aus verschiedenen Gründen nicht oder nur selten getan wird. Lediglich einige Flagship Stores und Markenshops leisten sich diesen Luxus, allen voran Prada mit ihrem 2001 eröffneten New Yorker Flagship Store, den der berühmte niederländische Architekt Rem Koolhaas konzipiert hat). Onlineshops wirken inspirierend, wenn sie gut gemacht sind.

Frauen lieben das Online-Shopping aus zwei unterschiedlichen Gründen:

- Einkauf: Weil es schnell geht, wenn es schnell gehen muss. Weil es sich besser zwischen die anderen Verpflichtungen und Aufgaben des Tages einpassen lässt als die Fahrt in die Stadt (Shopping anytime, anywhere).
- Shopping: Weil es Vergnügen bereitet.

Umgekehrt verhalten sich Männer beim E-Commerce ebenfalls nach den Prinzipien des Bedarfs- und des Luxuskaufs:

- Bedarfskauf: Besorgung der benötigten Dinge auf kurzem Wege, aber bitte auch möglichst günstig.
- Luxuskauf: Kauf sehr spezieller Dinge, die im Sortiment des stationären Handels nicht erhältlich sind die es im Internet günstiger gibt. (Es gibt eine ganze Reihe von Männern, die Statusobjekte wie beispielsweise Rolex-Uhren gebraucht bei eBay kauft, weil sie sich diese sonst nicht leisten könnten.)

Produktpräsentation im Webshop — Der Shopping-Club Westwing

Im Gegensatz zu Frauen suchen Männer Informationen, keine Inspirationen. Und das ist ein fundamentaler Unterschied, der auch die Gestaltung von Webshops betrifft und den nur die wenigsten Shop-Betreiber bei uns bislang verstanden haben.

Delia Fischer, die Gründerin des Shopping-Clubs[151] Westwing, gehört zu denen, die ihr Geschäft verstanden haben. Als ehemaliges Redaktionsmitglied der Zeitschriften ELLE und ELLE Decoration hat sie viel Verständnis für Layout und Aufmachung mitgebracht, die dem weiblichen Auge schmeicheln. Es ist sehr typisch für das Verständnis solcher E-Commerce-Angebote, auch ein eigenes Magazin als festen Bestandteil der Website einzubauen. Im Grunde bestehen diese Magazine aus nichts anderem als einer redaktionellen Aufbereitung der im Angebot befindlichen Waren. Doch diese redaktionelle Aufbereitung hat eine andere Wirkung als die Eigenwerbung von Herstellern. Die vom Shop bereitgestellten Informationen, Inspirationen und Kombinationen erregen dasselbe Interesse wie Frauenzeitschriften. Sie bieten damit Orientierung, vorausgesetzt, eine gewisse Subtilität wird gewahrt und das Wohl und die Unterhaltung der Kundin werden — neben dem eigenen Verkaufswunsch —im Auge behalten. Das wissen Frauen sehr zu schätzen. Vor allem aber erfreuen sie sich an geschmackvollen Präsentationen. Und die erwarten sie auch im Webshop! Übrigens hat Net-a-Porter natürlich auch eins: The Edit.[152]

---

[151] Ein Shopping-Club bedarf der Mitgliedschaft und ermöglicht seinen Mitgliedern, exklusive Produkte oder Sonderkonditionen in Anspruch zu nehmen, die für dieselben Produkte in anderen Vertriebskanälen nicht erhältlich wären.

[152] http://www.net-a-porter.com/magazine

Abb. 42: Produktpräsentation im Shop von Westwing
Quelle: Screenshot von http://www.westwing.de, März 2014

Für den Webshop sind keineswegs immer nur die typischen funktionalen Aspekte wichtig wie etwa Zahlungsmethoden, die in vielen Studien ständig immer wieder abgefragt werden und seit Jahren dieselben Antworten liefern. Es geht vor allem um das Warenangebot und dessen Präsentation. Schöne Waren in hübscher Verpackung und mit appetitlicher Darstellung in elegantem Layout sind für das genussvolle Shopping speziell für Frauen ein Muss.

Abb. 43: Produktpräsentation im Shop von Westwing
Quelle: Screenshot von http://www.westwing.de, März 2014

Schwächen der virtuellen Warenpräsentation

Das größte Problem des Internets ist das Fehlen jeglicher Möglichkeit, die Produkte aus erster Hand *sinnlich* zu erfassen. Fotos befriedigen kaum den visuellen Sinn. Akustik, Haptik, Geruch und bei bestimmten Produkten auch der Geschmack kommen immer zu kurz, außer, jemand ersteht digitale Waren wie ein Musikstück oder einen Film. Es gilt inzwischen längst als ausgemachte Sache, dass Frauen zumindest bestimmte Produkte von allen Seiten und im Detail betrachten und anfassen wollen.

Bereits seit den 1990er-Jahren geistern immer wieder dieselben Ideen durchs Netz. So wurde beispielsweise die Möglichkeit geschaffen, ein Foto von sich selbst hochzuladen, um sich virtuell Kleidungsstücke anzulegen oder Brillen aufzusetzen. Aber bisher hat es noch niemand geschafft, solche Technologien wirklich erfolgreich und technisch überzeugend umzusetzen. Auch für den stationären Handel ist diese Idee übrigens wieder aufgewärmt worden. So und ähnlich, denken Männer, ließe sich der stationäre Handel wieder attraktiver machen, sodass wieder mehr Menschen ihren Laptop, iPad oder ihr Tablet ausschalten und den Weg ins Geschäft antreten.

Interessant und hilfreich finde ich, was Westwing sich einfallen ließ, um die Wirkung der im Sale angebotenen Bilder anzudeuten. Die Grafiker montierten die Bilder kurzerhand in ein Interieur, damit sich die Interessentin vorstellen kann, wie ein Bild tatsächlich an einer Wand wirken könnte. Da stört es nur bedingt, dass die Bildgröße in der Montage nicht dem Original entspricht. (Auch wenn dies natürlich schon zu Verwirrungen führen kann, wenn das Bild deutlich kleiner ist wie in diesem Fall — dieser Druck wurde im Maß 80 cm × 80 cm angeboten.)

Abb. 44: Angebotener Druck von Jamie Lee Reardin auf Westwing
Quelle: Screenshot von http://www.westwing.de, März 2014

Größe entspricht nicht dem Original

Abb. 45: Angebotener Druck von Jamie Lee Reardin auf Westwing, montiert in ein Interieur
Quelle: Screenshot von http://www.westwing.de, März 2014

Selbstverständlich gehört für einen Shop wie Westwing auch eine Präsenz auf Pinterest[153] dazu. Sie ist mindestens so wichtig wie eine Firmenseite auf Facebook. Pinterest gelingt es wesentlich besser, eine inspirierende Bilderwelt zu präsentieren und damit den Fashion- und Designanspruch einer Firma zu unterstreichen.

Im Gegensatz dazu präsentiert sich der seit 1996 sehr erfolgreiche Shop des Elektronikhändlers Conrad auf seiner Einstiegsseite so:

---

[153] http://www.pinterest.com/westwingde/

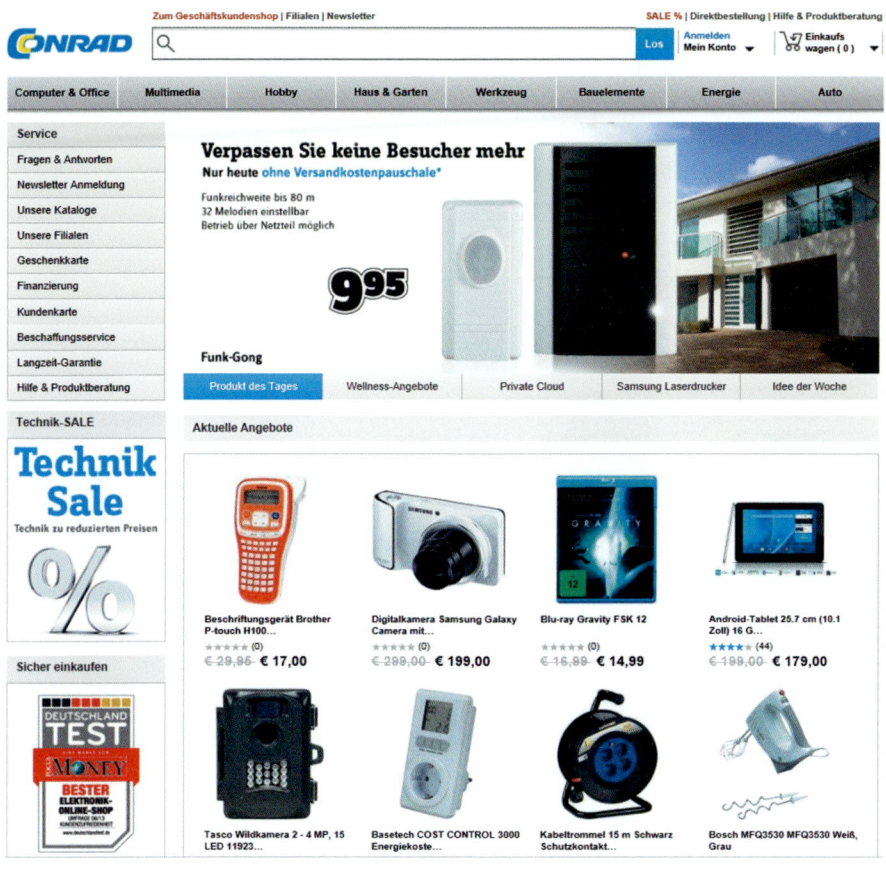

Abb. 46: Einstiegsseite von Conrad Elektronik
Quelle: Screenshot von www.conrad.de, März 2014

Für das Jahr 2014 wurden vom interaktiven Handel fünf Hauptthemen bzw. Haupt-
aufgaben benannt, die es in den folgenden Jahren umzusetzen gelte. Der bvh
hat diese fünf „Toptrends" zusammengetragen, die im Folgenden vorgestellt
werden:[154]

---

[154] http://www.bvh-kompendium.de

Trend 1: Multichannel-Strategien

Die mehrgleisige, kombinierte Distribution bietet den Händlern maximale Präsenz bei allen Arten von Kunden in allen erdenklichen Lebens- und Einkaufssituationen. Umgekehrt genießen die Kundinnen und Kunden den Komfort, stets den für ihren Bedarf optimalen Informations- und Einkaufskanal nutzen zu können.

Trend 2: Mobile Optimierung

Es muss heute schon selbstverständlich sein, das E-Commerce-Angebot auch für die Anzeige und Bedienung auf Mobile Devices wie Smartphones und Tablets zu optimieren. Das ist oft aufwendig und teuer, weswegen viele kleinere Anbieter vor allem in den USA, aber zunehmend auch in anderen Ländern dazu übergegangen sind, Tablet-Layouts zum Standard ihres Webshops zu machen. So benötigen sie höchstens noch eine Darstellung für Smartphones. Dies gilt für Angebote für weibliche Zielgruppen noch mehr als für Männer.

Trend 3: Internationalisierung/Cross Border

Die Internationalisierung ist in diesem Zusammenhang für die Händler wichtiger als für die Kundschaft. Bei diesem Trend geht es um Empfehlungen für die Händler und darum, wie sie sich „auslandsfein" machen.

Trend 4: Online-Kaufberatung für Kunden

In neueren Studien wird recht häufig abgefragt und von den Befragten bejaht, dass zunehmend auch im Onlineshop eine Beratung gewünscht wird. Dies ist eigentlich der Hauptgrund, den stationären Handel aufzusuchen. Doch wenn hier nicht die Beratung gefunden wird, die sich Kundinnen und Kunden wünschen, dann geht man eben zum Experten. Und wenn der am anderen Ende der Welt sitzt, dann wird es eben zum Trend, sich mit diesem Berater kurzzuschließen.

Trend 5: Logistik-Zustellmodelle „Same Day" und „Zeitfensterzustellung"

Für viele gehört es zu den stärksten Argumenten für den Einkauf im stationären Einzelhandel, dass man das, was man haben will, sofort bekommt. Diesen Vorteil kann der Onlinehandel aushebeln und sogar weit übertreffen, wenn er die bestellten Waren noch am selben Tag bzw. zum Wunschtermin nach Hause, an den Arbeitsplatz oder jeden anderen gewünschten Ort liefern kann. Bequemlichkeit ist in den USA längst Trumpf und sie wird auch für europäische Konsumenten immer wichtiger.

Beratungsservice bei Plum Pretty Sugar

Ein schönes Beispiel für die Umsetzung von Trend 3 und Trend 4 ist Plum Pretty Sugar, ein kleiner US-amerikanischer Hersteller für Damenbekleidung und Nachtwäsche. Das Format und Layout entspricht exakt der Bildschirmgröße von Tablet-PCs. Auf einem Smartphone ist es auch gerade noch nutzbar, zumindest sofern man über Adleraugen verfügt. Es gibt also kein spezielles Smartphone-Layout. Bei uns halten es stattdessen viele Anbieter in Europa noch für nötig, drei verschiedene Designs für PC, Tablet und Smartphone plus App zu entwickeln.

Was die Kundenberatung betrifft, hat Plum Pretty Sugar eine komfortable Lösung gefunden: Ruft man die Website während der Beratungszeiten auf, erscheint automatisch in der rechten unteren Ecke des Bildschirms eine Einladung zur Beratung per Chat. Außerhalb der Zeiten wird darauf aufmerksam gemacht, dass der Beratungsdienst offline ist, mit einem Hinweis, wann er erreicht werden kann. Die Zeiten der Erreichbarkeit entsprechen nicht gerade der Freizeit von Müttern mit Zweitjob oder Abendschule neben dem Hauptjob. Doch da die US-Amerikaner oftmals eine gewisse Freiheit für Erledigungen auch während der Arbeitszeit haben, lässt sich die drängendste Frage sicherlich auch zwischen 9 und 17 Uhr absetzen. Bei uns würde ein sinnvoller Service dieser Art ganz andere Onlinezeiten umfassen müssen. Die Möglichkeit zum Onlinechat macht die in den USA obligatorische kostenlose Service-Telefonnummer nicht ganz so notwendig.

Auch die prinzipiellen Kontaktinformationen sind auf der Beziehungsebene exzellent getextet: „For style advice, reassurance, order information or a sweet hello. Plum Pretty Sugar concierge is available Monday through Friday from 9:00 a.m. to 5:00 p.m. PST and can be reached directly at {310} 869.8366."

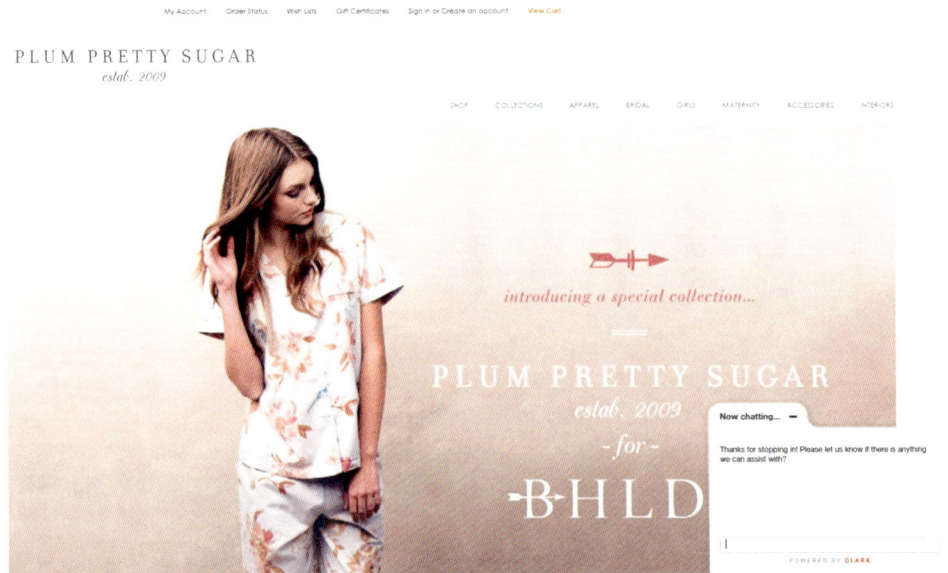

Abb. 47: Passend zu Trend 4: Die Onlineberatung wird hier gleich beim Einstieg angeboten, sodass man sofort auf diesen Service aufmerksam gemacht wird.
Quelle: Screenshot von http://store.plumprettysugar.com, März 2014

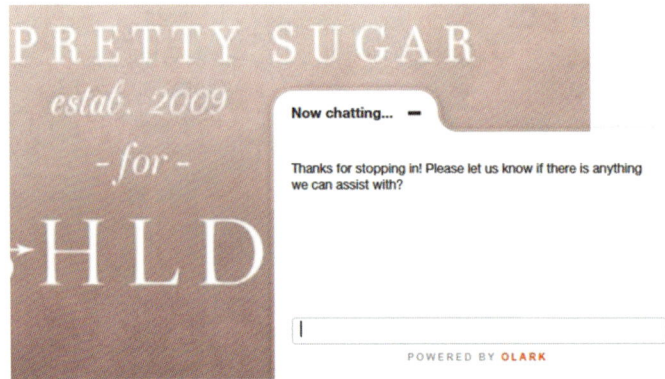

Abb. 48: Vergrößerung der Einladung zur Onlineberatung
Quelle: Screenshot von http://store.plumprettysugar.com, März 2014

Wem der Unterschied zwischen dem deutschen Verständnis eines gelungenen Webshopsdesigns und dem weitaus moderneren aus den USA noch nicht ganz klar ist, dem wird es beim Vergleich dieser Websites, über die Verzierungen für Wände angeboten werden, vielleicht klarer. Cherry Walls wird von einem US-amerikanischen Ehepaar betrieben, das vor einigen Jahren begann, die selbst hergestellten Wandaufkleber auf Etsy[155] zu verkaufen, einem riesigen Marktplatz für handgemachte Waren und Selbstgebasteltes. Inzwischen haben sie ihre eigene — natürlich für Tablet optimierte — Website mit Shop. Die Seite wirkt ruhig, aufgeräumt, ansprechend und auf das Wesentliche reduziert.

Gestaltung der Website von Klebefieber

Ziemlich anders kommt das Unternehmen Klebefieber daher, das Anfang 2014 Tine Wittler als Testimonial für die Website und die TV-Spots gewählt hat. Tine Wittler hat jahrelang auf Vox die Wohnungen von Menschen ohne Geld mit Ikea-Möbeln modernisiert.

Es ist auffällig, wie überladen die Website von Klebefieber mit Informationen ist. Es fehlt eine Informationsgewichtung und jegliches Gefühl für ästhetisches Layout. Bei Onlineanbietern stoße ich oft auf die Auffassung, dass die Kundschaft — und hier insbesondere auch die Frauen — all diese Informationen wünscht und benötigt. Das halte ich für ein großes Missverständnis. Ein solches Design ist nicht dafür geeignet, dass sich eine Frau mit durchschnittlichem Geschmack vorstellen kann, hier etwas Schönes für die Gestaltung des eigenen Heims zu finden. Zumindest aber gibt es in diesem Shop eine Onlineberatung, wenn auch nur von Montag bis Freitag zwischen 9 und 18 Uhr.

---

[155] http://www.etsy.com

Abb. 49: Eine verwirrendes, weil überladenes und nicht nach Wichtigkeit der Informationen gewichtetes Design
Quelle: Screenshot von www.klebefieber.de, März 2014

Unschön ist auch hier, was sich in den allermeisten deutschsprachigen Webshops findet: Ein schier endloser Footer mit zahllosen Informationen und vermeintlich Vertrauen spendenden Siegeln. Der Übersichtlichkeit dient das jedenfalls nicht, obwohl das viele Shop-Anbieter und -betreiber meinen.

Abb. 50: Informationen, die nicht zusammenpassen und ein Footer, der viele Informationen enthält, die deutsche Shop-Anbieter und -betreiber für wichtig halten. Sie schaden in Wahrheit der Glaubwürdigkeit, da sie nicht den Eindruck erwecken, dass dieser Anbieter von Designs selbst etwas von Design versteht. Quelle: Screenshot von www.klebefieber.de, März 2014

Die Betreiber von deutschen Shops wollen einfach zu viel. Sie denken, dass ein möglichst großes Angebot eine größere Kundenschar anspricht. Das könnte eventuell sogar stimmen, wenn sie nicht Dinge in den Shop stellen würden, die in keinerlei Bezug zueinander stehen. Bei Klebefieber gibt es nicht nur Wand-Tattoos, sondern auch Autoaufkleber. Außerdem gibt es Wand-Tattoo-Kreationen bekannter TV-Köche. Wozu? Was macht das für einen Sinn? Wie passen einzelne Rezepte zum Aufkleben auf die Küchenwand mit Wandverzierungen von Benjamin Blümchen und anderen lizenzpflichtigen Kindermarken und Autoaufkleber zusammen? Die Macher sind sicherlich der Ansicht, all diese Dinge gehören gemeinsam in die Kategorie „Aufkleber". Aber aus Sicht einer Frau ergibt etwas völlig anderes Sinn. Bevor ich aber dazu komme, hier noch ein anderes abschreckendes Beispiel.

Die Gestaltung der Website von Wall Art

Auch Wall Art arbeitet 2014 mit Testimonials, allerdings aus dem C- oder D-Promi-Segment. Die Seite hat eine im Grundsatz ähnliche Struktur wie Klebefieber. Sie ist voller Siegel und redundanter Informationen. Übersichtlichkeit und Ästhetik sind auch hier Fremdwörter. Besonders kurios finde ich die prominente Werbung für die Wandaufkleber von Fußball-Vereinen. Der Spagat zwischen Liebhaberinnen von Wandblumen und eingefleischten Fußball-Fans (womöglich noch Ultras) scheint doch etwas gewagt. Wall Art hat neben solch seltsamen Anwandlungen aber eine Sache im Prinzip richtig verstanden: Abgesehen von den Wand-Tattoos bieten sie auch Dekobuchstaben zum Hinstellen an sowie Fensterdekorationen, Foto- und sogar Türtapeten. Nur mit Produkten wie dem Serviettenring mit Hasenkopf verlassen sie wieder den Bereich der Heim-Verzierungen.

Abb. 51: Wand-Tattoos mit den Farben aus der Fußball-Bundesliga in einem Shop für Frauen?
Quelle: Screenshot von www.wall-art.de, März 2014

Zusammenstellung von Stil- und Themenwelten

Wer Frauen Wandverzierungen anbietet, der sollte in *Themenwelten* denken. Aus weiblicher Sicht bilden nicht Aufkleber eine sinnvolle Produktfamilie, sondern das Thema Heimverschönerung. Soweit läuft also bei Wall Art alles richtig. Was nicht stimmt, ist die Navigation und Kategorisierung im Webshop. Hier bleiben die Anbieter klassisch männlichen Denkweisen verhaftet. Wahrscheinlich ließ es auch der Webshop gar nicht anders zu, als Tapeten zu Tapeten, Wand-Tattoos zu Wand-Tattoos, Wandbilder zu Wandbildern etc. zu sortieren. Richtiger aber wäre es gewesen, *Stil- und Themenwelten* zusammenzustellen, um zu zeigen, wie sich verschiedene Artikel kombinieren lassen. Außerdem interessieren sich Frauen nicht unbedingt dafür, Kategorie für Kategorie systematisch durchzugehen, sondern sie lassen sich von Themen ansprechen, einmal für den „Tag am Strand", dann vielleicht für „Samba in der Nacht".

Ein sehr oft und gern vorgebrachter Einwand gegen gutes und übersichtliches Design vieler Shop-Betreiber lautet, dass die übersichtlich aussehenden und gegliederten Shops oft nur ganz wenige Produkte anbieten, während sie selbst ja Tausende, wenn nicht Zehn- und Hunderttausende von Artikeln vorhalten. Darauf kann ich nur erwidern: Selbst Karstadt mit seinen zahllosen Artikeln beherrscht das Shop-Design trotz aller Krisen der letzten Jahre inzwischen schon viel besser als jene, die da so klagen. Und eine gebührenfreie Service-Hotline, „erreichbar 24 Stunden täglich, 365 Tage im Jahr", gibt es obendrauf.

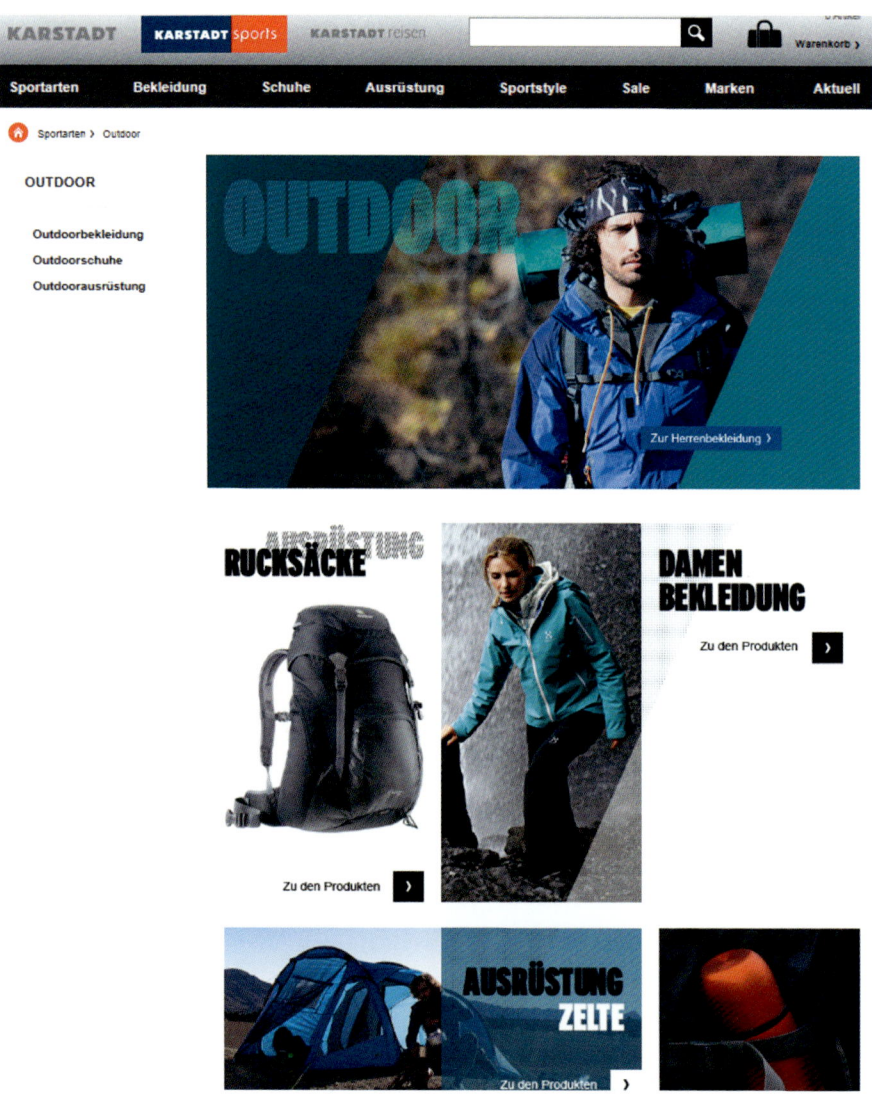

Abb. 52: Karstadt Sports zeigt, wie modernes Shop-Design geht
Quelle: Screenshot von www.karstadtsports.de, März 2014

Etsy — Übersicht trotz Millionen von Artikeln

Oder nehmen wir Etsy. Etsy hat — als internationaler Marktplatz für Selbermacher aller Couleur — Millionen von Artikeln online.

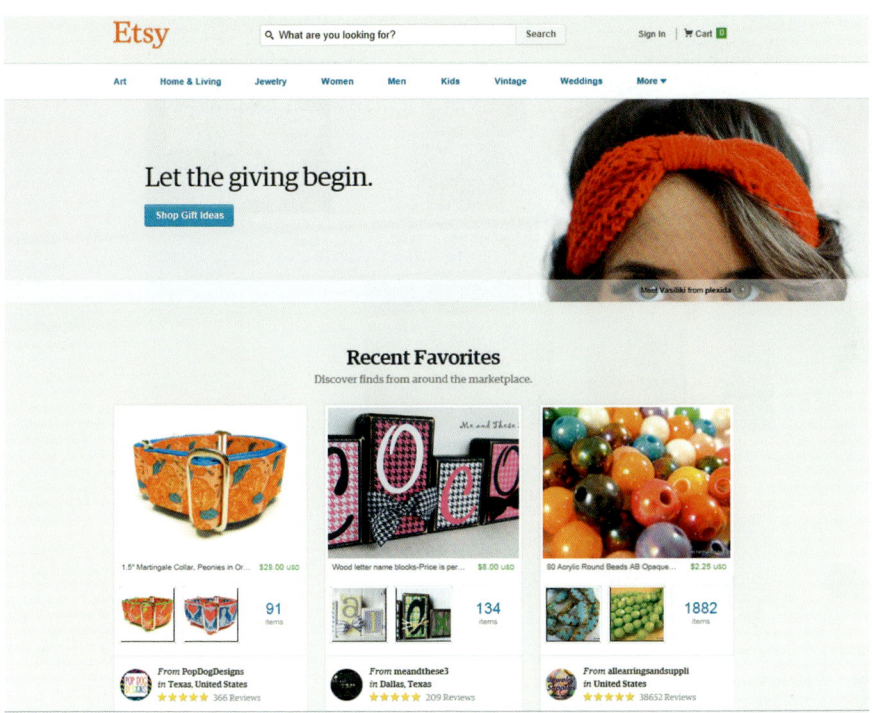

Abb. 53: Etsy hat Millionen von Produkten in seinem Shop – und wirkt dennoch aufgeräumt und einladend
Quelle: Screenshot von www.etsy.com, März 2014

Etsy bietet übrigens auch eine Mischung aus Marktplatz und Pinterest: Wer mag, kann sich registrieren lassen und seine eigenen Empfehlungslisten anlegen, denen andere User wiederum folgen können. Selbstverständlich ist jeder der empfohlenen Artikel per Klick kaufbar, jedenfalls solange das Einzelstück noch verfügbar ist. Das ist eine moderne Form des Empfehlungsmarketings, die den meisten Shops im deutschsprachigen Raum zumindest Anfang 2014 noch völlig fremd ist.

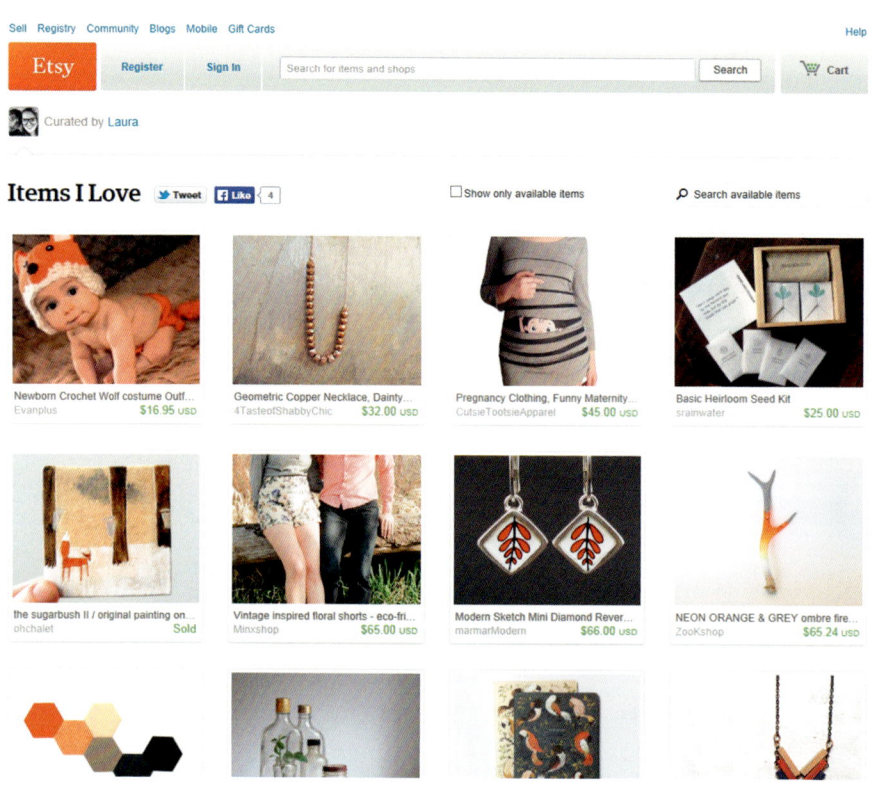

Abb. 54: Etsy bietet Millionen von Produkten in seinem Shop an – und wirkt dennoch aufgeräumt und einladend
Quelle: Screenshot von http://etsy.me/NJTP1g, März 2014

Übrigens orientieren sich mehr und mehr Webshops für Männer an denselben Design-Empfehlungen, was sicherlich auch daran liegt, dass es international zunehmend Shop-Anbieter gibt, die ihre Systeme nach den vorgenannten Kriterien aufbauen. Hier ein Beispiel für einen nordamerikanischen Hersteller für Eiweißpulver und andere Nahrungsergänzungsmittel.

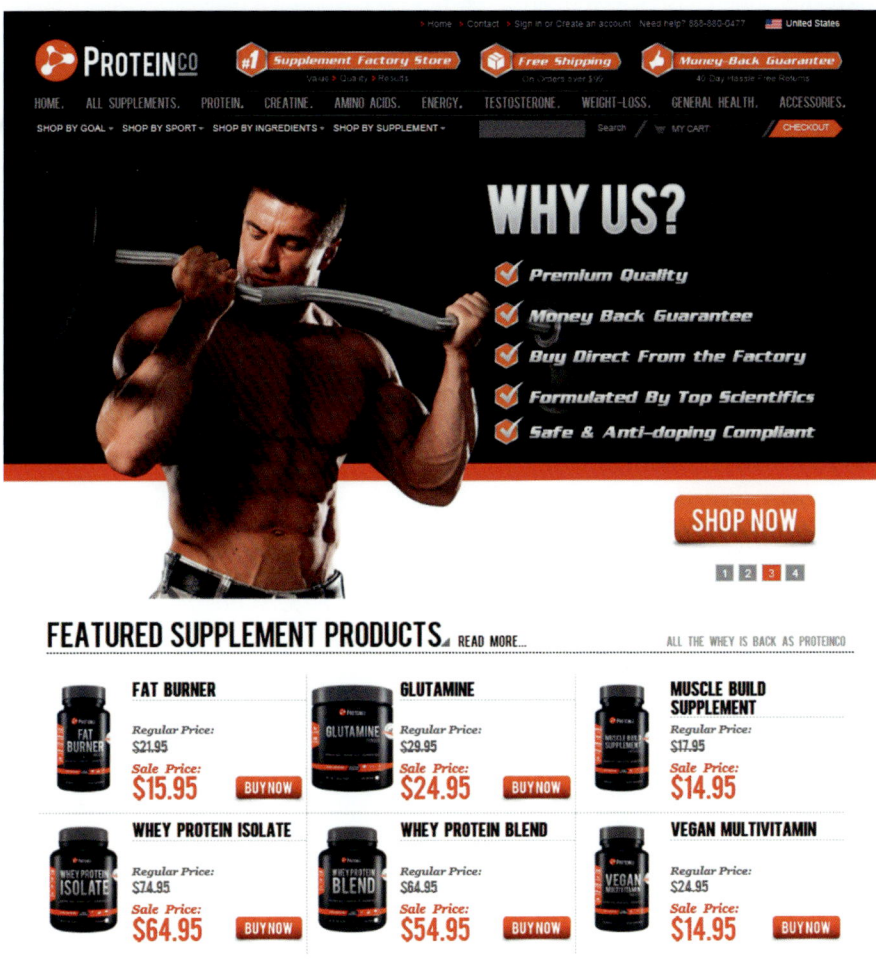

Abb. 55: Auch Männershops setzen zunehmend auf Übersichtlichkeit und Ästhetik
Quelle: Screenshot von www.proteinco.com, März 2014

Nach der Einstiegsseite wird es bei ProteinCo zwar auch wieder kleinteilig-männlicher, aber es hält sich noch in Grenzen.

Eigene Website für Frauen und Männer?

Zum Abschluss dieses Kapitels bekenne ich: Ja, ich bin für die ernsthafte Überlegung bei so manchem Angebot, ob nicht jeweils eine eigene Website für Frauen und Männer oder die Einrichtung einer Landing Page oder geschlechtsspezifische

Microsites eine bessere — weil erfolgreichere — Lösung wäre als eine Unisex-Seite, die doch nur auf dem männlichen Verständnis über die Gestaltung eines Webshops basiert. Aber bisher hatte ich noch keinen Kunden, der sich das getraut hätte. *Noch* nicht.

2.7 Aftersales

Bei einem einmaligen Verkauf geht sehr viel Potenzial für Nachfolgegeschäfte verloren. Da Kundinnen in aller Regel auf *langfristige* Geschäftsbeziehungen aus sind, sind sie nicht nur empfänglich, sondern auch dankbar für die Fortsetzung des Kontakts durch das Unternehmen, vorausgesetzt, die Kommunikation findet nicht nur zu werblichen Interessen des Unternehmens statt, sondern berücksichtigt den Vorteil und die Bedürfnisse der Kundin.

Es verblüfft sehr, dass gerade so intensive Nachkauf-Branchen wie (einmal mehr) die Automobilindustrie es völlig versäumen, sich um die Kundinnen zu bemühen. Sie kaufen genauso Autos wie Männer. Die Zulassungsstatistik des Kraftfahrzeug-Bundesamts ist keine zuverlässige Quelle für die Ermittlung des Kunden- und Fahrergeschlechts, denn viele Autos, die Frauen fahren, sind aus versicherungstechnischen Gründen auf den Partner oder Vater zugelassen. Zweitwagen kosten geringere Prämien. Aber die Eigentümerinnen und Fahrerinnen benötigen nicht nur ein Auto, sondern auch eine Versicherung, regelmäßige Reifenwechsel und weitere Werkstatt-Dienstleistungen. Doch niemand spricht mit ihr und niemand aus dieser Branche inseriert seine Produkte in Frauenzeitschriften. Was für eine Verschwendung von Kundenpotenzialen!

Maßnahmen zur Kundenbindung

Nun stellt sich eine Gretchenfrage: Soll man nach dem Kauf in die Kundenbindung bei Frauen investieren, wenn sie doch ohnehin schon die loyaleren Kunden sind? Oder muss man nicht den unsteten, wechselbereiten Männern mehr Beachtung schenken, um ihre Wankelmütigkeit zu befriedigen? Diese Frage ist durchaus berechtigt. Wer aber noch überhaupt keine Aftersales-Kontakte zu Frauen aufgebaut hat, dem sei ans Herz gelegt, das zu tun, denn nur durch den Kontakt lässt sich die Treue wirklich aufrechterhalten. Kundenbindungsmaßnahmen mit Männern sind auch wichtig, aber in einem geringeren Maße wirksam. Wer also ein geringes Budget und eine große weibliche Käuferschaft hat, erzielt einen größeren Effekt, wenn er sich nach dem Verkauf weiter um seine Kundinnen bemüht.

Word of Mouth — Weiterempfehlung ist eine weibliche Stärke

Es ist leicht, mit der Kundschaft in Kontakt zu bleiben und über Nachkäufe hinaus Nutzen daraus zu ziehen. Kundinnen mögen es, wenn ihnen Beachtung und Wertschätzung geschenkt werden. Sie bleiben gern im Dialog und geben gern Auskunft über ihre Produktzufriedenheit, darüber, wie sie das Produkt nutzen und vieles für die Marktforschung Wertvolle mehr. Gut designte Kund(inn)enbindungsmaßnahmen ersparen so manche Investition in die Marktforschung und helfen bei der Weiterentwicklung der Produkte. Kundinnen geben sicherlich auch gern Referenzen, wenn sie darum gebeten werden. Referenzen schaffen bei anderen Interessentinnen vertrauen, das sie vielleicht sogar dazu bringt, selbst Kundinnen zu werden. Und natürlich lassen sich zufriedene Kundinnen darauf ein, die Marke und ihre Produkte weiterzuempfehlen. *Weiterempfehlung ist eine weibliche Stärke* und ein Grundpfeiler der weiblichen Kommunikation. Für Unternehmen ist diese Eigenschaft unbezahlbar!

3   Case Studies „Gender Marketing"

Anhand von sieben ausführlichen Case Studies erfahren Sie auf den folgenden Seiten, wie innovativ und erfolgreich Gender Marketing für Unternehmen sein kann:

- Kapitel 3.1: Duni — Erfolgsstrategien für einen schrumpfenden Markt
- Kapitel 3.2: Bayer-Healthcare — OTC-Marken für weibliche Konsumenten
- Kapitel 3.3: Red Bull — eine Marketingstrategie für junge Männer
- Kapitel 3.4: Bosch — Gender Marketing bei Heimwerkern
- Kapitel 3.5: Funkybod — ein Männer-Wonderbra
- Kapitel 3.6: Swiss Ladies Drive — das erste Automagazin für Frauen
- Kapitel 3.7: Schuberth — ein Frauen-Motorradhelm

An dieser Stelle möchte ich allen Autoren, Interviewpartnern und anderen Informationsgebern für Beiträge zu diesem Kapitel sehr herzlich für die Einblicke in die Marketingstrategien ihrer Unternehmungen danken. Die Kommunikationskampagne von Bosch wurde gemeinsam mit der Agentur KetchumPleon (damals Pleon) Stuttgart unter der Führung von Dr. Sabine Hückmann entwickelt. (Ihre Mitwirkung möchte ich auf keinen Fall unterschlagen.) Diese Kampagne hat — völlig berechtigt — diverse Preise gewonnen. Lesen Sie, wieso.

3.1 Duni – Erfolgsstrategien für einen schrumpfenden Markt

Von Markus Ott, Marketingleiter Consumer Central Europe bei Duni

Servietten sind cool — Dank Duni

Wer „Servietten" hört, denkt nicht gerade an ein trendiges „Must-have". Ja, sie gehören auf jeden festlich gedeckten Tisch, sie sind Teil unserer Kultur, sie schützen das „Kleine Schwarze" ebenso wie das Dinnerjacket vor Soßenflecken und heruntergefallenen Stückchen Coq au Vin, Gläserränder vor Lippenspuren, und sie zeigen jedem Anwesenden bei einem Mahl, wer über mehr oder weniger Manieren verfügt. Servietten sind eine Notwendigkeit und stehen für gekonnten gesellschaftlichen Umgang. Man findet sie bei Königen und in der Sozialwohnung. Sie sind ein Alltagsgegenstand, über den heute kaum noch einer nachdenkt, denn gerade Tissue-Servietten sind so billig wie selten zuvor. Aber für uns bei Duni sind Servietten etwas Aufregendes, denn wir machen sie zu etwas, das unsere Kundschaft wieder mit Liebe auf den Tisch legt, das Familien und Gäste erfreut und ein schönes Essen erstrahlen lässt.

Wie viel Mühe wir uns geben, damit dies gelingt, erfahren Sie auf den folgenden Seiten.

3.1.1 Die Entwicklung des Marktes

Duni ist ein Unternehmen, das ursprünglich in Schweden gegründet wurde und nun in vielen Ländern der Welt aktiv ist. Seit 2008 ist Duni in Schweden an der Börse gelistet. Duni hat in Deutschland ca. 900 Mitarbeiter, von denen über 50 Prozent Frauen sind.

Duni stellt neben Servietten auch viele weitere Produkte für den gedeckten Tisch und für unterschiedlichste Anlässe her, darunter wertiges Einmal-Geschirr und Kerzen. Doch auch Hygieneprodukte auf Zellstoffbasis gehören zum Sortiment. Das Produktionsvolumen in Deutschland betrug 2011:

- 5,96 Milliarden Servietten
- 136 Millionen Dunicel®-Produkte
- 283 Millionen Hygieneprodukte

In dieser Case Study möchte ich über den gedeckten Tisch im Consumer-Segment berichten.

2007 kam ich als Marketingleiter zu Duni. Seither hat sich der Markt für Servietten und den gedeckten Tisch im Consumer-Segment massiv verändert. Durch den starken Einfluss von günstigen Handelsmarken schrumpft der Markt seit Jahren in großem Tempo. So ist der Serviettenmarkt in Deutschland laut Nielsen 2/2014 wertmäßig in 2012 um 5,7 Prozent und in 2013 um 4,9 Prozent geschrumpft. Duni hingegen konnte für 2013 eine Umsatzsteigerung von 27,2 Prozent verzeichnen — in genau diesem Markt. Wir begnügen uns eben nicht damit, einfach nur hübsche Servietten herzustellen, die den Käufern hoffentlich besser gefallen als die unserer Wettbewerber. Wir haben unsere Hausaufgaben gemacht, und der Erfolg zeigt uns, dass wir richtig liegen.

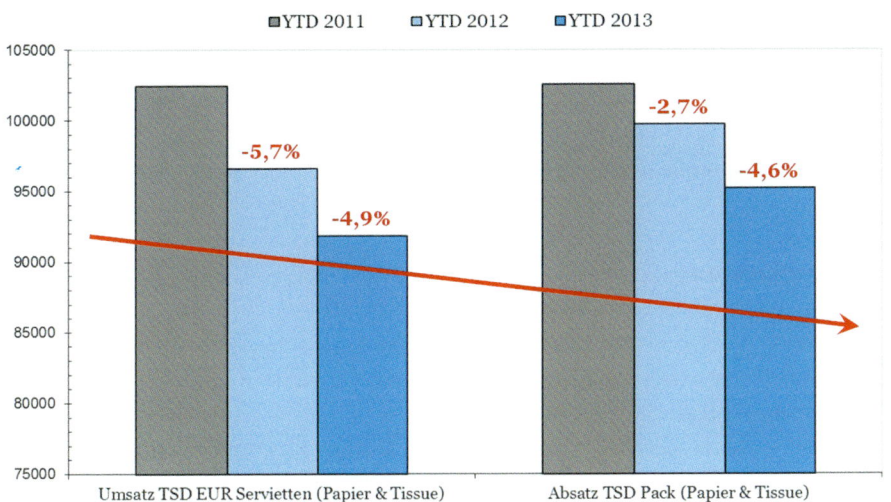

Abb. 56: Entwicklung Kategorie Lebensmittelhandel (LEH) und Drogeriemärkte (DM) Servietten total: Umsatz und Absatz sind seit 3 Jahren rückläufig
Quelle: Nielsen Deutschland, Serviettenmarkt 2013

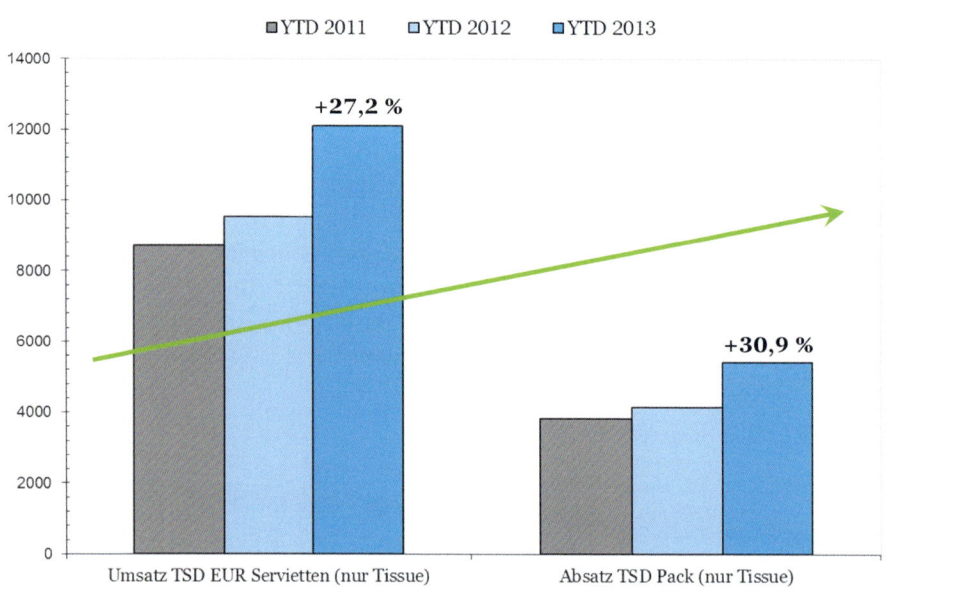

Abb. 57: Entwicklung Duni LEH + DM Servietten (Tissue): Umsatz und Absatz sind seit 3 Jahren positiv
Quelle: Nielsen Deutschland, Serviettenmarkt 2013

Die Vermarktungsstrategie von Duni

Bis 2009 lag der Schwerpunkt unserer Vermarktungsstrategie vor allem auf einzelnen Serviettenmotiven oder Motivkollektionen. Es wurde nicht zielgerichtet genug über die Endkunden und deren individuelle Bedürfnisse nachgedacht und erst
recht keine geschlechterspezifische Promotion durchgeführt. Die Motive von Duni
waren in erster Linie schön — und traditionell. Doch in dieser Zeit wurden Marktanteile verloren, während die Wettbewerber stärker wurden. Trade-Marketing stand
bei Duni damals mehr für Servietten-Design und Regallayouts. Duni wurde von vielen Einkäufern zwar als qualitativ gute, aber traditionelle und zu langweilige Marke
angesehen. Aus demselben Grund wanderten während dieser Zeit auch Kunden
ab. Es war also höchste Zeit zu handeln. Duni musste sich verändern, musste jünger und frischer werden, ohne die für uns sehr wichtigen bestehenden Käufer zu
verlieren. Eine wesentliche Herausforderung war für mich, neue und langfristige
Visionen zu entwickeln, wie der Verkauf (in Bezug auf den Handel) und besonders
der Abverkauf *im* Handel künftig besser unterstützt werden konnte.

Und dann begann dieses Marktsegment auch noch unaufhaltsam zu schrumpfen.
Allein zwischen 2011 und 2013 verlor der Gesamtmarkt für Servietten im deutschen

Lebensmitteleinzelhandel (LEH) und in den Drogeriemärkten wertmäßig über 10 Prozent. Hatten die Kunden 2011 noch 91 Millionen Euro für Tissue-Servietten ausgegeben, waren es 2013 nur noch 82 Millionen Euro. Doch wir traten diesem Abwärtstrend mit solider Marktforschung, innovativen Produkten und stringenten Vermarktungskonzepten entgegen. Alle diese Strategien, ausgenommen ein Konzept, wurden speziell für unsere Hauptzielgruppe „Frau" entwickelt. Über neue und inspirierende Regal- und POS-Konzepte konnten neue Handelskunden gewonnen und alte Kunden zurückgewonnen werden. Seither wächst Duni kontinuierlich — gegen den Markttrend.

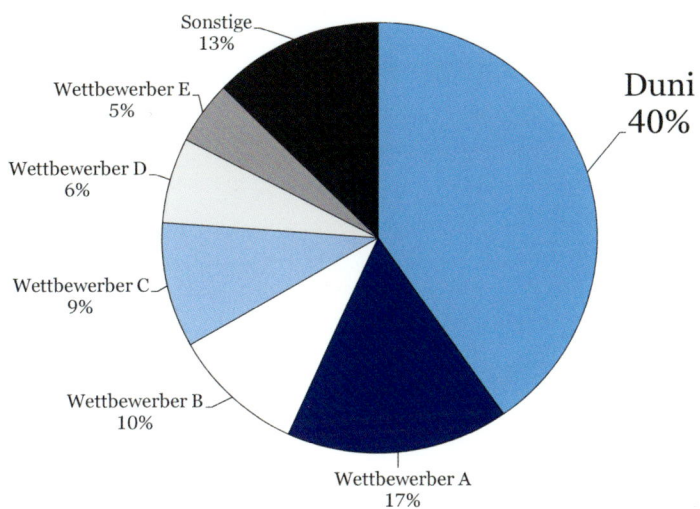

Abb. 58: Umsatzverteilung LEH + DM Tissue-Servietten im Gesamtmarkt ohne Handelsmarken
Quelle: Nielsen Deutschland, Serviettenmarkt 2013

In Zahlen bedeutet das: Duni steigerte 2012 und 2013 seinen Umsatz um insgesamt 39 Prozent! Ein ähnliches Bild ergibt sich bei den abgesetzten Packzahlen: Der Gesamtmarkt setzte 2013 mit 87,4 Millionen Packungen mehr als 6 Prozent weniger um als zwei Jahre zuvor. Duni aber steigerte den Absatz bei Packzahlen zur gleichen Zeit um 42 Prozent. Dabei wird dieses Produktsegment wie kaum ein anderes von Handelsmarken dominiert. Doch auch sie hatten empfindliche Einbußen hinzunehmen — und das, obwohl Private-Label-Angebote im Discount die Ankerpreise setzen: Ein Pack mit 30 Stück unifarbenen Servietten kostet als Private Label 0,55 Euro, ein Pack mit 40 Stück Motivservietten 0,95 Euro. 2013 waren 81 Prozent aller verkauften Serviettenpacks in Deutschland günstige Handelsmarkenprodukte. Mit den Eigenprodukten erwirtschaftete der Handel jedoch nur knapp 61 Prozent allen Umsatzes in diesem Produktbereich. Obwohl der Marktanteil der Handelsmarken leicht gestiegen ist, fiel der Umsatz im gleichen Betrachtungszeitraum um fast

9 Prozent. Innerhalb der Servietten-Kategorie führen besonders die Billigangebote von Handelsmarken zu starker Wertschöpfungsvernichtung, relativ und absolut. Und auch ein Blick auf die Preisentwicklung in diesen drei Jahren ist aufschlussreich: Im Gesamtmarkt ist ein Preisverfall in Höhe von 4 Prozent feststellbar, bei den Handelsmarken sind es sogar 5,5 Prozent. Duni jedoch blieb mit gerade mal 2 Prozent weitgehend stabil.

Nimmt man die Handelsmarken heraus und betrachtet nur die Markenhersteller, dann hat Duni den Marktanteil 2013 beim Umsatz des Gesamtmarkts „Servietten" von 25,3 Prozent auf 39,6 Prozent erhöht. In Bezug auf den Absatz zeigt sich eine Steigerung von 20,1 Prozent auf 34,1 Prozent.

Im Jahr 2013 erreichte Duni rund 200.000 Haushalte mehr als in 2013. Und das nicht nur mit Servietten, sondern auch mit zusätzlichen Produktgruppen wie Tischdecken, Mitteldecken, Tischläufern und Tischsets. In diesem Segment ist Duni mit 58 Prozent Marktanteil absoluter Marktführer, Handelsmarken inklusive.

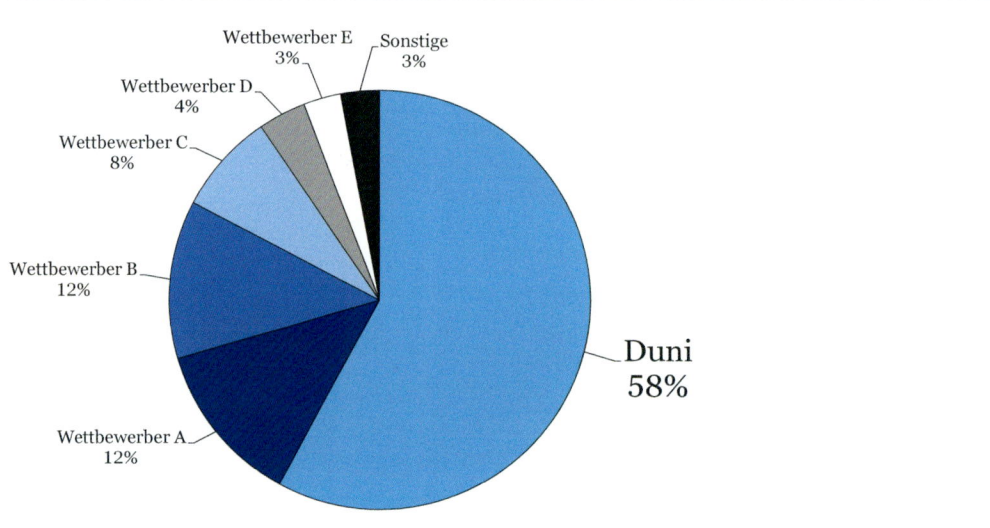

Abb. 59: Umsatzverteilung Einweg-Tischdecken LEH + DM 4. Quartal 2013 inklusive Handelsmarken
Quelle: Nielsen Deutschland, Serviettenmarkt 2013

Genaue Kenntnis der Endkunden

Seit meinem Einstieg 2007 hat sich aber noch etwas sehr Wichtiges verändert: Unser Verständnis von unseren Endkunden. Früher waren unsere Verkaufsstrategien auf den Handel ausgerichtet und nicht darauf, wer unsere Produkte letzten Endes benutzt. Jetzt wissen wir nicht nur sehr genau, dass vor allem Frauen unsere Käufer sind, sondern wir kennen auch sehr genau demografische Zusammenhänge wie Haushaltsgröße, Altersstruktur, durchschnittliches Einkommen und geografische Umsätze im Verhältnis zur Kaufkraft. Wir wissen deutlich besser über die Zielgruppe „Frau" Bescheid: Was Frauen wollen, was ihnen gefällt und wie sie kaufen — das sind die Fragen, die über allem schweben, was wir tun.

3.1.2 Herausforderungen und Zielsetzungen

Unsere Herausforderungen bleiben auch in den kommenden Jahren die gleichen wie in den letzten Jahren. Daraus folgen klare Ziele für die D-A-CH-Region Deutschland, Österreich und die Schweiz:

- Duni will in einem rapide schrumpfenden Markt deutlich wachsen. Die Wachstumsstrategie umfasst Marktanteile ebenso wie die absoluten Umsatz- und Abverkaufszahlen.
- Es gilt, die in den letzten Jahren gewissenhaft erarbeitete Marktführerschaft bei den Markenservietten wertmäßig zu halten und auszubauen, besonders in allen relevanten Vertriebskanälen. Das sind Verbrauchermärkte, Supermärkte, Drogeriemärkte und der Fachhandel.
- Duni will Verbraucher mit ihren Produkten begeistern und starke positive Emotionen wecken. Sie sollen sich an unseren Motiven, an den Kombinationsmöglichkeiten, an der einzigartigen Produktqualität und damit an ihrem schön gedeckten Tisch erfreuen. Nicht nur an besonderen Feiertagen, sondern jeden Tag.
- Duni musste verjüngt werden, weil Duni über Jahrzehnte stets ähnliche Designs entwickelte und auf Händler und Verbraucher gleichermaßen „altbacken" wirkte. Es mussten neue Ideen gefunden und umgesetzt werden. Das ist vollauf gelungen. Duni hat in kürzester Zeit eine Verjüngungs- und Erfrischungskur durchlebt und ist nun jünger, frecher, dynamischer. Das sehen die Einkäufer so und auch unsere Verbraucher. Das hohe Innovationstempo muss nun beibehalten werden.
- Hochwertige Motive auf hochwertigen Materialien sind die Basis für die Durchsetzung höherer Preise. Mit der Einführung neuer Designer-Kollektionen werden Servietten zwar teurer, bieten dem Verbraucher dafür aber auch einen Mehrwert. In einem Produktsegment, in dem die 40er-Packungen Motivservietten 95 Cent kosten, setzt Duni eine Hochpreisstrategie durch: Für eine 20er-Packung Motivservietten aus der Serie Designs for Duni® (dazu unten mehr) ist die unverbindliche Preisempfehlung von 2,49 Euro auf bis zu 3,49 Euro pro Packung erhöht worden. Das entspricht knapp dem Siebenfachen dessen, was eine Private-Label-Serviette kostet. Um eine höhere Wertschöpfung im Handel zu erreichen, soll der Absatz unserer neuen Designs for Duni®-Kollektionen systematisch gesteigert werden.

- Dennoch will Duni weiterhin ein Preiseinstiegssegment für Schnäppchenjäger unter einer Zweitmarke anbieten. Bei 99 Cent je Packung entsteht ein Mitnahmeeffekt, denn bei diesem Preis muss nicht großartig überlegt werden, ob diese Servietten gekauft werden sollen.
- Die Marke Duni darf durch die günstigen Angebote von der Zweitmarke nicht beschädigt werden, sondern soll im Gegenteil weiter verjüngt und aufgewertet werden.
- Verbundkäufe sollen weiter gesteigert werden. Neben dem Cross-Selling soll vor allem das Up-Selling verstärkt werden, also der Verkauf höherwertiger und teurer Artikel wie Tischdecken, Mitteldecken und Tischläufer.
- Duni soll noch mehr Regalfläche sowie Zweit- und Drittplatzierungen am POS erhalten. Dafür muss der Handel verstehen, dass es sich bei dem Sortiment von Duni nicht nur um eine Category (Servietten), sondern um zwei handelt (Servietten und Tischdecken). Die Serviette ist quasi „nur" das Trägermedium, um den gedeckten Tisch mit weiteren Tischdekor-Produkten zu vervollständigen. Servietten und Tischdecken bzw. Tischläufer machen zu je 50 Prozent das Geschäft von Duni aus.
- Es soll für Händler attraktiv sein, Duni zu führen.
- Weitere Händler sollen vom Duni-Wertschöpfungskonzept überzeugt werden.

3.1.3 Was wir erreichen wollen

Neben all diesen messbaren Marketingzielen haben wir auch eine „weiche" Formulierung, wie wir dies alles umsetzen möchten.

Wir wollen eine Win-win-win-Situation für Duni, unsere Kunden (die Händler) und die Endverbraucher schaffen: Duni will mit einzigartigen Produkten und besten Handelskonzepten in allen Punkten der gesamten Wertschöpfungskette wachsen. Der Handel soll davon ebenso profitieren. Die Verbraucher sollen sich an unseren faszinierenden Produkten und Konzepten erfreuen.

1. Dazu orientieren wir uns konsequent an den Bedürfnissen und Vorlieben unserer Kundschaft.
2. Wir entwickeln unsere Store-Konzepte immer weiter. Die Shoppingwelten von Duni Premium Store folgen einem hohen Anspruch. Wir wollen unseren Verbrauchern mehr bieten:
   - mehr Inspiration,
   - mehr Trendmotive,
   - mehr Wohlfühlatmosphäre.

3. Wir wollen gemeinsam mit dem Handel:
    - unsere Category emotionaler gestalten,
    - Verbraucherinnen zum Mehr-Kauf inspirieren,
    - durch „Mix & Match", also durch den Verkauf verschiedener, zueinander passender Produkte, den Durchschnittsbon erhöhen.
4. Wir bieten für jede Geschäftsgröße und für jede Saison das jeweils optimale Konzept. Alle Regalsysteme, Zweitplatzierungen und Marktplätze sind modular an die verschiedenen Bedürfnisse unserer Handelspartner angepasst, werden jährlich überarbeitet und neu gestaltet.

3.1.4   Die Strategie

Diese vielen, umfangreichen und ambitionierten Ziele sind nur innerhalb eines komplexen Gesamtkonzepts umsetzbar, mit dem wir 2010 gestartet sind und das wir kontinuierlich und systematisch ausbauen. Unsere Gesamtstrategie basiert auf mehreren Säulen, die von meinem Team und mir eingeführt wurden:

1. **Consumer Insights:** Wir erforschen sehr dezidiert, was unsere Endkunden von uns erwarten.
2. **Produktdesign:** Servietten gehören nicht nur zu festlichen Anlässen, sondern auf jeden mit etwas Anspruch gedeckten Tisch und sogar auf die Picknick-decke. Wir gestalten Produkte für den guten Geschmack in jedem Alter. Dazu gehören auch sehr emotionale und polarisierende Motive, die man eigentlich nicht auf Servietten vermuten würde.
3. **Sortimentsgestaltung** — weit mehr als nur Servietten: Wenn wir über Servietten sprechen, dann meinen wir nicht nur Servietten, sondern wir denken an den gedeckten Tisch. Dazu gehören auch immer passende Tischdecken, Mitteldecken, Tischläufer und Tischsets.
4. **Die Marke Duni:** Wir bauen die Marke Duni und ihre verschiedenen Segmente als *die* Marke für den schön gedeckten Tisch zu jeder Gelegenheit und für jeden Geldbeutel aus.
5. **Daten, Daten, Daten:** Wir sind jeden Tag am Puls des Handels, indem wir ständig die neuesten Handelstrends beobachten und auswerten, Nielsen- und Handelsscanner-Daten genauestens analysieren, unsere Abverkäufe monitoren und jede Idee vor ihrer Einführung gründlich testen. Es waren die ausführlichen Auswertungen der Abverkäufe, die uns dazu bewogen haben, uns auf die weibliche Zielgruppe zu fokussieren und Designs und Promotions gezielt an demografischen Merkmalen wie Alter, Einkommen und Haushaltsgröße auszurichten.

6. **Trade-Marketing:** Wir entwickeln konsequent Konzepte für das ganze Jahr, die dem Handel helfen, die Abverkaufszeiten für Servietten und Co. über die üblichen Saisonzeiten zu verlängern und den Durchschnittsbon, also die verkaufte Menge, deutlich zu steigern. Natürlich erforschen wir genau, welches Regallayout die Kundschaft am meisten inspiriert und ihren Kaufwunsch weckt.

Nicht ein einzelner Themenbereich ist verantwortlich für den Erfolg von Duni, sondern nur alle im Verbund. Auch wenn es auf den ersten Blick nicht so scheint, so greifen doch alle ineinander. Schauen wir uns also diese Punkte im Einzelnen an.

3.1.5 Consumer Insights

Seit 2010 haben wir bei Duni die Endkundinnen stärker im Marketing-Fokus und somit neue Konzepte entwickelt, die viel näher an ihren Bedürfnissen sind. Unser allererstes für den europäischen Markt konzipiertes Vermarktungskonzept war der Duni Delta Store. Auf einem drehbaren, dreiseitigen Metalldisplay werden auf nur einem Quadratmeter Fläche drei Duni-Gesamtkonzepte aus Servietten, Tischdecken, Mitteldecken und/oder Tischläufern präsentiert. Dazu werden passende Inspirationsfotos gedeckter Tische gezeigt. Die Delta Stores werden entsprechend der vier Jahreszeiten bestückt. Mit unserem Delta Store haben wir erstmals konsequent über das Geschlecht der Zielgruppe nachgedacht: Wir konzipierten ihn … für Männer!

Die Idee dahinter war, dass sogar ein Mann, der normalerweise überhaupt nichts von Tischdekoration versteht, in die Lage versetzt werden sollte, alles Nötige zum Decken eines Tischs innerhalb von einer Minute kaufen zu können. Unsere Untersuchungen hatten gezeigt, dass die meisten Männer dazu ohne Hilfestellung außerstande waren. Damit wurde die Aufgabe schwieriger. Wir wollten ein Präsentationskonzept finden, das auch der Unkundige versteht und bei dem er einfach nur noch zuzugreifen braucht. Dafür, dass die Produkte zusammenpassen, hat Duni schon mit der Produktbestückung gesorgt. Wenn also sogar Männer imstande sein würden, Servietten und Tischdecken zu kaufen, dann wären Frauen es schon längst. Das war die Idee. Sie funktioniert bis heute ausgezeichnet. Aber unsere Kernzielgruppe ist und bleibt weiblich.

Unsere Marktforschung hat mit Zahlen belegt, was wir eigentlich schon längst wussten, nämlich, dass Tischdekor-Produkte überwiegend von Frauen gekauft werden. Und unsere Marktforschung hat darüber hinaus viele zusätzliche Erkenntnisse geliefert:

- **Konsumentinnen:** Weit über 90 Prozent der Käufer von Tischdekor-Produkten sind Frauen. Je höher das Alter der Serviettenverwenderinnen, desto mehr Bewusstsein für den gedeckten Tisch besitzen sie und desto mehr Servietten kaufen sie im Verbund mit Tischdecken, Mitteldecken und Tischläufern.
- **Anlässe:** Für über 70 Prozent der Käuferinnen ist der Anlass der Hauptimpulsgeber für den Serviettenkauf. Es gilt, eine Geburtstagsparty, eine Familienfeier, einen romantischen Abend oder eine Grillparty auszustatten. 30 Prozent aller Servietten werden spontan gekauft.
- **Anregung:** Frauen lassen sich gerne am Regal durch übersichtliche Sortierungen, Informationen und Bilder inspirieren.
- **Farben:** Persönlicher Farbgeschmack ist besonders für Frauen ein starker Kaufimpulsgeber. Allerdings spielt nicht nur die Lieblingsfarbe oder die Farbe des vorhandenen Geschirrs eine Rolle, sondern auch die Jahreszeiten, saisonale Modefarben und sogar die vorherrschenden Farben bei der Wohnungseinrichtung.
- **Motive und Themen:** Motive, Themen und Inspirationen sind wichtige Kaufkriterien am POS. Laut Nielsen setzen sich die Umsätze des deutschen Serviettenmarkts zu 59 Prozent aus Uni-Servietten und zu 41 Prozent aus Motivservietten zusammen.[1] Verbraucherinnen möchten gerne mit immer wieder neuen Motiven und Trendfarben überrascht werden.
- **Marke und Qualität:** Vertrauen in die Marke sowie Qualität und Farbstimmigkeit der Materialien sind für Verbraucherinnen sehr wichtig.
- **Mix und Match:** Jede dritte Kundin kauft Servietten und dazu passende Mitteldecken. Jede vierte kauft zu ihren Servietten passende Tischläufer oder Tischdecken.
- **Mehr ist besser:** Fast 30 Prozent aller Umsätze werden durch Zweitplatzierungen und Sonderpromotionen erzielt. Besonders beliebt bei den Kundinnen sind hierbei Plus- und Beigabe-Promotionen (größerer Packungsinhalt zum selben Preis oder Zugaben wie bei der Aktion Duni-Marktplatz: Drei Artikel kaufen und eine Gratis-Tasche mitnehmen).
- **Umweltaspekte:** Besonders Frauen achten auf umweltfreundliche und nachhaltige Produkte. Immer mehr wird auf Umweltaspekte wie eine FSC-Zertifizierung geachtet.

Es ist für uns inzwischen unerlässlich geworden, genau zu verstehen, was Frauen sich in Bezug auf festliche Anlässe oder auch für das alltägliche Essen mit Partner oder Familie wünschen. Deswegen forschen wir viel und stellen zahlreiche Fragen. So wissen wir inzwischen auch, wie die Kundin am Regal vorgeht, um zu einer Kaufentscheidung zu finden. Bei der Suchlogik im Regal orientieren sich Kundinnen zuerst an der Farbe, dann an dem Motiv bzw. Thema oder Anlass und dann an der Größe der Servietten. Der Preis spielt meist erst in letzter Instanz eine Rolle.

---

[1] Nielsen, Serviettenmarkt 2013, Stand KW09, 2014

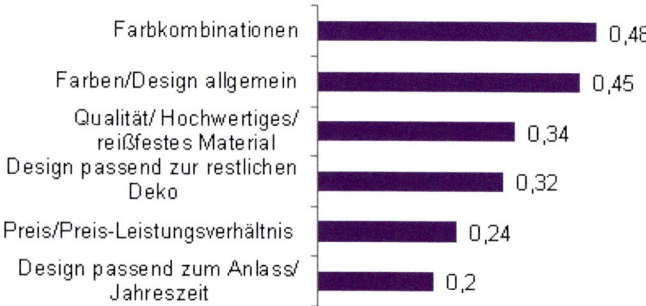

„Was ist Ihnen beim Kauf von Servietten und Tischdekoration wichtig?"

Abb. 60: Aspekte beim Kauf von Servietten – Antworten auf offene Fragen (Auszug)
Quelle: Duni, 2011

Vor allem werden Servietten aber gekauft, weil sie gefallen!

Wir prüfen viel im Vorfeld und analysieren alles Geschehene genauestens. Deshalb kennen wir auch das Profil unserer Kundinnen gut. Wir wissen genau, in welchen demografischen Segmenten wir wie stark gewachsen sind.

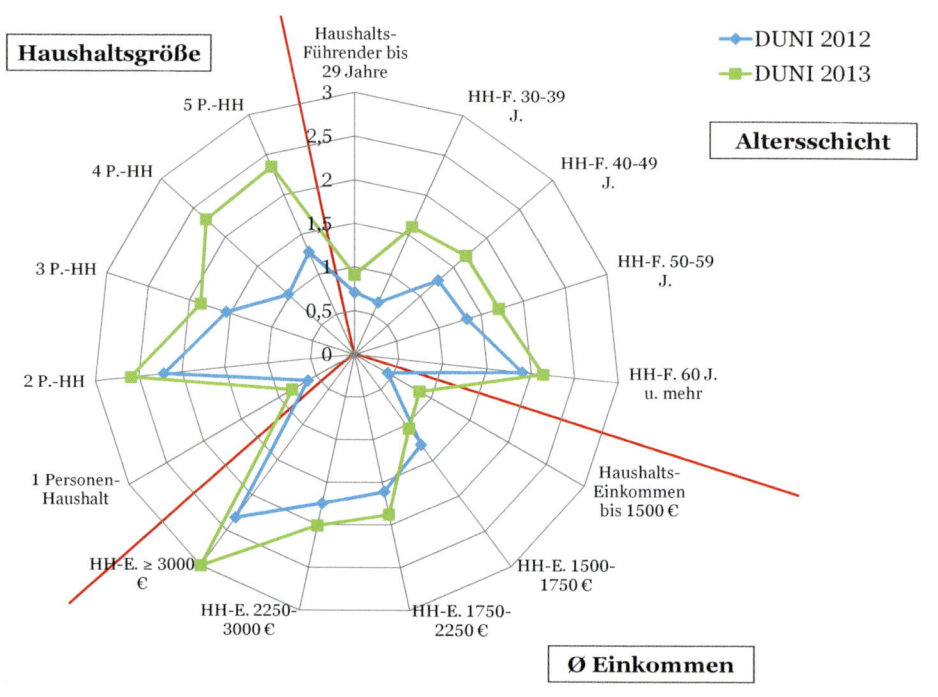

Abb. 61: Dunis Entwicklung innerhalb nur eines Jahres nach Käuferdemografie
Quelle: Nielsen Deutschland, Serviettenmarkt 2013

Unsere halbjährlichen demografischen Analysen zeigen uns systematisch Stärken und Schwächen innerhalb unseres Produktportfolios auf. Insofern können wir sehr schnell auf unterschiedlichste und neue Verbraucherbedürfnisse reagieren.

Unseren strategischen und konzeptionellen Entscheidungen liegen daher dezidierte Untersuchungen zugrunde. Wir fragen Kundinnen, welche

- InStore-Regallayouts,
- Serviettenmotive,
- Kampagnen,
- Zweitplatzierungen etc.

sie am meisten ansprechen. Die Antworten beweisen sich stets am POS.

3.1.6 Markenstrategie

Duni bietet für jeden Geldbeutel ein passendes Angebot in bester Qualität. Allein mit einer Marke wäre das allerdings nicht zu schaffen. Um alle Preisbereiche abbilden zu können, benötigt Duni eine klare Unterscheidbarkeit.

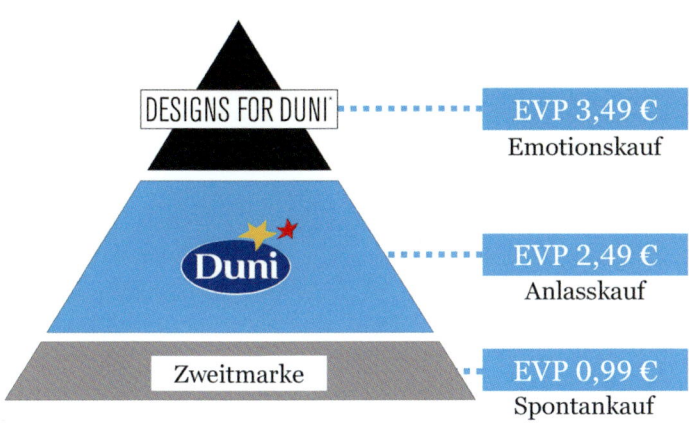

Abb. 62: Dunis Preisstrategie
Quelle: Duni, 2014

Unsere Zweitmarke ist als „Servietten-Snack für den spontanen kleinen Appetit" zu 99 Cent in der Schütte erhältlich. Duni hingegen wird anlassbezogen gekauft. Da der Kauf von Servietten zu 70 Prozent im Voraus geplant wird und zumeist für Anlässe wie Weihnachten, Geburtstage, Jubiläen, Hochzeiten, Partys etc. gekauft wird, gilt es, auf die Konzeption der entsprechenden Artikel viel Planung zu verwenden. Servietten müssen farblich zu Tischdecken passen, Motive müssen mit Uni-Farben einfach kombinierbar sein. Duni wird auf der Regalfläche und in modularen Zweitplatzierungen auf diversen Aktionsflächen im Markt präsentiert.

Designs for Duni® krönt das Gesamtangebot von Duni hinsichtlich Design und Preis. 2012 wurde dieses Premium-Segment eingeführt, um mittels besonders exklusiver und auffälliger Designer-Editionen von ausgewählten Lizenzpartnern die Erhöhung des Packungspreises von 2,49 Euro auf 3,49 Euro zu rechtfertigen. Dieses Premium-Segment wurde 2013 mit dem Ziel eingeführt, die Wertschöpfung für den Handel zu verbessern und Kundinnen zum spontanen Kauf zu verlocken. Begonnen haben wir in Deutschland mit „Melli-Mello-Motiven" des niederländischen Design-Teams La Terzi. Designs for Duni® wurde so exzellent von den Kundinnen aufgenommen, dass wir das Konzept weiter ausbauen werden.

3.1.7   Produktdesign und Qualität

Eine große Bedeutung für unser Duni-Gesamtkonzept haben unsere hochwertigen, patentierten Materialien in Verbindung mit der Fähigkeit, gleiche Farbdruck-Ergebnisse auf sehr unterschiedlichen Materialien wie Soft-Tissue, Dunilin® oder Dunicel® zu erreichen. Denn Verbraucher wollen auf den unterschiedlichen Produkten immer den passenden Farbton.

- Duni Elegance® orientiert sich an Leinenservietten. Das Material ist edel mit einem sehr hohen Flächengewicht, geprägt wie echter Stoff und es schimmert auch ein wenig wie Leinen.
- Dunicel® haben wir für die Gastronomie entwickelt. Es handelt sich um ein wasserabweisendes, sehr weiches und trotzdem reißfestes Material, das für alle unsere Tischdeckenprodukte eingesetzt wird. Dunicel ist patentiert und bringt Duni einen großen Vorteil gegenüber dem Wettbewerb, dessen bestes Material gerade einmal bei der halben Grammatur liegt. Aufgrund des hohen Flächengewichtes und der besonderen Beschaffenheit fallen Dunicel®-Tischdecken wie Stoff.
- Die (Papier-)Servietten aus Soft-Tissue werden, wie alle unsere zellstoffbasierten Produkte, aus nachhaltig erwirtschafteten, FSC-zertifizierten Rohstoffen hergestellt, sind chlorfrei gebleicht und ausschließlich mit lebensmittelechten Farben bedruckt.

Das Produktdesign folgt verschiedenen Ansätzen und muss viele Aspekte bedenken:

- Es gibt unterschiedliche Geschmäcker, was die Motive anbelangt,
- die unterschiedlichsten Anlässe, für die Servietten und Tischtücher als unverzichtbare Accessoires bei Tisch benötigt werden,
- und unterschiedliche Auffassungen bei Verbraucherinnen, wie viel Geld man zu welchem Anlass für Servietten ausgibt.
- Allein die unterschiedlichen Anlässe erfordern unterschiedlich große Servietten. Die größte Serviette (40 × 40 cm als Dunilin oder Elegance) ist „die Festliche" für besondere Anlässe und eignet sich hervorragend für Serviettenfalttechniken. Die 33 cm-Serviette steht für einen Standardanlass, die 24 cm-Serviette ist für jüngere Kundinnen oder gilt als die klassische Cocktail-Serviette. Die Unterscheidung der Größen ist gesellschaftlich gelernt, wobei Kundinnen ab ca. Mitte 30 besser Bescheid wissen als Jüngere. Bei ihnen wird der Tisch mit größerem Aufwand gedeckt. Jüngere Frauen kennen die Feinheiten der Tischkultur weniger, ebenso wie sie häufig auch nicht wissen, dass es zwei Bestecksgrößen gibt, eine für den Alltag und ein großes Tafelbesteck für die großen Feierlichkeiten. Alle Produktgrößen und verfügbaren Artikel müssen sorgsam aufeinander abgestimmt sein, damit Kundinnen sie nach Belieben kombinieren können.
- Nielsen zeigt, dass es außerdem eine eindeutige Servietten-Saisonalität gibt. Besonders Ostern und Frühling (März, April), Grillfeste und Fußball-Großereignisse zu Beginn des Sommers (Mai, Juni), Herbst und Weihnachten (September, November, Dezember) sind die Zeiten, in denen Servietten und Tischdekor-Produkte besonders gut gekauft werden. Januar, Februar, Juli, August und Oktober sind traditionell die „Saure-Gurken-Zeit" in diesem Produktsegment. Damit belief sich die Servietten-Saison in der Vergangenheit auf nur sieben Monate im Jahr. Dies wollten wir natürlich ändern. Als Hersteller müssen wir obendrein darauf achten, dass die Regalflächen, Zweit- und Drittplatzierungen, von denen wir den Handel überzeugt haben, nicht fünf Monate im Jahr brach liegen. Also haben wir beschlossen, für ein attraktives Angebot an zwölf Monaten im Jahr zu sorgen.
- Und dann gibt es noch regionale Unterschiede und Präferenzen. Im Süden Deutschlands bevorzugen Frauen Motive mit wärmeren, mediterranen Farben, während im Norden kühlere Designs beliebt sind. Im Osten spielt der Preis eine größere Rolle. Diesen regionalen Besonderheiten müssen wir mit unseren Produkten, Regallayouts und unseren Zweitplatzierungen gerecht werden.

Um neue Farb- und Designtrends aufgreifen zu können, werden jedes Jahr rund die Hälfte unserer Designs neu entwickelt. Gleiches gilt insbesondere auch für unsere Designs for Duni®-Kollektionen. Die „Melli Mello"-Kollektion 2013 war bei

Einkäufern und Verbrauchern gleichermaßen beliebt und sorgte für hervorragende Abverkaufszahlen. Mit dem Motiv „Owlie" hatten wir eines der bestverkauften Einzelmotive in der Geschichte des Unternehmens. Nachdem „unsere" Eule aus dem Supermarktregal zwinkerte, tauchten auch bei anderen Herstellern plötzlich überall weitere Eulen auf. Trotz des riesigen Erfolgs der Melli-Mello-Eule beschlossen wir, sie nicht weiterzuführen, sondern konsequent mit neuen Motiven zu glänzen.

Abb. 63: Obere Reihe: „Owlie", „Zebra" und „Puck" (Melli-Mello-Designs for Duni® 2013)
Untere Reihe „Lama", „Giraffe" und „Seahorse" (aus der Kollektion 2014)
Quelle: Duni, 2014

2014 erfreuten neben „Melli Mello"-Designs die Designs der schwedischen Designerin Hanna Werning unsere Kundinnen. Hanna Wernings Motive wirken wie die Vermischung von Jugendstil und einem Besuch im Dschungel in den 50er-Jahren.

Abb. 64: „Chestnut Bird", „Elephant Grass" und „Tulip Crane" aus der Hanna Werning Designs for Duni® Kollektion 2014
Quelle: Duni, 2014

3.1.8   Trade-Marketing

Trade-Marketing ist für Duni ein wichtiges Thema. Wir haben keine großen Werbebudgets, also müssen wir am POS maximale Wirkung erzielen. Das bewirkt, dass wir drei Hauptthemen im Handel haben, die Endkundinnen und Einkäufer bei den Handelskonzernen gleichermaßen überzeugen müssen.

Auch unser Trade-Marketing basiert auf „Hard Facts": Abverkaufsanalysen, Kunden-Scannerdaten und Nielsen-Zahlen. Sie helfen uns, unsere Lücken zu erkennen und daraufhin die Konzepte hinsichtlich der weiblichen Zielgruppe zu optimieren sowie neue Vermarktungskampagnen zu entwickeln.

Es gibt sehr unterschiedliche Stellschrauben, die zu höherem Abverkauf im Handel führen. Die wichtigsten für Duni sind die Regalplatzierungen, die Marktplätze mit Beigabe-Promotion (Zugaben beim Kauf von drei Duni-Produkten) sowie die modularen Zweitplatzierungen in unterschiedlichen saisonalen und thematischen Ausprägungen.

Platzierung (Ort und Anzahl)

Die größte Herausforderung für Duni (aber auch aller anderen Anbieter von Servietten) liegt in der Category selbst. Sie ist im Handel oft weitab vom Schuss und steht meistens beim Porzellan. Diese Nonfood-Bereiche liegen fernab der stark frequentierten Laufzonen.

Allerdings hat die Category „Servietten und gedeckter Tisch" einen wesentlichen Vorteil zu vielen Food und Nonfood-Categories: Da viele Frauen dekorierte Tische mögen, haben Handelskunden, die Kundinnen ein diesbezügliches Angebot bieten können, einen wesentlichen Angebotsvorteil gegenüber ihren Wettbewerbern und besonders gegenüber den Discountern. Insofern geht es bei der Category „gedeckter Tisch" nicht einfach nur um nackte Verkaufszahlen, sondern um ein sinnvolles und emotionales Warenangebot.

Der wesentliche Ansatz besteht darin, weit mehr als nur eine Regalplatzierung in der verstaubten Porzellan-Ecke zu erreichen. Wir brauchten Zweit- und Drittplatzierungen an unterschiedlichen Standorten, denn immerhin werden ca. 30 Prozent aller Umsätze durch Zweitplatzierungen und Sonder-Promotionen erzielt, Tendenz steigend.

Da verschiedene Platzierungen auch verschiedene Arten von Kundinnen anziehen, ist eine Platzierung von Duni, Design for Duni® und der günstigen Zweitmarke eine gute Voraussetzung für eine verbrauchergerechte POS-Strategie. Eine sinnvolle Verteilung am POS könnte beispielsweise so aussehen:

 Regalfläche

 Zweitplatzierungen

 Zweitmarke

Abb. 65: Dunis POS-Strategie
Quelle: Duni, 2014

Dahinter steckte die Strategie,

- den verfügbaren Raum am POS und in den Regalen optimal auszunutzen, sowie
- die Spontankäufe (Finess),
- die anlassbezogenen Käufe (Duni-Regal) und
- die Emotionskäufe (Designs for Duni®) signifikant zu erhöhen.

Die Kundinnen sollten so oft wie möglich mit Duni-Produkten in Berührung kommen. Die Standardplatzierung findet im normalen Regal statt, üblicherweise eben beim Porzellan. Zweitplatzierungen sind in aller Regel auf Aktionsflächen zu finden. Alternativ dazu gibt es auch Standorte für günstige Schüttenware. Hier steht Finess gut, besonders zu Ostern und Weihnachten. Das ist nicht sehr kreativ, aber das muss es für ein Produkt für 99 Cent auch gar nicht sein. Es muss nur funktionieren. Für die hochwertigeren Duni-Designs und Materialien treiben wir wesentlich mehr Aufwand.

Präsentationskonzepte

Category Management ist hochkomplex. Im Food-Bereich scheint bereits alles erforscht zu sein, für den Non-Food-Sektor gilt das aber bei Weitem noch nicht. Es gilt, in jedem Jahr aufs Neue zu entscheiden: Welche Produkte kommen ins Standardlayout, welche ins Display? Welches Verhältnis herrscht zwischen den Produkten (Serviette, Tischtuch, das gesamte Produktspektrum)? Verbundverkäufe zu forcieren, um die Wertschöpfung zu erhöhen, ist für Duni und den Handel sehr wichtig. Genau hier kommen besonders auch die Duni-Marktplätze mit Beigabepromotion zum Tragen (siehe unten). Aber günstige Produkte müssen ebenfalls ihren Platz finden, da entsprechende Nachfrage besteht. Die Mischung muss stimmen. In Deutschland gibt es teilweise große regionale Unterschiede, die ebenfalls berücksichtigt werden müssen.

Letztlich erfolgt die Zusammenstellung aufgrund der Abverkaufszahlen, die regelmäßig für jeden Artikel überprüft werden, wenn auch mit gewissem zeitlichen Abstand. Erfahrung kombiniert mit Marktzahlen, Verbraucherforschung, Trendforschung und Intuition haben sich als das beste Rezept erwiesen.

Der Delta Store

Der erste Mini-Markplatz auf nur einem Quadratmeter Stellfläche für die gesamte Duni-Produktkompetenz, den wir entwickelt haben, war, wie schon beschrieben, der Delta Store, mithilfe dessen auch der völlig ahnungslose männliche Kunde imstande sein sollte, alles Nötige für einen schönen gedeckten Tisch in nur einer Minute zu erstehen. Der Delta Store wird saisonal bestückt (Frühling, Sommer, Herbst und Winter) und bietet auf drei Seiten zusammenpassende Artikel. Das Drehregal wird von Inspirationsbildern passend zu den darunter angeordneten Artikeln gekrönt, die zeigen, wie diese zusammen arrangiert werden können.

Abb. 66: Der Duni Delta Store, mit dem auch Männer gut klarkommen
Quelle: Duni, 2013

Unsere Marktforschung erklärt, wieso das Delta-Store-Konzept gut ankommt. Die Verbraucherinnen und Verbraucher sagten dies:

- Über 90 Prozent gaben an, durch die Inspirationsbilder Ideen für den gedeckten Tisch zu bekommen.
- 78 Prozent fanden es gut, dass die Inspirationsbilder Auskunft über die Verwendung der Produkte geben.

- 80 Prozent bewerteten die Struktur und Klarheit im Delta Store als besonders wichtig und hilfreich.
- Bei 59 Prozent der Befragten löste der Delta Store mit seinen Inspirationsbildern spontane Emotionen aus.
- 48 Prozent der Käufer und Nichtkäufer fühlten sich zu Impulskäufen angeregt.

Letztlich sprach der Delta Store mehr Frauen an als Männer, aber das liegt eben an der Category.

Displays

Für Zweit- und Drittplatzierungen hat Duni verschieden große Displays entwickelt, die passend zum verfügbaren Platz gewählt werden können.

Abb. 67: Duni-Displays verschiedener Größe
Quelle: Duni, 2014

Die Zuwachsraten von Duni in Höhe von 39 Prozent basieren, neben der Neukundengewinnung, auch auf unseren Promotionkonzepten wie den Duni Marktplätzen, durch die wir mit Up- und Cross-Selling unseren durchschnittlichen Warenkorb signifikant erhöhen konnten. Zusätzlich hat Duni durch die abverkaufsstarken Marktplatzkonzepte deutlich mehr Sonderplatzierungen am POS erreicht.

Marktplätze

Das Promotion-Barometer[2] der UGW wertet monatlich die Verkaufsergebnisse des Handels aus. Immer wieder zeigt sich, dass Kundinnen Plus-Promotions (+20 Prozent Inhalt etc.) und Zugaben verschiedener Art (Give-Away-Kampagnen) sowie Preis-Aktionen besonders schätzen. Multibuys bzw. Verbundkäufe mögen Kundinnen auch gerne, also Angebote, die beim Kauf mehrerer Packungen eines Produkts einen Preisnachlass versprechen. Zugabekampagnen, bei denen Verbraucher den Nutzen sofort erkennen, regen ebenfalls zum Kauf an, da die Kundin einen realen Mehrwert erhält („ich kaufe drei Artikel und erhalte sofort meine Belohnung dafür"). Preisreduktionen bergen bei starken Marken eine große Gefahr der langfristigen Preiserosion und des Imageverlusts, der kaum je wieder rückgängig zu machen ist. Beides gilt es zu vermeiden und im Gegenzug die Wertschöpfung zu erhalten. Preisaktionen kommen für Duni also nicht infrage. Aber die Kombination aus Verbundkauf und attraktiven Zugaben hat sich als sehr guter und gangbarer Weg erwiesen, um die Wertschöpfung bei stabilen Preisen zu erhöhen.

Die Idee, die wir erstmalig für den Sommer 2011 entwickelten, lautete, dass Kundinnen eine aufmerksamkeitsstarke, langlebige Design-Einkaufstasche als Zugabe erhalten würden, wenn sie mindestens drei Duni-Produkte kauften. Mit diesem Marktplatzkonzept haben wir mehrere Ziele verfolgt:

- Erhöhung der Frequenz bei den Produkten
- Plus-Promotion, die eine jüngere Zielgruppe anziehen würde (20–30 Jahre)
- Mehrwert-Promotion
- Zusatzumsätze und Erhöhung des Durchschnittsbons
- Belebung des Sommergeschäfts

---

[2] http://www.promotion-barometer.de/

Wir entwickelten mehrere Ideen und ließen sie und die dazugehörigen unterschiedlichen Give-Aways testen. 1.500 Frauen wurden befragt. Sie sollten entscheiden, ob
sie lieber drei Duni-Produkte oder Duni-Artikel im Gesamtwert von 10 Euro kaufen
würden. Dazu existierten noch drei weitere Alternativen. Die Befragten bevorzug-
ten ganz klar den Kauf von drei Produkten, um dafür die Tasche zu erhalten.

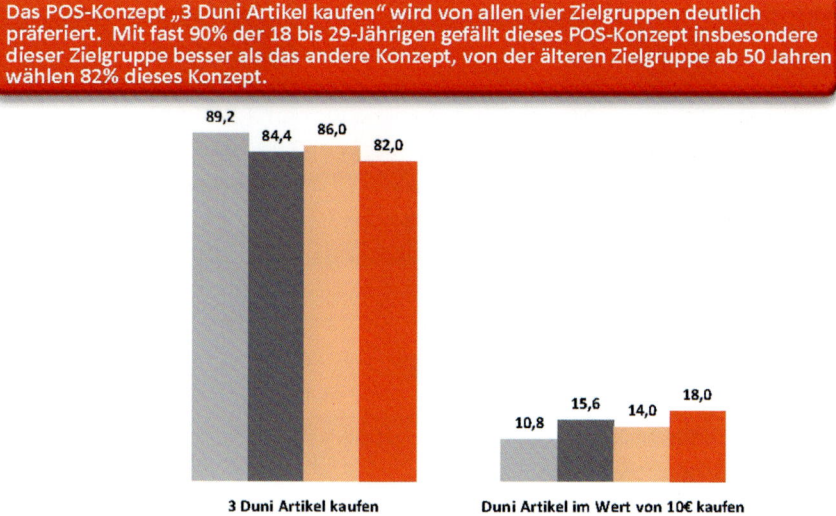

Abb. 68: Akzeptanz verschiedener Aktionskonzepte nach Altersstufen
Quelle: Duni, 2011

Dann wurde die Einkaufstasche gegen andere Give-Aways getestet und schließlich
das Tüten-Motiv selbst. Für 2011 gewann die blaue Tüte mit der weißen Margerite.
Am besten kam dieses Motiv bei den Älteren an.

Das Konzept 2 spricht insbesondere die Zielgruppe der über 50-Jährigen sowie die Zielgruppe der 40 bis 49-Jährigen an.

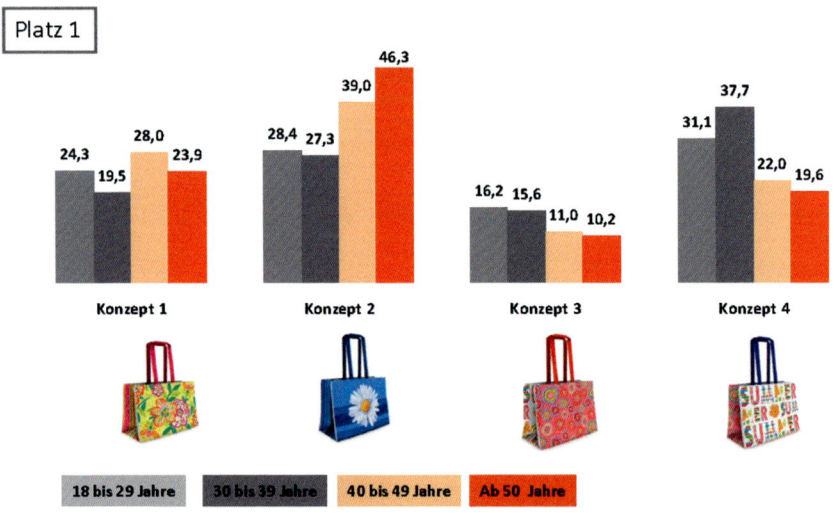

Abb. 69: „Bitte bringen Sie die Taschen in eine Reihenfolge, angefangen mit der Tasche, die Ihnen am besten gefällt!"
Quelle: Duni, 2011

Die Aussagen waren eindeutig: 84,2 Prozent der befragten Frauen gefiel die Aktion, und 57,2 Prozent sagten aus, sie würden die Aktionsartikel kaufen.

Tatsächlich war die Aktion ein voller Erfolg, sodass wir sie beibehalten haben und nun regelmäßig zu bestimmten saisonalen Schwerpunkten wiederholen. Das ist aber nicht weiter verwunderlich, denn die Vorteile für die Käuferinnen können sich sehen lassen. Sie erhalten

- eine Gratis-Designtasche
- eine 10 Prozent-Gratis-Promotion für Uni-Servietten und
- natürlich eine Auswahl passender Saison- oder Trendprodukte.

Abb. 70: Der Jahresstart-Marktplatz 2014 mit Taschenpromotion
Quelle: Duni, 2014

Abb. 71: Der Sommer-Marktplatz 2014 mit Grillhandschuh
Quelle: Duni, 2014

Regallayout

Das Standard-Regallayout von Duni basiert auf einer farblichen Zuordnung, die jedoch stets mit einer Kombination von Uni und Motiv unterlegt ist. Das entspricht exakt den Consumer Insights, die wir über die Jahre gewonnen haben sowie harten Abverkaufszahlen. Es entspricht der Grundlogik des Kaufs, also dem, auf was die Kundinnen vor dem Regal reagieren: 1. Farbe, 2. Anlass/Motiv/Thema, 3. Größe.

Es werden eine Reihe von Layouts entwickelt, basierend auf standardisierten Regalbreiten und -höhen. Als Ausgangspunkt aller weiteren Layouts dient bei uns das Format der deutschlandweit häufig vertretenen Regalfläche 3,75 × 1,80 m. Alle kleineren und größeren Regal-Layouts werden davon abgeleitet. Alle Regalflächen enthalten grundsätzlich die absoluten Top-Seller, Designs for Duni® und Vorteilsprodukte. Größere Regale zeigen eine größere Produktbreite, kleinere konzentrieren sich stärker auf Top-Seller. Das Ziel für alle Layouts ist die Platzierung möglichst vieler hochwertiger und hochpreisiger Produkte, die sich hervorragend abverkaufen.

Ein optimales Layout enthält einen optimalen Produktmix, d. h. farblich und im Design passende Produkte. Es kommt auf ein ausgewogenes Verhältnis aus Servietten und Tischdecken, Uni- und Motiv-Produkten an, um Verbundkäufe und eine deutliche Verbesserung der Wertschöpfung zu forcieren.

Abb. 72: Standard Regallayout 3,75 × 1,80 m
Quelle: Duni, 2014

Wir entwickeln unsere Präsentationskonzepte immer weiter. Unser neuester Clou ist das neue Duni-Store-Konzept, das wir 2014 erstmals eingeführt haben. Hier sieht man die vollständige Integration von Designs for Duni® in das Standardregal zwischen stehenden Tischdeckenrollen und gefalteten Tischdecken. Wir haben für unsere Regalinspirationen bewusst die farbenfrohen „Melli-Mello"-Motive gewählt, da sie nicht nur allen Frauen gefallen, sondern auch Männern ins Auge springen. Die beleuchteten Regalinspirationen in Verbindung mit den aufmerksamkeitsstarken Regalfahnen wirken auf viele Kundinnen wie ein Magnet.

Abb. 73: Das Duni-Store-Konzept mit beleuchtetem Display
Quelle: Duni, 2014

Bedenkt man, dass die Layouts für jeden Anlass, jede Jahreszeit, jedes Format und noch mit Berücksichtigung regionaler Besonderheiten und Vorlieben erstellt werden müssen, dann sind das in jedem Jahr eine ganze Menge Regalkonzepte, die wir entwickeln. Aber der Aufwand lohnt sich.

Zwei Schwierigkeiten haben wir gelegentlich noch: Manche Handelsunternehmen haben eigene Konzepte für die Produktpräsentation und -platzierung. Da können wir unsere Konzepte nur schwer oder gar nicht durchsetzen. Oder aber die Handelskonzerne wollen ein individuelles Layout von uns, das sich von dem ihrer Wettbewerber (oder eines bestimmten) unterscheidet. Das ist gar nicht so leicht, denn wir optimieren unsere Regale nicht im Vergleich zu den Regalen anderer Händler, sondern entsprechend den Wünschen und den Kaufgewohnheiten von Kundinnen.

3.1.9   Was Duni besser macht als seine Wettbewerber

Wir haben bei Duni inzwischen eine ganze Reihe von Vorteilen gegenüber unseren Wettbewerbern herausgearbeitet, die uns einen guten Stand im Markt eingebracht haben.

Zunächst einmal denken wir in Zusammenhängen: Nicht nur das Produkt spielt eine zentrale Rolle, sondern

- ein sorgsam aufeinander abgestimmtes Sortiment, das die Bedürfnisse von Kundinnen befriedigt und mit mehr als ansprechenden Motiven zu überraschen vermag,
- in höchster Material- und Verarbeitungsqualität
- in Verbindung mit einer Markenstrategie für unterschiedlich große Anlässe und verschiedene Bereitschaft, in ein schön arrangiertes Mahl zu investieren,
- sowie einer stets optimalen Platzierung und Präsentation am POS.
- Dazu bieten wir Promotions, die sich bei den Kundinnen stets großer Beliebtheit erfreuen.

Wir investieren viel Zeit und Geld, um uns in das Leben und die Denkweisen von Verbraucherinnen hineinzudenken. Die Schlüsse, die wir aus diesen Erkenntnissen ziehen, prüfen wir gründlich nach, sowohl durch antizipatorische Marktforschung als auch durch die ständige Nachprüfung der Abverkaufszahlen. Wir haben den unbedingten Willen, Kundinnen das schönste Erlebnis, das beste Angebot und den besten Wert für ihr Geld zu bieten. Servietten sind keine überlebenswichtigen Artikel. Aber sie sind ein Stück unserer Kultur. Und sie machen das Leben jeden Tag ein wenig bunter, jedes Essen ein wenig festlicher. Ein schön gedeckter Tisch trägt zur Lebensfreude bei. Eine Serviette kann den Unterschied ausmachen zwischen der alltäglichen Notwendigkeit zu essen und einer liebevollen Geste der Wertschätzung — für sich, für den Partner, für die Familie, für Freunde. Das haben wir verstanden.

3.2   Bayer-Healthcare – OTC-Medikamente für weibliche Konsumenten

Von Diana Jaffé

Es gibt womöglich keine schwierigere Marketingherausforderung, als ein frei verkäufliches Medikament („over the counter" — OTC) von einem anderen unterscheidbar zu machen. Die meisten Medikamente, die ohne Verschreibung erhältlich sind, sind nicht mehr patentgeschützt und doch sind sie sehr reguliert, was Wirkversprechen, Kennzeichnung, Werbung und Promotion anbelangt. Regulierungsbehörden wie die Food and Drug Administration (FDA) in den USA oder das deutsche Bundesministerium für Gesundheit fordern gleiche Wettbewerbsbedingungen innerhalb jeder Kategorie von Medikamenten, die Konsumenten allein oder mithilfe von Apothekern auswählen können. Die Gesundheitsbehörden bestimmen, dass OTC-Präparate derselben Gruppe dieselben Dosen, Indikationen und therapeutischen Anwendungsgebiete aufweisen müssen. Darüber hinaus erlauben die meisten Länder, mit Ausnahme der USA, weder vergleichenden Aussagen gegenüber Wettbewerbern in der Werbung, noch dass Werbetreibende Ärzte oder Apotheker zeigen, die ein bestimmtes Produkt empfehlen.

Das macht den Job eines OTC-Herstellers, einen deutlichen Markenwert zu erschaffen, der sich von dem Wettbewerb unterscheidet, zu einer großen Herausforderung. Wenn all die Aussagen, Indikationen und therapeutische Nutzen der Medikamente innerhalb einer Produktgruppe praktisch gleich sind, wie können Konsumenten dann noch entscheiden, welches Medikament das richtige für sie ist? Und doch gibt es unter den verbreiteten frei verkäuflichen Medikamenten-Marken einige starke Marken: Aspirin®, Alka Seltzer®, Berocca®, und Bepanthen® sind bei den meisten Verbrauchern in Europa sehr bekannt, und sie haben loyale Nutzer, die sich auf sie verlassen, um lästige Symptome zu behandeln oder um sich mit Nahrungsergänzungsmitteln zu versorgen. Diese Marken haben es geschafft, sich in den Verbraucherköpfen zu verankern und genießen nun einen soliden Markenwert, oft für viele Jahre.

Beispielsweise ist Aspirin® über 100 Jahre alt und generiert für Bayer-Healthcare noch immer 1 Milliarde Euro Umsatz jährlich[3], ungeachtet der Beliebtheit neuerer Analgetika wie Paracetamol (Tylenol®), Ibuprofen (Dolormin®) oder Naproxen-

---

[3]   Aspirin®, Alka Seltzer®, Berocca®, Bepanthen®, Canesten®, Elevit®, Yobalex® sind eingetragene Marken von Bayer Healthcare. TYLENOL® ist eine eingetragene Marke von McNeil Consumer Healthcare Division of McNEIL-PPC, Inc. DOLORMIN® ist eine eingetragene Marke von McNeil GmbH & Co. oHG. Cesar® ist eine eingetragene Marke von Mars Incorporated.

Natrium (Aleve®), nicht zu erwähnen der Druck von Generika oder Hausmarken von Einzelhandelsketten, die exakt dieselben Inhaltsstoffe und Dosen vermarkten, und das oft zu einem wesentlich geringeren Preis.

Die Fähigkeit, Konsumenten dazu zu gewinnen, eine Marke oft zu verwenden, stützt sich auf die Fähigkeit des Herstellers, Consumer Insights zu entwickeln, die in langfristig laufenden Werbekampagnen verwendet werden können. OTC-Pharmahersteller investieren gemeinsam mit ihren Werbeagenturen beträchtliche Zeit und Mühe, um die Beschwerden zu verstehen, wie sie behandelt werden, und wie sich all dies auf das Leben der Verbraucher auswirkt. Es gilt, Erkenntnisse darüber zu generieren, was Konsumenten benötigen oder über ihren Zustand glauben, und es mit den konkreten Nutzen zu verbinden, die eine Marke zu bieten vermag. Ein guter Consumer Insight zeichnet sich dadurch aus, dass er in einer Werbung oder für eine ganze Marketingkampagne verwendet werden kann.

Ein interessantes Beispiel für einen Consumer Insight aus einer anderen Produktkategorie ist das, was seit vielen Jahren von MasterCard® genutzt wird. Ungeachtet der Auffassung, dass Kreditkarten-Unternehmen im Grunde alle gleich sind und gleichartige Dienste anbieten, war MasterCard® imstande, durch seine „Unbezahlbar"-Kampagne eine treue Gefolgschaft anzuziehen. MasterCard nutzte die Erkenntnis, dass Konsumenten zwar Kreditkarten verwenden, um alle möglichen greifbaren Güter zu kaufen, doch dass der wahre Wert von Kreditkarten in der Fähigkeit besteht, „Unbezahlbare"® Momente zu erschaffen. Indem Familien gezeigt werden, die nach langer Abwesenheit wieder vereint sind, oder wie sie die Olympischen Spiele besuchen oder wie Vater und Sohn wertvolle gemeinsame Zeit bei einem Baseball-Spiel verbringen etc., hat MasterCard® es geschafft, sich von Visa® und American Express® zu differenzieren, weil nicht die eigentliche Karte vermarktet wurde, sondern das Vermögen, dem Kartenbesitzer „Unbezahlbare"® Erlebnisse zu schenken. Diese grundlegende Erkenntnis hat sich als dermaßen langlebig erwiesen, dass MasterCard® sie inzwischen seit über 20 Jahren in seiner Werbung nutzt.

Ein weiteres Beispiel für eine langlebige Erkenntnis ist die, die von Cesar® Hundefutter in den USA verwendet wird. Cesar® zielt auf Frauen mit kleinen Hunden ab, die ihre Haustiere als gleichwertige Familienmitglieder ansehen. Während der Erforschung dieser Zielgruppe entdeckte Cesar® ein interessantes Verhalten. Weil diese meist im mittleren Alter befindlichen Frauen glauben, dass ihr Hund ein wichtiges Familienmitglied ist, kaufen sie kein fertiges Hundefutter in Dosen, sondern servieren ihren Hunden hausgemachte Mahlzeiten. Cesar® begriff, dass diese Frauen ihre Hunde auf dieselbe Weise versorgen wollen, wie anderswo ein Kind versorgt werden würde. Folglich nannte Cesar® seine neue Marke nicht Hundefutter, sondern positionierte es als „Canine Cuisine". Die Produktpalette umfasst 16 Gourmet-Geschmacksrichtungen wie beispielsweise „Top-Sirloin" (Lendenfilet) oder Ente. Die Cesar®-Website zeigt, wie Frauen ihre Hunde verwöhnen können, indem sie Links zu Luxus-Hundehotels bietet oder indem erklärt wird, wie eine Dinner-Party für Hunde ausgerichtet wird. Sponsorships umfassen ein kleines Hunde-Erholungs-zentrum beim Sundance Film Festival oder die Präsentation von Airlines, die Flug-meilen für die caninen Reisebegleiter vergeben. Die gesamte Marke Cesar® wurde auf der Erkenntnis aufgebaut, dass diese Zielgruppe ihren kleinen Hund genauso versorgen möchte, als wenn er ein kleines Kind wäre.

Bei der Herausforderung, ein frei verkäufliches Medikament oder Nahrungsergän-zungsmittel von einem anderen unterscheidbar zu machen, wählen einige Pro-duzenten einen ähnlichen Ansatz wie den von Cesar®, indem sie ein tiefes Ver-ständnis für ihre weiblichen Kunden und Insights entwickeln, um ihre Produkte von denen des Wettbewerbs abzuheben. Ein Beispiel ist die Kampagne, die das Pharmaunternehmen Bayer auf den Philippinen einsetzt, um die Marke eines Calcium-Präparats zu vermarkten. Bayer und seine Werbeagentur JWT sahen sich vor die Herausforderung gestellt, bei Frauen das Bewusstsein für den Nutzen von Calcium-Zusätzen zu entwickeln, die helfen, Osteoporose zu verhindern, die bei asiatischen Frauen öfter vorkommt als in anderen ethnischen Gruppen. Doch auch abschreckende Werbung half nicht, um Frauen vor den Gefahren brüchiger Kno-chen im zunehmenden Alter zu warnen. Schließlich zeigte die Forschung, dass die Einbettung des Nutzens in einer mehr auf Schönheit basierenden Strategie zu grö-ßerer Resonanz führen wurde. Angesichts des Wertes, der in vielen asiatischen Kul-turen auf eine gute Haltung als fundamentales Element der weiblichen Schönheit gelegt wird, schien es, dass die Verbindung von Calcium-Nahrungsergänzung mit einer positiveren Positionierung wie der „Schönheitserhaltung" mehr Anklang bei den Konsumentinnen finden würde. Die endgültige Werbekampagne sagte Frauen, dass Schönheit im Inneren beginnt, bei starken Knochen, die Frauen helfen, auch im Alter noch eine gute Haltung zu bewahren. Diese Kampagne erwies sich als höchst erfolgreich und wurde auch in anderen asiatischen Ländern eingesetzt, um für den Nutzen von Nahrungsergänzung mittels Calcium zu werben.

Hinter einer erfolgreichen Kampagne, die in China für Bayers pränatales Vitamin Elevit® lief, steckte ebenfalls das Verständnis für kulturelle Nuancen. In China ge-hen die meisten Frauen in den ersten drei Monaten ihrer Schwangerschaft nicht zum Arzt. Doch die ersten drei Monate sind entscheidend, um Neuralrohrdefekte[4]

---

[4]   Die Stiftung Warentest erklärt Neuralrohrdefekte so: „Das Neuralrohr ist der Beginn dessen, was einmal das zentrale Nervensystem mit Gehirn und Rückenmark sein wird. Es entsteht als längliche Einbuchtung in dem Bereich, der später einmal der Rücken des Kindes sein wird. Normalerweise schließt sich die Zellformation, aus der das Neuralrohr hervorgeht, bis zum

bei den in der Entwicklung befindlichen Babys zu vermeiden. Deswegen empfehlen die meisten Ärzte schwangeren Frauen, zusätzlich Folsäure wie Bayers Elevit® einzunehmen, um Geburtsfehlern vorzubeugen. Wenn Chinesinnen in der für die kindliche Entwicklung kritischen Zeit keine ärztliche Empfehlung erhielten, musste die Empfehlung sie auf anderem Wege erreichen. Die Werbekampagne von Bayer ermutigte Chinesinnen, mit der Einnahme von Elevit® zu beginnen, sobald sie erfuhren, dass sie schwanger waren. Die Kampagne versuchte, Frauen zu überzeugen, dass die Einnahme von Elevit® eine wichtige Zusatzmaßnahme zu den anderen gängigen Methoden ist, die bereits von schwangeren Frauen angewendet werden um die Gesundheit ihrer sich entwickelnden Babys sicherzustellen, wie das Tragen von Westen gegen Strahlung, gesunde Ernährung und ausreichende Erholung. Diese Kampagne hat bei Chinesinnen das Bewusstsein dafür gesteigert, Geburtsfehler zu verhindern, und das in einer Kultur, in der die meisten Familien nur ein Kind haben dürfen. So werden Frauen kulturell ermutigt, aus ihrer Schwangerschaft das Beste zu machen.

Manchmal können Insights dadurch entwickelt werden, dass der Kaufprozess verstanden wird, den Verbraucher durchlaufen, bevor sie eine Marke zum Kauf auswählen. Die „Triggerpunkte" im Kaufprozess können für den Versuch genutzt werden, Konsumenten zu beeinflussen, wenn sie gerade am empfänglichsten dafür sind, ihr Kaufverhalten zu verändern. Da die meisten OTC-Präparate und Nahrungsergänzungsmittel von Frauen gekauft und eingenommen werden, investiert Bayer viel Zeit und Geld in die Erforschung des alltäglichen Lebens von Frauen, um seine Marken besser zu vermarkten.

So war es auch im Fall der Bepanthen®-Salbe gegen Windeldermatitis in Brasilien. Bepanthen® hat eine innovative, klare Formel, die es der Babyhaut nach dem Auftragen erlaubt zu „atmen", was zu einem geringeren Auftreten des Windelausschlags führt. Im Gegensatz dazu stehen die älteren Zinkoxid-Produkte, schwere weiße Cremes, die lediglich eine dichte Barriere zwischen der Haut des Babys und der verschmutzten Windel aufbauen. Trotz der innovativen Formel hatte Bayer Schwierigkeiten, brasilianische Frauen, die zum ersten Mal Mütter wurden, davon

---

28. Tag nach der Verschmelzung von Ei- und Samenzelle über der Einsenkung, sodass eine Art Rohr entsteht. Wenn der Schluss zu einem kompletten Rohr misslingt, spricht man von einem Neuralrohrdefekt. Dieser kann in jedem Bereich der zukünftigen Wirbelsäule liegen: Kopf, Hals, Brust, Lenden, Steiß. Der Defekt kann winzig klein oder umfangreich sein, er kann sich auf eine Stelle beschränken, aber auch mehrere Stellen des Neuralrohrs betreffen. Auf diese Weise entsteht ein „offener Rücken" (Spina bifida), bei dem die Nervenstränge von Haut bedeckt sein, aber auch bloß liegen können. Manchmal gibt es Ausstülpungen mit Teilen von Hirnhaut und Rückenmark (Myelozele, Meningozele, Meningomyelozele). Wenn Hirngewebe nach außen dringt (Enzephalozele), kann sich der Schädel nicht ordnungsgemäß ausbilden. Am schwersten wirkt sich ein Neuralrohrdefekt im Bereich des Schädels aus, wenn große Teile des Gehirns und die Schale des Kopfes fehlen (Anenzephalie)." http://bit.ly/NQkWHH

zu überzeugen, von den alten Zinkoxid-Salben, die noch ihre Mütter bei ihnen selbst angewendet hatten, zu Bepanthen® zu wechseln.

Die Erkenntnis, die Bayer Brazil fand, war, dass der Ansatzpunkt im Kaufprozess darin lag, schwangere Frauen zu erreichen, *bevor* ihr Kind geboren war. Sie mussten das Produkt tatsächlich erfahren, bevor sie ihr Kind zum ersten Mal wickelten. Bayer nutzte Probepackungen mit Bepanthen® gegen Windelausschlag, um Frauen in Entbindungshäusern, in Schwangerschaftskursen, in Geschäften für Babybekleidung, in Fotostudios mit Spezialisierung auf Babyportraits und weiteren ähnlichen Einrichtungen zu erreichen. Die Frauen sollten das Produkt ausprobieren und erhielten einen Rabatt-Coupon für ihren Erstkauf dazu. Diese Kampagne war höchst erfolgreich und ermöglichte es, Bepanthen®, den fest verwurzelten Marktführer, bereits im ersten Jahr dieser gezielten Aktion zu überholen. Die Schlüsselerkenntnis war, dass Frauen bereits vor der Geburt des Kindes davon überzeugt werden mussten, Bepanthen® zu verwenden, denn eine Mutter zu einem Produktwechsel zu bewegen, nachdem sie bereits begonnen hatte, es bei ihrem Baby anzuwenden, war zu schwierig.

Das Verständnis von Kaufprozessen kann auch dabei helfen, selbst sehr sensible Produkte zu vermarkten. Bayer vermarktet eine Produktlinie gegen Scheidenpilz mit dem Markennamen Canesten®. Verständlicherweise sind viele junge Frauen nicht besonders versessen darauf, an einem Samstagmorgen mit einem Apotheker eine lange Diskussion in einem überfüllten Geschäft über Scheidenpilz-Symptome und Möglichkeiten zu deren Behandlung zu führen. In den USA sind Apotheken häufig in größeren Geschäften untergebracht, wo Diskretion keineswegs immer selbstverständlich ist. Deswegen führt Bayer den größten Teil seiner Kommunikation mit den Betroffenen online, denn es ist für Frauen wesentlich angenehmer, Informationen über die Symptome und Behandlungsmöglichkeiten im privaten Umfeld ihres Zuhauses zu recherchieren. In Großbritannien hat Bayer das Internet ausgiebig dafür genutzt, um Frauen darüber zu informieren, wie sich das Wiederauftreten der Infektion vermeiden lässt und welches die neuesten Behandlungsmöglichkeiten sind. Als Ergänzung zu der Online-Bildungsarbeit haben Bayer und seine Werbeagentur JWT eine charmante, aber das Thema gerade heraus adressierende Werbung kreiert, die die verschiedenen Canesten®-Produkte und ihre korrekte Anwendung kommuniziert. Das für die meisten Frauen schwierige Thema wird hier sensibel und geschmackvoll visualisiert.

Ein letztes Beispiel dafür, wie Einblicke in die Leben von Verbrauchern dabei nützen können, eine neue Marke für ein empfindliches Thema schon vor der Markteinführung vernünftig zu positionieren, ist der Launch von Bayers probiotischer Marke Yobalex® in Spanien. In diesem Fall hat Bayers Erforschung des gastrointestinalen

Markts ergeben, dass viele Spanierinnen unter Verstopfungen leiden, die durch Stress und schlechte Ernährung verursacht werden. Das bringt viele Frauen dazu, starke Abführmittel zu nehmen, die das Problem manchmal weiter verschlimmern. Darüber hinaus vertrauen viele Frauen den Empfehlungen ihrer Apotheker, die die Frauen wie „Gralshüter" mit Informationen über neue Produkte und bessere Behandlungsmethoden von weit verbreiteten Problemen wie Verstopfungen versorgen.

Bayer Spanien entschied, das Yobalex® Probiotic als natürliche Methode zu positionieren, um die Magen-Darm-Gesundheit „im unteren Bereich" zu fördern, was wiederum dabei helfen würden, Verstopfungen zu vermeiden. Durch die regelmäßige Einnahme von Yobalex® könnten die Frauen ihre Magen-Darm-Symptome lindern. Vor dem Start jeglicher direkt an die Konsumentinnen gerichteten Aktivität, begann Bayer zunächst mit der Promotion von Yobalex® an die spanischen Apotheker, und das schon Monate bevor die Marke überhaupt gelauncht wurde. Bayer erkannte, dass es von entscheidender Bedeutung sein würde, die Apotheker mit Probiotika und der Verwendung von Yobalex® vertraut zu machen, damit Frauen sich darauf einlassen würden, dieses neue Produkt auszuprobieren. Sie würden zuerst ihren Apotheker um seine Einschätzung bitten. Auf diese Weise hat Bayer Yobalex® erfolgreich eingeführt und half dabei, mit den Probiotika eine völlig neue Subkategorie im Segment der gastrointestinalen Produkte einzuführen.

Alle diese Beispiele zeigen, dass die simple Kommunikation von Markennutzen nicht immer ausreicht. Um das Kaufverhalten der Kunden zu ändern, muss ein Hersteller oftmals sehr viel investieren, um das Leben seiner Kunden zu verstehen. Er tut dies, um zu ermitteln, welches der Moment im Kaufprozess ist, an dem Kunden am empfänglichsten dafür sind, etwas über eine Marke zu erfahren, wann sie präzise, objektive Informationen benötigen, um zutiefst verinnerlichte Muster bei der Markenauswahl zu verändern. Muster können gebrochen werden, doch die Generierung von Erkenntnissen über das Kundenverhalten ist das Fundament jeder guten Marketingkampagne.

Eine wichtige Lektion, die Bayer gelernt hat, ist, dass die übliche Methode der Kundenbefragung kaum je eine Erkenntnis bringt — So funktionieren Menschen einfach nicht. Erwarten Sie also keine allzu aussagekräftigen Erkenntnisse über Ihre Zielgruppe, wenn Sie eine Marktforschungsagentur an Bord holen, um einige Fokus-Gruppen durchzuführen. Consumer Insights sind oft das Ergebnis von Destillation in Verbindung mit anderen Datenquellen.

Viele der Motivationen, die Menschen haben, sind einfach nicht rational. Marketingfachleute müssen unter der Oberfläche graben, um die Überzeugungen der

Konsumenten aufzudecken, ihre Einstellungen, ihre Sehnsüchte, ihre Wünsche und ihre Motivationen.

Erkenntnisse dienen auch dazu, um Verbindungen zwischen den Motiven Ihrer Zielgruppe oder deren Überzeugungen herzustellen, und dem, was Ihre Fähigkeiten sind oder sein könnten. Im besten Fall sollten Unternehmen Insights entwickeln, die nicht von Wettbewerbern verwendet werden, um sich von jenen zu differenzieren und eine ausgeprägte Markenpositionierung in den Köpfen der Verbraucher zu verankern.

Letzte Gedanken zu Consumer Insights

Bei Consumer Insights geht es nur darum, dazu vorzudringen, *warum* sich Kunden verhalten, wie sie es tun, nicht darum, lediglich zu beschreiben, *was* sie tun.

Damit dies gelingt, lohnt es oft, die Welt der Zielgruppe durch die Augen eines dreijährigen Kinds zu betrachten. In diesem Alter entdeckt ein Kind das magische Wort „warum" — plötzlich wird alles hinterfragt und nichts wird einfach so akzeptiert. Häufig wird die Antwort eines Erwachsenen, die er einem Dreijährigen gibt, mit einem weiteren „Warum" quittiert. Das ist in der Tat zuweilen frustrierend, aber viel wichtiger ist, dass es einen dazu bringt, selbst nachzudenken und infrage zu stellen, was man für selbstverständlich hält. Genau diese Fertigkeit brauchen Sie, wenn Sie Erkenntnisse jagen. Sehen Sie die Welt durch die Augen eines dreijährigen Kindes!

Alle Insights drehen sich um das *Warum* — Insights sind erklärend, nicht beschreibend. Wenn Sie feststellen, dass Sie beschreiben, *was* Zielgruppen tun, und nicht, *warum* sie es tun, dann haben Sie keine Erkenntnis gewonnen.

Ein letztes Beispiel: Es mag eine interessante statistische Information für Sie darstellen, dass 25 Prozent der Männer in Großbritannien Feuchtigkeitscreme verwenden. Doch warum tun sie das? Womöglich entdecken wir, dass 70 Prozent dieser Männer die Produkte ihrer Ehefrau oder Freundin benutzen. Obwohl das zweifellos interessant ist, handelt es sich noch immer um ein beschreibendes Stück Information. Welches *Warum* steckt dahinter?

Es geht also darum, dieses Verhalten zu verstehen und nicht bloß zu beschreiben. Männer möchten eine Feuchtigkeitscreme verwenden, um gut auszusehen, aber es ist ihnen peinlich, Produkte zu verwenden, die als weiblich angesehen werden. Diese wichtige Erkenntnis hat in den späten 1990er-Jahren zum Aufstieg der Pflegeprodukte für Herren in Großbritannien geführt — mit einer Marktgröße, die Datamonitor 2004 auf 1,3 Milliarden Pfund geschätzt hat.

Manchmal ist es verführerisch zu glauben, dass der gesamte Insight darin besteht, dass Männer eine gutaussehende Haut wollen. Viel erhellender ist aber die Erkenntnis, dass es ist ihnen peinlich ist, Produkte zu verwenden, die als weiblich angesehen werden. Dies führte zur Einführung einer neuen Kategorie von Hautpflegeprodukten, die speziell für Männer entwickelt und designt wurden.

Bei Bayer lassen sich viele Konzepte finden, die vermutlich auf solch einer Definition für Marketing Insights basieren: Eine gute Erkenntnis sollte eine fundamentale Wahrheit hinter der Einstellung oder dem Verhalten eines Zielkunden erklären und kann für das Wachstum einer Marke eingesetzt werden.

Das ist leicht zu definieren, doch es benötigt eine Menge harter Arbeit, um diese Erkenntnis in die Praxis umzusetzen.

3.3 Red Bull – eine Marketingstrategie für junge Männer

Von Diana Jaffé

In den 1970er-Jahren entwickelte der Thailänder Chaleo Yovidhya ein Getränk, das wach machte und wach hielt.[5] Er nannte es „Krating Daeng" — Roter Bulle auf Thailändisch.[6] Der Österreicher Dietrich Mateschitz lernte dieses Getränk auf einer Thailandreise kennen, gründete Mitte der 1980er-Jahre gemeinsam mit Yovidhya Red Bull und brachte den Energydrink am 1. April 1987 in Österreich auf den Markt.[7] Dies war die Geburtsstunde einer neuen Produktkategorie — und eines außergewöhnlichen Marketingkonzepts.

Die Erfolgsgeschichte von Red Bull

Ich selbst kam mit Red Bull schon in seinen Anfangsjahren in Berührung. Stets bat ich Freunde, die nach Österreich fuhren, mir einige Flaschen mitzubringen. Das nach Gummibärchen schmeckende Getränk war damals in Deutschland nicht erhältlich. Es musste über die Grenze geschmuggelt werden, da es in der ersten Zeit unter das in Deutschland geltende Betäubungsmittelgesetz fiel. Red Bull wurde damals tatsächlich als Droge eingestuft! Ich nahm keinerlei Drogen zu mir, kam mir mit diesen Fläschchen aber schon ungemein verwegen und cool vor, denn kaum jemand von meinen Freunden kam damals in ihren Besitz.

Seither hat diese Getränkefirma eine sagenhafte Entwicklung hingelegt: Anfang 2014 war Red Bull laut eigenen Angaben in 166 Ländern erhältlich. Seit 1987 sollen weltweit mehr als 40 Milliarden Dosen geleert worden sein (was der Formulierung nach sicherlich auch Freigetränke einschließt).[8]

Die Sportmarketingstrategie von Red Bull

Als Red Bull in Deutschland von der Liste der verbotenen Substanzen genommen wurde, begann das Unternehmen seine bis heute existierende Werbekampagne

---

[5] http://bit.ly/1gfyw4q

[6] http://bit.ly/1f3LS0S

[7] http://bit.ly/1ffFBik

[8] http://energydrink-de.redbull.com/unternehmen

„Red Bull verleiht Flüüügel"[9] auszustrahlen, die im Laufe der Jahre in immer mehr Länder expandierte.[10] Doch der österreichische Humor auf all den Bildschirmen der Welt täuscht bis heute große Teile der Bevölkerung über die wahre Markenpositionierung hinweg. Red Bull ist nämlich *der* Gigant im Extremsport-Segment.

Der Spiegel berichtete 2012, Red Bull gäbe jährlich eine halbe Milliarde Euro allein für seine Sportmarketing-Aktivitäten aus.[11] In einem Artikel aus *Die Presse* hieß es, Red Bull würde jedes Jahr 1,3 Milliarden Euro für Werbung ausgeben, was mehr als einem Viertel des Umsatzes entspräche.[12] Viele Wirtschaftsmagazine weisen gern darauf hin, dass Apple nur eine Milliarde jährlich ausgibt. Betrachtet man die unglaubliche Fülle der Aktivitäten, die auf redbull.com präsentiert und auf redbullmediahouse.com anderen Medien als Bild- und Videomaterial unter strengen Auflagen für eine Berichterstattung zur Verfügung gestellt werden, dann erscheint der Betrag von nur einer halben Milliarde Euro doch recht niedrig angesetzt.

Immerhin kostete allein die Vorbereitung von Stratos[13], dem legendären Fallschirmsprung von Felix Baumgartner 2012 aus 39 Kilometer Höhe, angeblich 50 Millionen Euro.[14] Ob die kolportierten 10 Millionen Euro Honorar von Baumgartner[15] darin enthalten oder noch draufzuschlagen waren, wissen nur die unmittelbar Beteiligten.[16] Auf der Website des Energydrinks wurden im Februar 2014 357 Athleten präsentiert, die von Red Bull gesponsert werden.[17] (Die Liste scheint tagesaktuell gehalten zu werden.) Sie alle zählen zu den besten und extremsten Sportlern, oft nicht nur in ihren eigenen Sportarten, sondern überhaupt. In der Aufstellung sind jedoch nicht die Mannschaften enthalten, die Red Bull ebenfalls sponsert, darunter Fußballteams aus Salzburg, New York und Leipzig sowie die Eishockey-Teams aus München und Salzburg. Auf der Liste der gesponserten Sportler finden sich so illustre Persönlichkeiten wie etwa der Formel-1-Rennfahrers Sebastian Vettel, die Surflegenden Robby Naish und Björn Dunkerbeck und die vierfache Gesamtweltcupsiegerin im Abfahrt-Ski, Lindsey Vonn.

---

9   http://bit.ly/MO9uvy
10   http://bit.ly/1dnuO07
11   Eberle, Lukas und Maik Grossekathöfer (2012)
12   Zirm, Jakob (2013)
13   http://www.redbullstratos.com
14   Nonnenmann, Jonas (2012)
15   Hueber, Veronika (2012)
16   Geets, Siobhán (2012)
17   http://www.redbull.com/de/de/browse-all-athletes

Förderung von spektakulären Sportevents

Wer etwas genauer hinschaut, kann eine interessante Entwicklung bei Red Bulls Sportmarketingstrategie feststellen: Begonnen wurde mit der Förderung von Extremsportarten. Diese Extremsportler wurden mit finanziellen Mitteln und mit Öffentlichkeitsarbeit gefördert, was ihnen bis heute ermöglicht, ihre Fähigkeiten weiter auszubauen und immer unglaublichere Leistungen zu erbringen. Spektakuläre Events wurden ins Leben gerufen, an denen auch Spitzensportler teilnahmen, die nicht auf der Lohnliste von Red Bull standen. Wichtig war vor allem eins: Was dem Publikum auf diesen Sportveranstaltungen gezeigt wurde, sollte niemand jemals vorher gesehen haben. Ganze Touren wurden bald mit dem Red Bull Air Race[18], später mit den Red Bull X-Fighters[19] und inzwischen mit einer Wettkampf-Serie für jede der extremsten Sportarten der Welt organisiert. Auf jedem Kontinent sorgen immer unglaublichere Leistungen für immer neue Furore, zumindest unter den Fans.

Die oft noch sehr jungen Sportler haben mit ihren Spitzenleistungen für den Cool-ness-Faktor der Wachmacher-Brause gesorgt. Doch auch umgekehrt hat Red Bull die Extreme salonfähig gemacht. Sogenannte Extremsportarten boomen wie nie zuvor. In den Städten eröffnet eine Kletterhalle nach der anderen, um die vielen Sportanfänger überhaupt noch aufnehmen zu können. Viele dieser Sportarten sind inzwischen schon so normal geworden, dass man daran erinnert werden muss, dass es sich überhaupt um Extremsportarten handelt. Der Marathonlauf war einst ein historisches Highlight. Heute werden Laufkurse für stark Übergewichtige angeboten, die in weniger als einem Jahr für einen Marathonlauf fit gemacht werden.

Förderung von Mannschaften

Begonnen hat Red Bull also mit Extremen im Nischenbereich, doch seit Jahren geht das Unternehmen immer mehr in den Massensport. Mit den genannten Mannschaftssportarten erreicht das Unternehmen größere Fangruppen als mit einzelnen Nischensportarten und zeigt sich heimatverbunden, indem es selbstverständlich Salzburger Mannschaften sponsert. Immerhin befindet sich die Konzernzentrale in Fuschl am See, quasi um die Ecke von Salzburg. Gleichzeitig bleibt das Budget überschaubar, denn im Gegensatz zu der Extremsportstrategie, in der ohnehin keine Sport-Spitzengehälter gezahlt werden, ist Red Bull in den jeweiligen

---

[18] http://www.redbullairrace.com
[19] http://www.redbullxfighters.com

Ligen sichtbar, ohne eine Mannschaft wie FC Bayer München oder auch nur das Trikotsponsoring eines solchen Teams schultern zu müssen.

Red Bulls Sportmarketing ist meisterhaft darin, Unbekanntes aufzubauen. Gleichzeitig sichert sich Red Bull damit einen großen Gestaltungsspielraum, die jeweilige Mannschaft oder den Einzelkämpfer hinsichtlich der sportlichen Leistungen und des Images so formen zu können, dass es den Sportlern und der Marke Red Bull dient. Da war es genau richtig, 2009 einen ehemaligen DDR-Spitzenverein — heute RB Leipzig —, der nur noch in der Amateurliga dümpelte, wieder aufzubauen. Der weitere Aufstieg erscheint vollkommen sicher. Aus alledem entsteht eine Win-win-Situation für alle Beteiligten, jedenfalls so lange niemand ernsthaft zu Schaden kommt.[20]

Engagement in der Formel 1

Das Engagement in der Formel 1 gerät etwas teurer, zumal Red Bull mit der Scuderia Toro Rosso und Infinity Red Bull Racing zwei Teams unterhält. Doch auch das lohnt sich, denn 2013 erzielte das Red-Bull-Team mit Sebastian Vettel den vierten Doppelsieg in Folge. Erneut wurden sowohl der Fahrer- als auch der Konstrukteurs-weltmeistertitel geholt. Wieder wurde Red Bull im Zusammenhang mit höchsten Spitzenleistungen wahrgenommen. Das Engagement in der US-amerikanischen NASCAR wurde 2011 wieder beendet, weil der Energydrink-Hersteller über diese Sportart seine Marketingzielgruppe nicht mehr erreichen konnte.[21]

Der Brause-Hersteller ist sich der Gefahren für die Marke sehr bewusst, die drohen, wenn er seine Sponsoringaktivitäten *ausschließlich* auf die massenwirksamen Sportarten verlagern würde. Daher werden die Aktionen auf dem Extremsport-Sektor immer gewagter. Damit wird sowohl der Coolness-Faktor der Marke gewahrt als auch gleichzeitig die Bekanntheit und permanente Präsenz in der Öffentlichkeit gesichert. Aus diesem Grund werden zunehmend auch Aktionen im Graubereich der Legalität unterstützt, sofern sie nur genug mediale Aufmerksamkeit in den offiziellen Medien und im Internet generieren und für alle Beteiligten ohne ernsthafte Folgen bleiben. So gab auch Red Bull Geld und organisatorische Hilfe, als die Wingsuit-Flieger Jokke Sommer und Ludovic Woerth 2013 einen illegalen Flug durch die Skyline von Rio de Janeiro absolvierten und dabei auch zwischen Häusern hindurchflogen, bevor sie die Reißleinen ihrer Fallschirme zogen. Natürlich waren nicht nur Helmkameras dabei, sondern auch weitere Kameraleute in der Luft und

---

[20] Red Bull gerät immer wieder in die Kritik, wenn einer der gesponserten Sportler verunglückt.
[21] http://bit.ly/1f3LS0Ss

am Boden. Das filmische Ergebnis wurde bis Anfang 2014 allein auf Youtube von rund drei Millionen Menschen abgerufen.[22]

Neben diesem Sportengagement hat sich Red Bull, noch von vielen dort unentdeckt, in die jugendliche Musikkultur eingeschlichen, wo unter anderem Breakdance-Contests und Tanz-Shows veranstaltet werden. Dazu gibt es das Sponsoring von Musikakademien, und all dies wird selbstverständlich wirkungsvoll medial aufbereitet.[23] Nebenbei wird ein bisschen mit Computerspielen experimentiert.[24] Dies sind bis jetzt aber eigentlich nur Nebenschauplätze.

Extremsport und Massenmarkt

Red Bull verfolgt nun also zwei Hauptstrategien parallel: Das Unternehmen nutzt weiterhin den Coolness-Faktor von Extremsport und Musik-Nischen, geht aber gleichzeitig immer weiter in den Massenmarkt hinein. Das macht das Marketing der Firma aus Fuschl am See so geschickt, dass sich diese beiden Vorgehensweisen bisher ausgezeichnet ergänzen. Doch wozu der Gang in die breite Masse?

Red Bull will weiter wachsen. Bereits 2011 verkündeten einige Experten das Ende des Wachstums, die Sättigung des Marktes sowie das Erstarken von zahlreichen Wettbewerbern, zumindest aber eine signifikante Wachstumsschwäche.[25] Doch neuere Zahlen zeigen ein anderes Bild: deutliches Wachstum. Die konsequente Marketingstrategie von Red Bull geht vollkommen auf. Der Gründer Dietrich Mateschitz stellt ausnahmslos alle Aktivitäten seines Unternehmens unter die Prämisse, dass sie den Wert und das Image der Marke steigern müssen.[26] Er gibt nicht viel Geld für klassische Werbung aus. Vielmehr war er vielleicht derjenige, der die Erkenntnis „Content is King" am konsequentesten umgesetzt hat, und das schon sehr früh: Er liefert medial wertvollen Gesprächsstoff.

Warum für Werbung zahlen, wenn man Berichterstattung für den vielfachen Gegenwert der eingesetzten Sponsorengelder erhalten kann?

---

[22] http://bit.ly/1hpf2ea
[23] http://www.redbull.com/de/de/music/
[24] http://www.redbull.com/de/de/games/ und http://games.redbull.com/de/de
[25] Döhle, Patricia (2011)
[26] Zirm, Jakob (2013)

Berichterstattung in eigener Sache — Red Bull Media House

Als diese Rechnung aufging, nahm Dietrich Mateschitz schon den nächsten Schritt in Angriff: Wozu sich auf fremde Medien verlassen, wenn man mit eigenen Medien die Verbreitung der eigenen Werbebotschaft noch besser kontrollieren kann? Kontrolle über die eigene Marke sowie alle, die damit im Zusammenhang stehen, ist für Dietrich Mateschitz offenbar der wichtigste Faktor bei allen Marketingaktivitäten. Also übernahm Red Bull die Berichterstattung in eigener Sache. 2005 erschien während des Grand Prix in Monaco das Magazin *The Red Bulletin*, das direkt im Fahrerlager vollständig erstellt und sogar gedruckt wurde.[27] Das war genau genommen der Anfang dessen, was heute das Red Bull Media House ist: Ein Unternehmenszweig mit mehreren Zeitschriften, Radiosendern und dem TV-Kanal Servus TV. Dabei ist Servus TV für Dietrich Mateschitz zunächst eigentlich nur ein Lernobjekt für einen späteren „richtigen" TV-Sender.[28] Oder womöglich noch viel mehr.

Die Zielgruppe von Red Bull — risikofreudige, junge Männer

Nun müssen die unvermeidlichen Fragen gestellt werden: Wer ist die Zielgruppe für all dies? Und warum funktioniert die Strategie von Red Bull so kolossal?

Um es gleich vorwegzunehmen: Red Bull spricht ganz klar Männer an, vor allem die jüngeren. Männer lieben Abenteuer, das Risiko und spektakuläre Leistungen. 2005 zeigte eine Studie von epicure tv und dem F.A.Z.-Institut, dass so gut wie alle der befragten 1.000 Männer zwischen 31 und 69 Jahren eine starke Neigung dazu haben. Damals schon antworteten 36 Prozent der Befragten, dass sie ein Abenteuerurlaub reizen würde. 24 weitere Prozent träumten von einer Weltumsegelung, 16 Prozent wünschten sich einen Fallschirm- und/oder Bungee-Sprung, 15 Prozent ein Überlebenstraining. 9 Prozent sagten aus, dass sie gern an einem Marathonlauf teilnehmen würden.[29] Würde die Befragung heute erneut durchgeführt und die Liste der Herausforderungen um so manche Extremsportart ergänzt, würden die Aussagen deutlich radikaler ausfallen.

---

[27] Heublein, Stephan (2008)

[28] Zirm, Jakob (2013)

[29] Focus Medialine (2005), S. 14

▶ **BEISPIEL: Mitgliederwachstum des Deutschen Alpenvereins**

Der Deutsche Alpenverein (DAV) verzeichnete im Jahr 1998 „nur" 606.200 Mitglieder. 2004 waren es bereits 713.200.[30] Das ist ein Zuwachs um 17,65 Prozent. Mitte 2013 begrüßte der Verein dann schon sein Millionstes Mitglied[31]. Das entspricht einem erneuten Zuwachs von über 40 Prozent in nur neun Jahren! Im gesamten Betrachtungszeitraum 1998 bis 2013 nahm die Mitgliederzahl somit um 65 Prozent zu. Im DAV sind zwar nicht nur Bergsteiger und Kletterer organisiert, sondern auch Wanderer, doch ist die Mitgliedschaft für viele vor allem deswegen wichtig, weil im Jahresbeitrag eine Unfallversicherung mit kostenloser Bergrettung enthalten ist, die reine Bergwanderer wohl eher selten in Anspruch nehmen müssen. Eine vergleichbar rasante Entwicklung hin zu sportlichen Extremleistungen findet auch in anderen Sportarten statt — und das obwohl die deutschsprachigen Länder zu den am schnellsten alternden Gesellschaften zählen!

Konzentration auf die männliche Zielgruppe

Schaut man sich die Liste der von Red Bull gesponserten Sportler an, fällt auf, dass von den 357 Athleten nur 38 weiblich sind. Das entspricht gerade einmal einem Anteil von 10,6 Prozent. Bei genauer Zählung zeigt sich, dass 15 der insgesamt 38 Sportlerinnen aus dem Wassersport kommen (Surfen, Kitesurfen, Wakeboarding etc.), was knapp 40 Prozent entspricht. Und auch darüber hinaus zeigen sich eindeutige sportliche Schwerpunkte, die es bei den Männern so nicht gibt: Aus dem Ski- und Snowboard-Bereich kommen acht Frauen (21,1 Prozent) und Mountainbike, BMX oder Fixed Gear fahren sieben der Frauen. Unter den verbliebenen acht ist die 1949 geborene Kunstfliegerin Radka Machova aus Tschechien die außergewöhnlichste Sportlerin, nicht nur hinsichtlich des Alters. Nur Ashley Fiolek und Tarah Gieger sind außer ihr überhaupt im Motorsport unterwegs. Beide sind Motocross-Fahrerinnen. Zum Vergleich: Von den 319 männlichen Athleten sind 94 Motorsportler (29,5 Prozent). Unter den Base-Jumpern, Skydivern, Freerunnern und sogar Skateboardern findet sich keine einzige Frau.

Das alles ist keine böse Absicht von Red Bull, sondern entspricht der Tatsache, dass sich eben weitaus weniger Frauen in den hochgefährlichen Spitzenleistungsbereich begeben als Männer. Das liegt schlicht an unserem evolutionären Erbe. Männer verfügen über eine hohe Risikobereitschaft, die weitaus stärker ausgeprägt ist als die der meisten Frauen.

---

[30] Focus Medialine (2005), S. 10

[31] http://bit.ly/1gdso82

Geschlechtsspezifische Unterschiede im Risikoverhalten

Der Psychologe James Byrnes führte mit seinen Kollegen eine Metastudie durch, in der er 150 Untersuchungen anderer Wissenschaftler daraufhin überprüfte, ob sich Unterschiede im Risikoverhalten bzw. in der Risikobereitschaft von Frauen und Männern zeigen. Alle erdenklichen Risiken wurden geclustert, woraus schließlich sechzehn verschiedene Risikobereiche entstanden. Zwei dieser Bereiche, zu denen auch Sex und Rauchen gehören, wiesen nur geringe Unterschiede zwischen den Geschlechtern auf. In den anderen vierzehn Gruppen zeigten sich hingegen große geschlechtsspezifische Unterschiede. Männer wagen wesentlich größere Risiken bei Experimenten, im intellektuellen Bereich sowie beim Einsatz von Körper und Leben. Beim Glücksspiel zeigten sich die größten Differenzen. So sind 96 Prozent der Top-Spieler in Onlinekasinos Männer.[32] Bemerkenswert ist obendrein, dass die meisten von ihnen nicht einmal einen Schulabschluss haben.[33] Doch auch bei der Präsentation geistiger Leistungen treten Männer stärker in den Vordergrund als Frauen.

Riskantes Verhalten kann schnell zum Tode führen. Bis zum Alter von Mitte Zwanzig sterben dreimal mehr Jungen bzw. Männer als Mädchen bzw. junge Frauen bei Unfällen. Ein Teil der Männer mag die Gefahr als zu gering einschätzen. Ein beträchtlicher Anteil jedoch geht sogar dann beträchtliche Risiken ein, wenn er genau weiß, dass es sich mit Sicherheit um keine gute Idee handelt.

Für Frauen kann eine große Gefahr auch darin bestehen, es sich mit ihrem sozialen Umfeld zu verscherzen. In der historischen Betrachtung wird deutlich, dass Frauen oftmals von Familien und Sippen abhängig waren. Wenn ihr Partner umgekommen war, sicherte die Gruppe ihr Überleben sowie das ihrer Kinder. Viele Tätigkeiten, darunter die Kindererziehung, konnten ebenfalls nur durch Hilfe von anderen Personen bewältigt werden, weil eine Arbeitsteilung und damit eine gegenseitige Entlastung stattfand. Der Ausschluss aus diesem sozialen Gefüge kann in einigen Gegenden der Welt auch heute noch den Tod bedeuten. In einigen radikalislamischen Gesellschaften ist es Frauen nicht gestattet, ohne männliche Begleitung überhaupt aus dem Haus zu gehen. Der Ehemann ist die Nabelschnur zum Leben. Hat eine Frau ihren Mann verloren und keinen Sohn, der alt genug ist, um die Aufgaben des Herrn im Hause zu übernehmen, muss sie schlichtweg mit ihren Kindern in ihren vier Wänden verhungern, sofern nahe Angehörige ihre Situation nicht tagtäglich auffangen können.

---

[32] Byrnes, James P. et al. (1999)
[33] Pinker, Susan (2008), S. 297

Case Studies „Gender Marketing"

Der Testosteronspiegel bei Männern

Der Psychologe Satoshi Kanazawa[34] fand heraus, dass männliche Künstler ihre besten Arbeiten mit Mitte Zwanzig abliefern — männliche Straftäter begehen in diesem Alter die spektakulärsten und „profitabelsten" Verbrechen. Mit Mitte Zwanzig befindet sich das Testosteron bei Männern auf dem höchsten Niveau. Dieses Hormon ermöglicht es ihnen, körperliche und geistige Höchstleistungen zu erbringen, weil genau dies das Alter ist, in dem Männer eine Partnerin suchen und Nachwuchs in die Welt setzen. Der Nachteil: Offenbar verringert es aber auch gleichzeitig die Wahrnehmung für potenzielle Gefahren und daraus resultierende Konsequenzen. Entwarnung gibt es erst nach Jahren, denn nach dem Höchstlevel sinkt der Hormonspiegel in recht schnellem Tempo wieder ab. Satoshi Kanazawa beschreibt die Testosteronkurve auf der Zeitachse wie einen Zauberer- oder Spitzhut (analog dazu kann man sich eine umgedrehte Schultüte vorstellen, die Kinder zur Einschulung erhalten). Mit voranschreitendem Alter gleicht sich das Risikoverhalten von Männern und Frauen immer mehr an.[35]

Wissenschaftler erreichen den Höhepunkt ihres Schaffens übrigens mit Dreißig. Jazz-Musiker und Maler mit Mitte Dreißig und geniale Autoren mit Mitte Vierzig.[36] Für diese Künste benötigen die Besten ihres Fachs offenbar Wissen und Übung, die über einen längeren Zeitraum erworben werden müssen. Dennoch sagte Albert Einstein, wer mit spätestens dreißig Jahren seine große wissenschaftliche Theorie noch nicht veröffentlicht hat, werde dies nie mehr tun: „A person who has not made his great contribution to science before the age of thirty will never do so."[37]

Es scheint also für Leib, Leben und die Zugehörigkeit zum sozialen Gefüge weitaus gesünder zu sein, einen geringeren Testosteronspiegel zu besitzen, oder doch zumindest eine hohe Risikoschwelle. Dagegen sind Nachteile wie die Angst, nach einer Gehaltserhöhung zu fragen, zu vernachlässigen, möchte man meinen. (Tatsächlich forderten Männer in einem Experiment von Linda Babcock und ihren Kollegen neunmal häufiger eine höhere Entlohnung als die am Versuch teilnehmenden Frauen.[38]) Eine große Angst oder zumindest Vorsicht vor tatsächlichen oder vermeintlichen Gefahren schützt Erwachsene und ihren Nachwuchs. Achtsamkeit und Bedacht sind demnach überlebenswichtige Mechanismen. Und doch hat die Bereitschaft zum Risiko auch große Vorteile — jedoch nur für Männer.

[34] Kanazawa, Satoshi (2003)
[35] Byrnes, James P. et al. (1999)
[36] Miller, Geoffrey (1999)
[37] Albert Einstein in: Brodetsky, Selig (1942)
[38] Babcock, Linda und Sara Laschever (2003), S. 2

Extremsport und Heldentum

Eine gewisse Neigung zu riskantem Verhalten bringt Helden hervor. Felix Baumgartner war zwar schon 43 Jahre und damit nicht mehr im klassischen Zeugungsalter, als er seinen Rekordsprung aus 39 km Höhe wagte, doch brachte ihm sein außerordentlicher Wagemut die Aufmerksamkeit und Bewunderung von vielen hundert Millionen Menschen rund um den Globus ein. Gleiches gilt für Feuerwehrleute, Rettungsflieger, geistige Überflieger, Menschen mit Zivilcourage, Mitarbeiter von Ärzte ohne Grenzen und anderen Hilfsorganisationen, die in die Kriegs- und Krisengebiete der Welt gehen, um anderen zu helfen, und eben Spitzensportler. (Natürlich zolle ich den Frauen in diesen Berufen denselben Respekt!) Extremsportler, die ständig ihre Knochen und sogar ihr Leben riskieren wie beim Skydiving, beim Freeskiing oder Free Solo Climbing, stehen in der Pyramide der riskantesten Jobs und spektakulärsten Leistungen weit über den besten Fußballern, bei denen ein Schädelbasisbruch aufgrund eines verunglückten Kopfball-Duells doch zu den ziemlich unwahrscheinlichen Verletzungen gehört. Außerdem sieht es nicht gerade sensationell oder sehr extravagant aus, wenn zwei Männer mit den Köpfen zusammenstoßen, selbst wenn dies „mit Schmackes" geschieht. Anders, wenn jemand auf einer Bergabfahrt durch Tiefschnee von seinem Bike fällt und den halben Berg hinabstürzt. Oder wenn der Zuschauer allein beim Anblick seiner beabsichtigten Fahrstrecke eine Ahnung bekommt, wie bedrohlich sich ein Sturz auswirken würde.

Wir Menschen lieben Helden. Wir schauen auf zu Menschen, die Besonderes leisten. Sogar Primaten tun es. Robert Deaner hat herausgefunden, dass Rhesus Makaken tatsächlich bereit sind, viel von ihrem geliebten Orangensaft wieder herzugeben, wenn sie im Austausch dafür einen Blick auf ein Foto eines ranghöheren Affen aus ihrer Sozialgruppe werfen dürfen. Hingegen wollen sie dafür bezahlt werden, wenn sie sich Bilder von rangniederen Gruppenmitgliedern ansehen sollen.[39] Und auch menschliche Männer sind eher zu riskantem Verhalten bereit, wenn sie wissen, dass ihnen eine Frau dabei zuschaut.[40]

Dass Männer attraktive Frauen beeindrucken wollen zeigt sich schon in ganz einfachen Experimenten, die jeder Student durchführen kann. Man nehme eine Frau und stecke sie wahlweise in einen Laborkittel oder staffiere sie ihren optischen Vorzügen entsprechend aus (Jeans und eine Bluse reichen, offene Haare und Make-up tun ihr Übriges). Dann solle sie sich entsprechend ihrer Aufmachung benehmen: sachlich oder nett, ohne dabei aufreizend zu erscheinen. Schließlich führe man männliche Probanden einzeln in den Versuchsraum und lasse die Frau

---

[39] Deaner, Robert O. et al. (2005)

[40] Frankenhuis, Willem E. et al. (2010)

die Aufgabe verkünden: Die Männer sollen eine Hand in einen Eimer mit Eiswasser tauchen, solange sie können. Diejenigen, die der Frau im Laborkittel begegnen, halten ihre Hand im Durchschnitt 30 Sekunden lang in den Kübel. Diejenigen hingegen, die derselben Frau in der attraktiven Version begegnen, halten es durchschnittlich 80 Sekunden lang im Eiswasser aus. Einzelne männliche Exemplare muss man davon abhalten, sich bei dem Versuch, der attraktiven Frau zu imponieren, ernsthaft zu schädigen, indem man spätestens nach 150 Sekunden den Versuch abbricht.[41] Cheerleader bei US-amerikanischen Sportarten haben dieselbe Aufgabe: Ihr Anblick hebt den Testosteron-Spiegel der Männer und damit ihre Leistungs- sowie Risikobereitschaft. Gleichzeitig senkt das Testosteron ihr Schmerzempfinden.

Doch wozu ist das alles gut? Wozu brauchen Männer das Risiko? Kann man die Frage überhaupt so stellen?

Aufmerksamkeit und Ansehen

Wer alles riskiert, kann alles gewinnen oder alles verlieren. Wer ein Risiko eingeht, wenn andere es nicht tun, ragt heraus. Er hat die Bühne allein für sich. In einem Wettkampf steht der Sieger über allen auf dem Treppchen. Die schiere Möglichkeit eines Triumphs lässt alles andere vergessen. Der spektakuläre Sieg am Ende ist die Krönung. Je größer das Risiko, desto größer der mögliche Sieg. Es geht um das Auffallen, manchmal um *jeden* Preis. Der Verwegene bekommt in unserer Zeit Aufmerksamkeit und erringt Ansehen, sogar noch bevor er den Sieg errungen hat, vorausgesetzt, er sorgt (medial) dafür, dass sein spektakuläres Vorhaben schon vorab bekannt wird. Er darf die Anerkennung seines Mutes im Voraus genießen, auch wenn er später kongenial scheitert.

Der Rhesus-Makaken-Effekt wirkt auch umgekehrt: Je mehr jemand von anderen beachtet wird, desto mehr steigt sein Status allein durch die Betrachtung und Aufmerksamkeit.[42] Deshalb ist für einen Star oder auch nur ein Sternchen jedes Foto in jedem Medium wichtig, selbst wenn diese Person nach einer Drogenrazzia halbnackt und in Handschellen abgeführt wird. Und daraus erklärt sich auch, dass die politischen Parteien hinter den Kulissen die Chefredakteure der Fernsehsender mit Beschwerden bestürmen, weil der Vorsitzende der gegnerischen Partei ihrer Ansicht nach im vergangenen Monat so und so viele Male häufiger in den Nachrichten gezeigt worden sei. Gefordert wird dann Satisfaktion in Form einer Bericht-

---

[41] Herr, Mirko (2005)
[42] Chance, Michael R. A. (1976)

erstattung zu eigenen Gunsten: Der eigene Spitzenkandidat soll häufiger auf dem Bildschirm erscheinen.

Auffälligkeit erzeugt Aufmerksamkeit, Aufmerksamkeit mehrt den Status. (Leider erzeugt heute die mediale Präsenz auch ganz und gar talentfreier und leistungs-unwilliger Personen mehr denn je zuvor Aufmerksamkeit und damit Status. Daher will jeder ein Star sein, und das Fernsehen ist voll von bestenfalls mittelmäßigen B-, C- und D-Promis.)

Diese Überlegungen machen einen beträchtlichen Teil der Medienstrategie von Red Bull und ihren Erfolg verständlich. Das Unternehmen erzeugt selbst Aufmerk-samkeit und kontrolliert zum Teil die Verbreitungswege.

Gesellschaftliche Bewertung der Geschlechter

Wenn Männer risikobereiter sind als Frauen, dann fallen sie stärker mit ihren spek-takulären Aktionen auf. Und wozu ist das gut? Doris Bischof-Köhler schildert in ih-rem Buch *Von Natur aus anders* mehrere Aspekte. Zum einen hat es Auswirkungen auf die gesellschaftliche Bewertung der Geschlechter: „Da nun die typisch männ-lichen Tätigkeiten häufig den Charakter haben, Aufsehen zu erregen, werden sie spontan und ohne viel nachzudenken als Hinweis auf „Ranghöhe" gewertet. In diesem Mechanismus ist letztlich die Ursache für die *Höherbewertung alles Männ-lichen* zu suchen."[43] Daraus ergibt sich ihrer Ansicht nach die eigentliche Ursache für die Diskriminierung von Frauen, obwohl große Teile der notwendigen Arbeiten in Familie, Beruf und Gesellschaft nur durch die beharrliche, sorgfältige und ver-antwortungsbewusste Aufgabenerledigung ebendieser Frauen bewältigt werden. Doch das Sammeln von Wurzeln, Früchten und Kräutern und das dafür notwen-dige Wissen um Essbares und Giftiges ist eben bei Weitem nicht so spektakulär wie der Aufbruch einer Gruppe Männer zur Jagd, selbst wenn die Kerle am Ende zu Zehnt nur mit einem einzigen Hasen zurückkommen. Dabei ziehen Jäger auch bei den heute noch archaisch lebenden Stämmen nicht täglich los, sondern nur gele-gentlich, wann immer die Gemeinschaft beschließt, dass es mal wieder nett wäre, ein Stück Fleisch zwischen die Zähne zu kriegen. Je länger die Jäger wegbleiben, desto mehr steigt die Spannung. Der Aufbruch zur Jagd stellt eine aufregende Abwechslung zum täglichen Einerlei dar.

---

[43] Bischof-Köhler, Doris (2006), S. 271

Aufmerksamkeit und Anerkennung — auf die Marke übertragen

Status, Bekanntheit und Anerkennung verschaffen einem Mann vor allem die Aufmerksamkeit fruchtbarer und potenziell verfügbarer Frauen. Wir sind also wieder mitten in der Frühzeit des Menschen angelangt.

Spektakuläre Taten helfen ansonsten unscheinbaren Männern, von Frauen wahrgenommen zu werden, die sie ohne die Aufmerksamkeit erzeugende Tat nie beachtet hätten. Risiko erzeugt also eine Steigerung des eigenen „Marktwerts". Letztlich dienen häufig sogar Verbrechen demselben Ziel: Die Delinquenten wollen sich materielle Mittel verschaffen, um für eine Partnerin attraktiver zu sein, denn die wenigsten Frauen interessieren sich für Habenichtse.[44] Spektakuläre Verbrechen bieten die Chance auf große Gewinne. Satoshi Kanazawa zufolge wissen Straftäter interessanterweise nicht, wieso sie überhaupt die Straftaten begehen. Und auch sonst dürfte vielen Männern nicht klar sein, dass sie von ihrem genetischen Erbe, das bei den meisten Völkern kulturell verstärkt wird, gedrängt werden, sich hervorzutun und den Erfolg zu suchen. Untermauert werden diese Überlegungen durch die zahlreichen Artikel der letzten Jahre, in denen Psychologen und andere Berufene darüber rätseln, wieso Menschen Extremsport treiben und ihr Leben dabei riskieren wollen.

Eine hohe Risikobereitschaft weisen übrigens vor allem unverheiratete und wahrscheinlich auch sonst ungebundene Männer auf, also solche, die noch auf der Suche nach einer Partnerin sind. Denn das Eingehen einer festen Bindung und die Geburt von Kindern bewirken bei Männern ein Absinken des Testosteronspiegels bei einem gleichzeitigen Anstieg des Prolactins.[45] Das Absinken des Testosteronspiegels führt automatisch zu einem Rückgang der Risikofreude, ebenso wie der eventuellen Gewaltbereitschaft bei Männern. Sie schalten quasi vom Wettkampfmodus um die Gewinnung einer Partnerin in den Beschützermodus.

Imagetransfer — vom Extremsportler auf die Marke

Red Bull ist selbst spektakulär, und dieses Image reicht die Marke an ihre Fans, Käufer und Red-Bull-Konsumenten weiter. Das spektakuläre Flair, das den Spitzensportlern entliehen wurde, landet so auch bei ganz normalen Durchschnittsbürgern und pubertierenden Jungs. Es findet ein *Imagetransfer* statt: vom Extrem-

---

[44] Evers, Marco (2005)
[45] Exton, Michael S. et al. (2001)

sportler auf die Marke Red Bull und von dort auf den Red-Bull-Konsumenten. Das ist jedenfalls der Plan.

Funktioniert dieser Imagetransfer tatsächlich? Bekommen die Energydrink-Käufer tatsächlich etwas verwegenes, das wiederum die Frauen anzieht?

Es ist keineswegs völlig abwegig, dass die Red-Bull-Fans sich als Teil der Marke wahrnehmen und sich zumindest situativ in ihrem Selbstwertgefühl gestärkt fühlen. Das kann dann durchaus zu größerer Selbstsicherheit im Auftreten, zu verwegenem oder gar riskantem Verhalten oder zu spektakulären Taten führen.

Das Logo von Red Bull

Red Bull ist hoch kompetitiv. Wer aus so vielen Kämpfen am Markt als Sieger hervorgeht, hat oft unter Beweis gestellt, dass er sein Geschäft versteht. Das Logo von Red Bull spricht Bände: Zwei Bullen, die mit gesenkten Köpfen aufeinander zurasen. Ein männlicheres Symbol für Kraft, Stärke, Durchsetzungswillen und Entschlossenheit gibt es wahrscheinlich nicht. Andere, darunter auch der Hersteller des „bösesten" Autos, dem Lamborghini, begnügen sich mit *einem* Stier im Logo. Red Bull hat gleich doppelt so viele!

Zusammenfassung

Red Bull fördert spektakuläre Leistungen auf einem Gebiet, das Männer interessiert. Dazu veranstaltet die Marke bei jeder sich bietenden Gelegenheit ein Event und sorgt für mediale Aufmerksamkeit. Immer ist ein Aufgebot von Kameras dabei und die Berichterstattung ist dezidiert geplant. Über das eigene aufwendige Mediacenter wird umfangreiches Bild- und Videomaterial jedem anderen Medium für die Berichterstattung kostenlos zur Verfügung gestellt. Auf jedem T-Shirt seiner Athleten, auf jedem Helm, auf jeder Baseball-Cap, auf jeder Fahne, auf jedem Zelt, auf jedem Hubschrauber, Flugzeug, Wingsuit, Fallschirm, Wakeboard sind die zwei roten Bullen in jeder Kameraeinstellung zu sehen, die fest entschlossen, den Gegner zu besiegen, mit gesenkten Köpfen aufeinander zurasen.

Red Bull bindet sich durch die ständige Sichtbarkeit an die Athleten und ihre außergewöhnlichen Leistungen, transferiert dadurch deren Image auf die eigene Marke und brennt sich geradezu in die Köpfe der Zuschauer und Betrachter ein. Diese merken sich, dass Red Bull sehr eigenwillig und dominant ist und halten die Marke auch fast 30 Jahre nach Unternehmensgründung noch für sehr jung. Und schließlich übertragen die Konsumenten des Energydrinks den Nimbus des Heldenhaften und Spektakulären auf sich selbst und werten ihr eigenes Selbstbild dadurch auf.

Case Studies „Gender Marketing"

Dieser Marketingstrategie ist es zu verdanken, dass Red Bull trotz aller Wettbewerber auf einem hohen Preisniveau bleibt und — vorsichtig formuliert — beeindruckende Erlöse pro Dose zu erzielt.

3.4   Bosch – Gender Marketing bei Heimwerkern

Dr. Bettina Dannenmann, Leiterin Kommunikation Bosch Power Tools
Julia Anne Hand, Managerin Kommunikation Bosch Power Tools

Der Do-it-Yourself-Trend

Noch vor gut zehn Jahren galten Heimwerken und Gartenarbeit noch als eher spießige Freizeitbeschäftigungen. Nichts zumindest, womit man nachhaltig seine Freunde außerhalb des Selbermach-Zirkels beeindrucken konnte. Das hat sich grundlegend geändert. Dafür verantwortlich sind nicht nur gesellschaftliche Megatrends wie Do-it-Yourself (DIY) als Ausdruck einer erwünschten Individualisierung in einer globalen Welt. Es ist auch nicht allein der volatilen Wirtschaftslage und einer aufkeimenden Anti-Haltung zur Wegwerfgesellschaft zuzuschreiben, die den einen oder anderen motorisch bislang wenig Interessierten ans Heimwerkzeug treibt. Ein gutes Stück weit ist es den Herstellern von Elektrowerkzeugen und Gartengeräten zu verdanken — allen voran Bosch Power Tools — dass der DIY-Trend in allen Facetten boomt und immer mehr Menschen begeistert. Genug zu tun gibt es offenbar auch. So förderte eine Forsa-Befragung aus dem Jahr 2012 im Auftrag von Bosch Power Tools zutage, dass allein in deutschen Haushalten 348 Millionen Schrauben darauf warten, festgezogen zu werden. Das sind neun lockere Schrauben pro Haushalt!

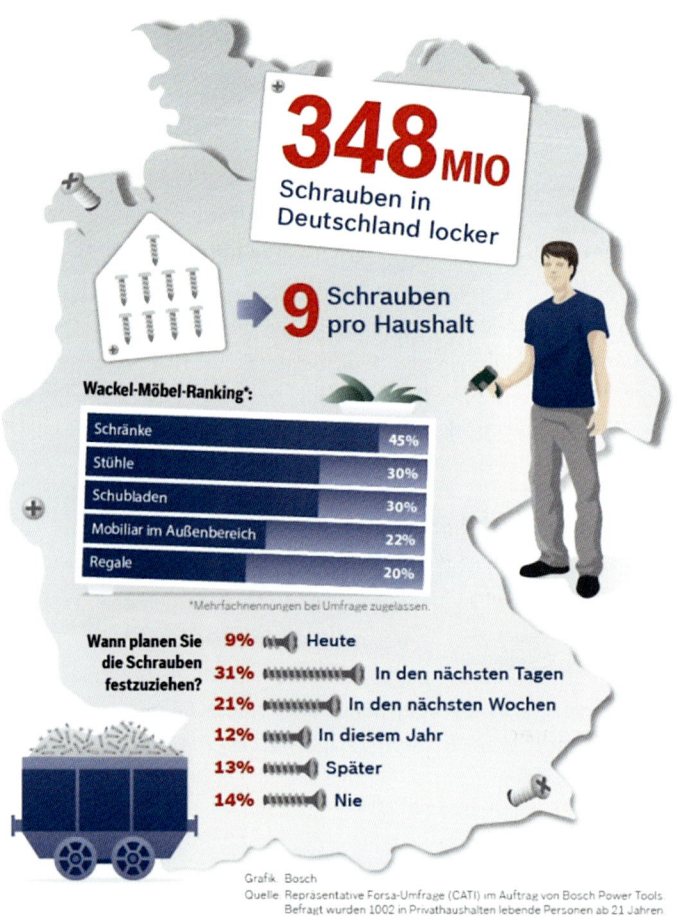

Abb. 74: Deutschland hat 'ne Schraube locker. Forsa-Befragung im Jahr 2012 im Auftrag von Bosch Power Tools
Quelle: Robert Bosch GmbH

Mittlerweile gibt es sogenannte Repair Cafés — Orte, an denen man gemeinsam am lädierten Fahrrad oder an der wackeligen Kommode werkelt — in den USA, in Kanada, in Belgien und seit 2012 auch in Deutschland. Ob Urban Gardening, Vertical Gardening oder interkulturelle Gemeinschaftsgärten — selbst mitten im Betongrau der Großstädte findet eine ganz neue Generation von Hobbygärtnern ein Plätzchen für ihr Selbstgezogenes. Auf dem Tempelhofer Feld, dem stillgelegten Flughafen in Berlin, werfen die Guerilla Gardener gar ihre Seed Bombs: kleine, mit Samen gefüllte Kugeln.

Wie alles begann

Doch zunächst zurück zu den Anfängen. Die Elektrowerkzeugbranche gehörte um die Jahrtausendwende zu einer der ersten Industrien, die massiv durch den Wettbewerb aus Fernost herausgefordert wurden: Hunderte neue Wettbewerber allein aus China drängten auf den europäischen Markt. Und nicht nur im Baumarkt griff der Billig-Wettbewerb die etablierten Markenhersteller an, auch die Discounter führten plötzlich Elektrowerkzeuge und Gartengeräte im Aktionssortiment.

Bosch als Traditionsmarke galt im Heimwerkerbereich zu diesem Zeitpunkt zwar als technisch ausgereift, zuverlässig und solide, aber auch als konservativ. Sie legte den Fokus auf den passionierten, vornehmlich männlichen Heimwerker. Die alten, vor allem aber die neuen Wettbewerber zielten auf dieselbe Kundengruppe. Keine dem Absatz förderliche Situation demnach.

Bosch zog daraus die Konsequenzen und beschloss eine gründliche Überprüfung aller bisherigen Strategien. So wurden die Gewohnheiten und Wünsche von Kunden und solchen, die es noch werden sollen, beim Heimwerken und in der Gartenarbeit detailliert untersucht.

Der kleine große Unterschied

Die gewonnen Daten wurden erstmals auch nach Gemeinsamkeiten und Unterschieden zwischen Frauen und Männern ausgewertet. Die Analyse ergab, dass inzwischen ein großes Zielgruppenpotenzial entstanden war, das noch niemand systematisch bediente. Neben den leidenschaftlichen Heimwerkern, den sogenannten Passionate-Do-It-Yourselfern, existieren zwei weitere Zielgruppensegmente: die Pragmatic sowie die Soft-DIYer. Für die pragmatisch Veranlagten ist Heimwerken eher Mittel zum Zweck oder eine Alternative zum professionellen Handwerker. Soft-DYIer bevorzugen Arbeiten mit höherem Kreativ- und geringerem handwerklichen Anteil wie beispielsweise Dekoration und Verschönerung. Diese beiden damals neu entdeckten Gruppen bestehen zu jeweils einem großen Anteil aus Frauen. 30 Prozent sind es bei den Pragmatic-DIYern, und bei den Soft-DIYern steigt der weibliche Anteil gar auf 60 Prozent. Zudem findet sich in beiden Gruppen ein beachtlicher Anteil einer jungen Generation von männlichen Heimwerker-Einsteigern.

Die Marktanalyse ergab auch, dass sich die Bedürfnisse der Frauen bei DIY-Projekten und in der Gartenarbeit teilweise signifikant von denen der Männer unterscheiden. Es mag retrospektiv betrachtet logisch erscheinen, dass Frauen aufgrund ihrer unterschiedlichen körperlichen Voraussetzungen andere Produkteigenschaften bevorzugen als ihre männlichen Kollegen. Leichter, kompakter — solche Attribute drängen sich bei der noch oberflächlichen Suche nach „weiblichen Produkteigenschaften" am ehesten auf. Bohrt man sprichwörtlich etwas tiefer, so fördert dies konkrete Anforderungen zutage, die mit der durchschnittlich geringeren Spannweite der weiblichen Finger sowie dem niedrigeren Körperschwerpunkt, dem geringeren Muskelanteil und der geringeren Belastbarkeit der femininen Gelenke zu tun haben. Last but not least: Auch das Gehör ist bei Frauen durchschnittlich stärker ausgeprägt: Sie hören mehr Frequenzen und dabei auch noch sämtliche Geräusche lauter als Männer. Während vielen Männern das satte Dröhnen von Motoren gefällt, weil sie es als Ausdruck der Geräteleistung verstehen, können dieselben Geräusche von Frauen als Gefahrensignal interpretiert werden oder im schlimmsten Fall sogar Schmerzen verursachen.

Auch in der Herangehensweise an DIY-Projekte unterscheiden sich Männer und Frauen grundlegend. Vereinfacht gesprochen denken Frauen eher an die Menschen, denen das Ergebnis ihrer Heimwerker- oder Gartenarbeit dienen und gefallen soll. „Harmonieren Materialien und Farben?", „Sind die Regalmodule im selbstgebauten begehbaren Kleiderschrank an der richtigen Stelle?" Das sind Beispiel-Fragen, die sich Frauen beim Selbermachen stellen.

Männer hingegen konzentrieren sich eher auf ihr „Projekt" — das Bild, das auf seinen Haken wartet, der neue Bodenbelag, der verlegt werden will, das Solarmodul auf dem Dach, das seiner Reparatur harrt und die Rasenkante, die endlich getrimmt werden muss. Vermutlich ist dies auch der Grund, warum in der Werbung für die Baumarktkette Hornbach „das Projekt" im Vordergrund steht. Dies ist eindeutig für eine männliche Zielgruppe gedacht und konsequent umgesetzt.

Aufs Produkt umgemünzt

Es gibt prinzipiell zwei nachhaltig richtige Möglichkeiten, mit den unterschiedlichen Bedürfnissen von Männern und Frauen umzugehen: Getrennte Produktreihen oder ein Sortiment, das die Bedürfnisse aller Zielgruppen abdeckt. Procter & Gamble beispielsweise entschied sich, mit Gillette Venus im Jahr 2001 innerhalb der Traditionsmarke Gillette eine Art Unter-Marke einzuführen, die in ihrer gesamten Ausdifferenzierung speziell auf die weibliche Rasur zugeschnitten ist. Zu diesem Zeitpunkt existierte die Marke Gillette in der Männerwelt bereits seit 100 Jahren. Um hier die Website zu zitieren: „Auch wenn Venus in der Produktfamilie von Gillette auf eine lange Tradition zurückblicken konnte, handelt es sich nicht einfach nur um einen rosa eingefärbten Männerrasierer!" Deutlicher kann man die (theoretisch) dritte Möglichkeit, den Markt zu bedienen, nicht disqualifizieren: „Pink it and shrink it" — der in vielen technischen Branchen beliebte und gleichzeitig kostspielige Fehlversuch, den Kundinnen ein verkleinertes, lediglich „rosa getünchtes", in seinen Funktionen jedoch weiterhin eindeutig männliches Gerät anzudrehen.

Konsequente Kundenorientierung

Bosch wiederum entschied sich für eine Innovations- und Kommunikationsstrategie, die sich konsequent an den Kundenbedürfnissen orientiert. Die zuvor skizzierten Unterschiede zwischen Männern und Frauen waren und sind nach wie vor von großer Bedeutung, weshalb Gender-Aspekte systematisch in allen Bereichen des Unternehmens berücksichtigt wurden und werden. Dabei setzt Bosch jedoch nicht auf getrennte Produktreihen, also spezielle „Männer- und Frauen-Elektrowerkzeuge". Stattdessen bildeten Produkte, die sowohl die Bedürfnisse der Frauen als auch die der Männer in sich vereinen, die Keimzelle für die Entwicklung neuer Heimwerker- und Gartengeräte. Denn die Bosch-Marktforschung hatte auch gezeigt, dass Frauen ernst genommen werden wollen: Selbermacherinnen wollen nicht anders behandelt werden als Selbermacher, Gärtnerinnen nicht anders als Gärtner. Doch es bleibt bei den anderen Ansprüchen an das Gerät. Für größere Renovierungsarbeiten benötigen Frauen leichtere, aber dennoch leistungsfähige Geräte, um wirklich ausdauernd arbeiten zu können. Die eher pragmatisch veranlagten Heimwerkerinnen hingegen möchten Notwendiges reparieren, aber auch das eine oder andere konstruieren, das man so nicht kaufen kann. Hierzu braucht es eine ebenso qualitativ hochwertige Ausrüstung. Und mit 60 Prozent Anteil an der Soft-DIYer-Gruppe interessieren sich diese Frauen stark für die Verschönerung ihres Wohnumfelds und wollen dabei ihre kreativen Ideen umsetzen. Das Gerät muss also jederzeit einsatzbereit sein, wenn einen die Ästhetikmuse küsst — auch wenn es zwischenzeitlich ein halbes Jahr nicht benutzt wurde.

Lithium-Ionen-Akkutechnik machte es möglich

Eine entscheidende Rolle für die Entwicklung kompakter Geräte spielte und spielt die Lithium-Ionen-Akkutechnik, die Bosch vor mehr als zehn Jahren im Jahr 2003 als erstes Unternehmen für Elektrowerkzeuge nutzbar machte. Diese Technik erfreute sich bis dahin vor allem bei Handys und Laptops großer Beliebtheit, also bei eher kleinen Geräten, die einmal aufgeladen möglichst lange auf vergleichsweise niedriger Leistung arbeiten mussten. Nur: Leistung muss ein Elektrowerkzeug schon bringen. Und darin lag die Herausforderung für die Ingenieure von Bosch, die zunächst den mittlerweile allseits beliebten Ixo entwickelten: Er wiegt gerade einmal 300 Gramm, schraubt auch in den entlegensten Winkeln ausgezeichnet und bringt eine lange Akkulebensdauer mit. Ergonomische Aspekte wie Griffumfang und Rutschfestigkeit flossen ebenfalls in die Entwicklung ein sowie intuitive Bedienbarkeit, visuelle Ästhetik und ein Klang, der auch von Frauen als angemessen und sogar angenehm empfunden wird. Doch Frauen für ein technisches Gerät zu begeistern ist manchmal viel schwieriger als Männer, die eine ausgeprägte Technikbegeisterung oftmals sehr früh von Vätern, Brüdern und anderen männlichen Bezugspersonen vermittelt bekommen. Der erste Ixo überraschte Baumarktbesucher 2003 daher in einer Verpackung, die einer Keksdose nicht unähnlich war. Für die Frauen signalisierten Gerät und Verpackung sofort, dass der Ixo auch für sie gedacht war. Bald schon avancierte der Schrauber in der „Keksdose" zu einem beliebten Oster-, Muttertags-, Geburtstags- und Weihnachtsgeschenk.

Abb. 75 und 76: Die Hülle des Ixo – von der „Keksdose" zur schlanken Verpackung von heute, die in jeden Küchenschrank passt
Quelle: Robert Bosch GmbH

Doch ebenso wie von den Damen wurde der Ixo auch von den Herren schnell begehrt, schließt er neben seinen technischen Vorzügen überdies die Lücke zwischen herkömmlichen Akkuschraubern und manuellen Schraubenziehern. Obwohl sie nicht zu den Kernzielgruppen von Bosch gehören, haben Techniker und Computerfachleute den Ixo für sich entdeckt, der überall dort zum Einsatz kommt, wo zuvor mühsam per Hand geschraubt wurde, beispielsweise an und in engen Computer-Gehäusen. Der Einsatzbereich von Akkuschraubern hat sich somit fast beiläufig mit dem Ixo vergrößert. Last but not least: Mussten IKEA-Regale früher noch per Hand mit dem mitgelieferten Inbus-Schlüssel geschraubt werden, erledigt dies mittlerweile der Ixo, dem die passenden Bits serienmäßig beigefügt sind.

Abb. 77: Schrauben leicht gemacht – der Ixo im Einsatz
Quelle: Robert Bosch GmbH

Der Erfolg des Ixo ist überwältigend. Mit inzwischen dreizehn Millionen verkauften Einheiten ist er das mit Abstand erfolgreichste Elektrowerkzeug der Welt. Im Internet hat er eine Heimatbasis ganz für sich alleine: Auf www.bosch-ixo.com erfahren Interessierte das Neueste über ihren Lieblings-Akkuschrauber, wie beispielsweise neue Sondereditionen, und teilen ihre „Little Big Moments".

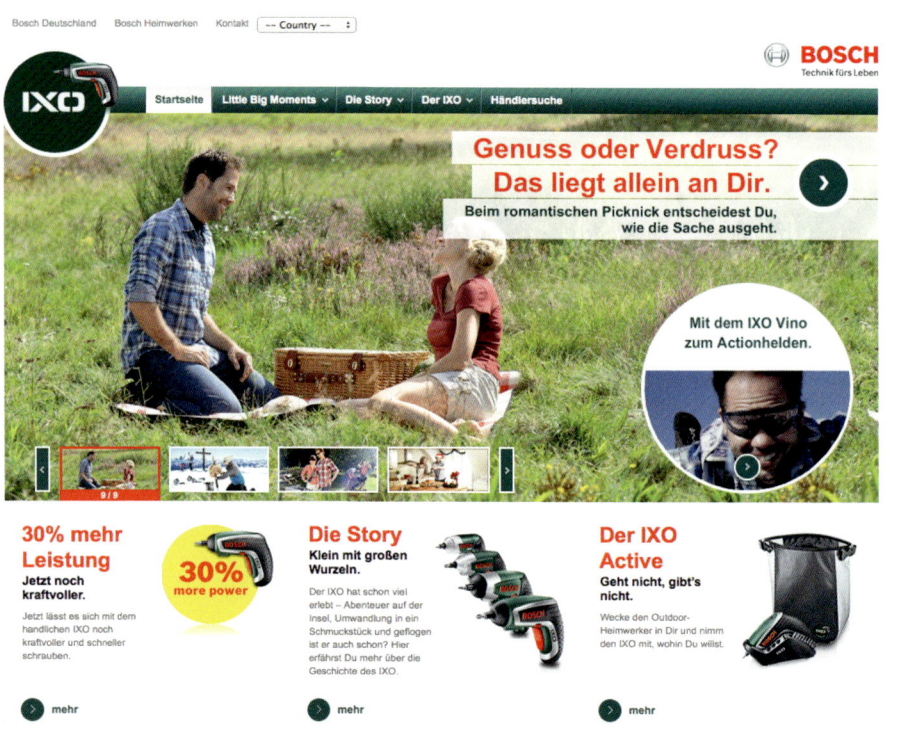

Abb. 78: Internetauftritt des Ixo unter www.bosch-ixo.com
Quelle: Robert Bosch GmbH

Kundenorientierung im Mittelpunkt

Für Bosch war dieser Erfolg die Initialzündung, bei künftigen Innovationen konsequent die Kundenorientierung in den Mittelpunkt zu stellen und nicht lediglich das technisch Machbare. Und es folgten einige.

Seit Erfindung der Bohrmaschine haben herunterrieselnde Wandbrösel und fieser Bohrstaub zu einer fast schon klischeehaften Arbeitsteilung zwischen Mann und Frau geführt: Er bohrte — und sie hielt den Staubsauger unter das Bohrloch. Als Lösung brachte Bosch 2004 eine Bohrmaschine mit integrierter Bohrstaubabsaugung auf den Markt. Eine ganze Serie weiterer Werkzeuge mit Absaugfunktion folgte.

Abb. 79: Bohren ohne Staub – Schlagbohrmaschine mit Absaugfunktion
Quelle: Robert Bosch GmbH

Der Bohrhammer Uneo wiederum ist mit nur rund einem Kilogramm Gewicht und seiner kompakten Größe von etwa einem DIN-A5-Blatt leicht beherrschbar. Er kann gleichermaßen schrauben, bohren und hämmern — selbst in Beton. Mit einem Gerät können nun alle gängigen Anwendungen angegangen werden, ohne dass es dazu spezieller DIY-Kenntnisse — und vor allem dreier Geräte — bedarf.

Abb. 80 und 81: Uneo – das kraftvolle Multitalent zum Schrauben, Bohren und Bohrhämmern
Quelle: Robert Bosch GmbH

Ein weiteres Beispiel ist die „Compact Generation", der ein innovatives Konzept zur strategischen Zielgruppenansprache zugrunde liegt. Die Geräteserie von kompakten, leichten Schlagbohrmaschinen und Stichsägen orientiert sich mit den drei Produktlinien Easy, Universal und Expert an den spezifischen Bedürfnissen und Kenntnissen von Heimwerkerinnen und Heimwerkern. Vor allem die Einsteiger-Linie Easy besitzt ein großes Marktpotenzial, da sie sich mit besonders leichter Bedienbarkeit und Handhabung an die Gruppe der Soft-DIYer richtet — bei Markteinführung erstmals mit Schlagbohrmaschinen und Stichsägen.

Die klare Differenzierung der unterschiedlichen Produktlinien wird visuell über das Design, die Produkteigenschaften, die Verpackungen und das POS-Material kommuniziert. Sowohl die Verkaufsmitarbeiter als auch die Kundinnen und Kunden können so das für sie richtige Gerät schnell und einfach finden. Die Preisgestaltung ist transparent und auf die Produktgruppen abgestimmt.

Abb. 82 und 83: Die Stichsäge PST 10,8 LI – eine leichte, kompakte Stichsäge der Compact Generation
Quelle: Robert Bosch GmbH

Ein weiterer Coup: Das Akku-System „Power4All". Mit nur einem Wechsel-Akku lassen sich zum Beispiel Schlagbohrschrauber, Multifunktionswerkzeug und Heckenscheren betreiben. Das System gibt es mittlerweile nicht nur für 18-Volt-, sondern auch für 10,8-Volt-Elektrowerkzeuge. Heimwerker und Gärtner können so auf überflüssige Akkus und Ladegeräte verzichten, gleichzeitig Geld sparen und die Umwelt schonen.

Innovationspotenzial der Gartenarbeit

Auch die Gartenarbeit birgt noch Einiges an Innovationspotenzial. In der Vergangenheit gehörte das Rasenmähen zu den klassischen Männerdomänen. Die meisten Mäher waren aufgrund ihrer Konstruktion schwergängig oder durch ihr Eigengewicht für viele Frauen kaum um die buchstäbliche Kurve zu bekommen. Eine größere Fläche konnte das weibliche Geschlecht bis dahin oftmals rein körperlich nicht bewältigen. In den USA hatte eine Untersuchung zur Überraschung der gesamten Branche jedoch ergeben, dass die meisten fahrbaren Rasenmäher von Frauen gekauft wurden. Frauen als Kaufentscheider zu gewinnen war also nicht das Problem. Es fehlte schlicht an Produkten für eine alternative Kaufentscheidung. Bosch hat daraufhin speziell für kleinere und mittlere Gärten eine deutlich leichtere und wendigere Akkumäher-Familie mit dem Namen Rotak auf Basis der Lithium-Ionen-Technik entwickelt, die die schwereren Benzinrasenmäher spielend ersetzen. Diese neuen Mäher stinken nicht, knattern nicht, verursachen wesentlich geringere CO_2-Emissionen, sind wartungsfrei und leicht zu transportieren. Damit haben Frauen nun endlich die Wahl, ob sie vom Partner mähen lassen oder eben selbst mähen wollen.

Roboterrasenmäher — weder männlich noch weiblich

Und wenn weder Männlein noch Weiblein das heimische Grün stutzen will, hat Bosch mit dem Indego seit 2013 einen Roboterrasenmäher im Angebot. Er findet seinen Weg allein und liefert noch dazu dank „Logicut" ein sauberes Schnittergebnis. Dieses intelligente Navigationssystem vermisst automatisch den Garten, berechnet die kürzeste Route und mäht dann systematisch in parallelen Bahnen. Das kurze Grasschnittgut dient als Mulch. Um Hindernisse mäht der Indego automatisch herum und lädt seinen Lithium-Ionen-Akku selbstständig an der Ladestation. Damit wurde der Indego auf Anhieb Marktführer im hart umkämpften Segment der Roboterrasenmäher.

Abb. 84: Mähen und gleichzeitig Entspannen – mit dem Roboterrasenmäher Indego
Quelle: Robert Bosch GmbH

Zusammenfassend lässt sich festhalten, dass Marktveränderungen Bosch dazu veranlasst hatten, über neue Zielgruppen nachzudenken. Nun waren es eben diese neuen Zielgruppen, die den Weg zu Innovationen im großen Maßstab eröffneten. Die Entwickler und Marketingmitarbeiter hatten sich intensiv mit den weiblichen und männlichen Lebenswelten der Do-It-Yourselfer und Gartenliebhaber befasst und begannen nun, Haus und Garten aus deren Blickwinkeln zu betrachten. Diese neuen Perspektiven förderten in logischer Konsequenz andere Bedürfnisse zutage, die sich in völlig neuen Produkten und Marketingmaßnahmen mit vielen Alleinstellungsmerkmalen ausdrückten.

Von der Verpackung bis zum Point of Sale — Gendering at its Best

Zu den Prinzipien des Gender Marketings gehört der ganzheitliche Ansatz. Demnach müssen Produkt, Vertrieb, Preis, Service und sämtliche Kommunikationsmaßnahmen aufeinander abgestimmt werden. So wurde die gesamte visuelle Kommunikation, vom Produkt- über das Verpackungsdesign bis hin zu Werbe- und PR-Bildmaterial, konsequent auf die Bedürfnisse beider Geschlechter ausgerichtet.

Auf Produktverpackungen beispielsweise von Sondereditionen dominieren nicht länger nur Großaufnahmen von Gegenständen, vielmehr werden auch Menschen beim Heimwerken oder bei der Gartenarbeit mit dem Gerät gezeigt. Solange Männer auf den Fotos die wesentlichen Produkteigenschaften erkennen können, ist diese Darstellung für sie völlig in Ordnung. Frauen wiederum erhalten zusätzliche Signale, die sie für ihre Kaufentscheidung benötigen.

Da das Denken vieler Frauen eher auf Menschen als auf Dinge fokussiert ist, interessieren Produkte sie meist nur dann, wenn sie ohne Umschweife erkennen können, welchen Nutzen sie ihnen bringen. Die potenziellen Käuferinnen brauchen die Darstellung einer Situation, um sich darin wiederzufinden, insbesondere dann, wenn sie mit dem Produkt oder dem Produktsegment wenig vertraut sind. Mit der ausbalancierten Darstellung von Leistungsmerkmalen der Geräte und menschenzentrierten Anwendungssituationen trägt Bosch demnach den Bedürfnissen beider Geschlechter Rechnung.

Abb. 85: Anwendungsbeispiele auf der Verpackung – der Ixo mit Korkenzieheraufsatz zum Öffnen von Weinflaschen
Quelle: Robert Bosch GmbH

Inspiration für beide Geschlechter und alle Altersstufen — offline und online

Während Männer den Baumarktstudien zufolge häufig schnell und nach Plan einkaufen, nimmt sich ein Großteil der Frauen mehr Zeit für den Einkauf, um sich von dem Angebot inspirieren zu lassen. Deshalb beziehen Bosch-Berater bei ihren Sonderaktionen Männer und Frauen in unterschiedlicher Weise mit ein. Für Einsteiger gibt es ebenfalls maßgeschneiderte Aufgaben, um das eigene Erleben erster Erfolge mit einfachen Step-by-Step-Projekten zu fördern, wie beispielweise die Anfertigung individueller Möbel-Tattoos oder auch das Basteln eines Bücherregals aus einer alten Leiter. Solche Sonderaktionen kommen dem Bedürfnis vieler Frauen, aber auch einer wachsenden Anzahl von Männern, nach Inspiration entgegen. Und selbst die Kleinsten können mit Spielzeug-Elektrowerkzeugen von Bosch mini erste Bastelarbeiten selbst durchführen oder ihre Eltern beim Heimwerken „unterstützen".

Internetangebot für die Heimwerker-Community

Um dem Inspirationsbedürfnis insbesondere der Pragmatic- und Soft-DIYer entgegenzukommen, hat Bosch 2007 unter www.bosch-do-it.com ein eigenes Internetangebot rund um Wohnen und Gestalten eingerichtet. Unter dem Motto „Make it your Home" sammeln Interessierte Anwendungsideen und wählen konkrete Projektvorschläge oder mithilfe des Produktberaters gleich das passende Werkzeug aus. Seit Anfang 2010 gibt es sogar eine Heimwerker-Community mit einer expliziten Ansprache auch der weiblichen Zielgruppe: Unter www.1-2-do.com können Frauen und Männer gezielt nach klassischen Heimwerker- oder nach Dekorations- und Verschönerungsprojekten suchen, Beispiele einsehen und selbst Projekte einstellen. Unter dem Motto „Einer weiß immer, wie es geht" tauschen sich die Community-Mitglieder über ihre Projekte und Erfahrungen aus und holen sich Inspiration von anderen Mitgliedern. Darüber hinaus bietet Bosch auf der Plattform exklusive Serviceleistungen an, die von Expertenberatung über Wettbewerbe und Chats mit Bosch bis hin zu Produkttests reichen. Das Design ist derart gestaltet, dass alle Bosch DIY-Zielgruppen ein individuelles Angebot für ihre Heimwerker- und Servicebedürfnisse finden. Sogar eine Art Heimwerker-Wikipedia, ein interaktives Lexikon rund um das Thema Heimwerken, ist enthalten. Und das Konzept geht auf: Seit dem Start der Community 2010 hat sich die Anzahl weiblicher Mitglieder nahezu verdoppelt. Dabei decken die Projekte weiblicher DIY-Fans das gesamte Spektrum an Heimwerkertätigkeiten ab. Jenseits von Deko-Themen stehen beispielsweise die Renovierung des eigenen Zuhauses oder der Bau eines Gartenteichs im Fokus des Interesses.

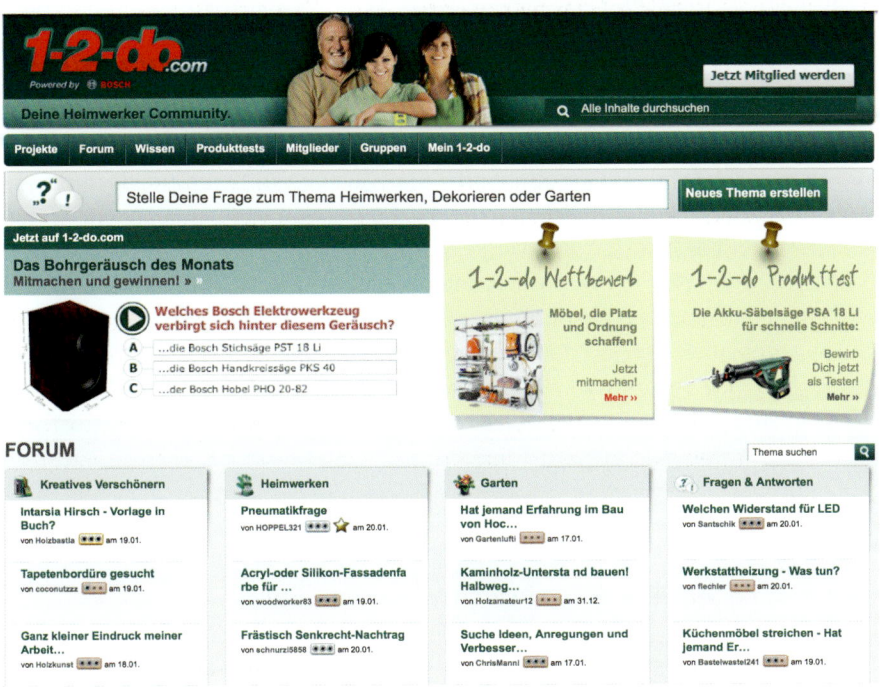

Abb. 86: Internetauftritt der Heimwerker-Community: www.1-2-do.com
Quelle: Robert Bosch GmbH

Neuausrichtung der Presse- und Medienarbeit

Für Bosch bedeutete die Entdeckung der neuen Zielgruppen auch eine Neuausrichtung der Presse- und Medienarbeit. Erstreckte sich die PR-Arbeit einstmals im Wesentlichen auf gut 300 Fachtitel wie *Selbst ist der Mann* oder *Heimwerkerpraxis*, wurden inzwischen längst gezielt Lifestyle-, Männer- und Frauentitel einbezogen. Dabei gilt es, Frauen und Männer nicht nur optisch, sondern auch sprachlich adäquat anzusprechen.

Pressetexte werden grundsätzlich so verfasst, dass sie sich auf beide heimwerkende Geschlechter beziehen. Bei der Zusammenarbeit mit Frauen- oder Männermedien muss jedoch deutlich differenziert werden. Hier werden Themen und Sprache geschlechter- und interessenspezifisch gewählt. Um Leichtigkeit darzustellen, werden Werkzeuge etwa in Frauenzeitschriften oftmals in Gramm beschrieben. In Männerzeitschriften hingegen steht eher Kraftvolles im Vordergrund, da dürfen es dann ruhig auch Kilogramm, Newtonmeter und Kilowatt sein. In Bezug auf Größe greifen Frauenzeitschriften zum Vergleich auf Haushaltsgeräte zurück und vergleichen etwa den Uneo mit einem Handmixer, um der Leserin eine Vorstellung zum Umfang des kompakten Akkubohrers zu geben. In Männerzeitschriften überwiegen dagegen Analogien aus der Männerwelt, wie die Jagd. Zum Beispiel: „Mit einem Akkubohrer eine Betonwand zu durchlöchern, das war bisher so aussichtslos, wie mit einer Luftpistole auf Elefantenjagd zu gehen …".

Abb. 87: Auch die Bildwelten unterscheiden sich bei der Ansprache von Frauen und Männern hinsichtlich der Einsatzgebiete und Nutzung der Bosch-Tools
Quelle: Robert Bosch GmbH

Abb. 88: Weibliche Soft-DIYer nutzen dieselben Geräte öfter für dekorative Arbeiten
Quelle: Robert Bosch GmbH

Vom Produkt zur Anwendung zur Inspiration — und umgekehrt

Bosch legt in der Presse- und Medienarbeit ganz besonderen Wert auf die Soft-DIYer, weil hier nach wie vor die größten Wachstumschancen gesehen werden. Die Herausforderung: Die klassischen Heimwerker kennen die Produkte von Bosch. Alle anderen müssen teilweise überhaupt erst als Heimwerker/innen gewonnen werden. Daher empfinden die Kommunikationsteams die Ansprache der neuen Zielgruppen als besonders anspruchsvolle Aufgabe. Denn wer noch nicht heimwerkt, der liest auch keine Heimwerkerblätter. Zudem müssen Hemmschwellen und Vorurteile abgebaut werden — bei der Zielgruppe selbst und bei deren Multiplikatoren, sprich den Medien.

Mit der Brille des Kommunikationsstrategen gesamthaft betrachtet ergibt sich folgendes Bild: In der Fachpresse stehen die Produkte im Vordergrund. In den Special-Interest-Medien wird über die Anwendungsebene kommuniziert: Beispiele und Anleitungen für einzelne Projekte, wie zum Beispiel Step-by-Step-Fotostories. Die Lifestyle- und Frauen-Magazine erfordern eine exklusivere und originellere Ansprache. Hierfür orientiert sich die Bosch-Kommunikation vor allem an übergeordneten Trends, also Wohn-, Garten- und Lifestyle-Trends unter Berücksichtigung der

Lebenswelten der Zielgruppen. Je nachdem, welche Zielgruppen angesprochen werden sollen und mit welchen Produkten, liegt der jeweilige Berichtsschwerpunkt auf einer dieser drei Ebenen.

Um nun die wachsende Zielgruppe der Soft-DIYer anzusprechen, muss dort der Schwerpunkt auf Kreativität, auf Dekorations- und Verschönerungsprojekten liegen, da diese vor allem für die weibliche Zielgruppe attraktiver sind. Hier geht es vor allem um den Anspruch, den Menschen Inspiration für ihr eigenes Zuhause zu geben. Und dies finden auch die entsprechenden Zielmedien interessant.

Zudem lädt Bosch regelmäßig Journalistinnen und Redakteurinnen aus den Bereichen Wohnen, Lifestyle, Fashion und Beauty zu Events ein. Bei diesen Kreativ-Workshops gibt es ausreichend Gelegenheit, die Bosch-Produkte unter aktuellen Trend-Aspekten wie „Shabby Chic", „Design Is You" oder „Märchenhaftes" live zu testen. Das Ziel lautet, die DIY-Unerfahreneren unter ihnen mit der einfachen Handhabung der Bosch-Akku-Geräte vertraut zu machen. Die Begeisterung der Teilnehmerinnen ist stets sehr groß, denn der Respekt und die Hemmungen vor dem Selbermachen fallen schnell. Mit diesen Erfahrungen können sie ihren Leserinnen ganz anders über aktuelle Trendthemen, damit verbundene DIY-Projekte und letztlich die dafür benötigten Gerätschaften berichten. Magazine wie Freundin, Myself oder Laura haben zwar keine Technikrubrik, dennoch erscheinen dort regelmäßig Produkte aus dem Hause Bosch im Kontext neuer Lifestyle-Trends oder Must-haves der Saison; neue Gartengeräte gehören zum „Beautyteam für den Garten".

Wachsende Bedeutung von Gender Marketing Communication

Am Anfang drohten Hunderte neuer Wettbewerber im Billigsegment den Markt zu überschwemmen. Doch Bosch konterte mit konsequentem Gender Marketing und konnte, obwohl zahllose Wettbewerber beispielsweise den Ixo ungeniert kopierten, mit Heimwerker- und Gartengeräten seine Markt- und Innovationsführerschaft in den europäischen Baumärkten weiter ausbauen. No-Names und Handelsmarken büßten in den vergangenen Jahren dagegen deutlich ein. Mit einem Umsatzplus von sechs Prozent hat Bosch Power Tools im Jahr 2012 erstmals die Marke von vier Milliarden Euro erreicht. Rund 40 Prozent des Umsatzes von Bosch Power Tools im Jahr 2012 gehen auf Produkte zurück, deren Markteinführung weniger als zwei Jahre zurück liegt. Und auch im Jahr 2013 wird Bosch Power Tools mehr als 100 neue Erzeugnisse, von Elektrowerkzeugen über Garten- und Messgeräte bis hin zu Zubehören, neu auf den Markt bringen.

Ein herausragendes Beispiel für erfolgreiche Innovationen ist der Ixo, der 2013 seinen zehnten Geburtstag feierte. Er war 2003 weltweit der erste Akkuschrauber mit Lithium-Ionen-Technik. Mit inzwischen mehr als 13 Millionen verkauften Exemplaren ist er das mit Abstand erfolgreichste Elektrowerkzeug der Welt und sorgte durch Sondereditionen wie dem Ixo Vino mit Korkenzieheraufsatz, dem Ixo Swarovski mit „Bling Bling", dem Ixo Spice mit Gewürzmühlenaufsatz und dem Ixo Barbecue mit Gebläseaufsatz für Furore. Selbst die Wirtschaftskrise hat dieser Erfolgsbilanz keinen Abbruch getan, im Gegenteil. Wie Umfragen zeigten, machen die Leute wieder mehr selbst — nicht nur weil es Geld spart, sondern auch, weil es dank innovativer Technik immer mehr Spaß macht. Innerhalb weniger Jahre hat Bosch das Heimwerken ein bisschen neu erfunden — für beide Geschlechter.

3.5   Funkybod – ein Männer-Wonderbra

Von Diana Jaffé

Diese Case Study beginnt, wie es inzwischen oft passiert, mit einem Link auf eine Facebook-Seite, die man von lieben Freunden zugeschickt bekommt. Als ich dem Link eher gering motiviert folgte, ahnte ich nicht, dass ich auf etwas sehr Spannendes stoßen würde. Auch der Erfinder des Produkts, um das es auf den folgenden Seiten geht, hatte noch vor wenigen Monaten keine Ahnung, dass seine Idee so erfolgreich sein würde.

Ende Januar 2014 sprach ich ausführlich mit Arshad „Ash" Bhunnoo, um mehr über seine Geschäftsidee zu erfahren, die er erst im Oktober 2013 in Großbritannien auf den Markt gebracht hatte, aber schon wenige Tage später weltweit bekannt war. Dies ist seine Geschichte:

Ausgangspunkt: Der Wunsch nach einem muskulösen Körper

Der selbstständige Bauunternehmer liebt Sport. Er trainiert seit Jahren regelmäßig im Fitnessstudio und ist zudem nebenbei Box-Trainer. Im Verlauf der Jahre fiel ihm auf, dass viele Männer gern einen trainierten Körper mit guten Proportionen hätten, dabei aber über eine Physiognomie verfügen, die ihr Training nicht widerspiegelt, also ihre gute körperliche Verfassung einfach nicht zeigt. Sie stemmen Gewichte und sind völlig gesund, ein beträchtlicher Teil bleibt jedoch schmal, trotz aller Anstrengung. Dies fällt insbesondere bei körperbetonter Männermode auf, wie man sie in letzter Zeit viel in England trägt, aber auch bei Anzügen in jeder Preisklasse. Eine erhebliche Anzahl von Männern, darunter viele Heranwachsende, greift aus diesem Grund sogar zu anabolen Steroiden, um das Muskelwachstum anzuregen und sich einen Körper „herzustellen", der Kraft und Stärke ausstrahlt. Bekanntlich handelt es sich bei diesen Steroiden um verbotene Dopingmittel, die zu dauerhaften schweren organischen und psychischen Schäden sowie zu gravierenden hormonellen Störungen und zur Abhängigkeit führen können. Bei Jugendlichen hinterlassen die zumeist synthetischen Testosteronderivate unumkehrbare Schädigungen.

Schönheitsindustrie für den Mann

Mit dem damals revolutionären Spot für das Eau de Toilette Cool Water[46], den Davidoff 1990 über den Äther schickte, brach eine neue Ära an. Da begannen auch die Männer zu verstehen, dass sie gut auszusehen hatten. Der Druck, der zuvor nur auf Frauen ausgeübt wurde, erreichte jetzt auch die Männer. Seither hat sich die Schönheitsindustrie rund um den Mann massiv entwickelt. Heute ist es für viele Männer selbstverständlich, sich dafür ebenso wie Frauen unters Messer zu legen. Schönheitsoperationen beschränken sich jedoch keineswegs nur noch auf die mehr oder weniger subtile Entfernung von Fältchen oder Fettabsaugung. Längst sind Implantate entwickelt worden, die dem männlichen Körper typisch maskuline Konturen verleihen sollen. So lässt sich der Bierbauch sogar durch das operierte „Sixpack" ersetzen. „Ein Mann muss nicht schön sein" — dieser Spruch gilt längst nicht mehr für alle Männer.

Von der Produktidee zur Marktreife

Ebenso wie Frauen leiden manche Männer unter — ihrer Ansicht nach — unattraktiven Körpermerkmalen. Arshad Bhunnoo wollte, dass auch diese Männer gut aussehen und ihr Selbstwertgefühl verbessern können. So entwickelte er ein einzigartiges Produkt: Ein T-Shirt, das genau an den richtigen Stellen Muskeln zaubert!

Dieses T-Shirt sollte unter einem Hemd oder Pullover getragen werden und seinen Träger mit den nötigen männlichen Körpermerkmalen ausstatten. Es sollte Hänflinge nicht zum Hulk machen, ihnen jedoch etwas mehr von dem begehrten Körperbau verschaffen, der ihnen am Abend im Pub die nötige Lässigkeit gegenüber den Frauen (und gegebenenfalls auch gegenüber bösen Jungs) verschaffen, aber auch dem Anzug einen besseren Sitz verleihen würde.

Eine brillante und dazu noch sehr empathische Idee — doch es kostete mehr als ein Jahr, sie zur Marktreife zu entwickeln. Der Erfinder sprach in dieser Zeit mit vielen Leuten, darunter auch mit erfolgreichen Geschäftsleuten aus seinem engen Freundeskreis. Niemand konnte sich vorstellen, dass Männer solch ein Polster-T-Shirt tragen wollten. Hätte sonst nicht längst ein anderer Hersteller so etwas auf den Markt gebracht? Arshad Bhunnoo hat selbst im Verlauf des Entwicklungsjahres oft an sich gezweifelt, denn es stellte sich als ausgesprochen schwierig heraus, den richtigen Schnitt mit den richtigen „Muskeln" an den anatomisch korrekten Stellen zu entwickeln, die im Belastungsfall oder bei Bewegung nicht verrutschten. Der

---

[46] http://bit.ly/1fvcZ42

Körper sollte sich trotz T-Shirt bei Berührung ganz natürlich anfühlen, also mussten die richtigen Füllmaterialien gefunden werden. Es gab viele Rückschläge mit den Werkstoffen. Der Stoff und die Füllung mussten jederzeit auf natürliche Weise mit dem Körper harmonieren. Ob bei Bewegung oder bei wechselnden Temperaturen: Nichts durfte verrutschen oder sich zum falschen Zeitpunkt zu weich oder zu hart anfühlen.

Anfangs war nicht klar, wie die T-Shirts häufiges Tragen und Waschen überstehen würden. Die Probestücke mussten also auch die härtesten Materialtests überleben. Zuerst trug der Erfinder seine Erzeugnisse vor allem selbst, denn er wollte herausfinden, wie sich die T-Shirts für seine Träger anfühlen. Als die Entwicklungen schon weit gediehen waren, gab er die T-Shirts zum Härtetest an Boxer aus, die sie beim Training zu tragen hatten. So wurden Erfahrungen gesammelt, wie sich das Produkt bei Bewegung, höchster körperlicher Belastung und bei hohem Schweißfluss verhält. Anschließend wurde wieder alles gründlich gewaschen und die Qualität erneut geprüft. Endlich stand die perfekte Mischung aus Schnitt, Material und Verarbeitung fest, und auch eine Fabrik in London war gefunden, die den hohen Qualitätsansprüchen von Arshad Bhunnoo genügte, denn der manuelle Aufwand ist bei der Produktion dieser T-Shirts sehr groß.

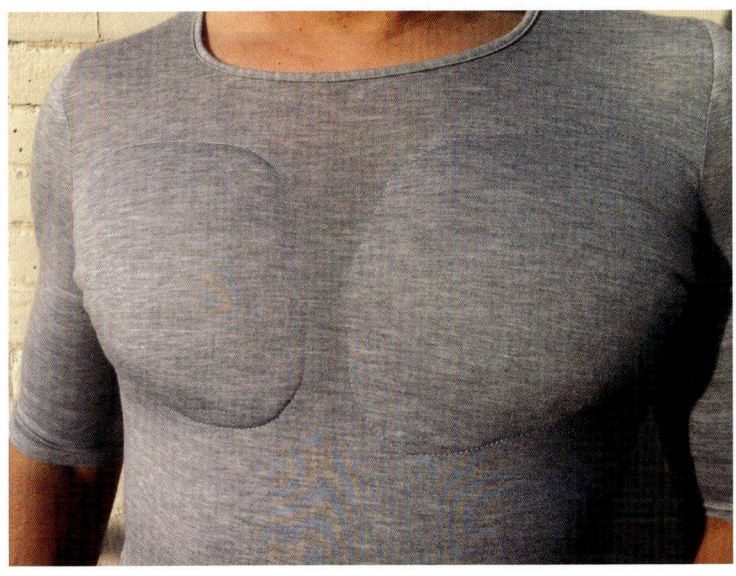

Abb. 89: Ob für ganz dünne oder kranke oder grundsätzlich schon nicht schlecht ausdefinierte
Männeroberkörper ...
Quelle: Arshad Bhunnoo / Funkybod Ltd.

Abb. 90: ... Funkybod zaubert Männern einen wohlgeformten Oberkörper, der unter Hemden, T-Shirts und
Pullovern ganz natürlich wirkt. Auch beim Anfassen!
Quelle: Arshad Bhunnoo / Funkybod Ltd.

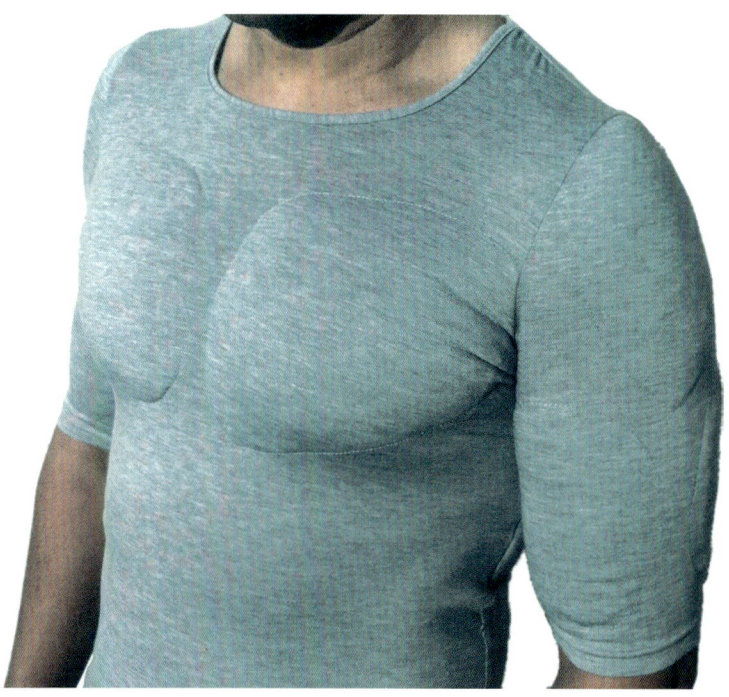

Abb. 91: Das natürliche Aussehen, der richtige Sitz und der Schutz gegen ungewolltes Verrutschen bei gleichzeitiger Atmungsaktivität des Materials sind die Geheimnisse der Funkybod-Produkte. Quelle: Arshad Bhunnoo / Funkybod Ltd.

Der richtige Name für das Produkt

Was noch fehlte, war ein knackiger Name. Für eine Agentur zur Namensentwicklung war kein Geld da. So entwickelte und wälzte der Firmengründer zusammen mit Freunden und Kollegen zahllose Namen. Am Ende des Namensfindungsprozesses stand *Funkybod*. Es war eine Bauchentscheidung. „Funky" ist ein im England der letzten Jahre sehr gebräuchliches Wort. Alles ehemals coole war nun funky. Die Kunden sollten sich mit dem Produkt in ihrer Haut richtig wohl fühlen, funky eben. „Funky body" klang gut und passte zum Produkt. „Funky" fühlte sich 2013 modern und richtig für den Markt an, den der Funkybod-Erfinder anpeilte. Falls zu einem späteren Zeitpunkt etwa ein Premiumprodukt auf den Markt gebracht werden müsste, dann würde er eben eine neue Marke dafür kreieren. Doch jetzt wollte er vor allem Jüngere mit ihrer Sprache und ihrem Lebensgefühl auf sein Produkt aufmerksam machen.

Regionale Pressearbeit

Das Produkt und die Herstellung standen, der Name sowie eine rudimentäre Website mit Webshop auch. Das (einzige) Produkt war ausschließlich über den eigenen Onlineshop erhältlich. Jetzt musste Funkybod nur noch bei den schmalen Jungs bekannt gemacht werden. Was liegt bei einem kleinen Budget näher als ein wenig lokale und regionale Pressearbeit? So sollte das Geschäft langsam aber sicher starten. Es handelte sich ja nur um ein kleines Nebenprojekt neben der eigentlichen Tätigkeit des Erfinders. Der erste Kontakt zu örtlichen Zeitungen in und um Kent wurde gesucht und gefunden. Das war Mitte Oktober 2013.

Zu diesem Zeitpunkt gab es eine bereits recht große Zahl von Anbietern auf dem Markt, die sowohl Shapewear für Frauen als auch für Männer anbot, also sozusagen Kompressions-Miederwaren, die ungewünschte Pölsterchen verschwinden lassen und selbst adipöse Polster wieder in eine feste Form bringen.[47] Darüber hinaus gab es auch längst eine ganze Reihe von Firmen, die Herrenslips in unterschiedlichen Modestilen anboten, die für die perfekte Po-Form sorgen oder die „sein bestes Stück", nun ja, ins beste Licht rückten. Offenbar gab es hierfür auch einen Markt, den seit einigen Jahren beispielsweise der australische Hersteller aussiBum[48] mit verschiedenen Konzepten bedient, darunter Push-up-Slips mit und ohne zusätzlich einsetzbare Polster. Den Werbetext zu einer Badehose zu 18,92 Euro im Ausverkauf, bei dem nicht ganz klar ist, ob sich ein menschlicher oder ein digitaler Übersetzer daran zu schaffen gemacht hat, lautet bei aussiBum Anfang 2014 so: „Unsere klassische Nylon Cozzie kennzeichnet die original aussieBum WONDERJOCK Beuteltechnologie. Dein bestes Stück kommt zur besten Geltung. Stelle es zur Schau, sei stolz und habe viel Spass an der Beach." Gegen so viel Herrenslip-Poesie ist ein T-Shirt mit ein paar Muskel-Attrappen doch eigentlich nicht sehr aufregend, oder?

Ungeplante virale Marketing-Explosion

Kaum war Funkybod erstmals in der regionalen Presse präsent[49], gab es kein Halten mehr. Völlig ungeplant entstand ein viraler Sog, der am 25. Oktober 2013 seinen Höhepunkt fand — nur zehn Tage nach dem Produktstart! Plötzlich wurde Funky-

---

[47] Einen ausgesprochen präzisen Überblick über das diesbezügliche Gesamtangebot für Herren bietet die Seite http://www.undershirtguy.com.

[48] http://www.aussiebum.com

[49] http://bit.ly/MnHOO9

bod auf Buzzfeed[50] gefeatured, einem US-amerikanischen Onlinemagazin mit Millionen von Lesern aus aller Welt, und das eine ganze Woche lang. In dieser Woche eröffnete *der* amerikanische Showmaster, Jay Leno, seine „Tonight Show" mit der Bemerkung, er sähe an diesem Abend besonders „buff" aus, besonders muskulös. Das käme davon, dass er dieses neue Shirt von Funkybod trage. Ob das Publikum schon davon gehört habe. Das Publikum bejaht fröhlich im Chor. Jay Leno auf NBC folgten unzählige andere Medien, sogar die Nachrichtensendungen der größten TV-Netzwerke, darunter ABC News, Fox News, allerlei Comedy Shows und schließlich auch die britische BBC. Das Interview der BBC gab Arshad Bhunnoo, nachdem er eine Woche nicht geschlafen hatte, weil ihn die Medienanfragen und die Kundenbestellungen vollkommen überrollt hatten. Er war „geradezu schockiert über das Interesse" und hatte deswegen fast schließen müssen.

Funkybod — ein Männer-Wonderbra

Medien brauchen einprägsame Kopfbilder. Schnell fand sich eine neue Bezeichnung: Das Funkybod-T-Shirt wurde zum Equivalent zum Push-up-BH erklärt. Als der 1961 erfundene BH, der Damen durch seine Stützung ein üppigeres Dekolleté zauberte, 1994 als Wonderbra vom Konzern Sara Lee auf den Markt gebracht wurde, erfuhr der „Hochdrück-Büstenhalter" seinen internationalen Durchbruch. Nach dem anfänglichen Empörungsaufschrei begann schließlich der Siegeszug des Körbchenzaubers. Funkybod, so Arshad Bhunnoo, funktioniert nach demselben Prinzip: Das T-Shirt zaubere nichts hinzu, sondern betone nur, was da ist. Das nimmt so Manchem die Befürchtung, wie er wohl dastünde, wenn er sich irgendwann das Muskel-Zauber-T-Shirt in Gegenwart seines Dates ausziehen muss. Niemand möchte in einer solchen Situation von Arnold Schwarzenegger zu Paulchen Panther mutieren! Doch der Erfinder versichert, dass der Unterschied mit und ohne Funkybod-Shirt nie so groß ausfallen könnte.

Und diese Erfindung kann noch mehr, um den Bezug zum Push-up-BH noch genauer herauszuarbeiten: Funkybod kann so genannte „Man Boobs" oder umgangssprachlich gekürzt „Moobs", kaschieren, also etwas schlaff hängende Männerbrüste unsichtbar machen. Auch diese Idee hilft, die Botschaft zu verbreiten, dass ein Muscle-Shirt besser ist als eine Schönheitsoperation. Für Arshad Bhunnoo ist es also überhaupt kein Problem, dass seine Erfindung als Gegenstück zum Büstenhalter gesehen wird.

---

[50] http://www.buzzfeed.com ist eine US-amerikanische Mischung aus Listen wie „die 35 schlimmsten Promi-Tattoos" (http://bzfd.it/1cG1FCv) und hochemotionalen Fotos in „35 Bilder, die beweisen, dass die Welt kein so schlechter Ort ist" (http://bzfd.it/19j3JuB), aggregiert aus geklauten Bildern und Geschichten aus allen Ecken des Internets und hochwertigen, oftmals investigativen Berichten von Top-Journalisten. Buzzfeed finanziert sich aus selbst hergestellter Werbung für allerlei Kunden, die wegen der enormen Reichweiten von Buzzfeed kommen.

Schwierigkeiten mit PayPal

Kurz nach Beginn der Entdeckung durch die Massenmedien tauchte ein weiteres unerwartetes Problem auf, das Funkybod beinahe in die Knie gezwungen hätte: PayPal fror die Vorauszahlungen der Kundschaft ein. Das macht das zu Ebay gehörende Unternehmen öfters, wenn sich das Kontobewegungsprofil eines registrierten Kunden plötzlich massiv verändert. Funkybod stand plötzlich vor einem riesigen Haufen Bestellungen und mit leerem Konto da. Dabei betrugen allein die wöchentlichen Versandkosten zu diesem Zeitpunkt 10.000 £ pro Woche, denn die meisten Bestellungen kamen von außerhalb Großbritanniens. Eine Woche lang stand das Geschäft komplett still. Privat besaß Arshad Bhunnoo keine Reserven, die er zur Zwischenfinanzierung hätte verwenden können. Die Bestellungen liefen jeden Tag auf. Der Versand war jedoch nicht möglich, da Lieferanten, der Versanddienstleister und die Portokosten nicht beglichen werden konnten. Das Geld war da, aber PayPal hielt es zurück. Eine Woche lang versuchte Arshad Bhunnoo, mit dem Unternehmen ins Gespräch zu kommen, aber alle Bemühungen blieben vergeblich. Dann schaltete er eine Juristin ein. Sie fand eine Lücke in den Bestimmungen, doch das allein hätte wohl nichts genützt, und die Angelegenheit hätte sich noch weiter in die Länge gezogen. Die Gunst der Stunde nutzend, verfassten Bhunnoo und seine Juristin eine Pressemitteilung, die sie vorab PayPal zukommen ließen. Diese Meldung veranlasste PayPal, das Unternehmen, das eine geschlagene Woche geschwiegen hatte, innerhalb einer Stunde zurückzurufen. Funkybod wollte anstehende Interviews und Berichte in den größten und berühmtesten Medien dafür nutzen, um der Welt mitzuteilen, dass die Auslieferung unmöglich und das gesamte Unternehmen gefährdet sei, weil das Geld der Kunden wegen PayPal nicht ankomme. Dies alles geschah innerhalb weniger Wochen.

Was bedeutet das alles in Marketingsprache?

Zwischen dem Markteintritt Mitte Oktober 2013 und Ende Januar 2014 waren rund 10.000 Bestellungen eingegangen und genauso viele T-Shirts verkauft worden. Es gab ein einziges Produkt in Weiß, Grau und Schwarz, in den Größen XS bis XL. Dabei war der einzige Vertriebskanal der eigene rudimentäre Webshop. Es hatte kein Werbebudget gegeben und auch keinen Plan für besondere Kampagnen. Ausgangsbasis war eine innovative Produktidee für eine klar umrissene Zielgruppe. Diese Idee wurde gewissenhaft in hoher Qualität entwickelt und gefertigt. Das genügte, um durch eine einzige Pressemitteilung abzuheben.

War alles wie geplant verlaufen? Nicht ganz.

Case Studies „Gender Marketing"

Ursprünglich sollte Funkybod vor allem jüngeren Männern mit geringem Selbst-
vertrauen helfen, sich besser zu fühlen und sicherer durchs Leben zu bewegen.
Diese sollten erwartungsgemäß zunächst aus Großbritannien stammen. Doch der
Großteil der Bestellungen kam aus den USA, gefolgt vom europäischen Festland.
Auch aus Fernost und aus Australien gab es in den 3,5 Monaten recht viele Käufer.
Die wenigsten kamen aus dem Vereinigten Königreich.

Auch hatte Arshad Bhunnoo gedacht, die kleinen Konfektionsgrößen würden sich
am besten verkaufen, doch schon bald zeigte sich, dass die anfangs gar nicht
geplante Größe XL schnellstens eingeführt werden musste. Denn es waren gar
nicht die Schmalbrüstigen, die sich auf Funkybod stürzten, sondern diejenigen,
die bereits erfolgreich trainierten. Es sind die muskulösen Leute, die noch muskulöser aussehen wollen. XL wird also mit Abstand am häufigsten verkauft, zumal die
US-Amerikaner den größten Anteil der Besteller ausmachen. Lediglich aus Asien
besteht eine Nachfrage nach kleinen Größen.

Wer also sind die Kunden — zumindest die der ersten Stunde? Wer sind die Opinion
Leader und die Early Adopter? Laut Arshad Bhunnoo stammen die Kunden aus allen
Altersgruppen. Sie seien „stylish, body concious, and want to have a certain look
about them". Es sind vor allem:

- Soldaten
- Männer mit Muskelverletzungen
- Männer mit Muskelkrankheiten, die sie am Trainieren bzw. am Muskelaufbau
  hindern
- ältere Männer, die nicht mehr trainieren können aber gut aussehen wollen
- Youngsters
- „City Gentlemen" — Männer, die im Anzug gut aussehen wollen
- Schwule Männer, davon die meisten erstaunlicherweise aus Los Angeles und
  anderen Teilen Kaliforniens, recht wenige allerdings aus der Gay Community in
  San Francisco.

Genaueres weiß Arshad Bhunnoo noch nicht. Kurzfristig hat er einen Fragebogen
zusammengestellt, um schnell möglichst viel über seine Käufer zu erfahren, doch
bislang ist kaum einer davon ausgefüllt zurückgekommen. Seine Informationen
bezieht er aus den E-Mail-Bestellungen und Anfragen, über die er mit den Kunden
in Kontakt kommt. Manchmal muss er aufmerksam zwischen den Zeilen lesen.

Produktentwicklung am Puls der Zielgruppe

Diese Anfragen zeigten aber auch, dass es großen Bedarf an weiterer „Muskel-Unterwäsche" gibt. Arshad Bhunnoo arbeitet mit seinem Designer unter Hochdruck an der Entwicklung weiterer Kleidungsstücke, die der Kundennachfrage exakt entspricht. Am 31. Januar 2014 kam bereits die „Spring-Summer-Collection" heraus, ein ärmelloses T-Shirt, das lediglich die Brustmuskeln betont und das unter kurzärmligen T-Shirts getragen werden kann. Das erste Produkt, ein Halbarm-T-Shirt mit Schulter- und Oberarm-Verstärkung eignet sich nämlich nur für langärmlige Oberbekleidung. Doch das Sleeveless-Top ist erst der Anfang. Längst wird an Leggings getüftelt, die Beine muskulöser erscheinen lassen sollen. Die Kundschaft wünscht sich, auch in Jeans und Anzughosen eine gute Figur zu machen. Die ersten Versuche fand Arshad Bhunnoo noch nicht überzeugend. Sie sahen echten muskelbepackten Beinen nicht zum Verwechseln ähnlich, und auch der Tragekomfort ließ noch sehr zu wünschen übrig. Da er sämtliche Produkte auch an sich selbst testet, kann er es beurteilen. Seine Beschreibung der Trageerlebnisse der ersten Legging-Entwürfe lassen sich in etwa mit dem Vergleich einer DDR-Ketwurst übersetzen. Aber vielleicht, so ergänzt er, müsse er sich überhaupt erst an das Tragegefühl einer solchen Legging gewöhnen. Womit er gar nicht gerechnet hat, ist, dass selbst Frauen Funkybod-Produkte nachfragten, die ihnen helfen würden, besser auszusehen.

Webshop für die Funkybod-Produkte

Schon Mitte Februar 2014 ging die neue Website online. Mit den Einnahmen aus den ersten Bestellungen war es möglich, eine Homepage zu erstellen, die über die grundlegenden Funktionen und Informationen auch für Smartphones und Tablets optimiert war. Dann erst wurden auch die (wenigen) hochwertigen Medien für den Herren aktiv angesprochen, die zuvor noch nicht über Funkybod berichtet haben. Die erste Website, ein billiger Schnellschuss, wurde von täglich 5.000 Besuchern abgerufen, nach Medienberichten sogar von 30.000 Usern. Erst im Januar beruhigte sich die Zahl erwartungsgemäß wieder, denn der Januar ist eine Zeit des reduzierten Konsums nach Weihnachten und dem Jahreswechsel. Die neue Website soll den Eindruck von Qualität widerspiegeln, die Arshad Bhunnoo in jedem Punkt wichtig ist.

Um die höchste Produktqualität sicherzustellen, bleibt die Produktion in London, auch wenn dies natürlich weitaus teurer ist als eine Fertigung in einem asiatischen Sweat-Shop. Doch das ist Arshad Bhunnoo egal. Er will sicherstellen, dass die Kunden stets zufrieden sind. Aus demselben Grund werden neue Produkte erst dann gelauncht, wenn sie ganz natürlich wirken und sich gut am Körper anfühlen. Er will nur Produkte herausbringen, die wirklich funktionieren. Der Gedanke an Retouren ist ihm ein Graus.

Vertrieb über den Einzelhandel?

Arshad Bhunnoo würde seine Produkte eigentlich auch gern über den stationären Einzelhandel vertreiben, aber bereits in den ersten Gesprächen stellte sich heraus, dass der Handel eine Marge von 200 Prozent aufschlagen will. Das würde die Produkte enorm verteuern. Zum Markteintritt vertreibt Funkybod seine Halbarm-T-Shirts zu 29,99 £ pro Stück zuzüglich Versandkosten. Dem Einzelhandel müsste er die Shirts also zu 10,00 £ überlassen, doch so günstig kann er nicht produzieren. Verteuern will er die Funkybod-Produkte auch nicht. Obwohl die Nachfrage in der kurzen Zeit seit dem Markteintritt enorm war, weiß Arshad Bhunnoo nicht, wie reif der Markt tatsächlich schon ist. Alles ging viel zu schnell, um jetzt schon wichtige Entscheidungen für langfristige Handelskooperationen zu treffen. Ob Funkybod in der Nische bleibt oder tatsächlich eines Tages zu einem Massenprodukt wird wie der Push-up-BH, lässt sich Anfang 2014 noch nicht sagen. Gern würde er Funkybod in einigen exklusiven Hemd- und Anzug-Boutiquen sehen.

Überlegungen zur Kommunikationsstrategie

Anfang 2014 sehen auch die Pläne zu Kommunikationsstrategie und Werbung noch sehr rudimentär aus. Alles ist neu für Arshad Bhunnoo, und die Dinge haben sich dermaßen überschlagen, dass er noch keine Zeit hatte, über Kampagnen nachzudenken. Dabei ist sein größtes Problem auch hier, dass er zu wenige Informationen über seine Zielgruppen hat. Er will nicht nach dem Gießkannenprinzip werben, sondern seine Interessenten direkt erreichen. Welche Botschaft erfolgversprechend ist und über welche Kommunikationskanäle er sie zielgenau platzieren kann, weiß er angesichts der heterogenen Interessentenstruktur noch nicht. Es gibt durchaus schon einige Ideen für Marketingkampagnen, aber welche die richtige oder beste ist, kann der Junggründer noch nicht beurteilen.

Eines ist Arshad Bhunnoo auf jeden Fall sehr wichtig: Menschen — und dabei insbesondere Jugendlichen und sehr jungen Erwachsenen — zu helfen, sich in ihrer Haut wohler zu fühlen. Er sieht Funkybod auch als kosmetische Lösung, die einen Selbstwertmangel sicherlich nicht zu kurieren vermag und die auch keine Therapie ersetzt, die aber hilft, ein schlechtes Selbstwertgefühl zu lindern. Dass diese Überlegung gar nicht so abwegig ist, zeigen einige der Besteller: Private Kliniken aus den USA, die Funkybods für ihre Patienten bestellen, um gesunde Menschen nicht operieren zu müssen. Für diese potenzielle Kundengruppe stellt Funkybod keine Modefrage dar, sondern eine Notwendigkeit. An solchen Kunden will Arshad Bhunnoo gar nichts verdienen. Er will nur, dass es ihnen auch psychisch besser geht und dabei möchte er sie unterstützen.

3.6 Swiss Ladies Drive – das erste Automagazin für Frauen

Interview mit Sandra-Stella Triebl, Gründerin und Inhaberin der Swiss Ladies Drive GmbH

Diana Jaffé: Beginnen wir mit der Geschichte von *Ladies Drive*! Wie kamst du auf das Konzept? Wie hat es sich im Verlauf der Zeit verändert? Was hat das alles auch mit deiner persönlichen Lebensgeschichte zu tun? Immerhin bist du nicht nur der Kopf, sondern auch das Herz von *Ladies Drive*!

Sandra-Stella Triebl: Eigentlich ist *Ladies Drive* aus einem publizistischen Notstand heraus entstanden. Während meiner damals fünfzehnjährigen Tätigkeit in der Autobranche habe ich mich wiederholt nach einem Automagazin für Frauen umgesehen, doch in ganz Europa keines entdeckt — und das, obwohl ein Bedürfnis nach einem solchen Magazin besteht. Viele Frauen interessieren sich für Autos — aber sie achten auf andere Dinge als männliche PS-Fans, „Petrol Heads", wie man sie ja auch gerne nennt. Frauen achten beispielsweise auf die Haptik, streichen nach dem Einsteigen zuerst über Bezüge und Lenkrad — oder den Dachhimmel. Die männlichen Autobegeisterten hingegen klopfen immer auf die Armaturen und sagen dann „gute Verarbeitung". Doch ein monothematisches Heft erschien mir für Frauen, die eben keine Auto-Passionatas sind, nicht als zielführend.

Meine Verbindung zur Automobilbranche kam über zwei Wege zustande: Im Alter von zwanzig Jahren moderierte ich (für insgesamt zehn Jahre) eine Automobilsendung beim Schweizer Fernsehen als Co-Moderatorin (Amag News). Zudem erhielt ich später ein Mandat zum Aufbau eines Verlags und Fachmagazins für die Flotten- und Fuhrparkmanager in der Schweiz. Entsprechend war mein Netzwerk gut ausgeprägt.

Die Swiss Ladies Drive GmbH

Der Verlag *Swiss Ladies Drive GmbH* wurde 2007 von Sandra-Stella Triebl gegründet.
Startauflage: 10.000 Exemplare. Aktuelle Auflage: 27.000 Exemplare
Die erste Ausgabe der *Ladies Drive* erschien im März 2008.
Das Magazin *Girls Drive* wurde im Mai 2013 in Kooperation mit Carolina Müller-Möhl und Helena Trachsel sowie zwölf studentischen Redakteurinnen mit einer Auflage von 40.000 Exemplaren auf den Markt gebracht.
Weitere Informationen:
www.swissladiesdrive.com
www.ladiesdrive.tv
www.girlsdrive.ch

Die ursprüngliche Idee des Magazins war es also, neben „extraordinary cars" eben auch „extraordinary women" ins Heft zu integrieren — entsprechend wurden Businessthemen aufgenommen. Ich hatte mich 2004 mit einer Kreativagentur selbstständig gemacht und war dadurch bereits mit einigen Frauenbusinessclubs vernetzt. Diese baten wir von Beginn an um Unterstützung. Viele der großen Frauenverbände taten dies und ermöglichten uns eine Startauflage von gut 10.000 Exemplaren, die wir punktgenau an unsere Zielgruppe der Businessfrauen versenden konnten.

Eine große Hilfe beim Start war indes auch ein kleiner Zufall: Mangels Budget haben wir für unser erstes Coverfotoshooting meine gut aussehende Schwägerin abgelichtet. Als wir Anfang 2008 eine Pressemitteilung an die Branche aussandten, dauerte es keine halbe Stunde und ein Kollege von *Spiegel Online* war am anderen Ende der Leitung. Wie ich es bloß geschafft habe, Jennifer Aniston aufs Cover zu kriegen, wollte dieser wissen. Ich lachte und meinte, das sei „bloß" meine schöne Schwägerin. Nun erntete ich schallendes Gelächter. Der Kollege schrieb einen Beitrag über das erste Automagazin für Frauen — und bereitete damit den Weg für eine riesige Pressewelle, vor allem in deutschen Medien. *Focus*, *Süddeutsche*, *FAZ*, Radio- und TV-Stationen besuchten uns, begleiteten uns vor der Lancierung und danach. In der Schweiz fiel der Presserummel dagegen etwas zurückhaltender aus, doch auch hier sorgten wir bei der *NZZ* oder der *Finanz und Wirtschaft* für Schlagzeilen. Diesem Zufall haben wir es auch zu verdanken, dass der Aufbau unserer Marke *Ladies Drive* sehr viel schneller voranschritt, als wir uns das jemals erhofft hatten — angesichts der Tatsache, dass das Geld für Eigenwerbung fehlte.

Die Automobilbranche war es auch, die uns von Beginn an tatkräftig mit Anzeigen unter die Arme griff: Mit einer Nullnummer bewaffnet machte ich mich Ende 2007 auf den Weg zu meinen Kontakten (Marketingverantwortliche in der Automobilbranche) — und kam nach zehn Meetings mit zehn Jahresbuchungen nach Hause. Entsprechend wussten wir schnell: Den Druck des Magazins können wir für die ersten vier Ausgaben bezahlen (die Erscheinungsweise war stets vierteljähr-lich angelegt). Ob wir dabei allerdings selbst etwas verdienen würden, stand nicht im Fokus. Mein Ansinnen war es lediglich, mein „Baby" mit einer schwarzen Null durchs erste Geschäftsjahr zu bringen, denn ich wollte ganz bewusst weder einen Großverlag noch einen Investor an Bord haben. Mir war klar: Ich wollte ein kleines Segelboot sein und kein Dampfer. Entsprechend bauten wir den Verlag ohne Over-head-Kosten auf: Die Geschäftsleitung war und ist hochgradig mit mir verwandt (Ehegatte, eigentlich Singer-Songwriter), die Art Direction ebenso (die gesamte Grafik sowie die Fotoshootings der ersten Jahre stammen aus der Feder von Lucas Triebl, meinem Schwager), die ersten Autoren trommelte ich aus meinem persön-lichen Beziehungsnetzwerk zusammen und aufgrund der Ausrichtung als Autoren-magazin war eine ständige Redaktion gar nicht vonnöten. Alle Mitarbeiter arbeiten bei uns (noch immer) in Teilzeit und vom Home Office aus. Entsprechend sind wir äußerst schlank aufgestellt. Wer mit seinem eigenen Geld ein Unternehmen von Null aufbaut, so wie wir in diesem Fall, weiß, dass er jeden Cent gewinnbringend einsetzen muss. Und die limitierten finanziellen Mittel haben uns wahrlich einfalls-reich gemacht. Schnell wurde uns bewusst: Ein Produkt mit Herzblut und dazu die richtigen Kontakte sind unsere Erfolgsfaktoren.

Rückmeldung der weiblichen Zielgruppe

Nach dem ersten Jahr und zahlreichen Diskussionen mit unserer Zielgruppe (die wir über die Frauenverbände führten) wurde uns allerdings bewusst, dass die Frauen erhebliche Berührungsängste mit unserem Magazin hatten. „Drive" wurde aufgrund der Nähe zum Automobil lediglich als „Fahren" verstanden, nicht aber — was unsere Idee war — als „Drive", den man im Business braucht, um etwas zu bewegen. Also änderten wir nicht nur unseren Slogan auf „Business, Cars & Life-style", sondern auch den Look des Magazins sowie die Gewichtung der Themen. Nach einem weiteren Jahr standen wir wieder vor dem Problem, dass die Masse der Businessfrauen das Magazin noch immer als „reines Automagazin" wahrnahm, obwohl schon damals die Mehrheit der Beiträge aus dem Bereich Wirtschaft und Finanzen stammte. Entsprechend reagierten wir erneut auf das Feedback der Ziel-gruppe und vollzogen eine Repositionierung seitens Bildsprache, Inhalt aber auch was den Slogan anbelangte: „*Ladies Drive* — Das Magazin für Ladies mit Drive". Die-ser prangte von nun an auch in großen Lettern von der Titelseite (und wurde nicht nur wie früher als Subheadline ins Logo integriert). Wir reduzierten die Präsenz von Automobilen auf dem Cover — und erhöhten die Anzahl von Interviews mit weib-lichen Managerinnen und CEOs, strukturierten das Heft stärker nach Rubriken und verhalfen dem Magazin so zu einem stringenteren und seriöseren Look.

Abb. 92: „Ladies Drive – Das Magazin für Ladies mit Drive"
Quelle: Swiss Ladies Drive GmbH

Ein sinnliches Wirtschaftsmagazin

Ladies Drive ist heute das, was ich immer erreichen wollte: Es ist ein sinnliches Wirtschaftsmagazin. Denn aus meiner Sicht ist es wenig zielführend, wenn wir ein männlich geprägtes Businessmagazin (wie beispielsweise in der Schweiz die *Bilanz*) hernehmen — und die Männer auf dem Titelblatt (meist im schwarzen Anzug und weißen Hemd) einfach durch Frauen ersetzen, die womöglich noch die Arme vor der Brust verschränken, um taff zu wirken. Das schien mir weder innovativ noch besonders weiblich. Und welche Frau will schon im Grunde ihres Herzens ein „tough cookie" oder ein besserer Mann sein und ihre Weiblichkeit vor dem Gang in die Teppichetage abgeben? Ich würde meinen, alle Frauen wünschen sich, weiblich und authentisch sein zu dürfen. Ein Magazin, welches also eine bloße Kopie eines bisherigen Managermagazins wäre, hat zum einen aus meiner Sicht keine Existenzberechtigung. Zum anderen würde sie die Frau von einem Rollenstereotyp (Frau am Herd) in die nächste Schublade stecken (Frau im Management muss aussehen wie ein Mann, um erfolgreich zu sein). Das kann ja wohl nicht unserem Selbstbewusstsein entsprechen und dem Rollenbild, welches wir an unsere nächste Generation und an unsere Töchter weitergeben wollen.

Ladies Drive soll sinnlich sein dürfen — und wir zeigen Frauen in dem Outfit und in jeder Pose, in der sie sich wohl fühlen. Nur wenn wir authentisch sind, sind wir glaubwürdig — und nur dann haben wir eine Chance erfolgreich sein zu können.

Rollenvorbilder für Frauen

Was mir persönlich immer besonders wichtig war und ist: das Generieren neuer Rollenvorbilder. Frauen haben kaum weibliche Vorbilder. Wen auch? Zwischen Angelina Jolie und Angela Merkel klafft ein großes Loch. Denn die Massenmedien berichten vergleichsweise selten über weibliche CEOs oder Unternehmerinnen — außer sie haben gerade ein „Special" oder eine Serie. Der Grund aus meiner Sicht: Das Mediensystem ist männlich geprägt. In der Schweiz bin ich meines Wissens die einzige weibliche Medienverlegerin. Kein Wunder also, dass das erste erfolgreiche Businessmagazin für Frauen auch nicht aus einem Großverlag kam.

Mittlerweile ist das Magazin dort, wo wir es haben möchten: Es ist aufwendig gelayoutet, begegnet der Zielgruppe auf Augenhöhe und nimmt deren Bedürfnisse und Ängste Ernst, drängt aber niemanden in irgendeine Rolle hinein. Denn schlussendlich muss jeder seines eigenen Glückes Schmied sein und zusehen, in welchem Umfeld man erfolgreich sein kann. Wenn es um Wirtschaft geht, dreht sich vieles um Zahlen, statt um die Menschen, die hinter einem Unternehmen stehen, es führen und die Geschicke leiten. Genau das hat mich immer interessiert: Die Menschen und die Geschichten hinter einem Unternehmen. Was uns am Ende des Tages bewegt sind nicht Zahlen — es ist das Herz.

Das Gesamtkonzept von Ladies Drive

Seit 2009 existiert nebst dem Printprodukt *Ladies Drive* auch die Eventreihe der *Ladies Drive*-Bargespräche sowie ein Blog (www.ladiesdrive.tv). Wieso? — Wir wollten nah an unserer Zielgruppe sein, spüren, was sie bewegt, sehen, was ihr gefällt. Das kann man nicht, wenn man sich nur in seinen Redaktionsräumen aufhält. Mein langjähriges Netzwerk ist heute mein Gold.

Und ein Blog unterhalten wir, weil wir sehen, wohin sich die Branche langfristig entwickelt. Mit einer eigenen Redaktion und bis zu drei Updates bzw. neuen Beiträgen pro Woche und ergänzendem Material wie weitere Fotos, Videos etc. haben wir eine spannende Ergänzung zum Printmagazin kreiert und einen wahrlich gut besuchten Blog.

Die *Ladies Drive*-Bargespräche heißen eigentlich so, weil wir uns Anfang 2009 vorgestellt hatten, dass wir kleine aber feine abendliche Podiumsdiskussionsrunden in einer Bar durchführen wollen. Doch schon beim ersten Anlass drängten sich über 90 Frauen in die kleine Bar in Zürich — beim zweiten Event, welcher im Dolder Grand stattfand, stieg die Anzahl der Teilnehmer bereits auf 180. Bis 2012 waren es bis zu 470 Teilnehmerinnen. Unser Netzwerk funktionierte und multiplizierte sich — denn zu Beginn wurden die Teilnehmerinnen der Events von mir in einem persönlichen Mailing eingeladen. Dies um sicherzustellen, dass wir Frauen an unseren Events begrüßen dürfen, die eine zwar branchenübergreifende, aber heterogene Zielgruppe darstellen, was ihre Funktion in einer Firma anbelangt. Doch die 470 Teilnehmer waren für unser kleines Team kaum mehr zu managen. Entsprechend setzten wir im Jahre 2013 auf eine künstliche Verknappung: Wir nahmen nicht mehr alle Anmeldungen an, verlangten mehr Informationen zur Person, sodass man sich nicht mehr anonym anmelden konnte, sondern nur noch, wenn man bereit war, Informationen über seine Firma und seine Funktion preiszugeben. Und wir veranstalteten die Bargespräche wieder in kleineren Locations mit einem maximalen Fassungsvermögen von 300 Personen. Zudem kreierten wir einen *Ladies Drive*-Bargespräche-Club: Dieser garantiert den Teilnehmerinnen gegen eine Gebühr von 200 CHF drei sichere Plätze an den bis zu diesem Zeitpunkt drei durchgeführten Veranstaltungen pro Jahr (jeweils in der Stadt Zürich). Doch als wir sahen, dass der Bargespräche-Club schon nach kurzer Zeit 70 Mitglieder zählte — und die Wartelisten für die Events länger und länger wurden, mussten wir reagieren: Im Jahr 2014 werden deshalb nicht nur drei Bargespräche in Zürich, sondern vier weitere in anderen Schweizer Städten stattfinden. Wir werden dadurch sehen, wie gut unser Netzwerk in anderen Städten funktioniert und ob der Erfolg in diesem Stile weitergehen wird.

Girls Drive

2013 haben wir uns auch entschlossen, den Verlag um einen weiteren Titel zu ergänzen. Der Grund: Wir waren der Auffassung, dass die Businessfrauen von heute der nächsten Generation doch die Hand reichen sollten. Denn bislang existierte kein institutionalisierter Know-how-Transfer zwischen den Frauengenerationen in der Schweiz. Also kreierten wir kurzerhand das Zeitungsmagazin *Girls Drive*. Dies nachdem uns mehrere Studentinnen angeschrieben hatten, bei *Ladies Drive* mitarbeiten zu wollen. Uns schien, als ob die Zielgruppe der Studentinnen selbst den Kontakt zu den Businessfrauen suchte und den Austausch pflegen wollte. Wir suchten das Gespräch zu zwei sehr erfolgreichen Business Ladies der Schweiz: Carolina Müller-Möhl sowie Helena Trachsel. Beide sagten uns nach dem ersten Gespräch ihre Unterstützung zu, und ehe wir uns versahen, flatterten Bewerbungen von Studentinnen aus der ganzen Schweiz auf unseren Tisch, die gehört hatten, dass wir die Lancierung eines Karrieremagazins für Studentinnen planen.

So kreierten wir — im selben Stil wie bei *Ladies Drive* — ein Team von Autoren. In diesem Falle von erfolgreichen und renommierten Businessfrauen sowie studentischen Redakteurinnen, und *Girls Drive* konnte mit der ersten Ausgabe im Mai 2013 erstmals erscheinen. Die Themen werden komplett von unserer studentischen Redaktion bestimmt — für die professionelle Umsetzung sorgen unsere Grafik-Mitarbeiter sowie ich als Chefredakteurin. Und wie bei *Ladies Drive* auch kreierten wir Events und einen Blog, um für die Zielgruppe ein 360 Grad-Erlebnis im Kontakt mit uns zu schaffen.

Ende 2013 entschlossen wir uns zudem, ein eigenes Frauennetzwerk zu gründen und kreierten somit die „League of Leading Ladies". Ein Businessclub, in welchem sich Frauen auf Top-Ebene, mit meist internationaler Ausrichtung, zusammenfinden. 2015 wird unter diesem Namen zum ersten Mal eine internationale Konferenz im Hotel Jungfrau Victoria in Interlaken stattfinden.

Diana Jaffé: Was gehört ins Magazin, Print wie Online? Was ist deine Philosophie? Welche Ziele verfolgst du mit *Ladies Drive*? Wie wählst du die Inhalte aus?

Sandra-Stella Triebl: Nun, es ist wie es ist. Frauen waren jahrhundertelang in der Rolle der Mutter der Nation, der Verteidigerin des häuslichen Feuers, der Erzieherin der Generationen. Im Grunde eine schöne Aufgabe — aber leider gab es lange kein Entrinnen aus dieser vorgegebenen Rolle. Frauen waren und sind Anhängsel von berühmten Männern (spannenderweise gibt es auch sprachlich gesehen zwar eine „Arztfrau", aber keinen „Ärztinnenmann"). Sie sind attraktives Beigemüse (so belegt es auch der Global Media Monitoring Report, der alle zehn Jahre in Dutzenden von Ländern Tausende von journalistischen Beiträgen auswertet). Gemäß dieser Studie berichten Medien über weibliche Stars und Sternchen — oder CEOs eines multinationalen Unternehmens, über eine Ministerpräsidentin. Als gäbe es nichts dazwischen! Das ist noch heute so.

Über Frauen, die ein KMU gründen, hört man in den kommerziellen Medien meist nur — eben: in Specials und Sonderbeiträgen. Ist das nicht irgendwie sonderbar? Dabei sind gerade Frauenkarrieren so spannend, weil sie häufig weniger geradlinig verlaufen im Vergleich zu Männerkarrieren. Entsprechend finden zahlreiche Portraits über Frauen in Spitzenpositionen Eingang in unser Magazin.

Man kann einiges lernen, wenn man hört, welche Herausforderungen andere Frauen zu bewältigen hatten in ihrem Leben. Und es tut gut zu hören, dass fast alle dunkle Stunden haben, Momente, in denen man nicht weiter weiß. Je authentischer und ehrlicher also meine Interviewpartnerinnen sind, desto größer ist aus meiner Sicht das Lernpotenzial für die Leserinnen.

Außerdem gehört für mich alles ins Heft (und auf den Blog), was zum Businessalltag und unserem Leben in der Teppichetage dazugehört:

- Wie lege ich mein Geld an? (Man weiß aus diversen Studien, dass Frauen definitiv weniger risikoaffin anlegen als Männer.)
- Wie bringe ich mein Unternehmen weiter? Wir bieten Zugang zu Studien oder Kolumnen von diversen Consultants oder Coaches, die wir im Heft abdrucken oder auf den Blog aufschalten.
- Wie kleide ich mich angemessen und doch weiblich? (Abgesehen davon sind auch Schmuck- oder Modedesignerinnen Unternehmerinnen.)
- Welche Beautyprodukte gibt es, die mir im hektischen Berufsalltag über die Runden helfen? Wir setzen also auch hier die Business-Brille auf und empfehlen unseren Leserinnen nur Produkte, die wir selbst im Businessalltag getestet und für gut befunden haben.
- Wo entspanne ich mich? Wenn ich mir Urlaub gönne, wo kann ich ihn verleben? Wir versorgen unsere Leserinnen also mit Tipps über Neueröffnungen oder absolute Perlen, verraten Geheimtipps und besonders schöne Plätze.
- Welche Events sollte man besuchen — und welche Businessclubs gibt es überhaupt? Hier portraitieren wir regelmäßig Clubs und berichten über deren Anlässe.

Zudem sind wir das erste Magazin, welches die Events aller Businessclubs übersichtlich auf einer Seite zusammenfasst. Dies ist zwar mit einem erheblichen Aufwand für uns verbunden — ist aber ein absoluter Mehrwert für die Leserinnen. Apropos Mehrwert: Das ist mein Anspruch an alle Beiträge im Heft. Bietet dieser Beitrag, sei es eine Kolumne, eine Reportage oder ein Interview, einen Mehrwert für die Leser? Hat er eine Relevanz für unsere Zielgruppe? Ist der Beitrag exklusiv? Letzteres ist besonders wichtig, weil man durch die vierteljährliche Erscheinungsweise besonders darauf achten muss, keine „Me-too-Geschichten" abzudrucken. Sonst haben wir schnell keinen Nutzwert mehr. Und wen man als Leser verliert, kann man kaum mehr zurückgewinnen.

Diana Jaffé: Wer ist die Zielgruppe? Was unterscheidet sie womöglich von den Leserinnen anderer Magazine, Frauenzeitschriften etc.?

Sandra-Stella Triebl: Unsere Zielgruppe sind Frauen mit Drive, die etwas bewegen wollen und andere inspirieren. Altersmäßig etwa zwischen 30 und 55 Jahren. Die meisten sind Unternehmerinnen oder in Managementpositionen. *Ladies Drive* lesen weibliche Opinion Leader, Unternehmerinnen, Verwaltungsrätinnen, Philantrophinnen, Frauen die mehr als bloße Unterhaltung suchen. *Ladies Drive* will auch ein Netzwerk für diese Ladies sein. Ein Ort des kreativen Austausches und der gegenseitigen Inspiration.

Was mir persönlich wichtig ist: Ich möchte einen Ort schaffen, in welchem Frauen sich wohlwollend begegnen können. Frauen sollten aus meiner Sicht lernen, sich als Baustein des Erfolgs einer anderen Frau zu sehen. Männer tun dies viel konsequenter. Würde jede bisher erfolgreiche Top-Managerin eine junge Frau neben sich hochziehen, bräuchten wir uns nie mehr Gedanken über Quoten zu machen.

Unsere Zielgruppe weist (was ich indes nicht belegen kann, aber seit Jahren in den Gesprächen feststelle) ein sehr heterogenes Mediennutzungsverhalten auf: Frauen im Top-Management lesen Fachmagazine, Wirtschaftstitel, Tageszeitungen — aber auch mal die Bunte oder eine Gala. Die großen Wirtschaftstitel weisen fast durchgängig nur einen Frauenanteil von 15-20 Prozent aus. Die großen Frauenmagazine haben dagegen nur ca. ein Drittel weibliche Leserschaft mit universitärem Schulabschluss. *Ladies Drive* hat diese Lücke geschlossen, weil sie Business und Unterhaltung verbindet.

Als großes Kompliment empfinde ich die positiven Rückmeldungen zahlreicher Frauen. Denn ihre Männer sind offenbar sehr interessierte Zweitleser unseres Magazins. Die Anzahl männlicher Abonnenten liegt bei ca. 25 Prozent. Bei den Events liegt der Männeranteil noch unter den Erwartungen und bei ca. 10 Prozent. Ich würde mir hier eine stärkere Durchmischung wünschen.

Abb. 93: Interviews mit Vorzeigefrauen sind fester Bestandteil von *Ladies Drive*
Quelle: Swiss Ladies Drive GmbH

Diana Jaffé: Wer sind die Frauen, die du portraitierst bzw. zu Wort kommen lässt?

Sandra-Stella Triebl: Weibliche Opinion Leader, Unternehmerinnen, Karrierefrauen, Frauen mit *Drive*, die etwas bewegen und andere inspirieren, Verwaltungsrätinnen, Philantrophinnen, Menschen mit einer Geschichte. Hin und wieder sind es auch Männer, die wir interviewen oder zu Wort kommen lassen. Häufig spürt man Unterschiede in der Wahrnehmung zwischen den Geschlechtern ja erst in der Diskussion und im Austausch. Heterogene Systeme sind erfolgreicher — das ist auch in der Natur so. Denn sie sind komplexer und daher stabiler, weniger fehleranfällig.

Wir sind also keine Kopie der *EMMA* von Alice Schwarzer. Was wir leben ist vielmehr eine Art Feminismus 2.0. Wir lieben Männer, vor allem unsere eigenen. Und wir erachten sie nicht als unsere Feinde oder Kontrahenten. Denn wie sagte Professor Thorsten Hens (Swiss Banking Institute) einmal so schön treffend auf einem unserer *Ladies Drive*-Bargespräche: „Das Problem vieler Frauen liegt zu Hause im Bett."

Wir lassen also Menschen bei uns zu Wort kommen, die eine Inspiration sein können, die uns etwas beibringen und zum Nachdenken anregen — oder uns aufregen! Nichts ist schlimmer, als Menschen nicht zu bewegen. Wenn man sie dazu bringt, sich auch mal aufzuregen, kommt etwas in Bewegung — und nur so haben wir die Chance etwas zu verändern. Denn alles, was sich verändert ist gut. Stillstand ist der Tod. Wir versuchen also auch mal ganz bewusst anzuecken — sei es mit Dingen, die wir aussprechen, mit unserer Bildsprache oder den Themen, die wir für unsere Bargespräche wählen.

Diana Jaffé: Wie kriegst du Unternehmen aus der Automobilindustrie (und andere untypische Werbekunden) dazu, im Magazin zu werben oder als Sponsoren für deine Veranstaltungen aufzutreten? Wieso werben sie bei dir, nicht aber bei anderen Frauenveranstaltungen bzw. in Frauenzeitschriften?

Sandra-Stella Triebl: In erster Linie ist natürlich unsere stetig wachsende Zielgruppe für Automarken, gerade im Luxussegment, besonders interessant. Kaufkräftige Ladies, die etwas erreicht haben und sich gerne auch etwas gönnen, sind natürlich für alle Luxusmarken grundsätzlich attraktiv. Aber diese Frauen wollen auch überzeugt werden. Wir kreieren deshalb mit unseren Partnern *Experience Packages* — z. B. klassische Werbung in Kombination mit einem Event wie einem speziellen Winterfahrtraining. Die Kunden merken auch, wenn man ihnen wohl gesonnen und an einer Win-win-win-Situation interessiert ist. Was wir nicht tun ist, lediglich eine weiße Seite gegen Geld bunt zu machen. Uns interessiert der Kunde und seine Bedürfnisse. Wir lieben es, gemeinsam mit den Kunden individuelle Lösungen zu erarbeiten, kreativ zu sein und *out of the box*-Lösungen anzubieten. Kaum ein Kunde ist bei uns ein reiner Anzeigenkunde. Wir kreieren eine sinnlich wahrnehmbare Erfahrung im Umgang mit unserer Zielgruppe. Das ist eine Herausforderung für das gesamte Team — und benötigt eine Menge Ressourcen und Know-how. Mein persönlicher Vorteil ist mein großer, gut gefüllter Rucksack und die unglaublich kreativen Querdenker in meiner Firma, allen voran mein Mann Sebastian. Mit den meisten Kunden pflegen wir übrigens aufgrund der langfristigen Orientierung mit der Zeit auch eine private Freundschaft.

Abb. 94: Werbung für kaufkräftige Businessfrauen in der *Ladies Drive*
Quelle: Swiss Ladies Drive GmbH

Für mich ist der Verlag also eine kreative Spielwiese — und die Kunden vielfach unsere Freunde. Wir wollen uns Zeit nehmen und das ist ein Luxus, den wir als Boutique im Verlagswesen genießen. Genau deshalb sind wir selbstständig und unabhängig. Für uns sind nicht die Millionen auf dem Konto das, was uns das Leben lebenswert machen, sondern die Erlebnisse, die wir durch unsere Arbeit generieren können.

Diana Jaffé: Wie lauten die Entwicklungspläne für *Ladies Drive*? Falls du dazu schon etwas preisgeben magst.

Sandra-Stella Triebl: Wir haben seit Jahren Anfragen für Lizenzierungen — doch niemand drängt uns dazu. Wir sind derart stark gewachsen in kurzer Zeit (zwei Titel, 67.000 Auflage, ca. 220.000 Leser, zwei Blogs mit je 1.400 visits/Tag, sieben Events pro Jahr bei *Ladies Drive*, fünf bei *Girls Drive* und einer bei der *League of Leading Ladies* — und alles mit einem Kernteam von acht Festangestellten und 30 Freelancern). Was uns unternehmerisch wichtiger erschien, ist, nicht „too many eggs in the fire" zu haben. Wachstum, Konsolidierung und dann wieder Wachstum. Die Natur macht es uns doch ebenso vor! Also konsolidieren wir erst einmal. Aber wir nutzen natürlich uns gebotene Chancen. Wir suchen nach Lizenzpartnern, möchten aber Menschen als Gegenüber haben, die das Gesamtkonzept wahrnehmen können und bereit sind, dies mit ebenso viel Herzblut in ihren Märkten zu lancieren. Ob dies möglich sein wird, wird die Zukunft weisen.

Wir planen indessen, in den nächsten Jahren zwei bis drei neue Titel zu lancieren. Meine Kreativität ist kaum zu stoppen — nur meine Kräfte bremsen mich hin und wieder.

Diana Jaffé: Liebe Sandra Triebl, herzlichen Dank für das Gespräch!

3.7   Schuberth – ein Frauen-Motorradhelm

Von Frauke Tietz, Gründerin und Inhaberin von fembike

Schuberth entwickelt und produziert seit über 90 Jahren Kopfschutzsysteme im Highend-Bereich. Mit einer Vielzahl an Produkten zählt das Unternehmen weltweit zu den führenden Herstellern von Motorrad-, Formel-1- und Motorsport-Helmen sowie von Kopfschutzlösungen in den Bereichen Arbeitsschutz, Feuerwehr, Polizei und Militär.

Als erster Hersteller brachte das Magdeburger Unternehmen einen Motorradhelm für Bikerinnen auf den Markt. Dazu wurde bei einem bewährten Modell die Passform optimiert, um Sicherheit und Tragekomfort zu erhöhen. Farb- und Dekorvarianten kamen im Folgemodell hinzu.

Die deutsche Motorradbranche

Nach den Krisenjahren 2009 bis 2011 meldet der Industrieverband Motorrad wieder steigende Zulassungs- und Verkaufszahlen und erwartet, dass sich dieser Trend 2014 fortsetzt. Die Entwicklung verdankt die Branche vor allem der Führerscheinreform, die im Januar 2013 in Kraft getreten ist. Führerscheinneulinge dürfen jetzt mit der Klasse A2 von Anfang an Motorräder mit einer Leistung bis 35 KW (48 PS) fahren. Inhaber des alten Autoführerscheins der Klasse 3 sind nun berechtigt, ein Zweirad mit 125 cm³ Leistung zu pilotieren, sofern sie die Lizenz vor dem 1. April 1980 erworben haben. Für diesen Personenkreis wurde auch der Zugang zum Motorradführerschein (A2) vereinfacht.

Dies führte zu einem Anstieg der Nachfrage nach Kraftrollern und Motorrädern der neuen 48-PS-Klasse. Motorradhersteller reagierten mit zahlreichen, kostengünstigen Modellen. Mit zusätzlichen Anreizen, wie einem Zuschuss zum Führerschein, senken Hersteller die Einstiegshürden weiter.

Motorradfahren ist wieder attraktiv, sowohl für junge Einsteiger als auch für Spätberufene. Der Anstieg wirkt sich auch positiv auf die Bekleidungs- und Zubehörindustrie sowie auf den Tourismus aus.

Marktanteil weiblicher Motorradfahrer

In Deutschland gibt es aktuell über 3,8 Millionen zugelassene Zweiräder[51] mit einer Leistung über 50 cm³. Auf weibliche Halter entfallen davon 14 Prozent. Diese Zahl ist seit zehn Jahren fast konstant. 2003 betrug der Anteil weiblicher Motorradfahrer 13,7 Prozent.[52] Frauen sind ihrem Hobby also langfristig treu und bilden damit eine ideale Basis für stabiles Wachstum.

Ein Blick auf die Entwicklung der Altersstruktur bestätigt die These. Während 2003 die 30- bis 39-jährigen mit 46,6 Prozent die größte Altersgruppe bildeten, hat sich diese 2013 nach oben verschoben.[53] Die Damen in der Altersgruppe zwischen 45 und 54 Jahren sind jetzt mit 41,6 Prozent am stärksten vertreten.[54]

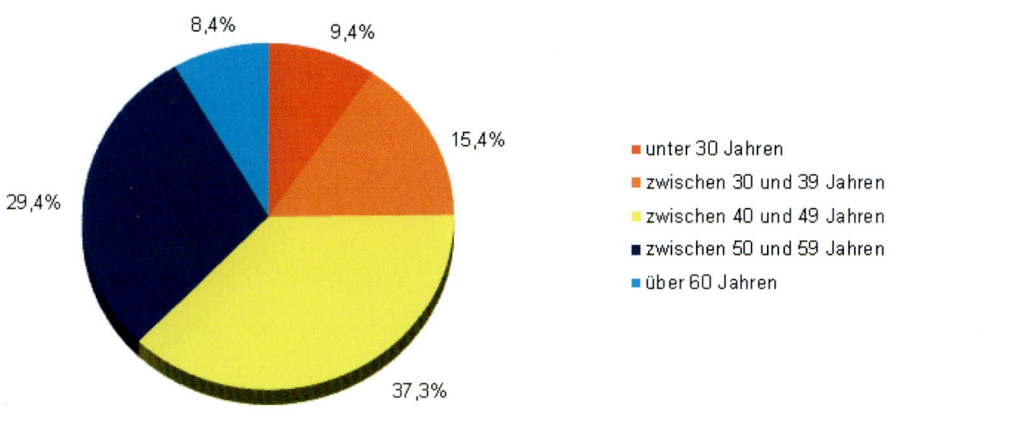

Abb. 95: Altersstruktur der Motorradfahrerinnen 2013
Quelle: KBA 2013[55]

Kaufmotivation der weiblichen Kundschaft

Nach einer Untersuchung des Auto Club Europa (ACE) unterscheiden sich die Vorlieben der weiblichen Kundschaft deutlich von denen männlicher Biker. Frauen be-

---

51 Industrieverband Motorrad (Hg.): Jahresbericht 2013, März 2014

52 Kraftfahrt-Bundesamt (Hg.): Jahrespressebericht 2003, Dezember 2003

53 Kraftfahrt-Bundesamt (Hg.): Jahrespressebericht 2003, Dezember 2003

54 Auto Club Europa (Hg.): Daten und Fakten: Motorradfahrende Frauen, Eine Studie des ACE Auto Club Europa, März 2012

55 Kraftfahrt-Bundesamt (Hg): Fahrzeugzulassungen (FZ), Bestand an Kraftfahrzeugen und Kraftfahrzeuganhängern nach Haltern, Wirtschaftszweigen,1. Januar 2013, Oktober 2013

vorzugen seit Jahren Modelle, die der Mittelklasse (600 cm³) zugeordnet werden. Es handelt sich dabei um Motorräder, die Fahrspaß mit Vernunft zu moderaten Preisen bieten.[56]

Ein ähnliches Ergebnis liefert auch eine Umfrage zu Kaufmotiven des amerikanischen Motorradmagazins *Helmet Hair* aus dem Jahr 2010. Dort wurde festgestellt, dass das wichtigste Kaufargument für ein Motorrad der Preis ist, wobei großen Wert auf ein vernünftiges Preis-Leistungsverhältnis gelegt wird. Die Motorleistung rangierte auf dem dritten Platz nach dem Kriterium Gewicht.[57] Eine Herstellerbefragung des deutschen Onlinemagazins *fembike*[58] fand heraus, dass mit steigendem Alter der Fahrerin auch die Kubikzahl der Maschine steigt.[59]

Die ACE-Studie arbeitete ferner eine hohe Markentreue heraus, die allerdings je nach Alter der Fahrerin unterschiedlich ausgeprägt sei. Junge Frauen bis 29 Jahren sowie Frauen zwischen 40 und 49 Jahren würden sich häufiger für eine Neumaschine entscheiden, während Bikerinnen zwischen 30 und 39 Jahren und ab der Generation 50 Plus dem bewährten Modell treu bleiben.[60]

Erfolg durch Diversifikation

Trotz konkreter Marktzahlen und wissenschaftlicher Erkenntnisse zum Kaufverhalten von Frauen fällt es der Motorradbranche schwer, den Markt entsprechend zu segmentieren. Ein Grund dafür ist sicher, dass Motorradfahren immer noch als Männerdomäne gilt und auch die Branchenentscheider zum größten Teil Männer sind. Die Meinung „Unsere Kundinnen wollen das nicht" ist in der Szene verbreitet. Die Magdeburger Helmmanufaktur Schuberth sieht das anders. Sie entschied sich, 2009 einen Motorradhelm für Frauen auf den Markt zu bringen und nutzt mit dieser gezielten Produkt- und Kommunikationspolitik die Chance, weitere Marktanteile zu gewinnen.

---

[56] Auto Club Europa (Hg.): Daten und Fakten: Motorradfahrende Frauen, Eine Studie des ACE Auto Club Europa, März 2012

[57] HH Reader Survey 2010: Results!, http://helmethairmagazine.com/hhm-v2/index.php/female-motorcycle-culture/116-hh-reader-survey-results.html, Februar 2011

[58] http://www.fembike.de/

[59] Frauen mögen Motorräder – aber welche?, http://www.fembike.de/bike-fashion/motorrad/frauen-moegen-motorraeder-aber-welche, März 2014

[60] Auto Club Europa (Hg.): Daten und Fakten: Motorradfahrende Frauen, Eine Studie des ACE Auto Club Europa, März 2012

Der Motorradhelm von Schuberth

Der Damenhelm ist kein komplett neues Produkt, sondern eine Weiterentwicklung. Der Helmspezialist modifizierte die Passform des seit Jahren erfolgreich am Markt etablierten Modells C3 und C3 Pro auf der Basis anatomischer Unterschiede zwischen männlichen und weiblichen Kopf- und Gesichtsstrukturen.

Der C3 verfügte bereits über ein differenziertes Größenspektrum von Größe XXS bis XXXL, was einem Kopfumfang von 50 bis 65 cm entspricht. Auch die Außenschale des Helms wurde bereits kleinstmöglich konzipiert. Hinzu kommt die serienmäßige Verarbeitung von leichten Materialen wie Fiberglas und Spezialschaum. Sie sorgen für ein geringes Gewicht und bieten gleichzeitig ein Höchstmaß an Sicherheit durch Festigkeit und optimale Stoßdämmung.

Über die Produkteigenschaften Gewicht, Ausstattung und Komfort sollte die gesamte Bandbreite der Bikerinnen angesprochen werden.

Das Modell C3 PRO Women

Der Sinn eines Motorradhelms ist das Verhindern von Kopfverletzungen bei einem Sturz. Um dies zu gewährleisten, ist eine optimale Passform unerlässlich. An diesem Punkt haben die Produktentwickler von Schuberth angesetzt, denn weibliche Köpfe unterschieden sich deutlich von männlichen:

1. **Schädelform:** Weibliche Schädel sind insgesamt kleiner, die Schädelbasis ist kürzer. Die Stirn ist eher steil und gerundet, während sie bei Männern eher fliehend ist.
2. **Gesichtsform:** Auch das weibliche Gesicht ist schmaler, das Kinn runder und flacher. Männliche Schädel weisen eine breite Kinnpartie auf.

Studien haben des Weiteren gezeigt, dass Männer eine kräftigere Nackenmuskulatur als Frauen haben.[61] Daher spüren Frauen das Gewicht eines Helms stärker.

Im nächsten Schritt wurden Maßnahmen getroffen, um die Passform des Helms entsprechend zu optimieren:

---

[61] Maximal isometric muscle strength of the cervical spine in healthy volunteers, http://www. ncbi.nlm.nih.gov/pubmed/12428826, November 2002

1. Die Wangenpolster sind so geschnitten, dass sie höheren Wangenknochen und einer schmaleren Kinnpartie gerecht werden.
2. Darüberhinaus passen die Polster in alle Helmgrößen. Ein häufig auftretendes Problem ist, dass ein Helm um den Kopf herum passt, im Gesichtsbereich allerdings zu locker sitzt und sich beim Fahren dreht oder verrutscht. Mit den variablen Wangenpolstern kann der Helm genau angepasst und ein Verrutschen verhindert werden.
3. Beim Material der Polster wurde auf Hautfreundlichkeit und schmutzabweisende Eigenschaften wert gelegt. Make-up-Spuren sollten sich einfach auswaschen lassen.

Die Entwicklung des Damenhelms wurde parallel zu der Entwicklung der Herrenmodelle und mit einem im Vergleich zur Neuentwicklung minimalen Budget realisiert. Vielfältige Kommunikationsmaßnahmen gingen mit der Entwicklung und dem Launch des Helmes einher. Unter anderem wurde bereits während der Entwicklungsphase ein Team von Testfahrerinnen aufgebaut, die ihre Eindrücke direkt an die Schuberth-Ingenieure weitergaben.

Nach diesem Erfolg kam mit dem Produktrelaunch des C3 im Jahr 2013, der mit umfangreichen Innovationen im Bereich Belüftung, Aeroakustik und weiteren Features aufwartete, auch von der überarbeiteten Version C3 PRO ein Damenmodell mit dem Namen „Women" auf den Markt.

Im Zuge der weiteren Vermarktung des Helms auch in den USA wurde der ursprüngliche Name Lady in Women geändert. Anders als in Europa besitzt der Begriff Lady in den USA eine negative Konnotation.

Das Design

Beim C3 PRO Women kann die Bikerin zwischen fünf unterschiedlichen Dekoren auswählen: Matt Black, Pearl White, Pearl Pink, Euphoria und seit 2014 Euphoria Light. Am häufigsten werden Modelle in Matt Schwarz und Pearl White nachgefragt, denn diese Farben passen sowohl zum jeweiligen Zweirad als auch zur Bekleidung der Fahrerin.

Abb. 96: Motorradhelm C3 Pro Women, Dekor: Euphoria[62]
Quelle: Schuberth GmbH, 2013

Die Farbe Pearl Pink spricht sicherlich eine kleinere Zielgruppe an. Dennoch ist dieses Dekor von großer Bedeutung, da es im Verkaufsregal der Händler auffällt und die Kundinnen für das Thema Frauenhelm überhaupt erst sensibilisiert. Die Farbe zieht den Blick der Kundin auf sich. Weitere Dekore mit zunehmenden Individualisierungsmöglichkeiten sind geplant. Mit der Erwartung, dass vermehrt Sozias zu diesem Modell greifen, kann Schuberth eine weitere Zielgruppe ansprechen.

Die Marketingstrategie

Helme von Schuberth sind Premiumprodukte und bewegen sich im gehobenen Preissegment. Der Vertrieb erfolgt über ein Händlernetz, zu dem sowohl Grossisten als auch Einzelhändler gehören. In der Kommunikation für den Frauenhelm setzt das Unternehmen gezielt auf Social-Media- und Onlinemaßnahmen. Ebenso spielt auch nach der Einführung des Helms das wachsende Team der Testfahrerinnen eine Rolle, die gleichermaßen als Testimonials eingesetzt werden. Weiterempfehlungseffekte sowie eine gezielte Nachfrage seitens der Kundinnen im Handel

---

[62] http://bit.ly/1jPCaPx

sollen generiert werden. Spezielle Motorradtreffen von und für Frauen, wie beispielsweise das jährliche Treffen der „Women's International Motorcycle Association" (WIMA), werden gezielt für Promotionmaßnahmen genutzt.

2013 wurde in Kooperation mit dem Onlinemagazin fembike.de, das sich ausschließlich an weibliche Motorradfahrer richtet, ein umfangreicher Produkttest in drei Phasen durchgeführt. Dieser lieferte nicht nur Feedback zum Produkt, sondern ermittelte auch Informationen über die Zielgruppe: Von über 300 Bewerberinnen sind fast 60 Prozent noch nie mit einem Klapphelm gefahren. 77 Prozent der Befragten hatten noch keinen Helm von Schuberth im Einsatz. Die Maßnahme sorgte für ein hohes Involvement der Zielgruppe mit dem Produkt. Durch die redaktionelle Begleitung und Aufbereitung sind die Informationen nachhaltig im Internet und für Suchmaschinen auffindbar.

Zur weiteren Positionierung tritt Schuberth 2014 als Sponsor für den internationalen Frauen-Motorrad-Tag in Deutschland auf. Die Initiative „International Female Ride Day" kommt ursprünglich aus Kanada und wird zum ersten Mal seit ihrem siebenjährigen Bestehen in Deutschland von einem Industriepartner in der Fläche unterstützt.

Ausblick

Aufgrund des Erfolgs der zurückliegenden Jahre plant Schuberth, auch bei künftigen Produktgenerationen eine Damenvariante des Klapphelms fest ins Portfolio zu integrieren.

Danksagung

Ich danke allen Autoren und Unternehmen, die dieses Buch unterstützt haben. Dr. Wolfgang Ressmann gebührt meine besondere Erkenntlichkeit. Seine Einschätzungen sind für mich immer ein wichtiger Wegweiser. Vivien Manazon verdankt dieses Buch so manchen wertvollen Hinweis. Dr. Sabine Hückmann von Ketchum Pleon beeindruckt mich immer wieder mit ihrer Klugheit, Kreativität und ihrer konzeptionellen Weitsicht, von der nicht nur Bosch profitiert. Frauke Tietz ist dankenswerterweise eingesprungen, als Not an Frau und Mann war. Aber ohne Jutta Thyssen vom Haufe Verlag gäbe es dieses Buch wahrscheinlich gar nicht. Die Idee dazu hat sich im Verlauf unserer Gespräche ergeben. Und mein Lektor Peter Böke hat meine flapsige Ausdrucksweise hier oder da ein wenig gebügelt und dem Buch so den letzten Schliff verpasst. Ich weiß die angenehme Zusammenarbeit sehr zu schätzen.

Meinen Eltern aber verdanke ich meinen Wissensdurst und meine Neugier.

Frank Krohne danke ich ebenfalls. Er weiß schon, wofür.

Abbildungsverzeichnis

Abb. 1: Motorolas bedenkliche Kommunikation gegenüber Teenagern: „Is bigger really better?" 18
Quelle: Screenshot Motorola, 2013

Abb. 2: IQ-Verteilung bei Frauen und Männern 30
Quelle: Horst Hameister

Abb. 3: Tatsächliche Verteilung von Geschlechtsunterschieden (A) 31
Veränderung der Wahrnehmung bei Geschlechtsstereotypen (B)
Quelle: Norbert Bischof, 1980

Abb. 4: Warnhinweis für zarte Gemüter – aber nur für die erotischen, nicht die morbiden Anteile 41
Quelle: Screenshot www.kalendarzlindner.pl

Abb. 5: Lindners „Miss März 2014" 41
Quelle: Screenshot www.kalendarzlindner.pl

Abb. 6: Schema eines üblichen Verkaufsansatzes eines Markenherstellers 49
Quelle: Diana Jaffé, 2014

Abb. 7: Schema eines üblichen Verkaufsansatzes für Hersteller von Handelsmarkenprodukten im 50
Auftrag eines Händlers
Quelle: Diana Jaffé, 2014

Abb. 8: Schema des weit verbreiteten Verständnisses von Gender Marketing 50
Quelle: Diana Jaffé, 2014

Abb. 9: Schema Hersteller – Vertrieb – Kunde in der Automobilwirtschaft 51
Quelle: Diana Jaffé, 2014

Abb. 10: Konstellation bei der Einführung von pflegender Herrenkosmetik am Markt 56
Quelle: Diana Jaffé, 2014

Abb. 11: Schema der Produkt-, Verkaufs- und Kommunikationsstruktur der Zimmer GmbH 2006 bei 59
der Einführung des Gender Knee
Quelle: Diana Jaffé, 2014

Abb. 12: Schema der Produkt-, Verkaufs- und Kommunikationsstruktur von Pharmakonzernen 62
Quelle: Diana Jaffé, 2014

Abb. 13: Schema der Gender-Marketingstrategie eines Möbelherstellers 65
Quelle: Diana Jaffé, 2014

Abb. 14: Auswahl von Firmenlogos 102
Alle Logos sind Eigentum des jeweiligen Unternehmens.

Abb. 15: Auswahl von „männlichen" Firmenlogos 103
Alle Logos sind Eigentum des jeweiligen Unternehmens.

Abb. 16: Teil einer Onlineanzeige, März 2014 112

Abb. 17–20: Kampagne zur Anwerbung von Lehrern durch das Ministerium für Bildung, Wissen- 113
schaft und Kultur des Landes Mecklenburg-Vorpommern auf Spiegel Online
Quelle: Screenshots von http://www.spiegel.de/unispiegel/, März 2014

Abb. 21: Plakat der Wodka-Marke Three Sixty im November 2012 115
Quelle: Diana Jaffé

Abb. 22: Clarins' Website für Männerkosmetik: Nutzung von Symbolen, die Männern vertraut sind 122
Quelle: Screenshot von http://www.clarins.de/clarinsmen/500/, März 2014

Abb. 23 und 24: Anzeigen von P&G vor und nach der Beratung der Lebensmittel Zeitung zur Optimie- 126
rung. Hier war Geschlechtsspezifik nicht das Thema, die Ausgangsmotive und die
Ergebnisse weisen jedoch eindeutig geschlechtsspezifische Layoutmerkmale auf.
Obere Reihe: männlich; untere Reihe: weiblich
Quelle: Lebensmittel Zeitung, 2014

Abb. 25: Gender Marketing Communication Kit 127
Quelle: Diana Jaffé / Bluestone, 2010

Abb. 26: Der Verlauf des Kaufinteresses bei Kundinnen 144
Quelle: Vivien Manazon, (Diana Jaffé), 2010

Abb. 27: Der Verlauf des Kaufinteresses bei männlichen Kunden 146
Quelle: Vivien Manazon, (Diana Jaffé), 2010

Abb. 28: Die Kaufinteresse-Kurven von Kundinnen und Kunden im zeitlichen Vergleich 149
Quelle: Vivien Manazon, (Diana Jaffé), 2010

Abb. 29: Wo das Einkaufserlebnis als größer empfunden wird: Online-Shop vs. Einzelhandel 155
Quelle: ECC Köln, IBM Deutschland und CoreMedia, 2013

Abb. 30: Umsatz des Interaktiven Handels nach Warengruppen im E-Commerce – 2013 (in Mio. Euro) 157
Quelle: bvh (2014)

Abb. 31: Umsätze je Anbieter-Typus nach Geschlecht (in Mio. Euro) 158
Quelle: bvh (2014)

Abb. 32: Was wurde bei welchem Anbieter zuletzt bestellt? 159
Quelle: bvh (2014)

Abb. 33: „Nutze dafür mindestens gelegentlich das Internet" 160
Quelle: AGOF internet facts 2013-12 (Basis: 14+ Jahre)

Abb. 34: Genutzte Informationsquellen der Kunden für den Kauf im interaktiven Handel: 168
„Wie und wo haben Sie sich vor Ihrer Bestellung über das Produkt informiert?"
Quelle: bvh (2014)

Abb. 35 und 36: Conversion Rate im Internet – Männer 171
Quelle: AGOF internet facts 2013-12 (Basis: 14+ Jahre)

Abb. 37 und 38: Conversion Rate im Internet –Frauen 173
Quelle: AGOF internet facts 2013-12 (Basis: 14+ Jahre)

Abb. 39–41: Einkaufen im stationären Einzelhandel wird zur Herausforderung: 177
„Was denken Sie: Ist das Einkaufen schwieriger geworden, seit Sie Kinder haben?
Und warum sind Sie dieser Meinung?"
Quelle: TNS Infratest, 2007

Abb. 42: Produktpräsentation im Shop von Westwing 189
Quelle: Screenshot von http://www.westwing.de, März 2014

Abb. 43: Produktpräsentation im Shop von Westwing 190
Quelle: Screenshot von http://www.westwing.de, März 2014

Abb. 44: Angebotener Druck von Jamie Lee Reardin auf Westwing 191
Quelle: Screenshot von http://www.westwing.de, März 2014

Abb. 45: Angebotener Druck von Jamie Lee Reardin auf Westwing, montiert in ein Interieur 192
Quelle: Screenshot von http://www.westwing.de, März 2014

Abb. 46: Einstiegsseite von Conrad Elektronik 193
Quelle: Screenshot von www.conrad.de, März 2014

Abb. 47: Passend zu Trend 4: Die Onlineberatung wird hier gleich beim Einstieg angeboten, 196
sodass man sofort auf diesen Service aufmerksam gemacht wird.
Quelle: Screenshot von http://store.plumprettysugar.com, März 2014

Abb. 48: Vergrößerung der Einladung zur Onlineberatung   196
Quelle: Screenshot von http://store.plumprettysugar.com, März 2014

Abb. 49: Eine verwirrendes, weil überladenes und nicht nach Wichtigkeit der Informationen   198
gewichtetes Design
Quelle: Screenshot von www.klebefieber.de, März 2014

Abb. 50: Informationen, die nicht zusammenpassen und ein Footer, der viele Informationen   199
enthält, die deutsche Shop-Anbieter und -betreiber für wichtig halten. Sie schaden in
Wahrheit der Glaubwürdigkeit, da sie nicht den Eindruck erwecken, dass dieser Anbieter
von Designs selbst etwas von Design versteht.
Quelle: Screenshot von www.klebefieber.de, März 2014

Abb. 51: Wand-Tattoos mit den Farben aus der Fußball-Bundesliga in einem Shop für Frauen?   200
Quelle: Screenshot von www.wall-art.de, März 2014

Abb. 52: Karstadt Sports zeigt, wie modernes Shop-Design geht   202
Quelle: Screenshot von www.karstadtsports.de, März 2014

Abb. 53: Etsy hat Millionen von Produkten in seinem Shop – und wirkt dennoch aufgeräumt und   203
einladend
Quelle: Screenshot von www.etsy.com, März 2014

Abb. 54: Etsy bietet Millionen von Produkten in seinem Shop an – und wirkt dennoch aufgeräumt   204
und einladend
Quelle: Screenshot von http://etsy.me/NJTP1g, März 2014

Abb. 55: Auch Männershops setzen zunehmend auf Übersichtlichkeit und Ästhetik   205
Quelle: Screenshot von www.proteinco.com, März 2014

Abb. 56: Entwicklung Kategorie Lebensmittelhandel (LEH) und Drogeriemärkte (DM) Servietten   211
total: Umsatz und Absatz sind seit 3 Jahren rückläufig
Quelle: Nielsen Deutschland, Serviettenmarkt 2013

Abb. 57: Entwicklung Duni LEH + DM Servietten (Tissue): Umsatz und Absatz sind seit 3 Jahren   212
positiv
Quelle: Nielsen Deutschland, Serviettenmarkt 2013

Abb. 58: Umsatzverteilung LEH + DM Tissue-Servietten im Gesamtmarkt ohne Handelsmarken   213
Quelle: Nielsen Deutschland, Serviettenmarkt 2013

Abb. 59: Umsatzverteilung Einweg-Tischdecken LEH + DM 4. Quartal 2013 inklusive Handelsmarken   214
Quelle: Nielsen Deutschland, Serviettenmarkt 2013

Abb. 60: Aspekte beim Kauf von Servietten – Antworten auf offene Fragen (Auszug)   220
Quelle: Duni, 2011

Abb. 61: Dunis Entwicklung innerhalb nur eines Jahres nach Käuferdemografie   220
Quelle: Nielsen Deutschland, Serviettenmarkt 2013

Abb. 62: Dunis Preisstrategie   221
Quelle: Duni, 2014

Abb. 63: Obere Reihe: „Owlie", „Zebra" und „Puck" (Melli-Mello-Designs for Duni® 2013)   224
Untere Reihe „Lama", „Giraffe" und „Seahorse" (aus der Kollektion 2014)
Quelle: Duni, 2014

Abb. 64: „Chestnut Bird", „Elephant Grass" und „Tulip Crane" aus der Hanna Werning Designs for   225
Duni® Kollektion 2014
Quelle: Duni, 2014

Abb. 65: Dunis POS-Strategie   226
Quelle: Duni, 2014

Abb. 66: Der Duni Delta Store, mit dem auch Männer gut klarkommen   228
Quelle: Duni, 2013

Abb. 67: Duni-Displays verschiedener Größe   229
Quelle: Duni, 2014

Abb. 68: Akzeptanz verschiedener Aktionskonzepte nach Altersstufen   231
Quelle: Duni, 2011

Abb. 69: „Bitte bringen Sie die Taschen in eine Reihenfolge, angefangen mit der Tasche, die Ihnen   232
am besten gefällt!"
Quelle: Duni, 2011

Abb. 70: Der Jahresstart-Marktplatz 2014 mit Taschenpromotion   233
Quelle: Duni, 2014

Abb. 71: Der Sommer-Marktplatz 2014 mit Grillhandschuh   233
Quelle: Duni, 2014

Abb. 72: Standard Regallayout 3,75 × 1,80 m   234
Quelle: Duni, 2014

Abb. 73: Das Duni-Store-Konzept mit beleuchtetem Display   235
Quelle: Duni, 2014

Abb. 74: Deutschland hat 'ne Schraube locker. Forsa-Befragung im Jahr 2012 im Auftrag von Bosch   262
Power Tools
Quelle: Robert Bosch GmbH

Abb. 75 und 76: Die Hülle des Ixo – von der „Keksdose" zur schlanken Verpackung von heute, die in   266
jeden Küchenschrank passt
Quelle: Robert Bosch GmbH

Abb. 77: Schrauben leicht gemacht – der Ixo im Einsatz   267
Quelle: Robert Bosch GmbH

Abb. 78: Internetauftritt des Ixo unter www.bosch-ixo.com   268
Quelle: Robert Bosch GmbH

Abb. 79: Bohren ohne Staub – Schlagbohrmaschine mit Absaugfunktion   269
Quelle: Robert Bosch GmbH

Abb. 80 und 81: Uneo – das kraftvolle Multitalent zum Schrauben, Bohren und Bohrhämmern   269
Quelle: Robert Bosch GmbH

Abb. 82 und 83: Die Stichsäge PST 10,8 LI – eine leichte, kompakte Stichsäge der Compact Generation   270
Quelle: Robert Bosch GmbH

Abb. 84: Mähen und gleichzeitig Entspannen – mit dem Roboterrasenmäher Indego   272
Quelle: Robert Bosch GmbH

Abb. 85: Anwendungsbeispiele auf der Verpackung – der Ixo mit Korkenzieheraufsatz zum Öffnen   273
von Weinflaschen
Quelle: Robert Bosch GmbH

Abb. 86: Internetauftritt der Heimwerker-Community: www.1-2-do.com   275
Quelle: Robert Bosch GmbH

Abb. 87: Auch die Bildwelten unterscheiden sich bei der Ansprache von Frauen und Männern hin-   276
sichtlich der Einsatzgebiete und Nutzung der Bosch-Tools
Quelle: Robert Bosch GmbH

Abb. 88: Weibliche Soft-DIYer nutzen dieselben Geräte öfter für dekorative Arbeiten   277
Quelle: Robert Bosch GmbH

Abb. 89: Ob für ganz dünne oder kranke oder grundsätzlich schon nicht schlecht ausdefinierte   283
Männeroberkörper …
Quelle: Arshad Bhunnoo / Funkybod Ltd.

Abb. 90: ... Funkybod zaubert Männern einen wohlgeformten Oberkörper, der unter Hemden,   283
T-Shirts und Pullovern ganz natürlich wirkt. Auch beim Anfassen!
Quelle: Arshad Bhunnoo / Funkybod Ltd.

Abb. 91: Das natürliche Aussehen, der richtige Sitz und der Schutz gegen ungewolltes Verrutschen bei   284
gleichzeitiger Atmungsaktivität des Materials sind die Geheimnisse der Funkybod-Produkte.
Quelle: Arshad Bhunnoo / Funkybod Ltd.

Abb. 92: „Ladies Drive – Das Magazin für Ladies mit Drive"   294
Quelle: Swiss Ladies Drive GmbH

Abb. 93: Interviews mit Vorzeigefrauen sind fester Bestandteil von *Ladies Drive*   300

Abb. 94: Werbung für kaufkräftige Businessfrauen in der Ladies Drive   302
Quelle: Swiss Ladies Drive GmbH

Abb. 95: Altersstruktur der Motorradfahrerinnen 2013   305
Quelle: KBA 2013

Abb. 96: Motorradhelm C3 Pro Women, Dekor: Euphoria   309
Quelle: Schuberth GmbH, 2013

Literaturverzeichnis

Adobe: „Online-Shopping: Frauen haben es eilig, Männer achten auf den Preis",
16.02.2012.
http://adobe.ly/1mOM3D0

AGOF: AGOF Berichtsband zur mobile facts 2013-II, November 2013.
http://bit.ly/1eKxwyj

AGOF: AGOF internet facts 2013-07.

App, Ulrike: „P&G würdigt Athleten-Mütter", in: *W&V Online*, 01.06.2014.
http://bit.ly/1bnZkbi

Ariely, Dan: Denken hilft zwar, nützt aber nichts, München 2008.

Axel Springer AG: FMCG 2009 — Lebensmittel des täglichen Bedarfs, http://bit.
ly/1g6fvxV

Axel Springer AG: *E-Commerce*, August 2011.
http://bit.ly/OJlslx

Babcock, Linda, Sara Laschever: Women Don't Ask: Negotiation and the Gender
Divide, Princeton NJ, 2003.

Baron-Cohen, Simon: Vom ersten Tag an anders. Das weibliche und das männliche
Gehirn, Düsseldorf 2004.

Barrett, Brian: „Motorola Selling Moto X Superphone With Dick Jokes?", in: *Giz-modo Australia*, 02.08.2013.
http://bit.ly/1a3lVMX

Becker, Conny: „Gendermedizin: Worin sich unsere Psyche unterscheidet", in: *PZ
Pharmazeutische Zeitung*, 05/2013.
http://bit.ly/1ljbzvT

Biermann, Kai: „Ein Foto kann ein Supermarkt sein", in: *Zeit Online*, 18.07.2011.
http://bit.ly/1khd4d5

Literaturverzeichnis

Bischof, Norbert: „Biologie als Schicksal? Zur Naturgeschichte der Geschlechterrol-lendifferenzierung", in: Bischof, Norbert und H. Preuschaft (Hrsg.): *Geschlechtsun-terschiede: Entstehung und Entwicklung*, München 1980.

Bischof-Köhler, Doris: Von Natur aus anders. Die Psychologie der Geschlechtsun-terschiede, Stuttgart 2006.

BITKOM (2012 a): „Geringe Computerkenntnisse bei Frauen", 12.09.2012.
http://bit.ly/OsZt8M

BITKOM (2012 b): „Acht Millionen lesen E-Books" (Pressemitteilung), 09.10.2012.
http://www.bitkom.org/de/themen/71783_73632.aspx

BITKOM (2013 a): Soziale Netzwerke 2013 — Dritte, erweiterte Studie. Eine reprä-sentative Untersuchung zur Nutzung sozialer Netzwerke im Internet, Berlin 2013.

BITKOM (2013 b): „63 Millionen Handy-Besitzer in Deutschland", 26.08.2013.
http://bit.ly/1hoHiZV

BITKOM (2013 c): „Zwei Drittel der Internetnutzer in sozialen Netzwerken aktiv",
31.10.2013.
http://bit.ly/1ddxDkY

Blum, Sebastian: „Shitstorm: E wie einfach zieht umstrittenen Spot zurück", in:
W&V Online, 06.03.2012.
http://bit.ly/1aE9h3z

Boie, Johannes: „Digitale Trendsetter" in: *Süddeutsche.de*, 28.01.2014.
http://bit.ly/1eo07x8

Breer, Kathrin: „Facebook-Hype: Der Brigitte? Find ich gut!", in: *Spiegel Online*,
24.11.2010.
http://bit.ly/1kzSTLn

Breithut, Jörg: „Soziale Netzwerke: Pril-Wettbewerb endet im PR-Debakel", in:
Spiegel Online, 20.05.2011.
http://bit.ly/1eFSh1E

Brennan, Bridget: *Why She Buys*, New York 2011.

Brodetsky, Selig: „Newton: Scientist and man", in: *Nature*, 1942, Vol. 150, S. 698–699.

bvh (2013 a) — Bundesverband des Deutschen Versandhandels: *Mobiler Einkauf und Bezahlung mit dem Smartphone*, 28.05.2013.
http://bit.ly/1fy2wBJ

bvh (2013 b) — Bundesverband des Deutschen Versandhandels: „Weiterer Nutzungsanstieg im Interaktiven Handel — Mehr als ein Drittel der deutschen Verbraucher kauft bevorzugt im Online- und Versandhandel" (Pressemitteilung), 19.09.2013.
http://bit.ly/1hFr0xb

bvh (2014) — Bundesverband des Deutschen Versandhandels: Interaktiver Handel in Deutschland 2013, Februar 2014.

Byrnes, James P., David C.Miller, William D. Schafer: „Gender differences in risk taking: A meta-analysis", in: *Psychological Bulletin*, 1999, Vol. 125, Nr. 3, S. 367–383.
http://bit.ly/1bI8oNM

Casserly, Meghan: „Dell's Revamped 'Della' Site For Women", in: *Forbes Online*, 22.05.2009.
http://onforb.es/19CMCKr

Chance, Michael R. A.: „Attention structure as a basis of primate rank orders", in: Michael R. A. Chance and Ray R. Larsen (Hrsg.): *The Social Structure of Attention*, London 1976, S. 11–28.

Choney, Suzanne: „Let's market PC's like it's 1959", in: *NBCNEWS.com*, 14.05.2009.
http://nbcnews.to/Jw0Hxc

Commerzbank AG: Finanzielle Allgemeinbildung in Deutschland, 2003.

de la Merced; Michael J.: „High Losses for Penney, but Shares Jump Higher": in: *The New York Times*, 21.11.2013.
http://nyti.ms/1aiG8uz

Deaner, Robert O., Amit V. Khera, Michael L. Platt: „Monkeys Pay Per View: Adaptive Valuation of Social Images by Rhesus Macaques", in: *Current Biology*, 2005, Vol. 15, S. 543–548.
http://bit.ly/1bI8oNM

Literaturverzeichnis

Döhle, Patricia: „Blick in die Zahlen: Richtig dosiert?", in: brand eins, 02/2011.
http://bit.ly/1mixGqi

eBay: „eBay Kaufraum: Erster Pop-Up-Store von eBay und PayPal öffnet seine Türen" (Pressemitteilung), 05.12.2012.
http://bit.ly/1k95SmA

Ebbinghaus, Uwe: „Aufruhr gegen Markus Lanz: Die neue Quotenkeule", in: F. A. Z., 24.01.2014.
http://bit.ly/1fjukh8

Eberle, Lukas und Maik Grossekathöfer: „Sei ein Held", in: *Der Spiegel*, 40/2012.
http://bit.ly/1bPekPt

ECC Köln: Erfolgsfaktoren im E-Commerce — Deutschlands Top Online-Shops, 2012.

ECC Köln: Erfolgsfaktoren im E-Commerce — Deutschlands Top Online-Shops Vol. 3, 2014.
http://bit.ly/1fYeUvz

Evers, Marco: „Mord steckt in uns", in: *Der Spiegel*, 35/2005.
http://bit.ly/1kyPFad

Exton, Michael S., Tillmann H. Krüger, N. Bursch, P. Haake,W. Knapp, M. Schedlowski, U. Hartmann: „Endocrine response to masturbation-induced orgasm in healthy men following a 3-week sexual abstinence", in: *World Journal of Urology*, 2001, Vol. 19, Nr. 5, S. 377–382.
http://bit.ly/1oR1jOh

Feingold, Alan: „Gender Differences in Personality: A Meta-Analysis", in: *Psychological Bulletin*, 1994, Vol. 116, Nr. 3, S. 429–456.
http://bit.ly/1cgoqt4

Fittkau & Maaß: „Mobile Commerce: Viele mobile Einkäufe von zu Hause aus", 28.08.2013.
http://bit.ly/1pJjSUO

Focus Medialine: *Der Markt für Fitness und Wellness*, München 2005.
http://bit.ly/Msv2OA

Frankenhuis, Willem E., Ron Dotsch, Johan C. Karremans, Daniël H. J. Wigboldus: „Male physical risk taking in a virtual environment", in: *Journal of Evolutionary Psychology*, 2010, Vol. 8, Nr. 1, S. 75–86.
http://bit.ly/1gAi78n

Fromm, Erich: Den Menschen verstehen. Psychoanalyse und Ethik, München 2009.

Fujitsu Limited: „Fujitsu Announces New „Floral Kiss" Brand of FMV Personal Computers for Women" (Pressemitteilung), 19.10.2012.
http://bit.ly/Kn9H8y

Geets, Siobhán: „50 Millionen Euro für einen Sprung", in: Die Presse, 10.10.2012.
http://bit.ly/1nvXmee

Godard, Bruno: „Finden Frauen Fashion-Victims sexy?" in: *L'Officiel Homme*, Frühjahr 2013.

Gradstein, Linda: „Pink tablet for women gets mixed reception in Gulf", in: The Jerusalem Post, 17.02.2013.
http://bit.ly/1dtlJr4

Graf, Joachim: „Mobiles Internet ist ein Männer-Ding", in: *iBusiness*, 30.01.2012.
http://bit.ly/MTgnw4

Groh-Kontio, Carina: „Frauenzonen in pink bei Media Markt", in: *Handelsblatt Online*, 24.04.2012.
http://bit.ly/1cPjD6r

Hall, Geoffrey B. C., Sandra F.Witelson, Henry Szechtman, Claude Nahmias: „Sex differences in functional activation patterns revealed by increased emotion processing demands", in: *NeuroReport*, 2004, Vol. 15, Nr. 2, S. 219–223.
http://bit.ly/1fNETpg

Hameister, Horst: „Die Evolution der intellektuellen Fähigkeiten des Menschen", Online-Artikel.
http://bit.ly/1kqNvtW

HDE — Handelsverband Deutschland: „Einkaufserlebnis im Online-Shop oder Ladengeschäft" (Pressemitteilung), 03.05.2013.
http://bit.ly/1cbhzXx

Literaturverzeichnis

HDH/VDM Verbände der Holz- und Möbelindustrie: „10 Prozent aller Männer in Deutschland kaufen Möbel allein" (Pressemitteilung), 30.06.2009.
http://bit.ly/d5U7Wo

Heller, Laura: „Why J. C. Penney Will Be The Most Interesting Retailer Of 2012", in: *Forbes Online*, 26.01.2012.
http://onforb.es/19yQsP9

Herr, Mirko: „Was Männer für eine hübsche Frau auf sich nehmen", in: Spiegel Online, 17.02.2005.
http://bit.ly/MvVnvl

Heublein, Stephan: „Eingefroren", in: Motorsport-Magazin.com, 20.11.2008.
http://bit.ly/1nGG0vs

Hueber, Veronika: „Baumgartner: Millionen für seinen Sprung?", in: merkur-online, 17.10.2012.
http://bit.ly/1g1xILu

Hurth, Joachim, Hans-Gerhard Seeba, Falk Hecker (Hrsg.): *Aftersales-Marketing*, München 2010.

Initiative D21: *(N)Onliner Atlas 2012 – Basiszahlen für Deutschland*, 26.06.2012.
http://bit.ly/1bRbdfa

Initiative D21 (2013 a): Mobile Internetnutzung, 2013.
http://bit.ly/1eAFekF

Initiative D21 (2013 b): *D21-Digital-Index*, 2013.
http://bit.ly/1ktN3HO

Iyengar, Sheena S. und Mark R. Lepper: „When Choice is Demotivating: Can One Desire Too Much of a Good Thing?", in: *Journal of Personality and Social Psychology*, 2000, Vol. 79, Nr. 6, S. 995–1006.
http://bit.ly/1huR11A

Jaffé, Diana: *Der Kunde ist weiblich*, Berlin 2005.

Jaffé, Diana: „Die Kundin — das unbekannte Wesen", in: Hurth, Joachim, Hans-Gernahrd Seeba, Falk Hecker (Hrsg.): *Aftersales-Marketing*, München 2010.

Jaffé, Diana und Saskia Riedel: *Werbung für Adam und Eva*, Weinheim 2011.

Jaffé, Diana und Vivien Manazon: *Verkaufen an Adam und Eva*, Weinheim 2012.

Kahneman, Daniel und Amos Tversky: „Choices, Values, and Frames", in: *American Psychologist*, 1984, Nr. 39, S. 341–350.
http://bit.ly/1lkXZdS

Kanazawa, Satoshi: „Why Productivity Fades with Age: The Crime-Genius Connection", in: *Journal of Research in Personality*, 2003, Vol. 37, S. 257–272.
http://bit.ly/cef7WK

Kast, Bas: Wie der Bauch dem Kopf beim Denken hilft: Die Kraft der Intuition, Frankfurt 2007.

Klarna: „Sonntag beliebtester Tag für Fashion-Shopping im Internet" (Pressemitteilung), 29.08.2013.
http://bit.ly/1fBJ6vM

Kretschmar, Daniel: „Petitionen Pro und Contra Markus Lanz: Schafft zwei, drei, viele Petitionen", in: *taz.de*, 27.01.2014.
http://bit.ly/1b3V944

Krüger, Jens und Anja Weinhold: „Einkaufen ohne Quengelfrust", in: *Markenartikel*, 7/2007.
http://bit.ly/1huR11A

Lebensmittel Zeitung, 2014,
http://bit.ly/1iqtFhN

Leurs, Rainer: „Eröffnung des Barbie-Hauses: Berliner Puppenkiste", in: Spiegel Online, 16.05.2013.
http://bit.ly/1jZljdP

Lobmaier, Janek S., Reiner Sprengelmeyer, Ben Wiffen, David I. Perrett: „Female and male responses to cuteness, age and emotion in infant faces" in: *Evolution and Human Behavior*, 2010, Vol. 31, Nr. 1, S. 16–21.

Maaz, Hans-Joachim: *Die narzisstische Gesellschaft*, Regensburg 2012.

Literaturverzeichnis

Markenverband, Gesellschaft für Konsumforschung (GfK), Serviceplan (2006): 70 Prozent Innovationsflops — Das vermeidbare Fehlinvestment von 10 Milliarden Euro im Jahr. http://presse.serviceplan.de/uploads/tx_sppresse/301.pdf, Zugriff am: 27.12.2013.

McClure, Erin B., Christopher S. Monk, Eric E. Nelson, Eric Zarahn, Ellen Leibenluft, Robert M. Bilder, Dennis S. Charney, Monique Ernst, Daniel S. Pine: „A developmental examination of gender differences in brain engagement during evaluation of threat" in: *Biological Psychiatry*, 2004, Vol. 55, Nr. 11, S. 1047–1055. http://bit.ly/1fNDvmA

Miller, Geoffrey F.: „Sexual selection for cultural display", in: R. Dunbar, C. Knight, C. Power (Hrsg.): *The evolution of culture: An interdisciplinary view* (S. 71-91), New Brunswick 1999.

Montagne, Barbara, Roy P. C. Kessels, Elisa Frigerio, Edward H. F. de Haan, David I. Perrett: „Sex differences in the perception of affective facial expressions: Do men really lack emotional sensitivity? ", in: *Cognitive Processing*, 2005, Volume 6, Nr. 2, S. 136–141. http://bit.ly/cVxB1m

Müller, Tina und Schroiff, Hans-Willi: *Warum Produkte floppen – Die 10 Todsünden des Marketings*, Freiburg/München 2013.

Nicholas, Kamal: „Immer mehr Frauen bevorzugen größere Smartphones (Studie)", in: *GIGA*, 17.02.2014. http://bit.ly/1dot7RO

Nienhaus, Lisa: „Fisch macht sexy", in: *Frankfurter Allgemeine Sonntagszeitung*, 21.07.2013. http://bit.ly/1inP5I8

Nonnenmann, Jonas: „Baumgartner verleiht Red Bull Flügel", in: Frankfurter Rundschau Online, 16.10.2012. http://bit.ly/1gbbMjq

Meck, Georg: „Nichts ist schlimmer als ein Frauenauto", in: *Frankfurter Allgemeine Sonntagszeitung*, 14.05.2006, Nr. 19, S. 37. http://bit.ly/1bvGIVn

OTTO: „„Der Brigitte" — OTTOs Social Media Hype" (Pressemitteilung), Februar 2012.
http://bit.ly/1fusr3F

Panaritis, Maria: „It's Personal: New-old management struggles to save J. C. Penney", in: *Philly.com*, 14.11.2013.
http://bit.ly/1eltGgy

Peacock, Louisa: „Why Fujitsu's Floral Kiss laptop for women is ridiculous", in: *The Telegraph Online*, 25.12.2012.
http://bit.ly/1gwCeDn

Pelzer, Claudia: „Crowdsourcing bei Edeka, die zweite …", in: *Crowdsourcingblog. de*, 01.07.2013.
http://bit.ly/19u70x0

Peters, Tom: *Re-Imagine!*, München 2004.

Pingdom: *Report: Social network demographics in 2012*, 21.08.2012.
http://bit.ly/19ANgG9

Pinker, Susan: Das Geschlechterparadox. Überbegabte Mädchen, schwierige Jungs und den wahren Unterschied zwischen Männern und Frauen, München 2008.

Rabenstein, Andreas: „Spott und Häme über Frauenzone bei Media Markt", in: *heise online*, 27.04.2012.
http://bit.ly/1dOAuTq

Rapaille, Clotaire: *Der Kultur-Code*, München 2006.

Reivich, Karen und Andrew Shatté: *The Resilience Factor*, New York 2002.

Rönisch, Susan: „Payment-Studie: Männer mögen Kreditkarten, Frauen die Rechnung", in *iBusiness*, 09.03.2012.
http://bit.ly/1fOUQRr

Samter, Wendy: „How gender and cognitive complexity influence the provision of emotional support: a study of indirect effects", in: *Communication Reports: Special psychological mediators of sex differences in emotional support*, 2002, Vol. 15, Nr. 1, S. 5–16.
http://bit.ly/1epM4TA

Literaturverzeichnis

Schobelt, Frauke: „Nordsee: Sex sells — jetzt also auch Fisch", in: *W&V Online*, 10.04.2013.
http://bit.ly/1cMk2lS

Schwanitz, Dietrich: *Männer. Eine Spezies wird besichtigt*, Frankfurt am Main 2001.

Schwartz, Barry: *Anleitung zur Unzufriedenheit*, Berlin 2004.

Simons, Herbert A.: „Rational choice and the structure of the environment", in: *Psychological Review*, 1956, Vol. 63, Nr. 2, S. 129–138.

Simpson, Mark: „Here come the mirror men" in: The Independent, 15.11.1994.
http://bit.ly/1bbd2xR

Skowronek, Iris: 101 Praxistipps für mehr Erfolg im Einzelhandel: Band 1, Frankfurt am Main 2012.

Tannen, Deborah: *Job-Talk*, München 1997.

Tannen, Deborah: Du kannst mich einfach nicht verstehen. Warum Männer und Frauen aneinander vorbeireden, München 2004.

Tingley, Judith C./Robert, Lee E.: *Gendersell – How to Sell to the Opposite Sex*, New York 2000.

Tuttle, Brad: „It's Target Versus Amazon in the Battle for Moms" in: *TIME.com*, 26.09.2013.
http://ti.me/Nxoi22

TWT Interactive: „mCommerce: Aktuelle Trends & Entwicklungen by TWT" (Präsentation), 22.05.2012.
http://bit.ly/1h4UxAH

Underhill, Paco: Why We Buy — The Science of Shopping, New York 2000.

von Rennenkampff, Anke: Aktivierung und Auswirkungen geschlechtsstereotyper Wahrnehmung von Führungskompetenz im Bewerbungskontext, 02.11.2005.
http://bit.ly/1hWTAJe

Wager, Tor D., K.Luan Phan, Israel Liberzon, Stephan F Taylor: „Valence, gender, and lateralization of functional brain anatomy in emotion: a meta-analysis of

findings from neuroimaging", in: *NeuroImage*, 2003, Vol. 19, Nr. 3, S. 513–531.
http://bit.ly/dBMJmF

Weckbrodt, Heiko: „Frauen wollen eReader, Männer Tablets: Generation 50+ begeistert sich zusehends für digitale Bücher", in: *Dresdner Neuesten Nachrichten*, 10.12.2013.
http://bit.ly/1leCuLK

Westerhaus, Christine: „Anders krank", auf: Deutschlandfunk, 04.12.2011.
http://bit.ly/1eKiBrM

Wilkens, Andreas: „Studie: Deutsche sind keine Technikmuffel", in: heise online 10.10.2013.
http://bit.ly/1mCwWfK

Winterbauer, Stefan: „Free Man's World: das Print-Abenteuer", in: *Meedia*, 06.06.2013.
http://bit.ly/1gVjjkR

Wirminghaus, Niklas: „Das Ende des Abo-Hypes?", in: *Gründerszene*, 13.09.2013.
http://bit.ly/1e0x19i

Zirm, Jakob: „Red Bull: Alles Handeln ward für die Dose", in: *Die Presse*, 04.08.2013.
http://bit.ly/1hpdzo4

Stichwortverzeichnis

A

Abschlussfrage im Verkaufsgespräch	148
Accessoires	19, 71, 77, 85, 137, 145, 182, 223
Aftersales	23, 52, 206
Amazon	17, 181, 185, 186
Amazon Mom	185, 186
Amazon Prime	186
Androgynität	34
Ankleide-Service	181
Arbeitsgemeinschaft Online-Forschung (AGOF)	150, 159, 161–167, 169, 173
Atmosphäre des Geschäfts	53, 128, 129
Aufmerksamkeit	9, 77, 92, 115, 119, 148, 185, 249, 255–259
Autohäuser	53, 54
Automobilbranche	52, 55, 79, 291, 292
Avon	185

B

Baby-Markt	183
babywalz	182
Baur	182, 183
Bayer	26, 209, 238–243, 245, 249
Bedarfskauf	141, 142, 187
Bekleidung	35, 43, 104, 137, 139, 156, 167, 169, 183, 309
Beratungscounter	130
Birchbox	178, 179
Blacksocks	180
Blogs	14, 92, 94, 117, 118, 125, 302
BMW	10, 52, 84
Bosch	99, 128, 209, 210, 261–263, 265–275, 277, 278, 280
Branchengeschlecht	99
Buchhandel	135

C

Case Studies	28, 209
Category Management	57, 132–134, 227
Chemiebranche	56
Cherry Walls	197
Consumer Insights	217, 218, 234, 239, 243, 244
Conversion Rate	168, 169, 173
Cross Border	194
Crowdsourcing	95, 96

D

David Beckham	32
David Bowie	34
Davidoff	281
Dell	14, 15, 16

D

Design	81, 83, 85, 217, 222, 223
männlich	80, 82
weiblich	83
Deutscher Alpenverein (DAV)	252
Diversity Marketing	36
Do-it-Yourself-Trend	261
Duni	209–222, 224–232, 234–236

E

E-Books	169
Ecocentric Mom	179
E-Commerce	150, 152, 153, 155, 156, 158, 180, 182, 187, 188, 194
Einkauf	105, 141, 142, 151, 174, 187, 195, 274
Empathie	83, 110
Escape Monthly	179
Etsy	197, 203, 204
Exploribox	180
Extremsport	11, 35, 247, 249, 250, 255, 258

F

Fab	182
Facebook	14, 90–95, 103, 104, 118–121, 125, 192, 280
Falke	181
Familien	10, 63, 186, 210, 239, 241, 253
Fast Moving Consumer Goods (FMCG)	8, 9, 100, 163
Femen	87
Finanzprodukte	77, 78, 99, 165, 293
Formel 1	249
Framing	176
Frauenauto	10, 11, 85
Frauenlaptop	15
Frauenthemen	122
Freizeit	77, 167, 195
Fromm, Erich	33
Funkybod	105, 280, 283–290

G

Gang durchs Geschäft	129
Gender Knee	58–61
Gender Marketing	7, 23, 25–29, 36, 37, 47, 50–52, 58, 60, 62, 67, 108, 113, 127, 128, 209, 261, 272, 278
erweiterte Bedeutung	25
Gender Marketing Communication	108, 113, 127, 278
Gender Sales	24, 66, 67, 140
Gender Studies	37
Geschlecht	
der Kundschaft	50, 51
des Logos	103
des Produkts	47, 103
von Marken und Branchen	99

Stichwortverzeichnis

Geschlechtergerechtigkeit	9
Geschlechterklischees	38
Geschlechterstereotype	27, 31, 114
Geschlechtsspezifische Produkttests	21
Geschlechtsspezifisches Design	81
Girls Drive	292, 297, 302
Glücksspiel	165, 253
Google	14, 94

H

Handelsmarken	211, 213, 214, 278
Handy-Tarife	161
Heim	167, 201
Heldentum	94, 255
Henkel	8, 90–92
Herrenkosmetik	35, 56, 121, 163
Hewlett Packard	14
Home-Party	152, 185
Humangenetik	29
Hygieneartikel	8, 19

I

IKEA	134, 136, 137, 176, 267
Imagetransfer	258, 259
Informationsquellen von Kunden	161, 168
Initiative für die digitale Gesellschaft (D21)	154
Intelligenzquotient	
bei Männern und Frauen	30
Internationalisierung	182, 194
Internet-Foren	92, 94, 117, 125
Internetnutzung	154, 159

J

J. C. Penney	20
Johnson	20

K

Karrierefrauen	83
Karstadt	201, 203
Kaufarten	
geschlechtsspezifische	47, 141
Kaufberatung	142, 194
Kaufhäuser	57, 71, 131
Kaufinteresse-Modell (nach V. Manazon)	143
Kaufmotive	
geschlechtsspezifische	122, 143
Kaufprozess	
bei männlichen Kunden	146
bei weiblichen Kunden	144
Kaufverhalten von Kunden	138, 150, 151, 184, 241, 243, 306
Kindchenschema	10
Kiwi-Crate	180
Klebefieber	197, 199, 200
Klischees über Geschlechter	38, 70, 79
Kommunikationsformen	
männliche	24
weibliche	24

Kommunikationsmedien	68, 125
Kommunikationsrichtungsachse	117, 118, 125
Kommunikationsverhalten	
männliches und weibliches	22, 117, 119
Kosmetik	55, 178, 179
Kundenbindung	206
Kundenorientierung	153, 265, 268
Kundenservice	132, 134, 136, 153, 175, 176, 179, 195, 196, 202, 272
Kundenverhalten	22, 134, 135, 243

L

Ladeneinrichtung	128
Ladies Drive	291–293, 295–297, 299, 300, 302
Lautes Denken im Kaufprozess	146
Layout von Werbeanzeigen	124
LGBT-Marketing	37
Lieblingsfarben	125
Lieferservice	186
Logo	68, 101, 103, 259, 293
Luxuskauf	141, 142, 168, 187

M

Mädchenprodukte	44
Mädchenspielzeug	17, 87, 88
Männermagazin	35
Männerthemen	122
Männliche Marken	54
Markenführung	97, 99
Markengeschlecht	99
Markenlogo	68
Marketingfaktoren	23
Marketingkommunikation	11
Marketingsprache	287
Marketing to Moms	101
Marketing to Women	13, 84
Marky Mark	33
Marlon Brando	33
Medizinbranche	58, 63
Me-too-Produkte	44, 87
Metrosexueller Mann	32–34
MINI	10, 11
Mobile Optimierung	194
Mobilität	76
Mode	34, 71, 77, 99, 156, 182
Monoqi	182
Motorola	18
Motorradbranche	304, 306
Motorradhelm für Frauen	304, 307, 309
Multichannel	132, 150, 152, 153, 156, 171, 184, 187, 194

N

Nahrungs- und Genussmittel	72
Navigation auf der Shopping-Website	183, 201
Net-a-Porter	182, 189
Nielsen	211–214, 217, 219, 221, 223, 225
Nivea	57
Nutzerverhalten von Kunden	110, 111

O

Onlinehändler	143, 168, 178, 180, 181, 185
Onlineshopping	88, 155, 156, 169, 177
Opel	8, 55
OTC-Marken	209
OTTO Versand	92
Outdoor-Trend	35
Outfittery	181

P

Paare	98, 106, 136
Partizipation	
von Frauen	94, 95
von Kunden	90
von Männern	95
Pflegeprodukte für Männer	55
Pharmabranche	62, 107, 111
Pinkstinks	87
Pinterest	118, 125, 192, 203
Plum District	180
Plum Pretty Sugar	195, 196
Poggenpohl	12
Point of Sale (POS)	22, 45, 47, 49, 64, 67, 111, 213, 216, 219, 221, 225, 227, 230, 236, 270
Porsche	12, 53
Pressearbeit	285
Pril	90, 91, 93
Procter & Gamble	99, 124, 264
Produktabonnements	178
Produktauswahl	
männliche	86
Produktdesign	83, 85, 217, 222, 223
Produkte	
männliche	47, 52, 63, 77, 80, 141
weibliche	47, 67, 108, 141
Produktentwicklung	16, 65, 88, 95, 97, 289
Produktflops	8, 9, 13
Produktgeschlecht	47, 69, 71–77, 80, 103, 108
Produktkommunikation	54
Produktnutzen	111
Produktplatzierung	11, 128
Produktpräsentation	54, 57, 60, 61, 67, 68, 110, 129, 132, 135–138, 140, 188–190, 217, 236
Produkttest	
geschlechtsspezifischer	274
Projektion	43

Q

Queer Community	37

R

Red Bull	10, 209, 246–252, 257, 258, 259, 261
Risikoverhalten	253, 254
Rollenvorbilder für Frauen	295
Roller	176

S

Schönheitsindustrie	281
Schuberth	304–310, 319
Schulz von Thun, Friedemann	40
Servietten	134, 145, 210–223, 226, 233, 234, 237
Servus TV	10, 251
Shave-Lab	181
Shopping	132, 141, 142, 169, 183, 187, 188, 190
Shopping-Formen	
Bedarfskauf	141, 142, 187
Einkauf	105, 141, 142, 151, 174, 187, 195, 274
Luxuskauf	141, 142, 168, 187
Single-Mann	32
Smartphone	16, 89, 150, 151, 195
Social Media	13, 22, 42, 92, 116
Social Web	90, 93, 94, 117, 118
Sockenabo	180
Sony	14
Sortimentsauswahl	
zielgruppenspezifisch	182, 183
Sortimentsgestaltung	61, 135, 217
Sozialcharaktertypen (nach E. Fromm)	33
Sportevents	248
Sportmarketing	247, 249
Sprechdenken	146
Stammkunden	
weibliche	20
Statussymbole	53, 141
weibliche	85
Stella & Dot	185
Stereotype über Geschlechter	31
Stil- und Themenwelten	201
Storytelling	123
Swiss Ladies Drive	291, 292, 295, 302

T

Tablet	16, 89, 127, 150, 152, 153, 169, 191, 194, 195, 197
Target	186
Tausendkind	183
Technik	43, 44, 52, 74, 83, 90, 164, 265, 271, 279
Techniknutzung	89
Testosteronspiegel	78, 94, 254
Themenwelten für den Mann	136
Tollabox	180
Tourismus	76, 305
Trade-Marketing	212, 218, 225
Tupperware	185

U

Übersichtlichkeit des Sortiments	183
Übertragung	39, 43, 60
Unterhaltungselektronik	137, 157, 164, 168
Unternehmenskommunikation	18, 42, 126, 127

V

Verkäufergeschlecht	47, 108, 140
Verkaufsgespräch	53, 54, 111, 143, 146, 149

Verkaufsräume 52, 53
Verkehr 76
Versicherungen 77, 78, 165
Vertrauensbeziehung zum Verkäufer 144
Verweiblichung der Marke 99
Verweilzonen 130, 132
Virales Marketing 285
Visual Merchandising 67

W
Wall Art 200, 201
Warenpräsentation 54, 67, 110, 129, 132, 136–138, 190
Weibliche Geschäftsideen 109
Weiterempfehlung 207, 209
Werkzeug 75, 274
Westwing 182, 188–192
Wild Mint 180
Wirtschaftsmagazine 295
Wohnen und Büro 75
Word of Mouth 207

Wummelkiste 180
www.auf-die-socken.de 181
www.klebefieber.de 198, 199
www.sockenkoenig24.de 181
www.soxinabox.de 181

X
X-Chromosomen 29, 30
Xing 94, 118, 125

Z
Zahlungsart 174
    geschlechtsspezifische 174
Zeitfensterzustellung 195
Zeitungen und Zeitschriften 67, 81, 97, 169, 180, 188, 251, 285
Zielgruppe
    männliche 11, 55, 252, 264
    weibliche 8, 11, 13, 16, 17, 65, 82, 96, 98, 108, 194, 278